生物医学传感器原理与应用

（第3版）

彭承琳　侯文生　杨　军　主编

U0240606

重庆大学出版社

内容提要

本书全面系统介绍了生物医学传感器的原理与应用。全书共分9章:第1,2章介绍了传感器的基本概念、发展趋势,传感器的静态特性和动态特性,传感器的敏感材料和敏感元件,以及传感器的安全性等;第3,4,5,6,7,8章分别介绍了电阻式传感器、电容式传感器、电感式传感器、压电式传感器、光电传感器与光纤传感器、热电式传感器等常用物理传感器的原理、测量电路、生物医学应用;第9章选择仿生化学传感器阵列系统、基于激光技术的生物传感器、纳米传感器、微流控生物医学传感系统,从原理和应用介绍了生物医学传感器的最新进展。

本书可作为高等院校生物医学工程及相关专业的教材或教学参考用书,也可供医疗器械开发的工程技术人员和临床单位医技人员参考。

图书在版编目(CIP)数据

生物医学传感器原理与应用/彭承琳,侯文生,杨军主编.--3版.--重庆:重庆大学出版社,2019.7(2025.1重印)

ISBN 978-7-5624-6030-5

Ⅰ.①生… Ⅱ.①彭… ②侯… ③杨… Ⅲ.①生物传感器—高等学校—教材 Ⅳ.①TP212.3

中国版本图书馆CIP数据核字(2019)第140145号

生物医学传感器原理与应用

(第3版)

彭承琳 侯文生 杨 军 主编

责任编辑:曾令维 杨粮菊 版式设计:杨粮菊

责任校对:贾 梅 责任印制:张 策

*

重庆大学出版社出版发行

出版人:陈晓阳

社址:重庆市沙坪坝区大学城西路21号

邮编:401331

电话:(023) 88617190 88617185(中小学)

传真:(023) 88617186 88617166

网址:http://www.cqup.com.cn

邮箱:fxk@cqup.com.cn(营销中心)

全国新华书店经销

重庆新生代彩印技术有限公司印刷

*

开本:787mm×1092mm 1/16 印张:14.5 字数:362千

2019年7月第3版 2025年1月第10次印刷

ISBN 978-7-5624-6030-5 定价:39.80元

前言

生物医学工程是在20世纪中叶发展起来的一门新兴交叉学科,它将工程技术和生物医学技术相结合,以工程技术探索生命的科学问题并应用于疾病诊断和治疗,在21世纪得到了世界各国的高度重视。生物医学信息检测是生物医学工程学科的重要方向,而生物医学传感器是提取生物医学信息的关键技术。因此,生物医学传感器已经成为生物医学工程必备技术,《生物医学传感器》也成为生物医学工程专业的骨干课程之一。

发展专业,教材先行,国内一直重视生物医学工程专业教材编写。1992年,重庆大学彭承琳教授编写、重庆大学出版社出版了《生物医学传感器——原理与应用》,被国内相关高校的生物医学工程专业广泛采用。1994年,原国家教委高等学校生物医学工程与仪器专业教学指导委员会确定由重庆大学、上海交通大学、西安交通大学、浙江大学共同编写《生物医学传感器原理及应用》,由重庆大学彭承琳教授担任主编,1996年被国家教育委员会评定为"九五"国家级重点教材,于2000年6月由高等教育出版社正式出版。如今国内生物医学工程专业发展迅猛,由当初的7所院校发展到现在的40多所院校开办生物医学工程专业,教材的需求十分迫切,因此决定在1992年重庆大学出版社出版的《生物医学传感器原理与应用》一书的基础上重新编写《生物医学传感器原理及应用》。

重庆大学出版社1992年出版的《生物医学传感器——原理与应用》主要以物理传感器为线索,同时涉及生物传感器和化学传感器,但实际教学中由于教学时数限制主要都讲授物理传感器部分内容。2000年高等教育出版社正式出版的《生物医学传感器原理及应用》对内容进行了适当调整,对物理传感器内容作了较大精简,增强了生物传感器、化学传感器、传感器与微系统的内容,补充了传感器应用的相关知识;但相关院校的本科生教学实践表明,物理传感器仍然是实际教学中的核心内容。

由此,本书在总结编者在生物医学传感器领域的教学实践,参考国内外相关教材的内容体系,听取并采纳相关专家意见的基础上,确定以物理传感器及其在生物医学中应用为主线,同时简单涉及了生物医学传感器技术的新进展。本书由彭承琳教授制订编写计划和内容体系,侯文生教授、杨军副教授负责编写，最后由彭承琳教授定稿。

本书在编写过程中得到郑小林教授、田学隆教授、侯长军教授的大力支持，重庆大学对教材的编写提供了大量帮助，重庆大学出版社对本书的顺利出版提出了宝贵意见和建议，在此表示衷心的感谢。最后需要说明的是，由于编者业务水平有限，难免存在缺点和不足，诚恳希望读者给予批评指正。

编　者

2018 年 12 月

目录

第1章 绪论

1.1 传感器的定义

在我国,国家标准“传感器通用术语”中传感器被定义为:“传感器是能感受规定的被测量并按一定规律将其转换为有用信号的器件或装置,通常由敏感器件、转换器件和电子线路组成”。由于常见的信号绝大部分是温度、压力等非电量信号,而电信号是最适宜放大、处理和传输的信号形式,因此,传感器通常是用于检测这些非电量信号并将其转变成便于计算机或电子仪器所接收和处理的电信号。

从传感器的作用来看,实质上就是代替人的五种感觉(视、听、触、嗅、味)器官的装置(图1.1)。人们通过五官把外界信息收集起来,再传递给大脑,在大脑中处理信息,得出一个“结果”;传感器同样是收集外界各种环境信息,这些信息通过放大处理后,由计算机代替人的大脑对信息进行处理和判断。近年来,随着科学技术的迅速发展,特别是微电子加工技术、计算机芯片及外围扩展电路技术、新型材料技术的发展,使得传感器技术的开发和应用进入了一个崭新的阶段。

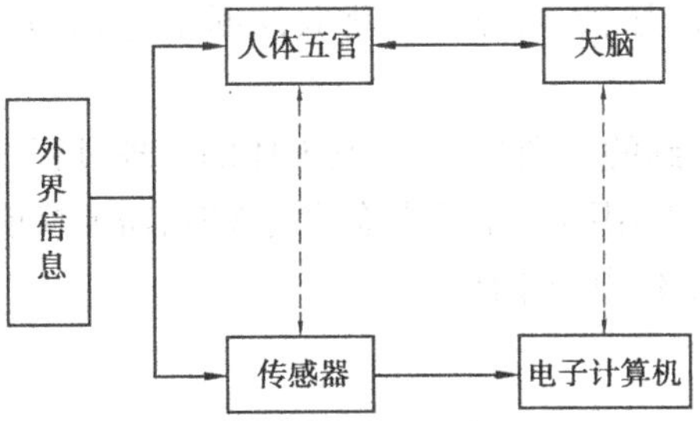

图1.1 传感器与人体五官功能的对应关系

生物医学传感器(Biomedical Sensors)是获取人体生理和病理信息的工具,是生物医学工程学中的重要分支,对于化验、诊断、监护、控制、治疗和保健等都有重要作用。

1.2 生物医学传感器的作用

生物医学工程的重要任务是通过测量生命活动信息、认识生命现象并判断生理、病理状态,传感器是获取生命活动信息的关键技术手段。生命活动信息存在于从分子、细胞、组织、器官到系统的各个层次,生物医学传感器就是获取不同层次生理、病理信息的器件。

生物医学传感器的作用是将被测的生理参数转换为与之相对应的电学量输出,以提供生物医学基础和临床诊断的研究与分析所需的数据。随着科学的发展和其他学科的渗透以及生物医学学科的进步,使医学科学由定性医学发展到定量医学。从定性医学到定量医学的发展过程中,传感器起了重要作用。传感器延伸了医生的感觉器官,扩大了医生的观测范围,并把定性的感觉扩展为定量的测量。目前,传感器已成为生物医学测量、数据处理中不可缺少的关键部分。可以说传感器的作用和地位就相当于医生的五官。要提取和捕捉生物体内各种生物信息,就需要依靠各种各样的传感器,它是医学测量系统的第一个环节,如图 1.2 所示。

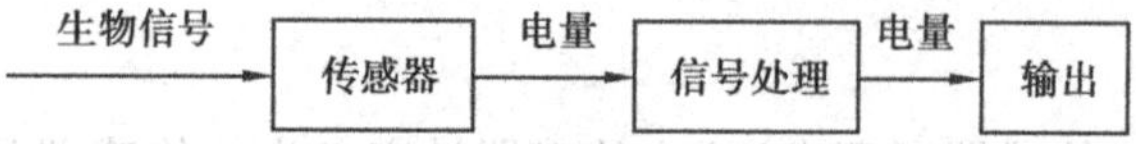

图 1.2 医学测量系统框图

在医学上,传感器的主要用途有:

①提供诊断信息 医学诊断以及基础研究都需要检测生物体信息,例如,先天性心脏病人在手术前必须用血液传感器测量心内压力,以估计缺陷程度,常见诊断信息包括心音、心电、血压、血流、体温、呼吸、脉搏等。

②监护 对手术后的病人需要连续测定某些生理参数,通过观察这些生理参数是否处于规定范围来掌握病人的复原过程,或在异常时及时报警。例如,对一个做过心内手术的病人,在手术后头几天内,往往在其身体上要安置体温、脉搏、动脉压、静脉压、呼吸、心电等一系列传感器,用监护仪连续观察这些参数的变化。

③临床检验 除直接测量人体生理参数外,临床上还需要利用化学传感器和生物传感器从人体的各种体液(如血液、尿液、唾液等)获取诊断信息,为疾病的诊断和治疗提供重要参考。

④生物控制 利用检测到的生理参数,控制人体的生理过程。例如电子假肢,就是用肌电信号控制人工肢体的运动。在用同步呼吸器抢救病人时,需要换能器检测病人的呼吸信号,以此来控制呼吸器的动作与人体呼吸同步。

1.3 生物医学传感器的分类

生物医学传感器的分类方法有很多种,其中最基本的分类方法是按被测量分为:①物理传感器;②化学传感器;③生物传感器三大类。所谓大类是因为这种分类方法是一种宏观的方法,也是一种本质的分类方法。

（1）物理传感器　利用物理性质和物理效应制成的传感器称为物理传感器，按工作原理可分为电阻式、电容式、电感式、应变式、电热式、光电式等，常用于测量测量血压、体温、血流量、血黏度、生物组织对辐射的吸收、反射或散射以及生物磁场等。

（2）化学传感器　利用功能性膜对特定成分的选择性将被测成分筛选出来，再利用电化学装置转化为电学量的传感器叫化学传感器，常用于测量人体体液中离子的成分或浓度（如 Ca^{2+}，K^+，Na^+，Cl^-……）、pH 值、氧分压（P_{O_2}）及葡萄糖浓度等。

（3）生物传感器　利用生物活性物质具有的选择性识别待测生物化学物质能力制成的传感器称为生物传感器，常用于酶、抗原、抗体、递质、受体、激素、脱氧核糖核酸（DNA）、核糖核酸（RNA）等物质的检测。生物传感器按生物识别器件（也称生物活性物质）可分为酶传感器、免疫传感器、组织传感器、细胞传感器、微生物传感器等，按二次传感器件可分为生物电极、光生物传感器、半导体生物传感器、压电生物传感器、热生物传感器、介体生物传感器等。

1.4 传感器的发展动向

（1）**多功能化**

以前一个传感器只能把单一的被测量转换成电信号，新型传感器可利用一个传感器同时检测几种被测量并分别转换成相应的电信号。例如，一种多功能传感器，它可以同时检测气体的温度和湿度。这种传感器是在（BaSr）TiO_3（钙钛矿）上添加对湿度敏感的 $MgCr_2O_4$（尖晶石）的复合多孔质烧结体作为传感元件。温度变化引起传感器电容量的变化，湿度变化引起传感器电阻的变化，其特性曲线和等效电路如图 1.3 所示。因此，传感器的电容量和电阻值的变化，分别表示气体温度和湿度的变化量。

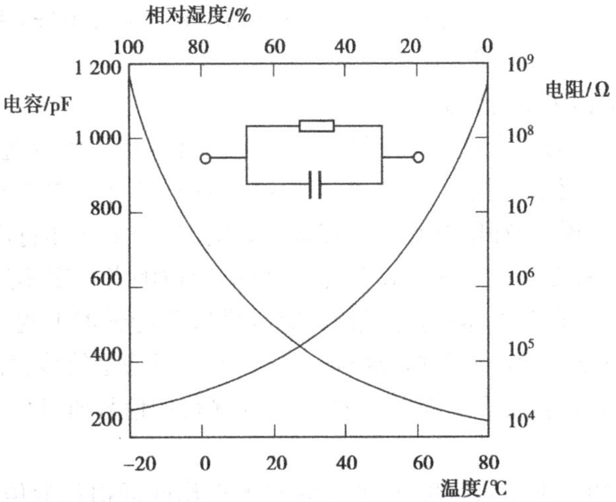

图 1.3　温度湿度传感器的特性曲线及等效电路

多功能化的另一层含义是将传感器与其他功能复合（如温度补偿、信号处理、执行器等功能）。

(2)**智能化**

计算机、微处理器等信息处理技术与传感器的有机结合,构成了智能传感器的基本框架。智能传感器不仅把传感和信号预处理结合为一体,使之与后处理的计算机兼容,而且为利用现代信号处理方法提高对信号的判断能力和开辟新的应用领域创造了条件。智能传感器不仅能完成传感和信号处理任务,而且还有自诊断、自恢复及自适应功能。智能传感器可使信号在敏感元件附近就能进行局部处理,从而减轻了 CPU 和传输线路的负担,提高了效率。智能传感器不存在非线性的缺点。相反,当传感器具有较宽的动态范围或在某一区域具有较高灵敏度时,这种非线性不仅无关紧要,而且可以变成有利的因素。

(3)**微系统化**

采用新的加工技术可以制造出新型传感器,如采用光刻、扩散以及各向异性腐蚀等方法,可以制造出微型化和集成化传感器,现在已经制造出能装在注射针上的压力传感器和成分传感器。采用半导体集成电路制造技术在同一个芯片上同时制造几个传感器或传感器阵列,而且这些传感器输出信号的放大、运算等处理电路也集成在这个芯片上,从而可构成多功能传感器、分布式传感器。

1.5 生物医学传感器的特殊性

生物医学传感器是在工程学与生物医学相结合的基础上发展起来的。随着生物医学传感器在微型化、植入测量、多参数测量等方面的进一步发展,与生物医学的交叉更为显著,使得生物医学传感器的设计与应用必须考虑人体因素的影响及生物信号的特殊性;必须考虑生物医学传感器的生物相容性(植入体内材料与生物体相互作用问题,或两者间相适应的问题,称为生物相容性)、可靠性、安全性;必须考虑使用对象的特殊性及复杂性,等等,这是生物医学传感器与工业用传感器的显著区别。

具体讲,应注意生物医学传感器以下几方面的特殊性:

①一般工业测量中,为准确检测待测量并减少干扰,总是尽量使传感器接近被测点。但在对生物体内某部位进行就近直接测量时,由于生物体具有自身体内平衡(Homeostasis)机能,一旦有外界扰乱因素出现,为补偿扰乱因素带来的影响,整个生物体将产生各种应急反应,从而改变被测部位的状态,影响被测量的真实性,还可能给被测者带来不适感和痛苦,例如开胸测心脏的状态等。因此,在对人体进行测量时,应尽量避免传感器干扰人的正常生理、生化状态,尽量避免给人的正常活动带来负担或痛苦。较自然的想法是使传感器探头远离被测部位,但这样一来,由于远离被测点,干扰因素增加,可能使测得的信号质量变坏,故应根据实际情况综合考虑。

②为了减轻对被测生物体的侵扰,以非接触与无损伤或低损伤的传感器进行间接测量是生物医学传感器的重要发展方向。由于此类传感器多利用间接测量方法来获得体内有关信号,故通常信号中干扰成分较多,往往需要借助信号处理等技术加以改善。

③为了既能准确检测到生物体内某个局部信息,又能使对生物体的侵扰减小到足够低程度,发展了体内(植入式或部分插入式)传感器。对体内传感器应考虑装置的微型化、能量及信息传输方式、植入或插入材料的生物相容性及植入装置的安全性等诸多特殊要求。

④生物信号的特点是信号微弱、频率很低、背景噪声及干扰大、随机性强、个体差异大，而且生物体内多种生理、生化过程同时进行，这都增加了检测特定生物信号的难度。除了通过后续电路进行处理之外，重要的是优化传感器设计，防止噪声和干扰混入，使传感器具有较高的灵敏度和较大的动态范围，使其在有大的干扰和被测对象发生较大变化情况下，仍能工作并不产生失真。

例如，通过测量胸壁的微小振动来间接了解心脏的运动状况（见图1.4）。心脏运动传递到体表的振幅为微米量级，所用的传感器应具有相应的灵敏度；但由于呼吸以及人的体动或发声等造成的干扰，可使胸壁产生高达毫米量级的起伏。

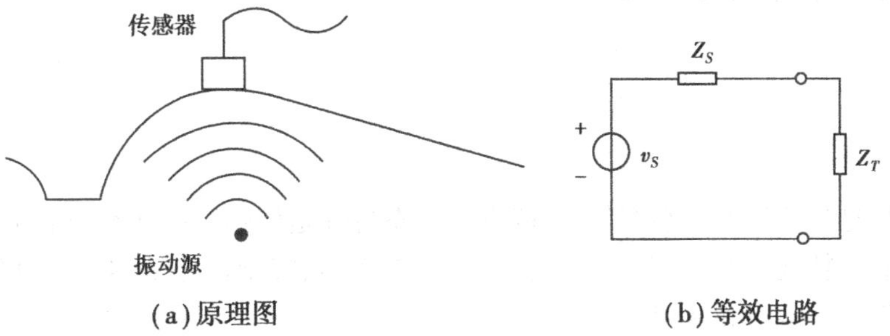

图1.4 通过测量胸壁微小振动间接测量心脏运动

为了正确检出有用信号，要求传感器及后续电路应有高达100 dB以上的动态范围，必须对传感器进行精心设计。

⑤生物医学传感器的设计与应用，应充分考虑生物体的特性。仍以通过胸壁测量心脏运动为例，传感器与人体构成了如图1.4(b)所示的等效电路。因此在设计传感器时必须了解人体内振动源如 v_S 及人体等效阻抗 Z_S 的特性，并根据增益和频率特性要求正确确定传感器的等效输人阻抗 Z_T。

又例如，在采用压电、应变及差动变压器或传感器等对人体进行接触测量时，由于人体被测部分通常比传感材料柔软，即传感器和人体间材料特性不相匹配，影响传感器的灵敏度和频率特性，为此，应在两者间加入匹配材料，以改善测量系统特性。

⑥生物医学传感器的使用对象极为广泛，有医生、护士、患者，也可以是社会其他各界人士。使用环境亦是多种多样，体内、体外、医院、家庭、野外，甚至太空等。这就要求生物医学传感器的设计应能分别适应各种对象和环境。例如，对少儿用传感器，应更多地考虑如何使测量变得安全、简单而易于接受，如何避免意外情况发生，如儿童误食或摔打传感器等；对家庭用传感器则应考虑使用成本及质量等。总的说来，和一般工业用传感器相比，生物医学传感器应更注重使用方便、舒适、稳定、可靠、安全、耐用、快捷。

第2章 传感器基本知识

敏感材料是传感器的核心部件，而静态和动态特性是传感器最基本的响应特性，本章将介绍传感器的静态特性、动态特性、敏感材料、干扰与噪声、安全性等基本知识，以便于对生物医学传感器的进一步学习和认识。

2.1 传感器的静态特性

2.1.1 传感器的静态特性

传感器在被测量的各个值处于稳定状态下，输入量为恒定值而不随时间变化时，其相应输出量亦不随时间变化，这时输出量与输入量之间的关系称为静态特性。这种关系一般根据物理、化学、生物学的"效应"和"反应定律"得到，具有各种函数关系。对于没有迟滞效应和蠕变效应的理想传感器，其静态特性可用麦克劳林级数表示如下：

$$Y = a_0 + a_1X + a_2X^2 + a_3X^3 + \cdots + a_nX^n \tag{2.1}$$

式中：Y——输出量；

X——输入量；

a_0——零位输出（零偏）；

a_2——传感器的灵敏度，常用 K 表示；

$a_2, a_3, \cdots, a_n$——非线性项的待定系数。

由式(2.1)可知，如果 $a_0 = 0$，表示静态特性通过原点，这时静态特性是由线性项 a_1X 和非线性项 X 的高次项叠加而成。这种多项式代数方程可能有4种情况，表现了传感器的4种静态特性，如图2.1所示。

①线性特性

在理想情况下，式(2.1)中的零偏 a_0 被校准（$a_0 = 0$），且 X 的高次项为零（$a_2, a_3, \cdots, a_n = 0$），线性方程为 $Y = a_1X$，如图2.1(a)所示。此时，$a_1 = Y/X = k$ 称为传感器的灵敏度。

②非线性项仅有奇次项的特性

当式(2.1)中只有 X 的奇次项，即：$Y = a_1X + a_3X^2 + a_5X^3 + \cdots$时，特性如图2.1(b)所示，

在这种情况下，在原点附近相当范围内输出、输入特性基本成线性，对应的曲线有如下特性：

$$Y = -Y(-X)$$

③非线性项仅有偶次项的特性

当式(2.1)中只有 X 的偶次非线性项时，所得曲线不对称，如图2.1(c)所示。

④一般情况

对应的曲线如图2.1(d)所示。在实际应用中，如果非线性项的 x 方次不高，则在输入量变化不大的范围内，可以用切线或割线来代替实际静态特性的某一段，使得传感器的静态特性近于线性，称之为传感器静态特性的线性化。只要传感器非线性系数较小，测量范围又不大时，即可这样处理。当设计传感器时，把测量范围选择在最接近直线的那一小段，可使传感器的静态特性近于线性。不过，这时的原点不是在零，以图2.1(c)为例，如取 ab 段，其原点在 c 点。

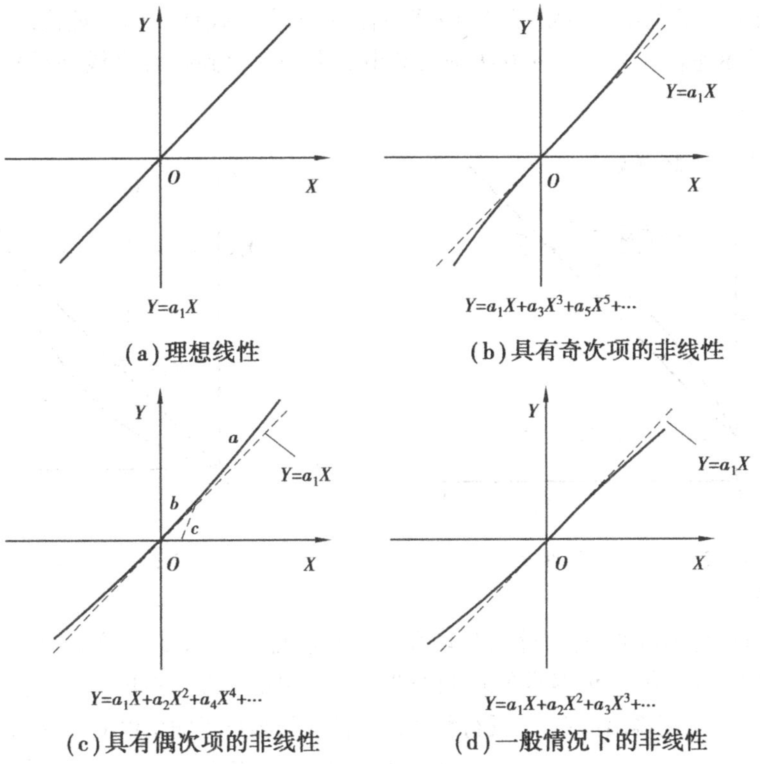

图2.1　传感器的4种典型静态特性

传感器的静态特性实际上是非线性的，所以它的输出不可能丝毫不差地反映被测量的变化，对动态特性也会有一定的影响。

传感器的静态特性是在静态标准条件下进行校准的。静态标准条件是指没有加速度、振动、冲击，环境温度一般在室温(20±5)℃，相对湿度不大于85%，大气压为(101.3±8)kPa。在这种标准工作条件下，利用一定等级的校准设备，对传感器进行反复的测试，将得到的输出——输入数据列成表格或画成曲线。把被测量值的正行程输出值和反行程输出值的平均值连接起来的曲线称为传感器的静态校准曲线。

2.1.2 衡量传感器静态特性的指标

(1)线性度

传感器的线性度也叫做传感器特性曲线的非线性误差。它是用传感器校准曲线与拟合直线之间的最大偏差与传感器满量程输出平均值之比的百分数来表示的(如图2.2所示):

$$a_L = \pm(\Delta L_{\max}/Y_{F.S}) \times 100\% \tag{2.2}$$

式中:σ_L——线性度;

$\Delta L_{\max}$——校准曲线与拟合直线间最大偏差;

$Y_{F.S}$——传感器满量程输出(平均值),$Y_{F.S} = Y_{\max} - Y_0$。

拟合直线的选取方法很多,这里只介绍常用的两种。一种采用理论直线作为拟合直线来确定传感器的线性度。这种方法在阐明传感器的线性度时比较明确和方便。所谓理论直线即式(2.1)静态方程式的第一种情况:$Y = a_1 X$,由此式求得的线性度称为理论线性度。图2.3为理论线性度的示意图。另外一种方法是用最小二乘法来得到拟合直线,所得线性度称为最小二乘法线性度。

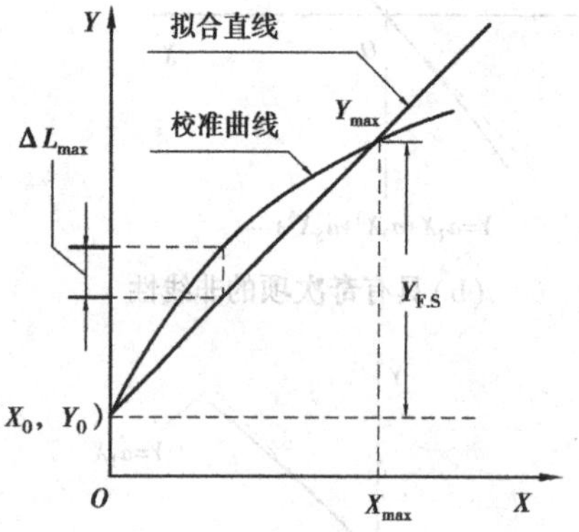

图2.2 传感器的线性度

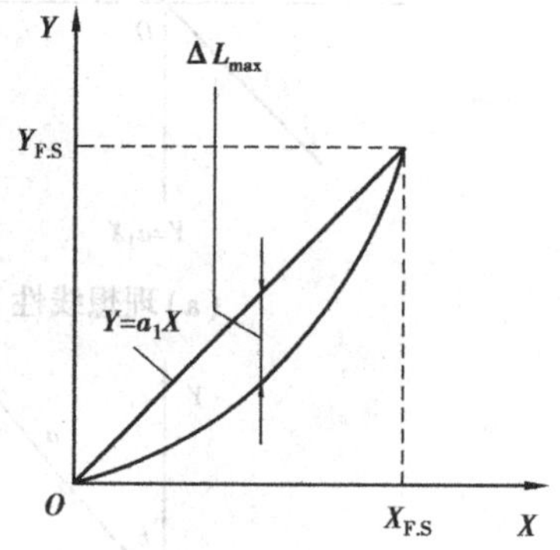

图2.3 理论线性度示意图

(2)迟滞

迟滞可描述传感器的正向(输入量增大)和反向(输入量减少)特性的不一致程度,亦即对应于同一大小的输入信号,传感器在正、反行程时的输出信号数值不相等的程度。迟滞一般可由实验确定,在数值上用输出值在正、反行程间最大偏差与满量程输出值的百分比表示(图2.4):

$$\sigma_H = \pm(\Delta H_{\max}/Y_{F.S}) \times 100 \tag{2.3}$$

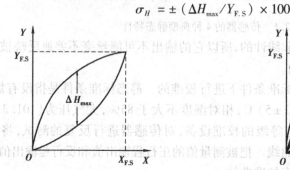

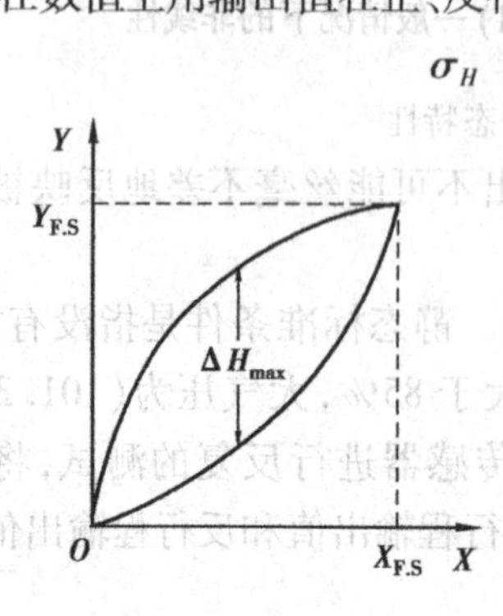

图2.4 迟滞特性

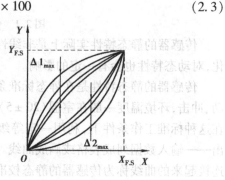

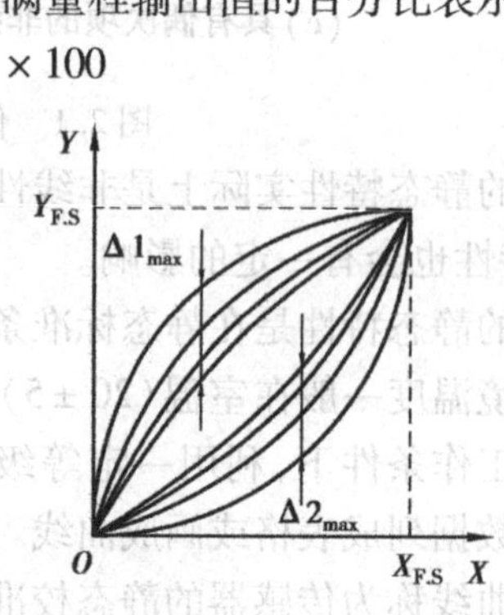

图2.5 重复性

式中：ΔH_{max}——输出值在正、反行程间的最大偏差。

迟滞反映了传感器机械部分不可避免的缺陷，如轴承摩擦、缝隙、螺丝松动、元件腐蚀或碎裂、材料的摩擦、灰尘积塞等。

(3)**重复性**

重复性表示传感器在同一工作条件下，输入朝同一方向作全量程连续多次变动时所得特性曲线不一致的程度，如图2.5所示。各条特性曲线一致，重复性就好，误差也小。

重复性误差属于随机误差，故应根据标准误差计算，即

$$\sigma_R = \pm (2 \sim 3\sigma / Y_{F.S}) \times 100\% \tag{2.4}$$

式中：σ——相应行程的标准误差。

(4)**灵敏度**

灵敏度是指传感器在稳态下输出变化对输入变化的比值，用K表示(图2.6)，即

$$K = (\text{输出变化量})/(\text{输入变化量}) = \Delta Y/\Delta X \tag{2.5}$$

线性传感器的校准曲线的斜率就是灵敏度。非线性传感器的灵敏度可用dY/dX表示，数值上等于最小二乘法拟合曲线的斜率。

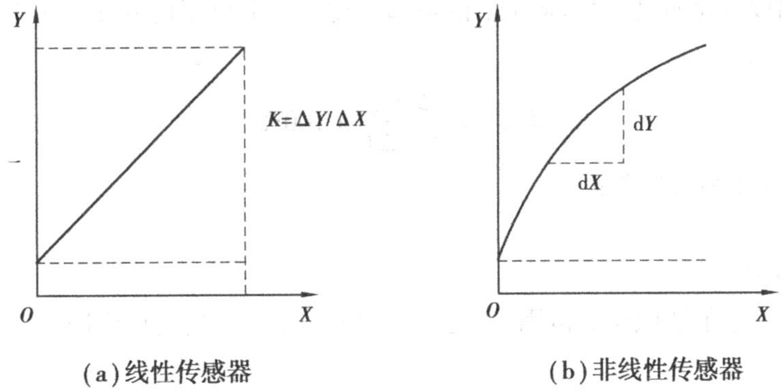

图2.6　灵敏度

(5)**准确度**

传感器的准确度又称精确度或精度，表示被测量的测量结果与约定真值间的一致程度。准确度是衡量仪器、传感器总误差的一个尺度，它不考虑误差的类型和原因，是测量精密度和正确度的综合。

在工程检测中，为了简单地表示仪表或传感器测量结果的可靠程度，引入一个仪表精度等级A的概念。A定义为：仪表在规定工作条件下，其最大绝对允许误差值相对仪表测量范围的百分数，即

$$A\% = (\Delta A / Y_{F.S}) \times 100\% \tag{2.6}$$

式中：ΔA——在传感器测量范围内的最大绝对允许误差。

例如，压力传感器的精度等级分别为0.05、0.1、0.2、0.3、0.5、1.0、1.5、2.0。

在传感器出厂检验时，其精度等级代表的误差是指传感器测量的最大误差，亦即极限误差。

(6)**精密度和正确度**

精密度是描述在同一测量条件下，测量仪表指示值不一致的程度，反映测量结果中的随机

误差的大小。精密度由两个因素确定,一是重复性;二是仪表能显示的有效位数。

而测量的正确度表示测量结果有规律地偏离真值的程度,它反映测量结果中的系统误差大小。

实际测量中,精密度高,不一定正确度高;反之,正确度高,精密度也不一定高。

(7)**灵敏限**

灵敏限是指输入量的变化不一致引起输出量有任何可见变化的量值范围。例如,某血压传感器当压力小于0.133 3 kPa时无输出,则其灵敏限为0.133 3 kPa。

(8)**零点漂移**

传感器无输入或在某一输入值不变时,每隔一段时间,例如10分钟、1小时、2小时等,进行读数,其输出偏离零值(或原指示值),即为零点漂移:

$$\text{零漂} = \frac{\Delta Y_0}{Y_{F.S}} \times 100\% \tag{2.7}$$

式中:ΔY_0——最大零点偏差(或相应偏差)。

(9)**温漂**

温漂表示温度变化时,传感器输出值的偏移程度。一般以温度变化1 ℃时输出最大偏差与满量程之比表示:

$$\text{温漂} = \frac{\Delta Y_{max}}{Y_{F.S}\Delta T} \times 100\% \tag{2.8}$$

式中:ΔY_{max}——输出最大偏差;

ΔT——温度变化。

(10)**测量范围**

由被测量的两个值所限定的范围,在这个范围内测量是按规定精度进行的。

2.2 传感器的动态特性

所谓动态特性是指传感器对于随时间变化的输入量的响应特性。在传感器所检测的生理量中,大多数生理信号都是时间的函数。为了获得真实的人体信息,传感器不仅应有良好的静态特性,还应有良好的动态特性。动态特性好的传感器,其输出量随时间变化的曲线与被测量随同一时间变化的曲线一致或相近。然而,实际的被测量随时间变化的形式可能是各种各样的,所以在研究动态特性时,通常根据"标准"输入特性来考虑传感器的响应特性。标准输入有两种:正弦函数和阶跃函数。传感器的动态特性分析和动态定标都以这两种标准输入状态为依据。对于任一传感器,只要输入量是时间的函数,其输出也应是时间的函数。

2.2.1 动态特性的一般数学模型

为了便于分析和处理传感器的动态特性,必须建立数学模型,用数学中的逻辑推理和运算方法来研究传感器的动态响应。对于线性系统的动态响应研究,最广泛使用的数学模型是线性常系数微分方程。只要对该微分方程求解,就可得到传感器的动态性能指标。

对于任意线性系统,下列高阶常系数线性微分方程的数学模型都是成立的:

$$a_n\frac{d^nY(t)}{dt^n}+a_{n-1}\frac{d^{n-1}Y(t)}{dt^{n-1}}+\cdots+a_1\frac{dY(t)}{dt}+a_0Y(t)=$$
$$b_m\frac{d^mX(t)}{dt^m}+b_{m-1}\frac{d^{m-1}X(t)}{dt^{m-1}}+\cdots+b_1\frac{dX(t)}{dt}+b_0X(t) \quad (2.9)$$

式中：$Y(t)$——输出量；

$X(t)$——输入量；

t——时间；

$a_0, \cdots, a_n, b_0, \cdots, b_m$——常数。

如果用算子 D 代表$\frac{d}{dt}$，则式(2.9)可以改写为

$$(b_mD^m+b_{m-1}D^{m-1}+\cdots+b_1D+b_0)X(t) \quad (2.10)$$

利用拉氏变换，用 s 代替 D，就得到 $Y(s)$ 和 $X(s)$ 的方程式：

$$(a_ns^n+a_{n-1}s^{n-1}+\cdots+a_1s+a_0)Y(s)=$$
$$(b_ms^m+b_{m-1}s^{m-1}+\cdots+b_1s+b_0)X(s) \quad (2.11)$$

解上述微分方程，可用经典的 D 算子法，也可用拉氏变换法。

绝大多数传感器的输出与输入之间的关系都可用零阶、一阶或二阶微分方程来描述。因此，可将传感器分为零阶、一阶和二阶传感器，阶数越高，传感器的动态特性越复杂。

(1)**零阶传感器**

描述零阶传感器的零阶微分方程为

$$a_0Y(t)=b_0X(t)$$

即

$$Y(t)=\frac{b_0}{a_0}X(t)=KX(t) \quad (2.12)$$

式中：K——静态灵敏度。

【**例1**】 图2.7所示，是一个典型的电位器式传感器，它就是零阶传感器。如果电阻值沿长度 L 是线性分布的，式(2.12)可改写为

$$V_0=V_1X/L \quad (2.13)$$

式中：V_0——输出电压；

V_1——输入电压；

X——位移量。

只要电位器是纯电阻，并且输入测量值的变动速度不很高，就符合零阶传感器的理想条件。不过，实际电位器存在着寄生电感和电容，在高频时会引起少量失真，影响动态特性。

(2)**一阶传感器**

描述一阶传感器的一阶微分方程为

$$a_1\frac{dY(t)}{dt}+a_0Y(t)=b_0X(t) \quad (2.14)$$

用算子 D 表示，则为

$$(\tau D+1)Y(t)=KX(t) \quad (2.15)$$

式中：$K=\frac{b_0}{a_0}$——静态灵敏度；

$\tau = \dfrac{a_1}{a_0}$ ——时间常数。

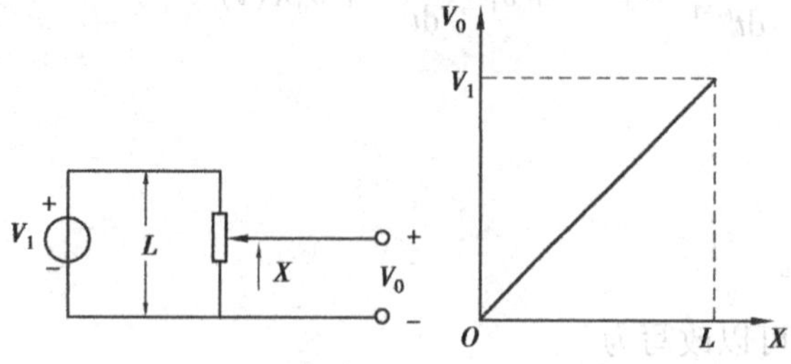

图 2.7　零阶传感器

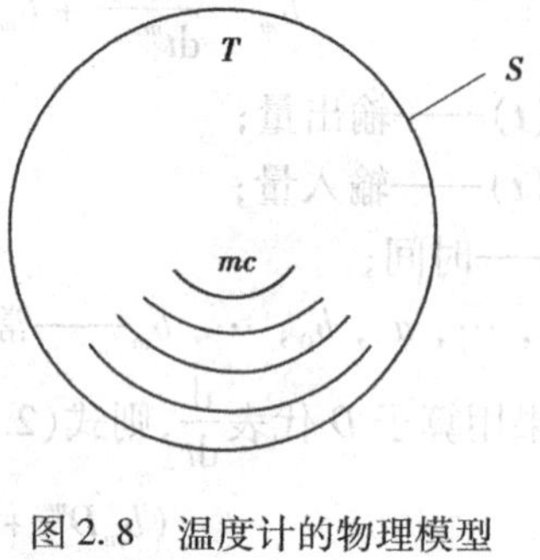

图 2.8　温度计的物理模型

【例 2】　玻璃液体温度计可以简化成一个质量为 m(kg)、比热容为 c($\mathrm{J \cdot kg^{-1} \cdot K^{-1}}$)、并且其表面积为 S($\mathrm{m^2}$)的物理模型，如图 2.8 所示。假设被测介质和温度计之间的表面传热系数为 h($\mathrm{J \cdot m^{-2} \cdot s^{-1} \cdot K^{-1}}$)，辐射热传导忽略不计。又假设温度计每一瞬间的温度是均匀的，也就是说，温度计本身的传热系数比被测介质和温度计之间的传热系数大得多，根据热平衡原理，有

$$hS(T_i - T)\Delta t = mc\Delta T \tag{2.16}$$

式中：T——温度计的温度；

T_i——被测温度；

t——时间。

如果改写为微分形式，则有

$$mc\frac{\mathrm{d}T}{\mathrm{d}t} = hS(T_i - T) \tag{2.17}$$

两边同除以 mc，整理后，得

$$\frac{\mathrm{d}T}{\mathrm{d}t} + \frac{hST}{mc} = \frac{hST_i}{mc}$$

式中$\dfrac{mc}{hS}$是一个常数，令其为 τ，τ 称为时间函数，则上式可简化为

$$\frac{\mathrm{d}T}{\mathrm{d}t} + \frac{T}{\tau} = \frac{T_i}{\tau} \tag{2.18}$$

这是个一阶微分方程。如果已知 T_i的变化规律，求解上式就可得到温度计对 T_i的影响 T。

(3)二阶传感器

二阶传感器的数学模型：

$$a_2\frac{\mathrm{d}^2Y(t)}{\mathrm{d}t^2} + a_1\frac{\mathrm{d}Y(t)}{\mathrm{d}t} + a_0Y(t) = b_0X(t) \tag{2.19}$$

用算子 D 表示为

$$\left(\frac{D^2}{\omega_0^2} + \frac{2\varepsilon D}{\omega_0} + 1\right)Y(t) = KX(t)$$

式中：$k = \dfrac{b_0}{a_0}$ ——静态灵敏度；

$\omega_0 = \sqrt{\dfrac{a_0}{a_2}}$ ——无阻尼固有频率（$\mathrm{rad \cdot s^{-1}}$）；

$\xi = \dfrac{a_1}{2\sqrt{a_0 a_2}}$ ——阻尼比，无量纲。

上面这三个特征量标志着二阶传感器的动态特性。

【例 3】　测量心内压的液体耦合导管—传感器系统，由插入人体内的充液体导管和体外的膜片压力传感器组成，其物理模型如图 2.9（a）所示。充液体导管和传感器具有惯性、黏性和弹性特性。设导管为刚性管道，弹性很小，仅考虑传感器膜片的弹性 k，又由于传感器直径远大于导管直径，其中的液体也比导管中的液体少得多，故只集中考虑导管的惯性质量 m 和黏性阻尼 c。设导管前端受到压力 $P(t)$ 作用，并通过液体耦合导管导致传感器膜片偏移产生体积位移 $V(t)$，从而感知导管前端的压力变化。该系统可由下列微分方程表示：

$$m\frac{\mathrm{d}^2V(t)}{\mathrm{d}t^2} + c\frac{\mathrm{d}V(t)}{\mathrm{d}t} + kV(t) = P(t) \tag{2.20}$$

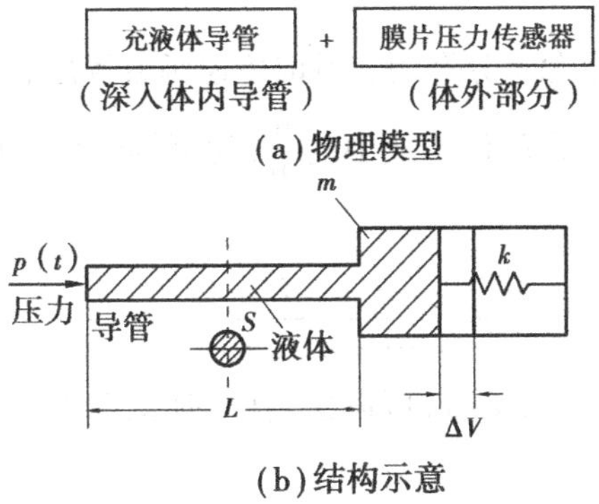

图 2.9　液体耦合导管—传感器系统

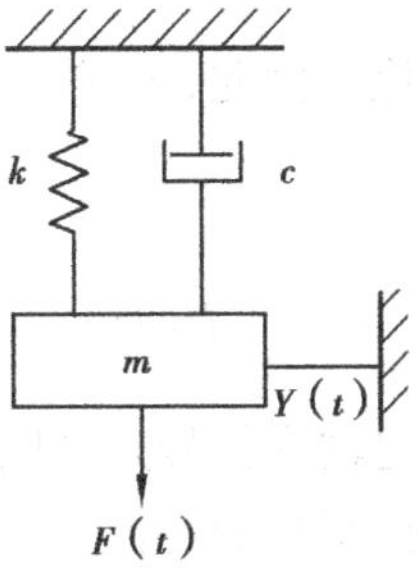

图 2.10　弹簧—质量—阻尼系统

对半径为 r、长为 L、液体密度为 ρ 的充液体导管，其管内液体质量为 $\pi r^2 \rho L$，受到 $\pi r^2 \rho$ 的力作用，产生的加速度为 $(\pi\gamma^2)^{-1}\dfrac{\mathrm{d}^2V}{\mathrm{d}t^2}$，则

$$m = \frac{p}{\dfrac{\mathrm{d}^2V(t)}{\mathrm{d}t^2}} = \frac{\rho L}{\pi\gamma^2}$$

阻尼 c 由流体力学中 Poiseuille 方程得到：

$$c = \frac{8\eta L}{\pi\gamma^4} \tag{2.21}$$

式中：η——液体黏度。

K——膜片的体积模量，$K = \dfrac{\Delta p}{\Delta V}$（其倒数 $C_{\mathrm{d}} = \dfrac{\Delta V}{\Delta p}$ ——体积位移系数，表示膜片的适应性）。

则经简化后的导管—传感器系统模型中的三个特征量为

$$\begin{cases} K = \dfrac{1}{k} \\ \omega_0 = \sqrt{\dfrac{k}{m}} = \sqrt{\dfrac{\pi\gamma^2 k}{\rho L}} = \sqrt{\dfrac{\pi\gamma^2 \Delta p}{\rho L \Delta V}} \\ \xi = \dfrac{c}{2\sqrt{km}} = \dfrac{4\eta}{r^3}\sqrt{\dfrac{L}{\pi\rho k}} = \dfrac{4\eta}{r^3}\sqrt{\dfrac{L\Delta V}{\pi\rho \cdot \Delta p}} \end{cases} \tag{2.22}$$

许多医用传感器都是二阶传感器，如测血压及其他生理压力的弹性压力传感器、加速度型心音传感器、微震颤传感器等振动型传感器，它们都含有质量 m 和弹簧 k 及阻尼器 c，其物理模型均可表示为图 2.10 所示的弹簧—质量—阻尼—系统，其动态特性都可用二阶微分方程来描述：

$$m\frac{\mathrm{d}^2Y(t)}{\mathrm{d}t^2} + c\frac{\mathrm{d}Y(t)}{\mathrm{d}t} + kY(t) = F(t) \tag{2.23}$$

2.2.2 传递函数

在分析、设计和应用传感器时，传递函数的概念十分有用。所谓传递函数就是输出信号与输入信号之比。因此，由式(2.9)可知，只要用算子 D 代替式中的$\dfrac{\mathrm{d}}{\mathrm{d}t}$，就可得到算子形式的传递函数，即

$$H(D) = \frac{Y}{X}(D) = \frac{b_mD^m + b_{m-1}D^{m-1} + \cdots + b_1D + b_0}{a_nD^n + a_{n-1}D^{n-1} + \cdots + a_1D + a_0} \tag{2.24}$$

如果设定输入信号是时间的函数，就能推出输出信号，可以使用框图（图 2.11）来表明信号的流向和传感器的特性。

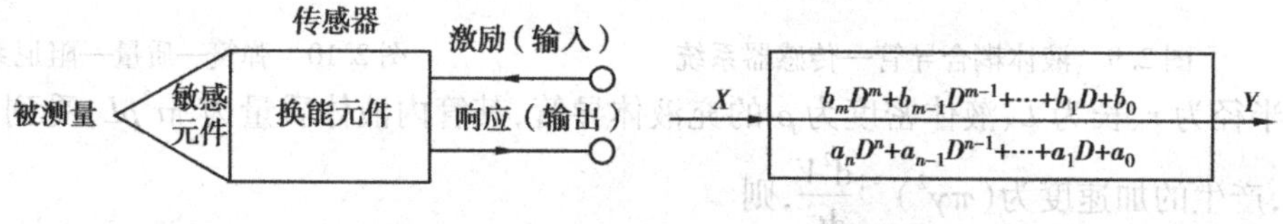

图 2.11　传感器的基本“黑箱”特性及信号流向框图

应该注意的是，上述算子形式的传递函数只是输入信号与输出信号之间关系的数学表达式，在书写时一定要写成$\dfrac{Y}{X}(D)$，不能只写$\dfrac{Y}{X}$，更不能理解为$\dfrac{Y}{X}$随时间而变化的瞬时比。

通常，在研究线性系统时还可应用拉氏变换法。这时，把输出量拉氏变换与输入量拉氏变换之比称为拉氏形式的传递函数，即

$$H(s) = \frac{Y}{X}(s) = \frac{b_ms^m + b_{m-1}s^{m-1} + \cdots + b_1s + b_0}{a_ns^n + a_{n-1}s^{n-1} + \cdots + a_1s + a_0} \tag{2.25}$$

因此，就传递函数来看，可以很方便地把拉氏形式的传递函数改换成算子形式的传递函数，只要把式(2.25)中 s 换成 D 即可，反之亦行。这两种形式的传递函数都可以用来描述系统的动态特性，有时就统称为系统的传递函数。

2.2.3　动态响应

传感器的动态响应就是传感器对输入的动态信号(周期信号、瞬变信号、随机信号)产生的输出,即上述微分方程式(2.9)的解。因此,传感器的动态响应与输入类型有关。对系统响应情况进行测试时,常用的两种标准输入是正弦输入和阶跃输入。这是由于任何周期函数都可以用傅里叶级数把它分成各次谐波分量,并把它近似地表示为这些正弦量之和。而阶跃信号则是最基本的瞬变信号。下面分析在正弦信号和阶跃信号这两种标准输入情况下的动态响应。

(1)正弦输入时的频率响应

1)频率响应的通式

输入信号为正弦波 $X(t)=A\sin\omega t$ 时,由于暂态响应的影响,输出信号 $Y(t)$ 开始并不是正弦波,随着时间的增长,暂态响应部分逐渐衰减以致消失,经过一段时间后,只剩下正弦波。输出信号 $Y(t)$ 与输入信号的频率相同,但幅值不相等,并有相位差,即 $Y(t)=B\sin(\omega t+\phi)$。因此,输入信号的幅值即使恒定,只要有所变化,则输出信号的幅值和相位也会发生变化。所谓频率响应(频率特性)就是指在稳定状态下,B/A 幅值比和相位 ϕ 随 ω 而变化的状况。正弦输入时的频率响应如图2.12所示。

正弦输入时,只要用 $\mathrm{j}\omega$ 代替式(2.24)中的 D 或式(2.25)中的 s,就可得到传感器的频率传递函数:

$$H(\mathrm{j}\omega)=\frac{Y}{X}(\mathrm{j}\omega)=\frac{b_m(\mathrm{j}\omega)^m+b_{m-1}(\mathrm{j}\omega)^{m-1}+\cdots+b_1(\mathrm{j}\omega)+b_0}{a_n(\mathrm{j}\omega)^n+a_{n-1}(\mathrm{j}\omega)^{n-1}+\cdots+a_1(\mathrm{j}\omega)+a_0} \tag{2.26}$$

式中:$j=\sqrt{-1}$;

ω——角频率。

对于任意给定的频率 ω,式(2.26)具有复数形式。用复数来处理频率响应问题时,数学表达式甚为简单。为此,用 $A\mathrm{e}^{\mathrm{j}\omega t}$ 代替图2.12中的输入信号 $A\sin\omega t$,稳定状态下,输出信号就是 $B\mathrm{e}^{\mathrm{j}(\omega t+\phi)}$,其相位差为 ϕ,如图2.13所示。

把 $X=A\mathrm{e}^{\mathrm{j}\omega t}$、$Y=B\mathrm{e}^{\mathrm{j}(\omega t+\phi)}$ 代入式(2.26)中,便得到频率响应的通式:

$$\frac{B\mathrm{e}^{\mathrm{j}(\omega t+\phi)}}{A\mathrm{e}^{\mathrm{j}\omega t}}=\frac{b_m(\mathrm{j}\omega)^m+b_{m-1}(\mathrm{j}\omega)^{m-1}+\cdots+b_1(\mathrm{j}\omega)+b_0}{a_n(\mathrm{j}\omega)^n+a_{n-1}(\mathrm{j}\omega)^{n-1}+\cdots+a_1(\mathrm{j}\omega)+a_0} \tag{2.27}$$

因为

$$\frac{B\mathrm{e}^{\mathrm{j}(\omega t+\phi)}}{A\mathrm{e}^{\mathrm{j}\omega t}}=\frac{B}{A}\mathrm{e}^{\mathrm{j}\phi}=\frac{B}{A}(\cos\phi+\mathrm{j}\sin\phi)$$

以及

$$\cos\phi+\mathrm{j}\sin\phi=\sqrt{\cos^2\phi+\sin^2\phi}\angle\phi=\angle\phi$$

$$\frac{Y}{X}(\mathrm{j}\omega)=\frac{B}{A}\angle\phi \tag{2.28}$$

由上式可知,频率传递函数是一个复数量,其幅值为输出幅值对输入幅值之比 $\left(\frac{B}{A}\right)$,相角 ϕ 为输出相位与输入相位的差,大多数传感器的相角为负值。幅值与输入频率和相角与输入频率的关系曲线如图2.12所示。这两条曲线分别称为幅频特性和相频特性,二者合在一起

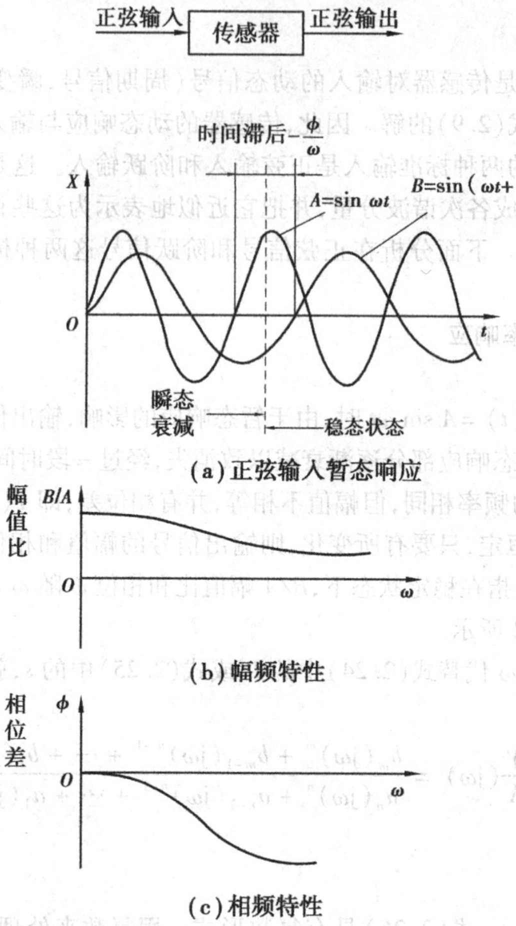

图 2.12　正弦输入时的频率响应

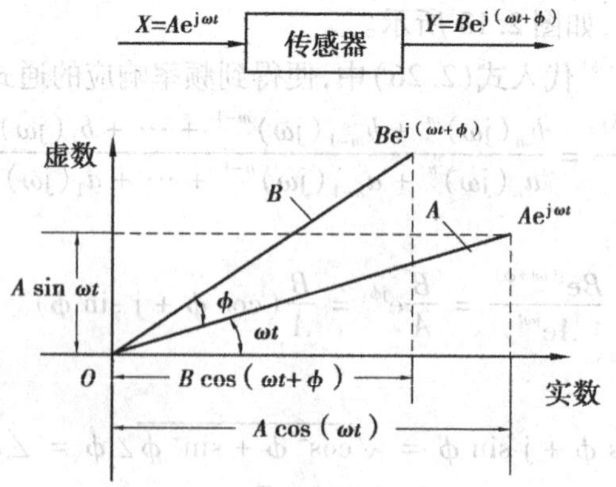

图 2.13　输入与输出的复数表示法

称为传感器的频率特性。

2）零阶、一阶和二阶传感器的传递函数及频率特性

①零阶传感器的传递函数和频率特性

在零阶传感器中，传递函数用 K 来表示，K 称为传感器的静态灵敏度。零阶传感器的传递

函数及频率特性为

$$\frac{Y}{X}(D)=\frac{Y}{X}(s)=\frac{Y}{X}(\mathrm{j}\omega)=\frac{b_0}{a_0}=K \tag{2.29}$$

由上式可见,零阶传感器与频率无关,其输出与输入成正比,因此,无幅值和相位失真,所以零阶传感器具有理想的动态特性,如图2.14所示。

②一阶传感器的传递函数和频率特性

前面已讨论过一阶传感器的数学模型(式(2.14)),现简略介绍其传递函数及频率特性。

算子形式的传递函数为

$$H(D)=\frac{Y}{X}(D)=\frac{K}{1+\tau D} \tag{2.30}$$

拉氏形式的传递函数为

$$H(s)=\frac{Y}{X}(s)=\frac{K}{1+\tau s} \tag{2.31}$$

频率传递函数(频率响应)为

$$H(\mathrm{j}\omega)=\frac{Y}{X}(\mathrm{j}\omega)=\frac{K}{1+\mathrm{j}\omega\tau}=\frac{K}{\sqrt{1+(\omega\tau)^2}}\angle\arctan(-\omega\tau) \tag{2.32}$$

幅频特性为

$$|H(\mathrm{j}\omega)|=\frac{K}{\sqrt{1+(\omega\tau)^2}} \tag{2.33}$$

相频特性为

$$\phi=\arctan(-\omega\tau) \tag{2.34}$$

频率特性如图2.15所示。时间常数τ越小,频率响应特性越好。

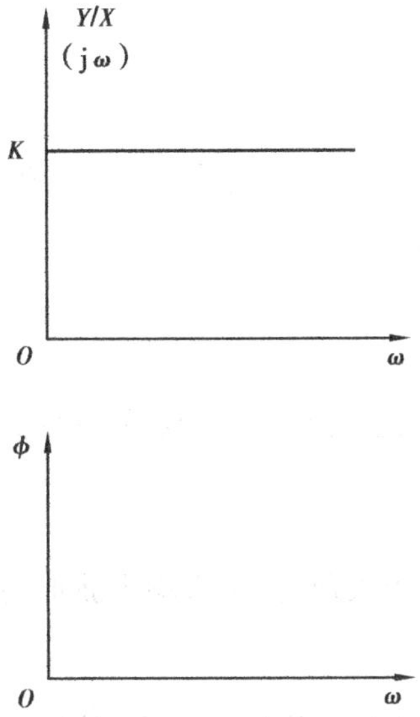

图2.14　零阶传感器的频率特性

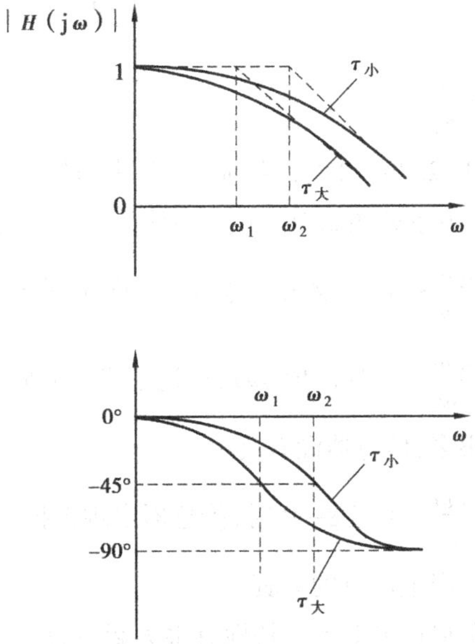

图2.15　一阶传感器的频率特性

③二阶传感器的传递函数和频率特性

二阶传感器的数学模型前面已经作了介绍(式(2.19)),下面讨论二阶传感器的传递函数及频率特性。

算子形式的传递函数为

$$H(D)=\frac{Y}{X}(D)=\frac{K}{\frac{D^2}{\omega_0^2}+\frac{2\xi D}{\omega_0}+1} \tag{2.35}$$

拉氏形式的传递函数为

$$H(s)=\frac{Y}{X}(s)=\frac{K}{\frac{s^2}{\omega_0^2}+\frac{2\xi s}{\omega_0}+1} \tag{2.36}$$

频率传递函数为

$$H(\mathrm{j}\omega)=\frac{Y}{X}(\mathrm{j}\omega)=\frac{K}{1-\left(\frac{\omega}{\omega_0}\right)^2+2\xi\mathrm{j}\left(\frac{\omega}{\omega_0}\right)} \tag{2.37}$$

任何一个二阶传感器,都具有如式(2.37)那样的频率传递函数(频率特性)。由式(2.37)可得到它的幅频特性:

$$|H(\mathrm{j}\omega)|=\frac{K}{\left\{\left[1-\left(\frac{\omega}{\omega_0}\right)^2\right]^2+4\xi^2\left(\frac{\omega}{\omega_0}\right)^2\right\}^{1/2}} \tag{2.38}$$

相频特性为

$$\phi=-\arctan\frac{2\xi q}{1-q^2} \tag{2.39}$$

式中:$q=\frac{\omega}{\omega_0}$。

从式(2.39)可见,$|H(\mathrm{j}\omega)|$随测量的频率ω和阻尼ξ而变,在一定的ξ值下,$|H(\mathrm{j}\omega)|$与q之间的关系如图2.16所示,曲线族为二阶传感器的幅频特性。从图中可以看出:

a. 当$\frac{\omega}{\omega_0}\ll 1$时,测量动态参数和测量静态参数是一样的。

b. 当$\frac{\omega}{\omega_0}\gg 1$时,$|H(\mathrm{j}\omega)|$接近于零,而$\phi$接近$-180°$,也就是说,被测参数的频率高于其固有频率很多,传感器没有反应。

c. 当$\frac{\omega}{\omega_0}=1$且$\xi\to 0$时,传感器出现谐振,即$|H(\mathrm{j}\omega)|$有极大值,其结果输出波形的幅值和相位都会产生严重的失真。

d. 阻尼比ξ对频率特性有很大影响,ξ增大,频率特性的最大值逐渐减小,并且出现最大值的频率也略有减小。当$\xi>1$时,幅频特性曲线只是一条递减的曲线,不再出现凸起的峰。由此可见,幅频特性的平值段的宽度与ξ有密切关系。当$\xi=0.707$左右时,幅频特性的平值段最宽。

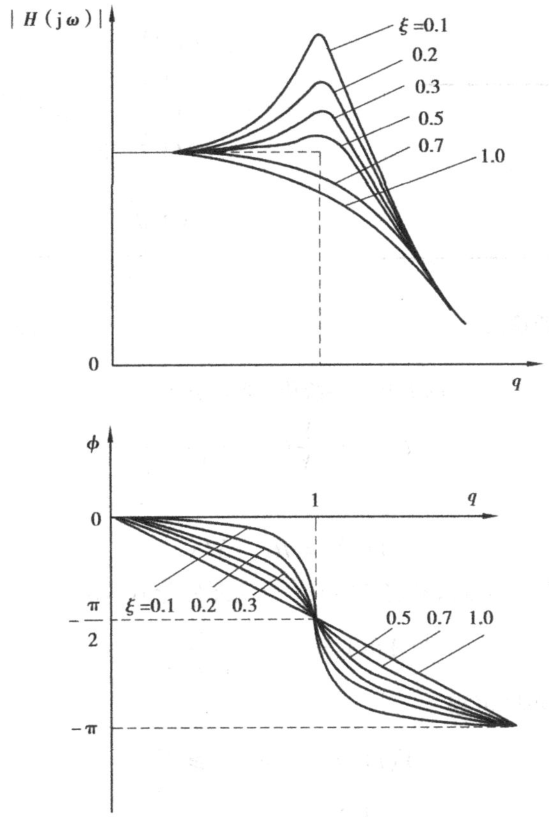

图 2.16　二阶传感器的频率特性

(2)**阶跃输入时的阶跃响应**

单位阶跃信号如图 2.17 所示,其幅值为 1。如果是零阶的传感器,则输入与输出成正比,如图 2.18 所示。下面分别介绍一阶和二阶传感器的阶跃响应。

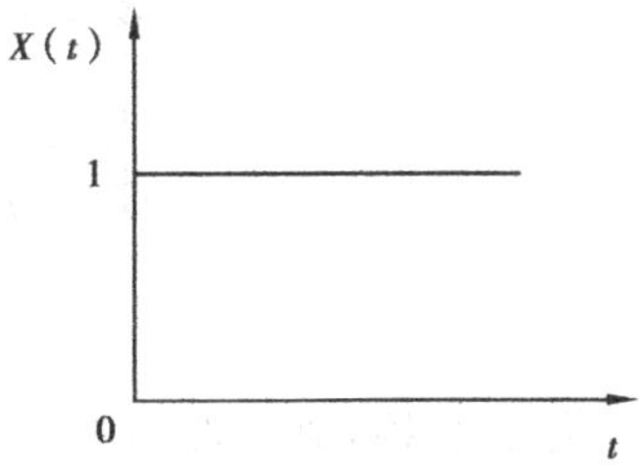

图 2.17　单位阶跃信号波形

1)一阶传感器的阶跃响应

对于一阶传感器,设在 $t=0$ 时,X 和 Y 均为零(在无输入时无输出);当 $t>0$ 时,有一阶跃信号(幅值为 1 输入,如图 2.19(a)所示),一阶系统的拉氏传递函数如式(2.31),即

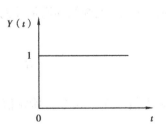

图 2.18　零阶传感器的频率响应

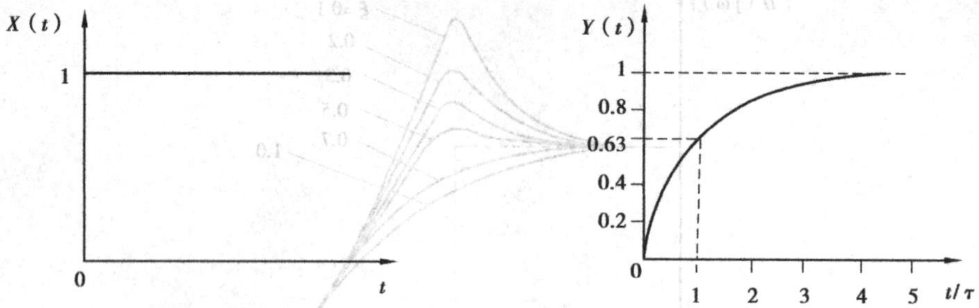

(a)阶跃输入　(b)输出响应

图 2.19　一阶传感器的频率响应

$$H(s)=\frac{Y}{X}(s)=\frac{K}{1+\tau s}$$

则

$$Y(s)=H(s)X(s)$$

设 $K=1$，将 $X(s)=1/s$ 代入上式，并将 $Y(s)$ 展开成部分分式，得

$$Y(s)=\frac{1}{s}=\frac{\tau}{1+\tau s}$$

对上式进行拉氏反变换可得

$$Y(t)=1-\mathrm{e}^{\frac{-t}{\tau}}(t\geqslant 0) \tag{2.40}$$

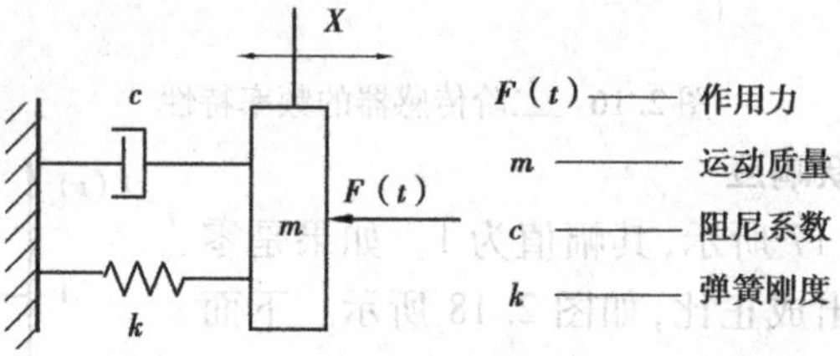

图 2.20　单自由度二阶震荡系统

将式(2.40)画成曲线如图 2.19(b)所示。可以看出，输出的初始值为零。随着时间推移，Y 接近于 1，当 $t=\tau$ 时，$y=0.63$。τ 是时间常数，时间常数越小，响应就越快，故时间常数值是决定响应速度的重要参数。

2）二阶传感器的阶跃响应

具有惯性质量、弹簧和阻尼器的振动系统是典型的二阶系统，如图(2.20)所示，它的传递函数为

$$H(s)=\frac{Y(s)}{X(s)}=\frac{k\omega_0^2}{s^2+2\xi\omega_0 s+\omega_0^2} \tag{2.41}$$

当输入信号 $X(t)$ 为单位阶跃信号时，$X(s)=\frac{1}{s}$，则输出为

$$Y(s)=X(s)H(s)=\frac{k\omega_0^2}{s(s^2+2\xi\omega_0 s+\omega_0^2)} \tag{2.42}$$

式中：K——静态灵敏度，$K=\frac{1}{(m\omega_0^2)}$；

ω_0——无阻尼时的固有角频率，$\omega_0=\sqrt{\frac{k}{m}}$；$\xi=\frac{c}{2}\sqrt{\frac{k}{m}}$。

根据阻尼比系数 ξ 的不同，阶跃响应有下列三种情况：

a. $0<\xi<1$ 欠阻尼

式(2.41)可化为

$$Y(s)=K\left[\frac{1}{s}-\frac{s+2\xi\omega_0}{(s+\xi\omega_0+j\omega_d)(s+\xi\omega_0-j\omega_d)}\right]$$

式中：$\omega_d=\omega_0\sqrt{1-\xi^2}$——阻尼振荡频率，从上式的拉氏反变换可得

$$Y(t)=K\left[1-\frac{e^{-\xi\omega_0 t}}{\sqrt{1-\xi^2}}\sin\left(\omega_d t+\arctan\frac{\sqrt{1-\xi^2}}{\xi}\right)\right]\quad(t\geqslant 0)\tag{2.43}$$

由上式可知，在 $0<\xi<1$ 的情况下，阶跃信号输入时的输出信号为衰减振荡，其振荡角频率(阻尼振荡角频率)为 ω_d，幅值按指数衰减，ξ 越大，即阻尼越大，衰减越快。

如果 $\xi=0$，无阻尼，即临界振荡情况。将 $\xi=0$ 代入式(2.43)得

$$Y(t)=K(1+\cos\omega_0 t)\quad(t\geqslant 0)\tag{2.44}$$

这是一个等幅振荡过程，其振荡频率就是系统的固有振荡角频率 ω_0。实际上一个系统总有一定的阻尼，所以 ω_d 总小于 ω_0。

b. $\xi=1$ 临界阻尼

此时式(2.42)成为

$$Y(s)=\frac{k\omega_0^2}{s(s+\omega_0)^2}$$

上式分母的特征方程的解为两个相同实数，由拉氏反变换可得

$$Y(t)=K[1-e^{-\omega_0 t}(1+\omega_0 t)]\tag{2.45}$$

上式表明系统既无超调也无振荡。

c. $\xi>1$ 过阻尼

此时式(2.42)可写成

$$Y(s)=\frac{K\omega_0^2}{s(s+\xi\omega_0+\omega_0\sqrt{\xi^2-1})(s+\xi\omega_0-\omega_0\sqrt{\xi^2-1})}$$

$$Y(t)=K\left\{1+\frac{1}{2(\xi^2-\xi\sqrt{\xi^2-1}-1)}\exp[-(\xi-\sqrt{\xi^2-1})]+\ldots\right.$$
$$\left.\frac{1}{2(\xi^2+\xi\sqrt{\xi^2-1}-1)}\exp[-(\xi+\sqrt{\xi^2-1})\omega_0 t]\right\}\tag{2.46}$$

式(2.46)有两个衰减的指数项，当 $\xi\gg 1$ 时，后一个指数项比前一项衰减快得多，可忽略不计，这样就从二阶系统蜕化成一阶系统的惯性环节。

对应于不同 ξ 值的二阶系统单位阶跃响应曲线族如图2.21所示。由图可见，在一定的 ξ 值下，欠阻尼系统比临界阻尼系统更快地达到稳定值，过阻尼系统反应迟钝，动作缓慢，所以一般系统大都设计成欠阻尼系统，ξ 取值为0.6~0.8。

二阶传感器系统的动态特性常用其单位阶跃响应曲线的参数来表示，如图 2.22 所示。

上升时间 t_r：输出由稳态值的 10% 变化到稳态值的 90% 所需的时间。二阶传感器系统中，t_r 随 ξ 的增大而增大。当 $\xi=0.7$ 时，$t_r=\dfrac{2}{\omega_0}$。

稳定时间 t_s：系统从阶跃输入开始到系统稳定在稳定值的给定百分比内所需的最小时间。对给定百分比为 ±5% 的二阶传感器系统，在 $\xi=0.7$ 时，t_s 最小$\left(\dfrac{3}{\omega_0}\right)$。

t_r 和 t_s 都是反映系统快速性的参数。

峰值时间 t_p：阶跃响应曲线达到第一个峰值所需时间。

衰减度 ψ：瞬态过程中振荡幅值衰减的速度，定义为

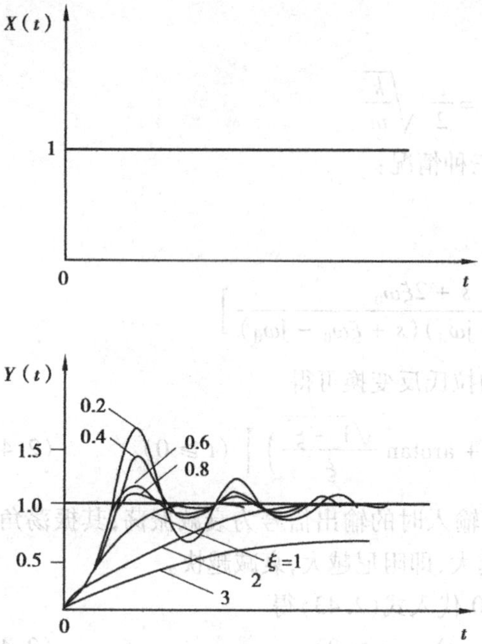

图 2.21　二阶传感器的阶跃响应

$$\psi=\frac{\left(Y_a-Y_b\right)}{Y_a}$$

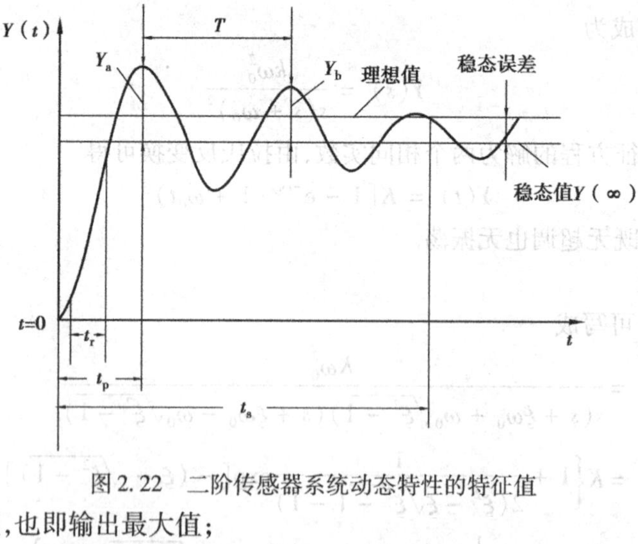

图 2.22　二阶传感器系统动态特性的特征值

式中：Y_a——过冲值，也即输出最大值；

Y_b——Y_a 出现一个周期后的$(Y(t)-Y(\infty))$值。如果 $Y_b \ll Y_a$，则 $\psi \approx 1$，表示衰减很快，该系统很稳定，振荡很快停止。

超调量 σ_p：通常用过渡过程中超过稳态值的最大值（即过冲值）与稳态值之比的百分数来表示，即

$$\sigma_p=\frac{Y_a}{Y(\infty)}\times 100\%$$

超调量 σ_p 与 ξ 有关，它们之间的关系可用下式表示：

$$\xi = \frac{1}{\sqrt{\left\{\left[\frac{\pi}{\ln(0.01\sigma_p)}\right]^2 + 1\right\}}} \tag{2.47}$$

通常,二阶传感器的动态参数由实验方法测定,即输入阶跃信号并记录下传感器的响应曲线,由此测出 Y_a,利用式(2.47)即可算出传感器的阻尼比 ξ。测出衰减振荡周期 T,即可由 $T_o = T\sqrt{1-\xi^2}$ 算出传感器的固有周期或固有频率。上升时间 t_r、稳定时间 t_s 及峰值时间 t_p 也可在响应曲线上测得。

由此可见,频域分析和时域分析都能用来描述传感器的动态特性。实际上,它们之间有一定的内在联系。实践和理论分析表明,传感器的频率上限 f_n 和上升时间 t_r 的乘积是一个常数:$f_n t_r = 0.35 \sim 0.45$。当超调量 $\sigma_p < 5\%$ 时,用0.35计算比较准确;而当 $\sigma_p > 5\%$ 时,用0.45计算比较合适。

2.3　传感器敏感材料

2.3.1　半导体敏感材料

半导体材料按化学组成可分为元素半导体、化合物半导体、有机半导体等。半导体内载流子密度可在很宽范围内变化,根据这种变化能控制其电阻阻值,这是半导体的最大特征。外部对半导体的作用能改变半导体内电子的运动状态和数目,从而将外部作用的大小转换成电信号。半导体的这种电子特征,就是半导体敏感元件的特性基础。虽然用于敏感元件的半导体材料大多数是无机物,但是,有机物中也有显示半导体性质的,可望作为未来的敏感功能材料。下面仅介绍实用的无机半导体功能材料。

(1)元素半导体

1)单晶硅

目前的固态传感器大部分是用单晶硅材料制造的,因为单晶硅具有优良的机械、物理特性,材质纯,内耗低,功耗小。单晶硅的机械品质因数很高(约为 10^6),滞后和蠕变极小,几乎为零,机械稳定性好;单晶硅为立方晶体,是各向异性材料;许多物理化学特性取决于晶向,如弹性性质、各向腐蚀性质等;单晶硅具有很好的热导性,是不锈钢的5倍,而热膨胀系数则不到不锈钢的1/7;单晶硅又是半导体材料,具有优良的电学性质,其压阻效应取决于晶向。更为重要的是,单晶硅传感器的制造工艺与硅集成电路工艺有很好的兼容性。硅传感器与调理电路单片集成,可实现微型化、低功耗,并有利于提高传感器的一致性、可靠性和快响应。

2)多晶硅

多晶硅是许多单晶(晶粒)的聚合物,这些晶粒的排列是无序的,不同晶粒有不同的单晶取向,而每一晶粒内部具有单晶的特征。晶粒大小对压阻效应也有一定影响,晶粒越大,压阻效应越大,即应变灵敏系数越大(单晶情况下为最大)。多晶硅压阻膜与单晶硅压阻膜相比,其优点是可在不同衬底材料上制作,如金属材料衬底,而制备过程与常规半导体工艺相容,且无PN结隔离问题,因而有良好的温度稳定性。用多晶硅压阻膜可有效抑制传感器的温漂,是制造低温漂传感器的好材料。

(2)**化合物半导体**

大多数化合物半导体具有类似于单元素半导体的结构特点和电特性,其优点是具有较宽的禁带范围和迁移率。化合物半导体内容丰富,可进一步分成:

1)Ⅲ-Ⅴ族半导体

Ⅲ-Ⅴ族化合物半导体占有最重要的地位,特别是 GaAs(砷化镓)、lnP(磷化铟)、GaP(磷化镓)应用很广,是微波、光电器件的主要材料;InSb、InAs 的禁带窄,电子迁移率高,主要用于制造红外器件及霍耳器件。Ⅲ-Ⅴ族化合物固溶体,如 $Ga_{1-X}ln_XAs_{1-Y}P_Y$、$Ga_{1-X}Al_XAs$ 等是制作半导体激光探测器的良好材料。

2)Ⅱ-Ⅵ族半导体

Ⅱ-Ⅵ族化合物半导体主要用于各种光电器件,ZnS 是重要的场致发光材料。作为包括传感器的器件材料,目前Ⅱ-Ⅵ族化合物半导体的利用率低于Ⅱ-Ⅵ族化合物半导体。其原因是不能自由控制除 CdTe 外材料的导电类型。Ⅱ-Ⅵ族化合物半导体具有压电性大的特点,这是作为敏感材料受到注意的一个方面。

(3)**非晶半导体**

非晶半导体大致可分为以 Si 为代表的四面体系(例如 Si(a-Si)等)和以 Se、Te 为构成元素的氧属(硫族)元素化合物系。这些半导体有容易薄膜化、对可见光的光吸收系数大、禁带宽度可控制的特点,可作为光敏元件材料。同时,由于淀积温度低(200~300 ℃),可使用多种材料作衬底,并可大面积淀积(包括在大面积挠性有机膜上淀积),适用于制造薄膜式传感器,用以感受压力分布和识别形状。此外,还具有高的塞贝克系数(200 $\mu V \cdot K^{-1}$),是适于现代传感器需要的集成化、多功能化的材料。例如非晶态硅薄膜材料已成功地应用于太阳能电池、高整流比 P-Ⅰ-N 二极管、场效应晶体管及集成电路、图像传感器、电荷耦合器件等。另外,在非晶态硫系半导体中观察到种种特异的现象(光诱导晶化和结构变化、光掺杂、开关、存储),已开发应用于开关器件、太阳能电池及光电导器件。

(4)**硅蓝宝石**

硅蓝宝石材料是在蓝宝石($\uparrow \alpha\text{-}Al_2O_3$)衬底上应用外延生长技术形成的硅薄膜。由于衬底是绝缘体,可以实现元件间的分离,且寄生电容小,可工作在较高的温度下(300 ℃)。蓝宝石的机械强度是体形硅的 2 倍多,蠕变极小,优于单晶,且耐辐射,耐腐蚀,化学稳定性好。

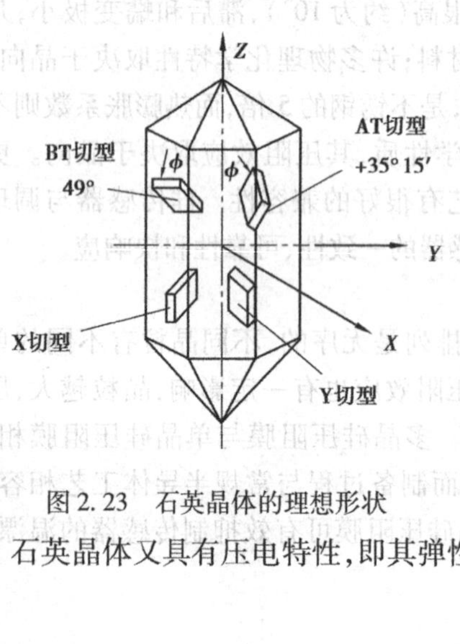

图 2.23　石英晶体的理想形状

2.3.2　石英敏感材料

(1)**石英晶体**

石英的化学组成为 SiO_2,SiO_2 的晶态形式即石英晶体(Quartz crystal)。石英晶体的理想形状为六角锥体(见图 2.23),通过锥顶端的轴线称为 *Z* 轴(光轴)。

石英晶体为各向异性材料,不同晶向具有各异的物理特性。

石英晶体又具有压电特性,即其弹性和电学性质为相互耦合。其压电矩阵仅有两个独立

的压电系数 d_{11}、d_{14}。常用其长度伸缩和厚度伸缩模式，没有可用的剪切模式。

石英晶体又是绝缘体，在其表面淀积金属电极引线，应不会产生漏电现象。

石英晶体和单晶硅一样，具有优良的机械物理性质，材质纯、内耗低、功耗小；机械品质因数可高达100数量级，但实际值却往往比最高值小几倍；滞后和蠕变极小，小到可以忽略不计的程度。

石英材质轻，密度约为不锈钢的1/3。它的弯曲强度为不锈钢的4倍。

石英晶体最高工作温度不超过200～250 ℃。在20～200 ℃，d_{11} 的温度系数约为0.016 ℃$^{-1}$。

石英晶体是各向异性，在直角坐标系中，沿着不同的方位进行切割，就产生不同的几何切型。每一种晶片都是以一定的几何切型为依据，它们的力—电转换类型、转换效率、压电系数、弹性系数、介电系数、温度特性、谐振频率等都不一样，这与传感器的设计、制造和使用有密切的关系。

(2)石英玻璃

石英玻璃(非晶态的 SiO_2)的物理特性与方向无关。这种透明的石英玻璃又叫熔凝石英。它的机械物理性能和化学性能极优，材质纯、内耗小、机械品质因数高、弹性储能比大，滞后和蠕变极小，有极其稳定的机械和化学性能。它是制造高精度传感器的可靠而理想的敏感材料。如精密标准压力计的敏感元件(石英弹簧管)就是采用这种理想材料制成的。

石英玻璃与大多数材料的区别是：在700～800 ℃以前，它的弹性模量随温度的增高而增大，以后随温度升高而下降。石英玻璃的容许使用温度为1 100 ℃。

2.3.3 功能陶瓷敏感材料

功能陶瓷的应用领域更为广泛，主要用于电、磁、光、声、热力和化学等信息的检测、转换、传输、处理和存储。根据其组成结构的易调和可控性，可以制备超高绝缘性、绝缘性、半导体、导电性和超导性陶瓷；根据其能量转换和耦合特性，可以制备压电、光电、热电、磁电和铁电等陶瓷；根据其对外场条件的敏感效应，可以制备热敏、气敏、湿敏、嗅敏、磁敏和光敏等敏感陶瓷。当前功能陶瓷在性能方面向着高效能、高可靠、低损耗、多功能、超高功能以及智能化方向发展，在设备技术方面向着多层、多相乃至超微细结构的调控与复合、低温活化烧结、立体布线、超细超纯、薄膜技术等方向发展。在材料及应用的主要研究方向包括智能化敏感陶瓷及其传感器、压电陶瓷及其换能器、光纤陶瓷材料、多层封装立体布线用的高导热低介电常数陶瓷基片材料以及多层陶瓷电容器材料等。下面仅介绍压电陶瓷材料、热释电陶瓷材料及半导体陶瓷材料。

(1)压电陶瓷材料

绝大多数压电陶瓷材料(如 $BaTiO_3$、$PbTiO_3$、$Pb(Z_{r_1-X}Ti_X)O_3$ 等)的晶体结构为 ABO_3 型钙钛矿结构。在居里温度以下为四方晶系铁电陶瓷。由于正、负电荷重心不重合，产生沿 Z 轴方向的自发极化。自发极化取向一致的微小区域称为铁电畴。由于电畴的随机混乱取向，所以多晶铁电陶瓷的总的宏观极化强度为零。只有在足够的高压直流电场作用下，电畴沿电场方向定向排列后铁电陶瓷才具有压电效应。图2.24示出人工极化过程示意图。极化后陶瓷表面出现束缚电荷，并在相应的电极面上吸附等量异号的自由电荷。

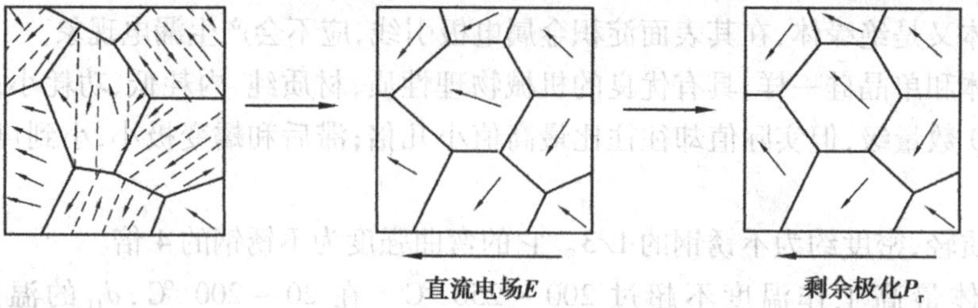

图 2.24　压电陶瓷的人工极化过程示意图

压电体的压电效应与其极化强度的变化有关，并非在任何力（或电场）作用下在任何方向都能产生压电效应，而只是在某些方向的力（或电场）作用下，沿某些特定方向才产生压电效应。

压电陶瓷材料的组成与种类十分广泛。最常用的有 $PbTiO_3$、$Pb(Z_{r_1-X}Ti_X)O_3$（简称 PZT）及三元系压电陶瓷。所谓三元系是指在 PZT 二元系基础上添加第三组元化合物。一般第三组元化合物大都是 $A(B'B'')O_3$ 型复合钙钛矿型化合物。例如铌镁锆钛酸铅 $Pb(Mg_{1/3}Nb_{2/3})_XZr_YTi_ZO_3$、铌锌锆钛酸铅 $Pb(Zn_{1/3}Nb_{1/3})_XZr_YTi_ZO_3$、铌锑锆钛酸铅等，三元系压电陶瓷具有在更宽广的范围内调整其组成和性能的优点，有利于制备更高性能的压电陶瓷材料。

（2）热释电陶瓷材料

热释电材料包括单晶体、陶瓷材料、有机高分子材料及薄膜材料，其主要特点是随温度的变化会引起晶体自发极化的变化而在晶体的一定方向上产生表面电荷。也就是说，热释电效应是由于晶体中存在着自发极化所引起的。一般自发极化与感应极化不同，它不是在外电场的作用下发生的，而是物质本身的结构在某个方向上正、负电荷重心不重合而形成的。当温度变化时，晶体结构中正、负电荷的重心产生相对位移，从而使晶体的自发极化发生变化。自发极化的强度 P_S 随温度变化的比例系数称为热释电系数 λ，即 $dP_S/dT=\lambda$。

选择热释电材料时要注意以下要求：①材料定容比热要小，即要求温度变化大；②热释电系数要大；③材料居里点要高；④材料的介电常数要小，介质损耗低；⑤易加工、成本低等。热释电陶瓷材料易加工、易改配方，能获得多种性能与形状的产品；此外，可将其细晶粒研磨，加工到 20 μm 以下的厚度，经处理后可提高极化强度，降低介电常数和介质损耗。

陶瓷中最早使用的是钛酸铅（$PbTiO_3$）热释电体，它的居里温度较高（约 500 ℃），热释电系数值较大（约为 6），品质因素（热释电系数 A 对介电常数£和定容比热 c_V 乘积的比值）与 $LiTaO_3$ 相当。锆钛酸铅（PZT）是近年来发展起来的一类透明陶瓷新材料，其热释电系数比硫酸三甘酞（TGS）高 10 倍，工作温度可达 241 ℃，是一种比较优良的热释电体。

利用热释电材料构成的敏感元件，它能以物体辐射的红外线作为热源，从而进行非接触检测。这种红外线热敏元件的特点：①能非接触、高灵敏度、宽范围（$-80\sim1\,500$ ℃）检测温度；②对波长依赖性小，能检测任意红外线；③能在常温工作；④快速响应。

（3）半导体陶瓷材料

半导体陶瓷是指具有半导体特性的陶瓷材料，绝大多数都是由各种氧化物组成的。从能带理论的角度看，材料半导性是由于其禁带宽度较窄，以致在常温或稍高温度下，部分电子从禁带被激发到导带参与导电，一般化学元素半导体的禁带宽度都小于 1 eV，而许多金属氧化物材料则具有较宽的禁带宽度,大都在3 eV以上,常温下的电子激发很有限,所以不显示半导性。必须采取一些工艺上的措施,才能使其半导化,例如,$BaTiO_3$陶瓷在室温下的体积电阻率大于1 012 Ω·cm,但采用施主掺杂(原子价控)法或强制还原法,则可获得电阻率很小的N型$BaTiO_3$半导体。目前实用的半导体敏感陶瓷主要包括对温度变化敏感的热敏半导体陶瓷材料、对气体浓度敏感的气敏半导体陶瓷材料、对湿度和水分敏感的湿敏半导体陶瓷材料、对电压敏感的压敏半导体陶瓷材料等。多功能敏感陶瓷是一种新的半导体敏感陶瓷,同时能检测湿度和气体的多功能传感器已达实用化水平,如$MgCr_2O_4$—TiO_2系多孔陶瓷可作为这种多功能传感器的材料。它在气氛温度200 ℃以下时仅对湿度有敏感性,在400~450 ℃能检测空气中含有的有机气体,在550 ℃以上的高温加热清洗情况下能检测温度,因此这种陶瓷有三种功能。

2.3.4 功能高分子材料

(1)导电高分子材料

导电高分子材料按导电原理可分为结构型导电高分子与复合型导电高分子两大类。导电高分子材料与金属相比,具有重量轻、易成形、电阻率可调节、并可通过分子设计合成出具有不同特性的导电性高分子等特点。

1)结构型导电高分子材料

结构型导电高分子是指高分子本身结构显示导电性。通常的高分子材料无一例外地是绝缘体,其电导率非常低。直流电压加在高分子材料上时有极微小的电流流过,大部分情况下杂质离子为载流子源。但由于掺入电子兼容性强的低分子而实现了高电导,且由于其电子亲和力、分子的大小和浓度的不同,提高导电性的效果也不同。

2)复合型导电高分子材料

复合型导电高分子材料是通过一般高分子与各种导电填料分散复合、层积复合,使其表面形成导电膜等方法而制成。基体高分子常用的有聚氯乙烯、聚酰胺、酚醛树脂、环氧树脂、有机硅等。常用导电填料有金属粉、金属纤维、碳墨、石墨、碳纤维、金属氧化物等。此外,在制作过程中还需加入一些添加剂,如抗氧剂、固化剂、溶剂、润滑剂等。

复合型导电高分子材料,最常用的有导电塑料、导电薄膜、导电涂料、导电橡胶、导电纤维等。导电涂料、导电硅橡胶可用作电极材料;而加压导电橡胶在加压时才出现导电性,可用作防爆开关、各种压力敏感元件等。

(2)压电型、热释电型高分子材料

压电高分子材料的研究始于生物体,1940年,苏联发现了木材的压电特性后,相继发现了动物的骨、腱、皮肤、头发等都具有压电性。1970年,压电、热释电薄膜的制作发现聚偏二氟乙烯(PVDF,Polyvinylidene Fluoride)的压电性。

高分子材料显示上述功能的必要条件是材料本身要具有大的自发极化。至今除聚偏二氟乙烯外,氟化聚烯叉和三氟化聚乙烯(—CHF—CF_2—)的共聚合体[P(VDF—TrFE)]与氟化聚乙烯叉和四氟化聚乙烯(—CF_2—CF_2—)的共聚合体[P(VDF—TeFE)]等有极性氟系高分子薄膜都具有自发极化。

PVDF作为一种优良的敏感材料,在传感器技术中有广泛应用前景,并特别适用于医学超声图像检测及植入式器件。与其他压电材料相比,PVDF有如下独特性质:质地柔软而结实,可以制成大面积薄膜；具有与水及人体软组织相接近的低声阻抗（水的声阻为 1.5×10^{6} Pa·s·m^{-3}，PVDF 的声阻为 2.7×10^{6} Pa·s·m^{-3}，而压电陶瓷的声阻则在 35×10^{6} Pa·s·m^{-3} 以上）；内阻大，Q 值低；具有平坦的宽频带响应特性（在 $10^{-5}\sim5\times10^{8}$ Hz 范围内响应平坦，振动模式单纯，余波极小）；化学性能稳定，与血液有良好的兼容性。但 PVDF 也存在机电转换效率较低、工作温度不够高（<80 ℃）、介电噪声大、离散性较明显等不足，尚需进一步改进。

PVDF 的压电性、热释电性的起源是微晶中的极化反转。将其按一定工艺条件进行延伸、蒸铝和极化等工序处理后，就具有显著的压电效应。对于 PVDF，相当于其居里温度的耐热温度约为 90 ℃。对于 P(VDF—TrFE) 和 P(VDF—TeFE) 耐热温度升高。对于前者，在共聚合体组分比中，随着 TrFE 比分的增加，耐热温度上升，但是压电转换效率变低。

高分子压电、热释电材料的应用领域从电—声转换器开始，其后发展到用于超声波诊断、非破坏检查用转换器、超声波显微镜、可在水中使用的超声波摄像管、对红外和微波敏感的热释电元件、热摄像管等。

有机—无机压电复合材料是当前材料研究的一个重要发展方向。一种由 PVDF 和压电陶瓷组成的两相复合材料（PZT + PVDF），是将陶瓷粉粒填入聚合物格子中，陶瓷粉粒之间互不接触而组成，它既具有较强的压电效应又具有较好的弹性、柔性。可见，无机压电材料与有机高聚物复合，使得高聚物相能降低密度和介电常数，增加弹性柔顺系数，压电陶瓷则使其增强压电性能。因此，压电复合材料既具有无机压电陶瓷材料的强压电效应，又具有有机压电材料的柔软性，其阻抗容易与皮肤、水、空气相匹配，特别适用于医疗仪器、水声器件和电声器件。

(3) 高分子化学敏感材料

高分子化学敏感材料可分为气敏材料、离子敏材料和分子敏材料。主要敏感机理是随着对特定敏感物质的吸附和脱附，高分子表面电导率或体电导率发生变化；或者光学特性或重量发生微小变化。

2.3.5 金属敏感材料

金属的特性是电子可在金属中自由运动，将其他的物理量变成自由电子的运动量并控制自由电子的运动是金属敏感材料所利用的技术之一。自旋的排列（即磁性）也是金属具有的一大特点。此外大部分金属在极低温下具有超导性。在材料的功能利用方面，由于有金属以外的丰富材料，金属材料的作用相对降低了，但在温度敏感元件和磁敏元件中金属材料还是起着重要作用。

(1) 金属系温度敏感材料

现将温度敏感元件的输入—输出的物理量变换方式和典型的金属功能材料归纳如下。

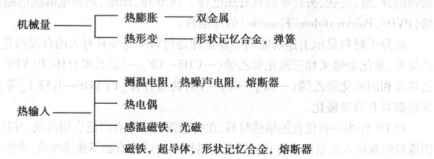

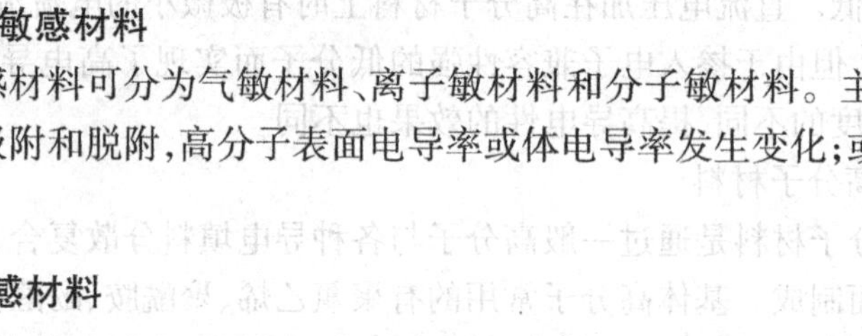

在利用机械量的敏感元件中，有双金属、形状记忆合金等，其特点是精度低，但简便、价廉。利用电阻温度依赖关系的敏感元件，其使用温度范围广且精度高（如 Pt、Ni、Cu 电阻），但电阻阻值较低。用途最广泛且精度也高的是利用热电势的热电偶材料（如 Cu/康铜、镍合金/镍铅合金热电偶）。感温铁氧体和光磁还在研究开发阶段，实用例少。利用马氏体相变的形状记忆合金和规则—不规则相变中的电阻变化的熔断丝是利用相移的例子，此外，超导相移等的利用也正在研究之中。

形状记忆合金是一种新型传感器材料，其主要特性是它的热弹性和超弹性。利用记忆合金的特性可以研制出多种传感器和执行器。例如，把某种记忆合金在高温下定形后，倘若被冷却到低温产生形变，只要温度稍许升高（如从 1 ~ 30 K），就可以使该形变迅速消失，并回复到高温下所具有的形状；随后再进行冷却或加热，形状就保持不变。这个过程可以周而复始，仿佛合金记住了高温状态下所赋予的形状一样，这个现象说明了记忆合金的热弹性。利用这个热弹性，不仅可以用作温度传感器，也能用作热执行器。另外，基于记忆合金的超弹性，可以制成微型位移传感器、触点传感器等。记忆合金的代表材料有 NiTi、CuZnAl 和 CuAlNi 等。

(2) **金属磁性功能材料**

在金属所具有的物性中，有特点的是磁性。直接利用磁性的敏感元件只限于磁场敏感元件，但是如果利用与有不同物性的磁性体的组合或磁性与其他物性的相互作用（磁效应），则可制成与广泛的物理刺激相对应的传感器件。虽有铁氧体等氧化物和氮化物磁性体，但磁性功能材料的中心材料仍是金属。下面仅介绍利用金属各向异性磁阻效应的敏感材料和磁形变敏感材料。

1) 磁阻效应材料

对于强磁性体金属（Fe、Co、Ni 及其合金），如图 2.25 所示，当外磁场的方向平行于磁体内部的磁化方向时，电阻几乎不随外磁场而变，但若外磁场偏离内磁化方向，则电阻减小。像这样因外磁场作用而使电阻出现各向异性的现象称为各向异性磁阻效应。为方便计，以后省略各向异性，简称为磁阻效应。

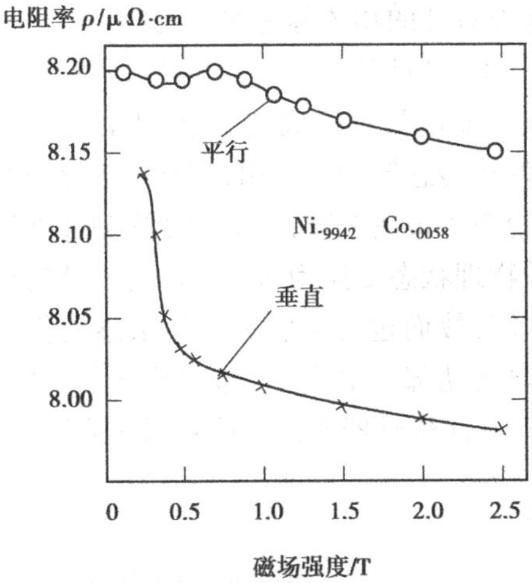

图 2.25 Ni-0.58 Co 合金的各项异性磁阻效应

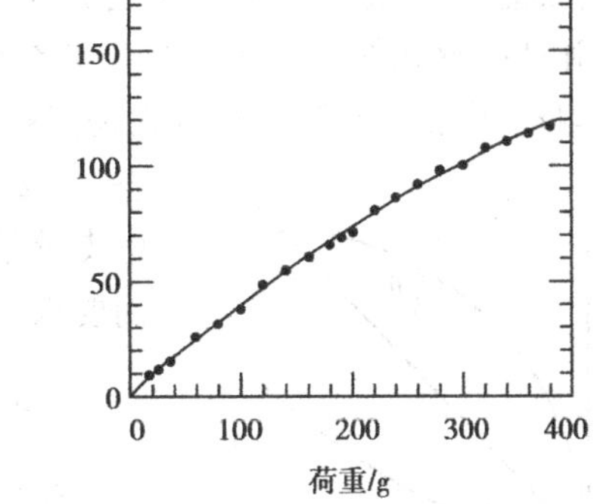

图 2.26 $Fe_{78}MO_2B_{17}Si_2$ 非晶合金因施加荷重而产生的桥回路输出

2)磁形变敏感材料

强磁性体一被磁化就显示尺寸变化,这是磁形变现象,通常称为磁致伸缩效应。反之,若因为给强磁性体以形变而磁化发生变化,则称为反磁致伸缩效应。对于磁头等精密磁敏元件,若磁致伸缩不为零,则成为噪声和信号波形杂乱的原因,当然这不是所希望的。但是,因形变而使磁化发生变化,所以还可作为形变敏感元件使用。

磁致伸缩产生的原因是:由于磁偶极矩变化而产生晶格离子位置的偏移,由于磁弹性结合能变化引起晶格离子位置的偏移,以及由自旋引起的传导电子云分布的变化等。

作为利用磁致伸缩效应的敏感元件有采用矽钢和磁性铁氧体的荷重敏感元件、转矩敏感元件。就新材料而言,有采用非晶的敏感元件,并以此试制了荷重敏感元件、旋转数敏感元件、应力敏感元件。图 2.26 所示是 $Fe_{78}MO_2B_{17}Si_2$ 非晶金属的荷重检测特性,是用拾音线圈以电压的形式检测由非晶合金的形变引起的磁导率变化。

(3)超导敏感材料

超导体具有三个临界值,即临界电流密度、超导转变温度、临界磁场。利用这些基本特性可制作高灵敏度电流、温度、磁场敏感元件,但由于超导体的转变温度极低,给实用带来不少困难。超导敏感材料中最主要的是利用约瑟夫逊效应的磁敏材料,用这种材料制成的超导量子干涉仪 SQVID(Superconducting Quantum Interference Device)可检测 10^{-10}T 量级的微弱磁场,在心、脑磁图检测中有重要应用价值。

在约瑟夫逊法中常采用 Nb 或 Ta 等的体材料和薄膜化器件,其中薄膜具有容易制作、温度循环能力强、机械强度高、氧化膜稳定、适于微细加工等特点。

2.4 弹性敏感元件

物体因外力作用而改变原来的尺寸或形状称为变形,如果在外力去掉后能完全恢复其原来的尺寸和形状,那么这种变形称为弹性变形,具有这类特性的物体称为弹性元件。

弹性元件在生物信息检测中占有极为重要的地位,不但应用广泛,而且是某些生物信息检测用传感器中的心脏部分。因为由它首先把各种形式的非电量变换成应变量,然后配合各种形式的换能元件,把非电量变换成电量。根据弹性元件在传感器中的作用,它基本上分为两种类型:弹性敏感元件和弹性支承。前者感受力、压力、力矩等被测参数,并由它变换为弹性敏感元件本身的应变、位移等,所以它是把被测参数由一种物理状态变换为所需要的另一种物理状态,直接起到测量的作用,故而也可称它为测量敏感元件。弹性支承是作为传感器中活动部分的支承,起支承导向作用,因而要求摩擦力小、间隙小,使传感器能达到精确测量的目的。

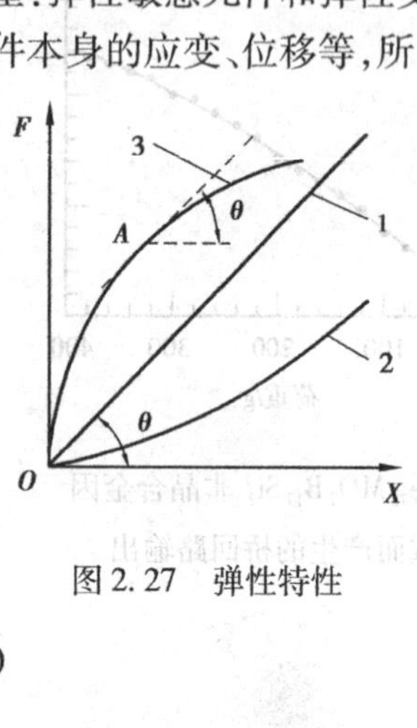

图 2.27　弹性特性

2.4.1 弹性特性

作用在弹性元件的外力与其相应变形(应变、位移或转角)间的关系称之为弹性元件的弹性特性,它可能是线性的(图 2.27 中的直线 1),也可能是非线性的(图 2.27 中的曲线 2 或 3)。弹性特性可用刚度或灵敏度来表示。

(1)**刚度**

刚度是弹性元件受外力作用下变形大小的量度，一般用 k 表示，它的数学表达式为

$$k = \lim_{\Delta x \to 0}\left(\frac{\Delta F}{\Delta x}\right) = \frac{\mathrm{d}F}{\mathrm{d}x} \tag{2.48}$$

式中：F——作用在弹性元件上的外力；

x——弹性元件产生的变形。

刚度也可以从弹性特性曲线上求得。图2.27 弹性特性曲线3上某点 A 的刚度，可通过 A 点作曲线3的切线，此切线水平夹角的正切就代表该弹性元件在 A 点处的刚度，即 $\tan\theta = \frac{\mathrm{d}F}{\mathrm{d}x}$。如果弹性特性是线性的，显然它的刚度是一个常数，即 $\tan\theta = \frac{F}{x}$ = 常数（见图2.27中的直线1）。

(2)**灵敏度**

它是刚度的倒数，一般用 K 表示，即为

$$K = \frac{\mathrm{d}x}{\mathrm{d}F} \tag{2.49}$$

从式(2.49)可以看出，灵敏度就是单位力产生变形的大小，若以相同的力作用在弹性元件上时，变形大的灵敏度就高，变形小的灵敏度就低。与刚度相似，如果弹性特性是线性的，则灵敏度为一常数，若弹性特性是非线性的，则灵敏度为一变数，即表示此弹性元件在弹性变形范围内，各种受力情况下的变量是不相等的。

在传感器中，为了测量压力或振动参数等，往往要应用几个弹性敏感元件串联或并联（例如压力传感器中用膜片与应变梁）。当弹性敏感元件并联时，系统的灵敏度为

$$K = \frac{1}{\sum_{i=1}^{n}\frac{1}{K_i}} \tag{2.50}$$

在串联情况下，系统的灵敏度为

$$K = \sum_{i=1}^{n} K_i \tag{2.51}$$

式中：i——串联或并联弹性敏感元件的数目；

K_i——第 i 个弹性敏感元件的灵敏度。

2.4.2　弹性滞后和弹性后效现象

(1)**弹性滞后现象**

弹性元件在弹性范围内，弹性特性曲线的加载曲线与去载曲线不重合的现象称为弹性滞后现象，如图2.28所示。

这种现象使测量产生误差，当作用在弹性元件上的力逐渐由0增加至 F_1 时，弹性元件的弹性特性曲线如曲线1，而当作用力由 F_1 减少到0时，弹性特性曲线如曲线2所示。作用力由0增加到一定值 F_2 和大于 F_2 的作用力由 F_1 减少到 F_2 时，弹性变形之差 Δ 叫做弹性敏感元件的滞后误差，这种滞后误差直接使测量产生误差。曲线1,2所包围的范围称之为滞环。引起弹性滞后的原因，主要是由于弹性元件在工作过程中分子间存在内摩擦。

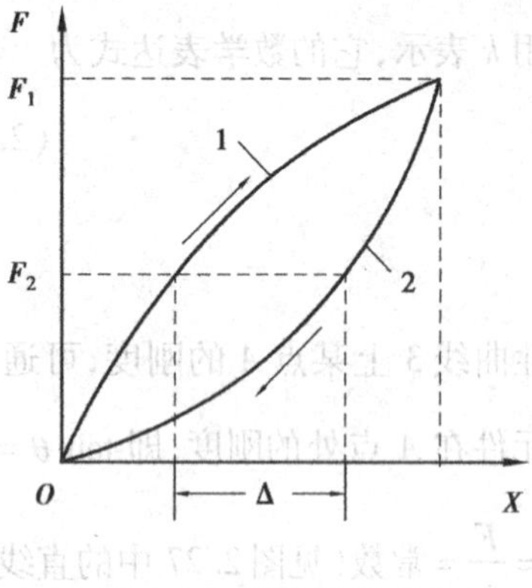

图 2.28　弹性滞后现象

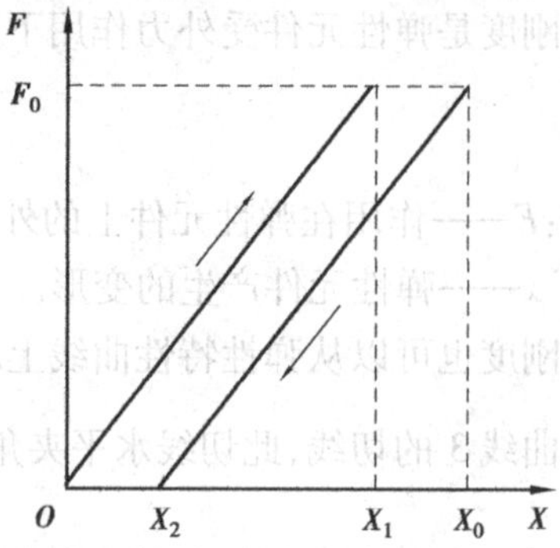

图 2.29　弹性后效现象

(2)弹性后效现象

当载荷改变后,不是立即完成相应的变形,而是在一定时间间隔中逐渐完成变形的现象称为弹性后效现象。这种现象可用图 2.29 来说明。当作用到弹性敏感元件上的力由 0 突然增加至 F_0 时,弹性元件的变形首先由 0 迅速增加至 x_1,然后在载荷不变情况下,弹性敏感元件继续变形,直至变形增大到等于 x_0 为止。反之,如果作用力由 F_0 突然减至 0,弹性元件的变形也是先由 x_0 迅速减至 x_2,然后继续减小变形直至变形等于 0 为止。由于弹性后效现象的存在,弹性敏感元件的变形始终不能迅速地跟着作用力的改变而改变,所以这种现象也将使测量造成误差,尤其在动态测量中更不允许存在这种弹性后效现象。

由上可知,弹性滞后和后效在本质上是同一类型的缺点,必须力图使它们减小。弹性滞后和后效的大小,与材料结构、载荷特性和大小以及温度等一系列因素有关,应合理地选择材料,选用较大的安全系数,设计正确的结构和加工方法,以尽量减小由弹性滞后和弹性后效现象造成的误差。

2.4.3　固有振动频率

弹性元件的动态特性和变换被测参数时的滞后作用,在很大程度上与它的固有振动频率有关,一般总希望它具有较高的固有振动频率。由于弹性敏感元件系统往往是个具有分布参数的系统,因而固有振动频率的计算是比较复杂的,为此在实际中常常通过实验来决定。一般在计算时,只计算它最低的固有振动频率。

在实际设计弹性敏感元件时,常常遇到线性度、灵敏度、固有振动频率之间相互矛盾、相互制约的问题。提高灵敏度,会使线性变差,固有振动频率降低,这就不能满足测量动态参数的要求。相反,有时固有振动频率提高了,灵敏度却降低了。因此,必须根据测量的对象和要求,加以综合考虑。

2.4.4　弹性敏感元件的形式及其应用范围

在传感器中,输入到弹性元件的信号通常是力或压力,则其他信号必须变换为力或压力后再输入到弹性敏感元件,而弹性敏感元件的输出是位移或应变,亦即弹性敏感元件将力、压力变换为位移或应变。因此,弹性敏感元件可分为“力—应变”和“力—位移”的变换(力的变换);“压力—应变”和“压力—位移”的变换(压力的变换);“力矩—角度”的变换;等等。弹性敏感元件的这种分类方法是比较合理的，因为弹性敏感元件的输入、输出决定了它的变换灵敏度、结构以及进一步变换为电信号的方法。例如，如果弹性敏感元件的输出量是位移，那么就可以做成电感式、电容式或电阻式等传感器。

在力的变换中，弹性敏感元件的形式可以为实心或空心圆柱体（图2.30(a)、(b)）、等截面圆环（图2.30(d)、(e)）、等截面或等强度悬臂梁（图2.30(f)、(g)）、轴状元件（图2.30(h)）等。

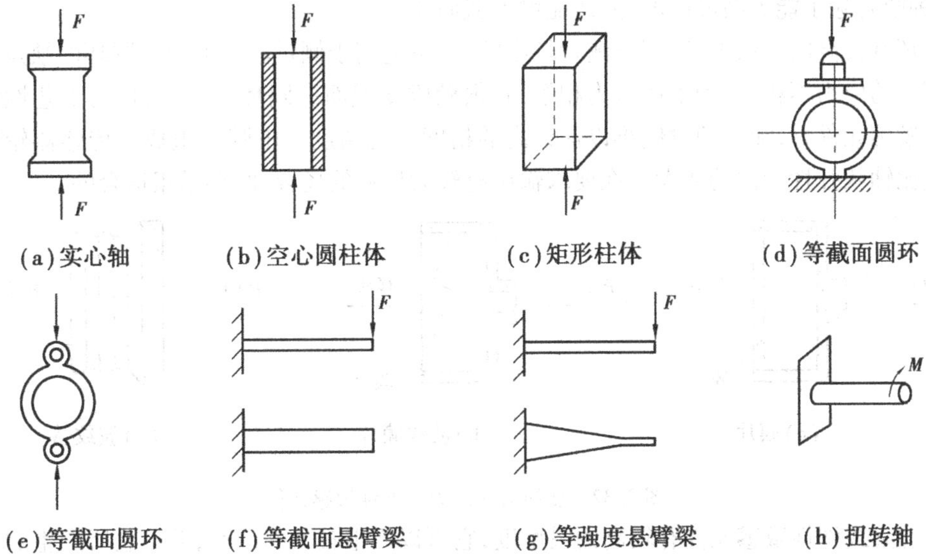

图2.30　变换力的弹性敏感元件形式

在压力的变换中，通常使用弹簧管、膜片、膜盒、薄壁圆筒、薄壁半球等（图2.31）。

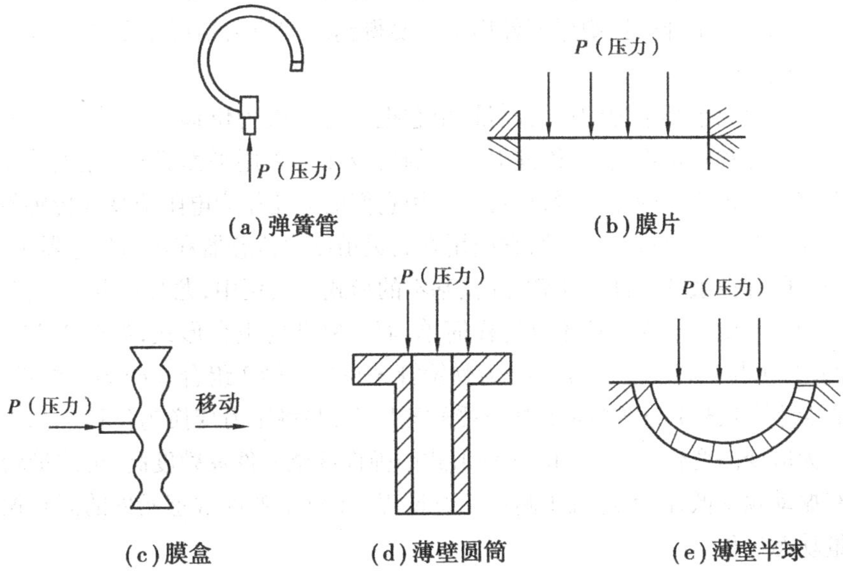

图2.31　交换压力的弹性敏感元件形式

对于平面膜片、波纹膜片和波纹管等弹性敏感元件(图 2.32),其输入量可以是力,也可以是压力。

输入量是力的弹性敏感元件中,轴状弹性元件得到了广泛的应用,它的主要优点是加工方便,很容易达到高精度的几何尺寸及光滑的加工表面。在有些场合,轮廓尺寸受到限制时,为了提高测量范围,广泛地应用轴状弹性敏感元件。它的缺点之一是位移量小,因此它仅应用于拉、压力传感器中;它的另一缺点是灵敏度的局限性,为了提高灵敏度,把轴做成空心的圆筒形式,这种圆筒除了能提高灵敏度外,还能增大截面积。

圆环有较高的灵敏度,适用于测量较小的力,不适用于侧量较大的力。圆环的缺点是各个变形部分的应力不相等,为了使应力相等,必须做成变截面的圆环。此外,环的工艺性没有轴状弹性敏感元件好,加工的时候难以保证高的精度和光洁度。由圆环组成的传感器轮廓尺寸和重量比轴状弹性元件的要大。在要求输出有较大位移的场合,圆环是很适合的。

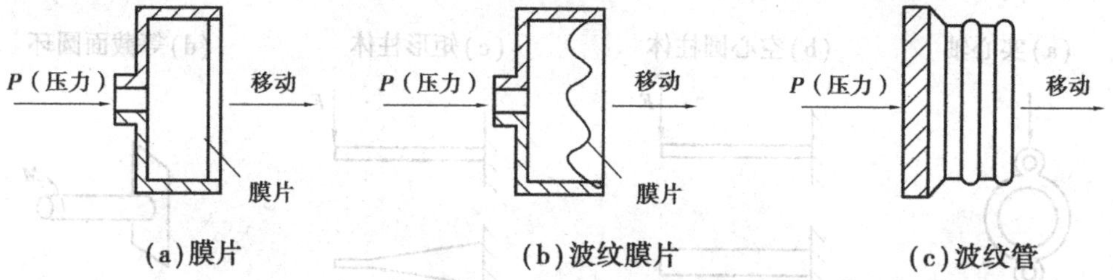

图 2.32　变换力或压力的弹性敏感元件

悬臂梁式弹性敏感元件有较高的灵敏度,它可以产生较大的位移,并且它所产生的压缩应变和拉伸应变是严格一致的。

在输入量是压力的弹性敏感元件中,最灵敏的要数波纹膜片,根据膜片的材料、几何尺寸和形状,可以做成各种测压范围的膜片。弹簧管主要用于高压测量。

薄壁圆筒和薄壁半球弹性敏感元件用于需要得到均匀应力情况下的压力传感器中,并且它们具有小的热惯性。

波纹膜片主要用于小量程的压力测量,由它把压力变换为位移,当测量大的压力时,就要使这种膜片的尺寸和重量都增大,因此对于大的力或压力采用平面膜片。把它们的位移作为电感式或电容式等传感器的输入量,也可以应用它们的应变作为电阻应变式传感器的输入量。波纹管比膜片有较高的灵敏度,因此,它应用在高灵敏度力传感器和压力传感器中。

以上列举的弹性敏感元件属于常见的、基本的形式。实用中,尤其在电阻应变式压力传感器中所应用的弹性敏感元件往往不是这样简单,而是复杂的组合形式,如图 2.33 所示。图中(a)为平面膜片 1 与悬臂梁 2 组合,(b)为弹簧管 3 与悬臂梁 2 组合,(c)为波纹膜片 4 与圆筒 5 组合。弹性元件 1、3、4 分别都是直接感受被测压力,并将压力变换为位移,而 2 和 5 把位移的变化转换为应变的变化。(a)、(b)两种形式的弹性敏感元件灵敏度高,可测量较低的压力,但它们固有振动频率低,故不适宜于测量动态过程。(c)型弹性敏感元件的固有振动频率高,适宜于测量动态过程。

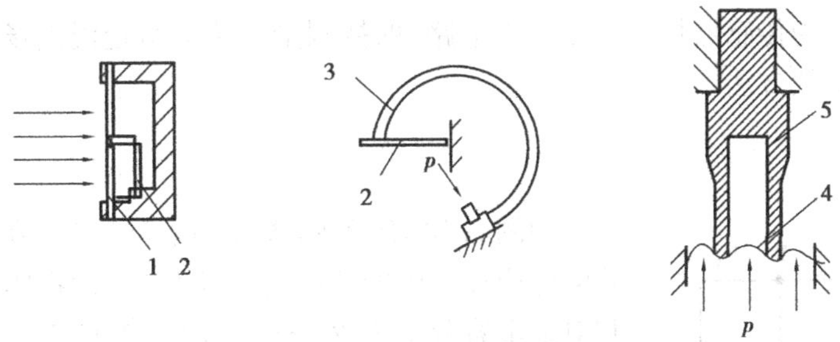

(a)平面膜片与悬臂梁组合 (b)弹簧管与悬臂梁组合 (c)波纹膜片与圆筒组合

图2.33　组合式压力弹性敏感元件

1—平面膜片　2—悬臂梁　3—弹簧管　4—波纹膜片　5—圆筒

2.5　传感器的干扰与噪声

生物医学信号大都是很微弱的低频信号,如果在传感器及后处理仪器中没有任何干扰和噪声存在,则不管信号多么微弱,总可以用适当的传感器和高倍数放大器将信号检测出来。但实际上传感器总是存在着一定噪声的,外界干扰也是普遍存在的,对于微弱的生物医学信号的测量,各种干扰和噪声尤其容易串入,且其幅度常常超过了待测信号。因此,干扰和噪声的抑制和消除是传感器设计中要解决的一项关键问题。这方面的革新常可以导致新的测量方法与技术的诞生。

关于干扰和噪声的区别,目前还无统一的定义,有的把对测量系统来说不希望出现的扰动成分都算是噪声,本书将干扰定义为外部原因对传感器造成的不良影响,而噪声则是由传感器内部元件所引起的。当然物理原因形成的噪声不一定形成测量上的噪声,如热噪声,温度传感器就是利用热噪声测温度的。下面将分别讨论对系统测量产生不良影响的干扰和噪声产生的原因及消除方法。

2.5.1　传感器的常见干扰

(1)机械干扰

这类干扰包括振动和冲击,它们对于具有相对运动元件的传感器有很大影响。防范措施是设法阻止来自振动源的能量的传递。采用重量大的工作台是吸收振动的有效方法。也可为传感器配用质量大的基座,以造成阻抗失配,进而防止振动,但应注意增加传感器重量对被测对象带来的附加影响。

(2)音响干扰

音响干扰一般功率不大,尤其是在医院和生物医学实验室环境下,故这类干扰较易抑制,必要时可用隔音材料作传感器的壳体,或将其放在真空容器中使用。

(3)热干扰

由热辐射造成的热膨胀,会使传感器内部元件间发生相对位移,或使得元件性能发生变化。易受此类干扰影响的传感器有电容式传感器、电感式传感器等。另外,两种不同种类金属的接触处的温差也会产生寄生热电势,受此类干扰影响较大的传感器有金属热电阻式传感器、热电偶式传感器等。为传感器加上温度补偿电路、保持测量电路为恒定温度场等方法是常用的减小温度影响的有效方法。

(4)**电磁干扰**

1)静电干扰

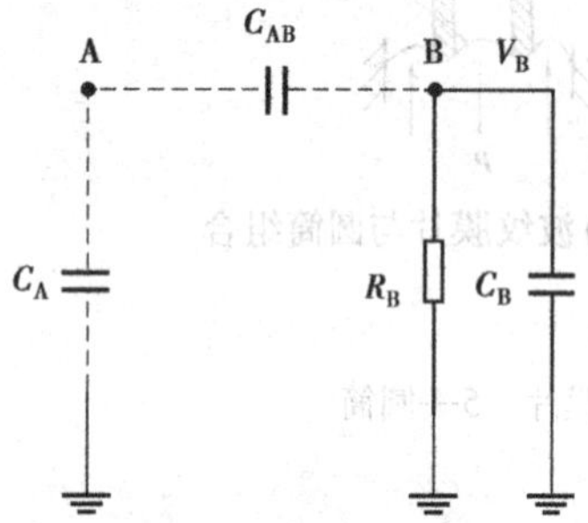

图 2.34 两物体间的静电效应

如图 2.34 所示,物体 A 的电位为 V_A,在物体 B 上由于静电感应而产生的感应电动势为 V_B,设物体 B 的对地电阻和对地电容分别为 R_B 和 C_B,两物体间的分布电容为 C_{AB},则有

$$V_B = \frac{j\omega R_B C_{AB}}{1 + j\omega R_B(C_B + C_{AB})} V_A \tag{2.52}$$

当对地电阻 R_B 十分大,即 $R_B \gg 1/[j\omega(C_{AB} + C_B]$ 时,上式与频率无关,V_B 的大小由 C_{AB}和 C_B的比值决定,即

$$V_B = \frac{C_{AB}}{C_{AB} + C_B} V_A \tag{2.53}$$

如果对地电阻 R_B很小,则

$$V_B = j\omega C_{AB} R_B V_A \tag{2.54}$$

V_B 的值与 R_B 和 ω 成正比,与 C_B 无关,只受到 C_{AB} 支配。

从上面三个公式中看出,减小 C_{AB}便能有效地减小静电感应电压 V_B,对于实际电容,减小 C_{AB}的措施即是静电屏蔽。电子设备大多把整机装入金属壳,该壳接地便对外部干扰起屏蔽作用。静电感应一般在高频时造成危害,因此静电屏蔽大多用来抑制高频干扰。

2)电磁干扰

由于我们所处社会的电器化程度越来越高,各种各样的电子仪器在空中造成的电磁波污染也大量增加。如果不加小心,这些电磁波会由于电磁感应而对传感器输出信号产生严重干扰。对于此类干扰,除可用电磁屏蔽外,还可用滤波的方法来消除,后者对于已知干扰信号频率时尤为有效。另外,尽量缩短导线长度(它们的作用就像天线一样)、减小引线面积、将导线拧合在一起布线等措施也是推荐使用的。在使用传感器的电子仪器中,电源的交流声是一种影响很大的电磁干扰,多用滤波器来消除。

2.5.2 传感器的噪声

(1)**电阻热噪声**

任何电阻的两端即使没有外加电势,也会有一定的交变电压,这就是材料内的自由电子不规则的热运动所产生的热噪声电压,其均方根值为

$$V_T = \sqrt{4kTBR} \tag{2.55}$$

式中:k——玻耳兹曼常数,$k = 1.38 \times 10^{-23}\ J \cdot K^{-1}$;

T——热力学温度,K;

B——频带宽度,Hz;

R——电阻值,Ω。

其值虽然通常在 μV 以下,可是其产生的原因是由于电路元件内部的物理结构,要想完全排除是很困难的。在低电平信号的传感器电路中此种噪声影响较大。降低元件温度、限制电路带宽以及使用低阻值元件都可使得热噪声电压减小。

(2)**散粒噪声**

散粒噪声是由电子(或空穴)随机地发射而引起的,存在于电子管和半导体两种元件上。在光电管和真空管等器件中,散粒噪声来自于阴极电子的随机发射,而在半导体器件中则来自载流子的随机扩散以及空穴—电子对的随机发射及复合。该噪声电流的均方根值为

$$I_n = \sqrt{2eIB} \tag{2.56}$$

式中:e——电子电荷,$e = 1.602 \times 10^{-19}$ C;

I——直流电流;

B——系统的频带宽度,Hz。

从式(2.56)可以看出,如果频带宽度相等,频率的大小并不起作用,所以散粒噪声也是白噪声。由于散粒噪声与直流电流 I 和噪声频带宽度 B 的平方根成正比,故减小此二值均可减小散粒噪声,但由于 I 由光电管、半导体的物理特性决定,故在实际的传感器设计中应尽量选低噪声管。

(3)**1/f 噪声**

由于导体的不完全接触等制造工艺及材料方面的原因,电子器件中还存在着一种功率谱与频率成反比的噪声,称之为 1/f 噪声。1/f 噪声发生在两种不同材料的导体相接触的部位,其大小与直流电流成正比,振幅为高斯分布,噪声电流的均方值为

$$I_s = \sqrt{\frac{KI^2B}{f}} \tag{2.57}$$

K 由导体形状及材料决定。

对于频率较低的生物医学信号的测量,此类噪声所产生的影响是不可忽略的,因此必须设法加以抑制,而这只能从改进器件的制造工艺方面着手。选用低噪声器件,尤其是在放大器的第一级使用特别有效,因为噪声也会像信号一样被逐级放大。

(4)**噪声系数**

传感器的噪声系数定义为传感器输入端的信噪比与输出端的信噪比之比,即

$$F = \frac{\dfrac{P_{si}}{P_{ni}}}{\dfrac{p_{so}}{p_{no}}} \tag{2.58}$$

式中:P_{si}、P_{ni}——输入端的信号、噪声功率;

P_{so}、P_{no}——输出端的信号、噪声功率。

如果 $F = 1$,则表示传感器本身不产生任何噪声,通常 F 大于1,F 越小,表示传感器本身的噪声越小。

2.6　生物医学传感器的安全性

生物医学传感器是用于生物体的,除了一般测量对传感器的更求外,必须考虑到生物体的解剖结构和生理功能,尤其是安全性问题更应特别重视。对安全性的主要要求有:

①传盛器的包封材料应该有很好的生物相容性,能耐受体液的长期腐蚀,不凝血,不溶血,不受生物排异反应的影响;

②传感器的形状、尺寸和结构应适应被测部位的解剖结构,使用时不应损伤组织;

③传感器要有足够的牢固性,在引入被测部位时,传感器不能损坏;

④传感器和人体要有足够的电绝缘,即使在传感器损坏的情况下,人体受到的电压必须低于安全值,不安全的电压绝不能加到人体上;

⑤传感器不能给生理活动带来负担,也不应干扰正常的生理功能;

⑥对于植人体内长期使用的传感器,不应引起赘生物;

⑦在结构上要便于消毒。

下面进一步讨论生物医学传感器的电气安全性和材料安全性。

(1)医用传感器的电气安全

随着医院及医学研究机构使用医学电子仪器设备的品种、数量和复杂程度的不断增加,偶发的电击事故也逐渐增多。为此,制定安全的防范措施,正确设计和使用传感器,把意外电击的危险减小到最低程度,对医用传感器的设计者和使用者都是十分必要的。

在某些情况下,加到人体的电能不是有目的,而是从仪器漏出的,即产生漏电流(与仪器功能无关的电流),这将会产生电击事故。室颤是电击死亡的主要原因,电击还可能产生烧伤、心脏暂时停搏、神经系统受损等现象。

电击分为宏电击和微电击。宏电击,又称作体外电击,是指电流经过皮肤进入及流出人体所产生的触电现象。漏电流是引起宏电击的最主要原因。漏电流又可分为外壳漏电流、接地漏电流和患者漏电流三种。在医疗仪器的设计和使用过程中,对漏电流大小必须加以限制。

微电击是指电流从体内流出体外时所产生的触电现象,亦称其为体内电击。由于微电击是由直接流人心脏组织内的电流产生的,故其电流远低于宏电击电流值时就会引起室颤。在实际中,应特别注意如心脏起搏器、心内导管等易使患者受到微电击的一类仪器。

表 2.1 给出了连续漏电流(频率 1 kHz 以下)和患者测定电流的容许值。

表 2.1 连续漏电流和患者测定电流容许值 单位:mA

电流		B 型设备		BF 型设备		CF 型设备	
		正常状态	单一故障状态	正常状态	单一故障状态	正常状态	单一故障状态
接地漏电流	一般设备	0.5	1*	0.5	1*	0.5	1*
	Ⅱ级设备或移动式设备	2.5	5*	2.5		2.5	5*
	永久接地型设备	5	10*	5	10*	5	10*
外壳漏电流		0.1	0.5	0.1	0.5	0.1	0.5
患者漏电流	Ⅰ(从接触部分经患者或操作者流向大地的电流)	0.1	0.5	0.1	0.5	0.01	0.05
	Ⅱ(因信号输入或输出部分加上意外电压而引起)	—	5	—	—	—	—
	Ⅲ(因接触体部分加上意外电压而引起)	—	—	—	5	—	0.05
患者测定电流	直流	0.01	0.05	0.01	0.05	0.01	0.05
	交流	0.1	0.5	0.1	0.5	0.01	0.05

* 仅指与接地漏电流有关的单一故障状态,即电源线之一断线。

由于患者测定电流同样可能有电击危险，故将其按漏电流对待也给出测定的容许值（表2.1所列数值仅供参考，设计或使用时应以现行国家标准为依据）。

表中所指Ⅱ级设备（Class Ⅱ Equipment）是指使用商用电源，且为了防止来自电源的电击而具有双重绝缘或强化绝缘的设备（当此类设备和其他设备共用时，必须有保护接地）；而Ⅰ级设备是使用商用电源，具有基本绝缘和保护接地的设备。表中所列B型设备是指可用于人体体表及体内（除心脏之外）的设备，BF型设备则指具有F型绝缘接触体部分（即指和设备其他部分均绝缘的接触体部分）的B型设备；CF型设备是指可直接接触心脏的设备，此类设备既有F型绝缘接触体部分，又有比BF型设备严密的防电击保护手段。表中正常状态是针对防护措施而言，即防护各种危险的所有保护措施都完整无误的状态。而单一故障状态是指防护措施之一发生故障，或发生一种威胁安全的异常情况的状态。

单一故障状态通常指以下8种：①保护接地线断线；②电源线之一断线；③外加电源加到了F型接触体部分上；④外加电源加至输入或输出部分上；⑤可燃性麻醉混合气体泄漏；⑥有可能危及安全的电气部件所发生的故障；⑦有可能危及安全的机械部件所发生的故障；⑧温度控制器所发生的故障。

此外，在各种治疗与诊断仪器中，广泛地应用微波、超声波放射线、激光和核能等物理能量，有控制地使用能量，能达到良好的诊断和治疗效果；但若能量一旦超过某一阈值，则将产生不良效果，甚至危及人体安全。如当前大量使用的超声波断层诊断装置与多普勒装置，输出强度为50 $mW \cdot cm^{-2}$左右，一般超声波能量对生物体给以影响的最小值大致为100 $mW \cdot cm^{-2}$。按此限度，目前用于生物体测量上的超声波仪器是安全的。

（2）**生物医学材料的安全性**

在医学领域使用的生物材料必须符合下列要求：

1）对材料本身性能的要求有：

①耐生物老化性对于长期植入的材料应具有生物稳定性；

②物理和力学稳定性长期在体内环境下强度、弹性以及外形尺寸具有稳定性，此外还要具有耐曲挠疲劳性、耐磨性、界面稳定性等；

③易于加工成型；

④价格适当；

⑤可以用通用方法灭菌。

2）在人体效应方面的要求有：

①无毒性，即化学惰性一般地说，制备生物医学材料的原料都必须经过严格提纯，材料配比和所有配合剂都要严格控制，生产环境和产品包装都要有严格防污染保证；

②无热源反应；

③不致癌（特别对金属材料）；

④不致畸；

⑤不引起过敏反应和不干扰机体的免疫机制；

⑥不发生材料表面的钙化沉着；

⑦对于与血液接触的材料，必须有良好的血液相容性（Hemocompatibility）。

以上对生物材料来说是普遍的、共同的。对不同使用用途和不同使用环境的材料要求有不同的侧重，或者还有特殊的要求。如表面性质、膜的渗透性、生物降解性等。

2.7 生物医学传感器的标定与校准

传感器的标定是指当一个传感器装配完成后，得用精度足够高的基准测量设备，对传感器的输入—输出关系进行校验的过程；而校准是指在使用过程中或长期储存后进行的性能与精度的定期复测。标定与校准在本质上是相同的。

标定的基本方法是：将由标准设备产生的大小已知的模拟生理量（如压力、温度等）作为传感器的输入，然后测量传感器的输出，它可能是电压、电流，也可能是电表、记录仪或示波器上的显示幅度。根据传感器的类型和用途，标定可以是静态的，也可以是动态的。由于要得到一个已知的动态信号源是很困难的，因此，动态标定常常建立在静态标定的基础上。如果传感器的输出及显示系统与输入信号之间是线性关系，则单点标定就足够了，但若传感器（或显示系统）给出的是非线性结果，则需要进行多点标定，以获得一组标定曲线，使显示幅度与待测生理量一一对应。但是，通常不论系统是线性的，还是非线性的，都应绘制出其响应曲线。动态标定还需要绘出其频响曲线（幅频特性、相频特性）以及阶跃响应曲线。

标定时必须要有一个长期稳定而且比被标定的传感器精度更高的基准，而这个基准的精度则需用更高一级的基准器来标定，这叫做精度传递。例如力值传递系统，如图 2. 35 所示。按照计量部门规定的标定规程，只能用上一级标准装置来标定下一级传感器。

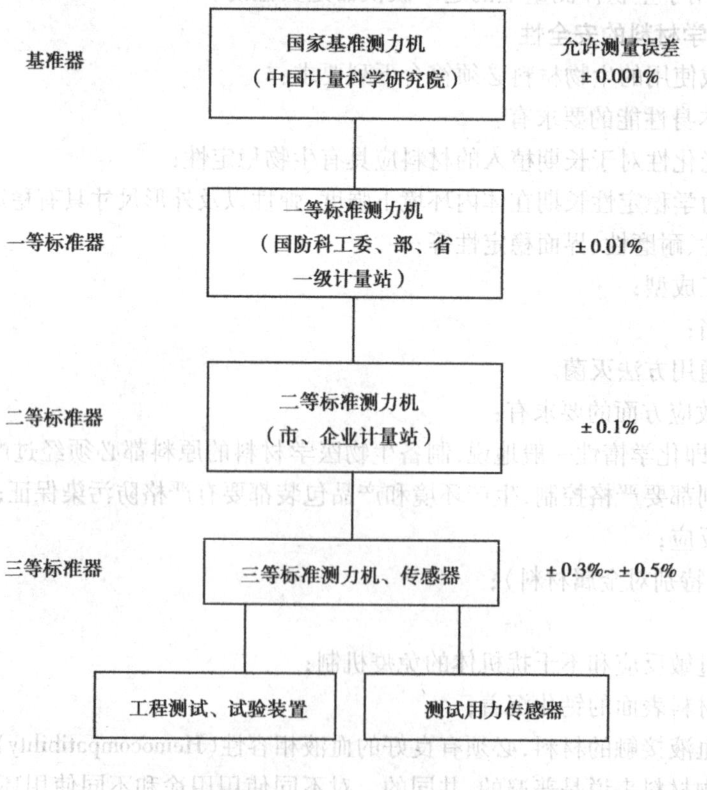

图 2. 35　力值传递系统

与标定有关的另一个概念是传感器的互换性。所谓互换性是指当一个传感器被同样的传感器直接替换后，能保证其误差仍然不超过规定的范围。由于传感器的标定与校准的困难性，互换性的问题显得格外重要，对于已使用很长时间而不再满足性能指标要求或已损坏的传感器，只要用相同型号的换上即可。

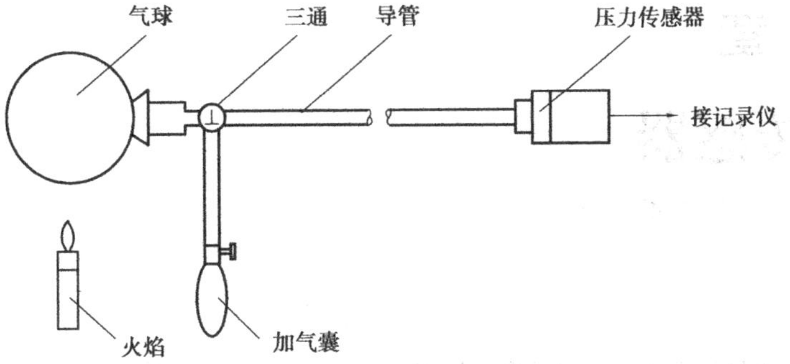

图2.36　液体耦合导管-传感器系统动态特性的试验方法

图2.36示出了液体耦合导管—传感器系统动态特性的测定原理。在充满液体的导管前端接上充气气球。用火焰或刀片将气球烧破或割破，用具有足够宽频率响应特性的记录仪记录下传感器的输出（图2.37），并由此可求得 ε 为

$$\xi = \sqrt{\frac{\left(\ln \frac{Y_2}{Y_1}\right)^2}{\pi^2 + \left(\ln \frac{Y_2}{Y_1}\right)^2}} \quad (\text{当}\ \xi < -1\ \text{时}) \tag{2.59}$$

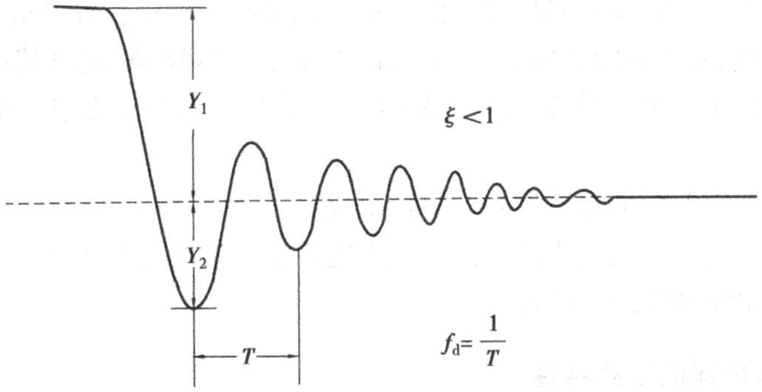

图2.37　液体耦合导管-传感器系统的解约相应（回零响应）

以及衰减振荡周期为

$$f_d = \frac{1}{T}$$

进而系统的固有频率 f_0 为

$$f_0 = \frac{f_d}{\sqrt{1 - \xi^2}} \tag{2.60}$$

需要注意的是，三通活塞的加入将使测得的固有频率下降。当传感器膜面或导管内壁附有气泡时，将显著降低系统的固有频率。

第3章
电阻式传感器

电阻式传感器是把非电量(如位移、力、振动和加速度等)转换为电阻变化的一种传感器。电阻式传感器在生物医学测量中应用非常广泛,可用于测量血压、脉搏等生理参数。按其工作原理可将电阻式传感器分为电位器式、电阻应变式和固态压阻式传感器。

3.1 电位器式传感器

电位器式传感器是将位移或其他能够派生为位移的物理量转换为电阻分压比和电阻变化的传感器。其特点是结构简单,稳定性和线性较好,受环境影响小,输出信号大,可作任意函数特性输出,适用于较大位移量的测量。但是,电位器式传感器也存在着严重缺点。由于存在摩擦和磨损,就要求敏感元件有较大的能量输入,以推动电位器移动,同时其可靠性和寿命也受到限制。目前已发展了一些非接触的电位器式传感器以克服以上缺点,如用光传输的电位器等。

电位器式传感器由弹性敏感元件和电位器组成。

电位器按结构形式可分成线绕式、薄膜式、光电式等。按其特性可分成线性和函数电位器两种。本节主要介绍线性线绕电位器。

3.1.1 线性电位器的空载特性

线性电位器是在骨架横截面积处相等的骨架上由材料均匀的导线,按相等的节距绕制而成,如图3.1所示。当在电位器的a、b端加上激励电压 U_i 时,电刷对c端的电压随位移 X 变化,如图3.2所示,输出电压为

$$U_o = \frac{U_i}{R} \cdot R_x$$

根据线性电位器的绕线分布:

$$\frac{R_x}{R} = \frac{X}{l}$$

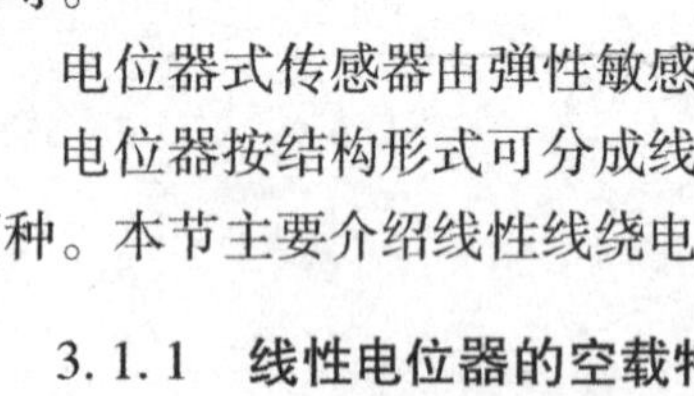

图3.1 线性线绕电位器

$$U_o = \frac{U_i}{l}X = KX \qquad (3.1)$$

$$K = \frac{U_i}{l}$$

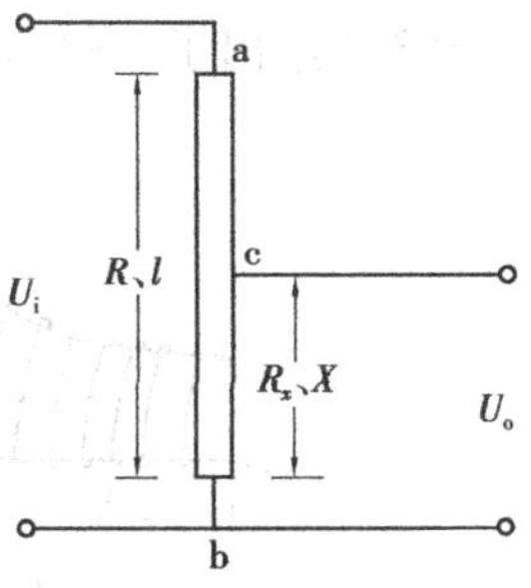

图3.2　电位器电路图

式中：U_i——激励电压；

U_o——输出电压；

l——电位器行程长度；

X——电位器电刷位移量；

K——电位器灵敏度。

由式(3.1)可见，空载时线性电位器的输出电压与位移成正比；灵敏度与激励电压成正比，与电位器行程长度成反比。

3.1.2　线绕电位器的阶梯特性和阶梯误差

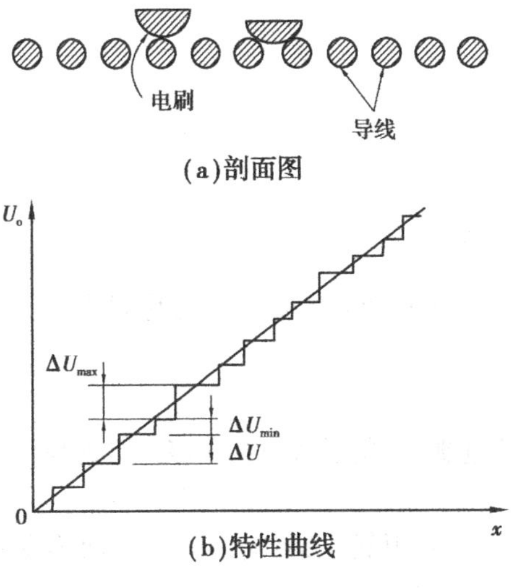

图3.3　电位器的剖面图和特性曲线

由于线绕式电位器是由一匝匝的离散导线绕制而成，它的输出电压与位移 X 呈现阶梯形变化的曲线，如图3.3所示。

当电刷从一匝滑到另一匝时，输出电压出现阶梯变化 ΔU 为

$$\Delta U = \frac{U_i}{W}$$

式中：W——电位器的总匝数。

当电刷从 X 匝移到与 $X+1$ 匝之间并使这两匝短路时，也会产生阶梯电压，其值为

$$\Delta U_{min} = \frac{U_iX}{W-1} - \frac{U_iX}{W}$$

线绕式电位器的阶梯误差 e_j 通常以理想阶梯曲线(忽略 ΔU_{min})和理想直线的最大偏差电压与最大输出电压之比的百分数表示：

$$e_j = \frac{\pm\frac{1}{2}\Delta U}{U_i} = \pm\frac{1}{2W}\cdot 100\% \qquad (3.2)$$

从式(3.2)可以看出，增加电位器的匝数可以减小阶梯误差，但由于导线直径和电位器尺寸的限制，匝数不可能无限大。

3.1.3　非线性电位器

非线性电位器是指在空载时，其输出电压(电阻)与电刷位移之间具有非线性函数关系的电位器。通过它，可以获得特殊要求的各种非线性函数输出。也可通过其非线性对传感器弹性元件的非线性和电位器的负载特性进行线性补偿。常用的非线性电位器为变骨架式。改变骨架的截面积随位移变化的规律即可得到不同函数的输出，改变骨架截面积通常是通过改变骨架高度实现的。

图 3.4 给出了一种非线性电位器，当电刷由一匝移到另一匝时，电阻的变化率为

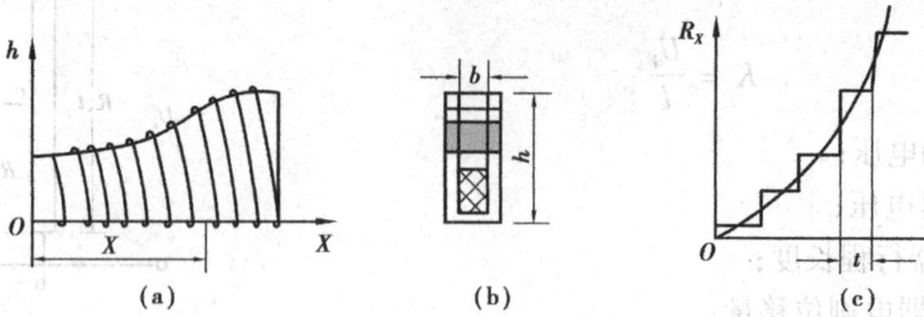

图 3.4　曲线骨架电位器

$$\frac{dR}{dX} = \frac{\dfrac{\rho \cdot 2(b+h)}{a}}{t} \tag{3.3}$$

式中：t——相邻两导线的间距；

b——骨架厚度；

h——骨架高度；

a——导线截面积；

ρ——导线的电阻率。

从式(3.3)可得

$$h = \frac{at}{2\rho} \cdot \frac{dR}{dX} - b$$

若希望 R 按一定规律随位移 X 变化，即可用上式求出骨架高度随 X 的变化规律。

3.1.4　光电电位器

光电电位器是一种非接触式电位器，以光束代替电刷，避免了磨损和摩擦。可提高稳定度和使用寿命。

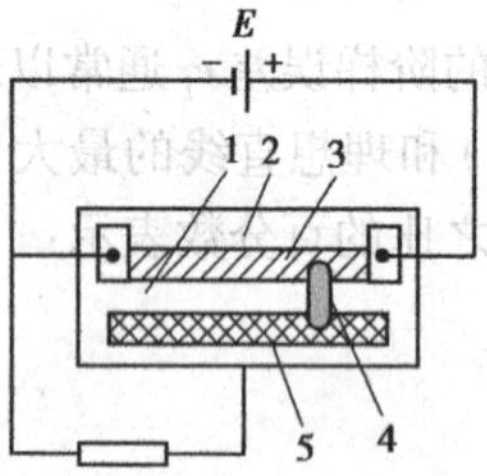

图 3.5　光电电位器示意图

1—光电导层　2—基体　3—电阻带

4—窄光束　5—集电极

光电电位器一般采用氧化铝作基体，在上面蒸发一条薄膜电阻带（镍铝合金或镍铁合金制成）和一条高传导集电极（铬金、银等制成），电阻带和集电极之间留有一条窄的间隙，在此间隙上沉积一层光电导体（硫化镉或硒化镉），如图 3.5 所示。

当一窄光束照射在电阻带和集电极之间的光电导体时，便产生电子—空穴对，使光束照射处电导大大增加。于是光束使电阻带和集电极间形成一个导电通路，集电极输出的电位与光束照射位置的电阻带电位相等。当光束在窄间隙上移动时，集电极电位就可变化，如同电刷在电阻体上滑动一样。

光源一般采用钨丝灯泡，用光纤导光。

光电电位器阻值宽（$5 \times 10^{-4} \sim 15\ M\Omega$），寿命可达亿万次循环，分辨率高。缺点是接点电阻高，有较大延时（$0.1 \sim 1\ s$），工作温度范围窄。

3.1.5　电位器的负载特性

前面讨论的是电位器输出端不接负载的空载特性，只有当输出端接输入阻抗极高的放大器时才存在。当输出端接上有限电阻负载 R_L 时，如图 3.6 所示，电位器的特性称为负载特性，负载特性偏离空载特性的值称为负载误差。

当有负载 R_L 时，输出电压为

$$U_o = U_i \frac{R_x R_L}{R_L R + R_x R - R_x^2} \tag{3.4}$$

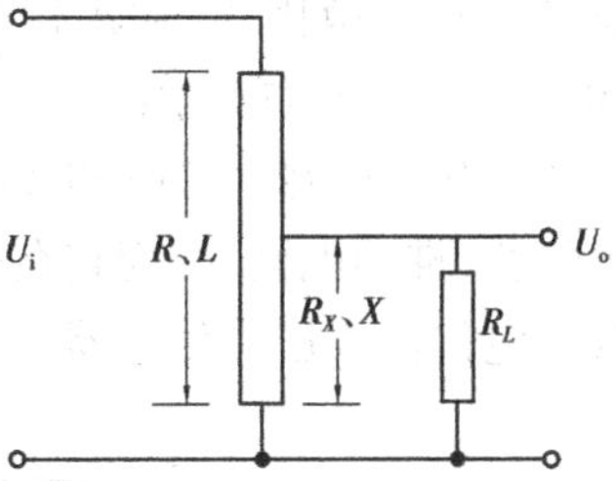

图 3.6　带负载的电位器

设 $r = \frac{R_X}{R}, X = \frac{X}{l}, a = \frac{R_L}{R_0}$，则上式变为

$$\frac{U_o}{U_i} = \frac{ar}{a + r(1 - r)} \tag{3.5}$$

因为空载时，$Y_K = X$，所以误差 e 为

$$e = Y - Y_K = -\frac{X(1 - X)}{a + X(1 - X)} \tag{3.6}$$

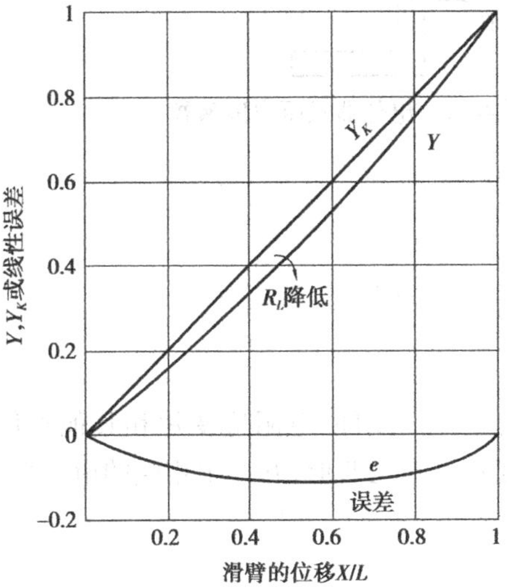

图 3.7　$R_L = 2R_0$时电位计的归一化 V_{out}/V_{in} 曲线和线性误差曲线

对上式进行微分并令其等于零，即可求出误差最大值 e_{max}，

$$e_{max} = -\frac{1}{4a + 1} \tag{3.7}$$

该最大值位于 $x = 0.5$ 处。

式(3.5)适合线性和非线性电位器，式(3.6)和(3.7)适合线性电位器。空载和负载特性曲线可由式(3.6)和空载表达式 $Y_K = X$ 作出，误差曲线可由式(3.7)作出，如图 3.7 所示。

当 R_L 降低时，a 减小，误差增大，减小负载误差的方法包括采用线性校正网络，如图 3.8(a)，或采用适当特性的非线性电位器进行线性校正。校正网络校正前后的特性曲线如图 3.8(b)所示，校正后，在原特性曲线误差最大值的地方，误差为零。

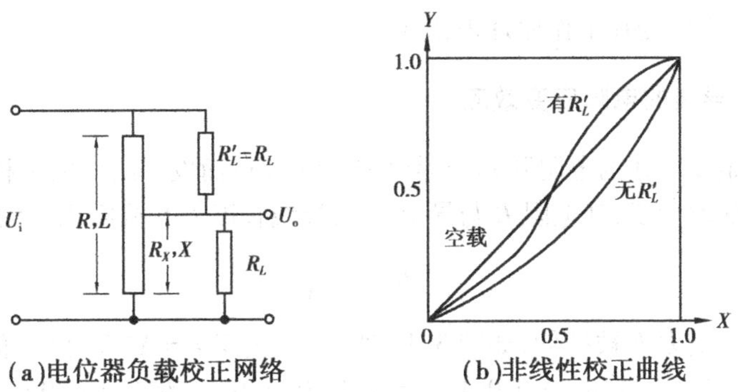

图 3.8　电位器负载校正网络及校正曲线

3.1.6　电位器式传感器

电位器式传感器由弹性敏感元件和电位器组成，弹性敏感元件将被测量(如压力，力等)转化为位移或者角位移，由电位器将位移或角位移转换为电阻或电压输出。电位器式传感器因动态范围大，输出信号大，多用于测量比较强的物理量。但不适合测量快速变换的物理量。在生物医学测量中，可用于测量呼吸等生理参数。

图3.9(a)为弹簧管—电位器式压力传感器。弹簧管受气体和液体压力作用时，其自由端发生位移，推动电刷，改变它在电位器上的位置，从而得到电刷上电压的变化。图3.9(b)为波纹管—电位器式压力传感器。

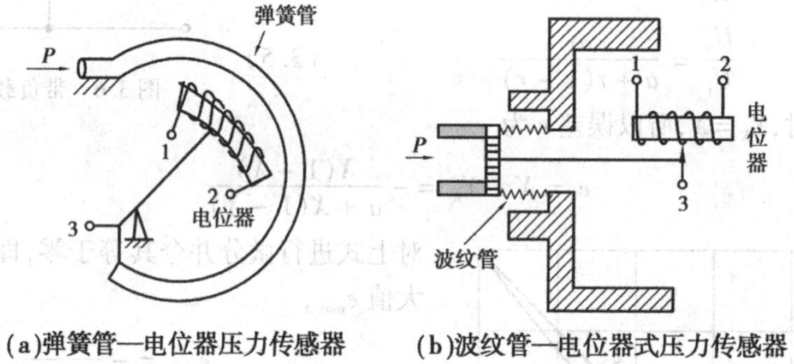

图3.9　电位器式压力传感器

3.2　电阻应变式传感器

电阻应变式传感器是一种用途很广的传感器，它由弹性元件、电阻应变片和其他附件组成，当弹性元件受力变形时，粘贴在其表面的电阻应变片也随之变形，并产生相应的电阻变化，电阻相对变化$\frac{\Delta R}{R}$与变形$\frac{\Delta l}{l}$的关系为

$$\frac{\Delta R}{R} = k\frac{\Delta l}{l} \tag{3.8}$$

式中：k——电阻应变片的灵敏度系数。

式(3.8)是电阻应变片工作原理表达式。

3.2.1　金属导线的电阻应变效应

应变效应是金属导线的电阻随其变形(伸长或缩短)而发生改变的一种物理现象。

设有一圆断面的导线，其电阻R与导电率ρ，导线长度L和截面积A的关系为

$$R = \rho\frac{L}{A} \tag{3.9}$$

如导线沿轴向受力F被拉伸，如图3.10所示，其应变$\varepsilon = \Delta L/L$，因ε值很小的，所以常用微应变$\mu\varepsilon(10^{-6})$表示。例如$\varepsilon = 0.001$表示为$1\ 000 \times 10^{-6}$，称为$1\ 000\mu\varepsilon$。

将式(3.10)两边取对数得

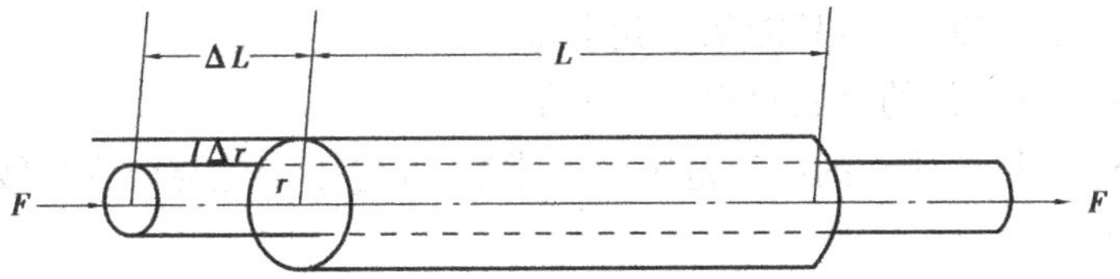

图3.10　金属导线受力应变情况

$$\ln R = \ln \rho + \ln L - \ln \frac{dA}{A}$$

将上式微分得

$$\frac{dR}{R} = \frac{d\rho}{\rho} + \frac{dL}{L} - \frac{dA}{A} \tag{3.10}$$

式中：$dL/L = \varepsilon$ 为电阻丝的应变。

上式中的 dA 为导线的截面积变化，它是因导线受到拉伸后半径减小引起的，拉伸后的半径相对变化为

$$\frac{dr}{r} = -\mu \frac{dL}{L}$$

式中：μ——泊松比。

由于

$$A = \pi r^2$$

故

$$dA = 2\pi r dr$$

$$\frac{dA}{A} = 2\frac{dr}{r} = -2\mu \frac{dL}{L} \tag{3.11}$$

将式(3.11)代入式(3.10)得

$$\frac{dR}{R} = \frac{d\rho}{\rho} + (1+2\mu)\frac{dL}{L} = \frac{d\rho}{\rho} + (1+2\mu)\varepsilon$$

或

$$\frac{\frac{dR}{R}}{\varepsilon} = (1+2\mu) + \frac{\frac{d\rho}{\rho}}{\varepsilon} \tag{3.12}$$

$\frac{\frac{dR}{R}}{\varepsilon}$为单位应变的电阻变化率，我们称之为金属材料的灵敏系数，用 K_c 表示，即

$$K_c = \frac{\frac{dR}{R}}{\varepsilon} \tag{3.13}$$

从式(3.12)可知，金属材料的灵敏系数受两个因素的影响，其一是受力后由于材料几何形状变化引起的，即$(1+2\mu)$项；另一个因素是受力后由于材料的电阻率 ρ 发生变化引起的，由$\frac{\frac{d\rho}{\rho}}{\varepsilon}$表示。

根据各种金属材料进行的实验表明，后一因素影响确实存在。因为，如认为电阻变化只与导线的几何尺寸有关，则 $K_c = 1 + 2\mu$，一般金属的泊松比 $\mu = 0.2 \sim 0.4$，故灵敏度系数为 $K_c = 1.4 \sim 1.8$，但实测表明多种金属的 K_c 大于2，这证明电阻率亦随应变而发生变化。由于材料发生应变时，自由电子的活动能力和数量发生了变化。因为对电阻率在金属变形时的变化规

律还没有深入的研究,所以 K_c 值只能从实验求得。

对制作应变片敏感元件的金属材料的要求是:

①灵敏系数 K_c 在尽可能大的应变范围内是常数,即电阻变化与应变呈线性关系;

②K_c 尽可能大;

③具有足够的热稳定性,电阻温度系数小,高温时耐氧化性能好;

④电阻率高,当要求应变片有一定的电阻值时(如 120 Ω 或 250 Ω),线材的长度短,则线栅的尺寸小;

⑤优良的加工与焊接性能。

制造应变片敏感元件的主要材料有以下类型:铜镍合金、镍铬合金、铁铬铝合金、铁镍铬合金和贵金属。含铜 55%、含镍 45% 的康铜是用得最广泛的,它有很多优点。如 K_c 对应变值稳定性好,温度系数小。其他合金用于高温等特殊条件下,各种常用应变合金的性能如表 3.1 所示。

表 3.1 应变片材料的特性

材　料	电　阻 温度系数 α_R	膨胀温 度系数 α_E ($\times 10^{-6}$)	应变系数 m_l	抗拉强度 Y_P Pa, $\times 10^{-6}$	弹性模数 Y_0 Pa, $\times 10^{-6}$	最大值 $\Delta l/l$	最大值 $\Delta R/R$
铂	0.003 8	9	6	340	15	0.002 3	0.014
康　铜	−0.000 2 ~ +0.000 2	14.8	2	410	17	0.002 4	0.005
镍铬合金	0.000 4	13.2	2.5	690	19	0.003 6	0.009
软管里的水银	0.000 9	30	2				
硅	0.007	5.4	170	620	19	0.003 3	0.5

3.2.2　电阻应变片的种类和特点

由于敏感栅所用材料的不同,可以把应变片分为金属电阻应变片和半导体应变片两大类。金属电阻应变片又可分为金属丝式应变片、金属箔式应变片和金属薄膜应变片。由于金属的电阻率不高,为了使得应变片具有一定阻值,又不太长,应变片都做成栅状,如图 3.11所示。

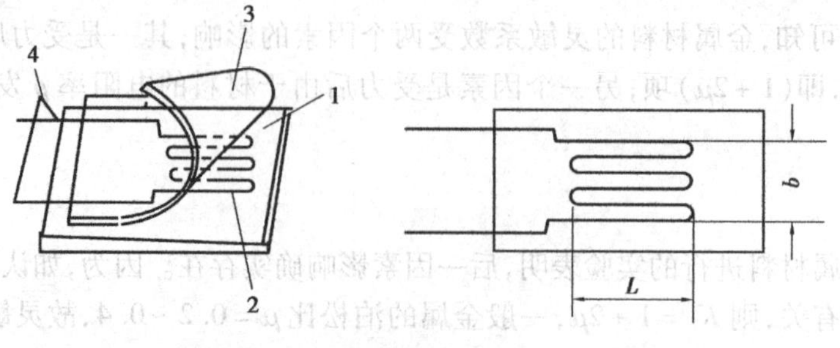

图 3.11　电阻丝应变片的基本结构

1—基片　2—电阻丝　3—覆盖层　4—引线

（1）**电阻丝式应变片**

电阻丝式应变片的敏感元件是栅状的金属丝，金属丝的直径为0.012～0.05 mm，敏感栅的形状有U型和H型，如图3.12所示。U型是最常用的形式，因为它制造的设备和技术都较简单，但它的横向效应比H型大。这是因为H型应变片的横向部分是平直而较粗的金属丝或箔带，这部分的电阻值小，引起的电阻相对变化小。但由于敏感栅中的焊点较多，承受动应变时容易在焊点处损坏，致使应变片的疲劳寿命较低。

（2）**金属箔式应变片**

箔式应变片的工作原理基本上和电阻丝式应变片相同，只是它的线栅是由很薄的金属箔片制成，箔片厚度多在0.001～0.01 mm，最薄的达0.000 35 mm，轧制的箔片经化学抛光可达到这一尺寸。箔片材料为康铜、镍铬合金等。这种应变片的线栅是用光刻技术制成的，其外形如图3.13所示。制造时先在箔片上涂上黏合剂并加热使之固化成胶膜作为基底，然后在箔面的另一面涂上一层光致抗蚀剂，此剂在光线照射下会发生化学反应而产生抵抗腐蚀的性能，保护处于下面的金属材料。用光学投影的方法将先绘制好的线栅图像投影到光致抗蚀剂表面，然后用强酸将未受照射的光致抗蚀剂涂层和它下面的金属箔腐蚀掉，这样就形成了所需的线栅。也有用冲压方法制造箔式应变片的，这种方法适用于不能用光刻法制造的材料。

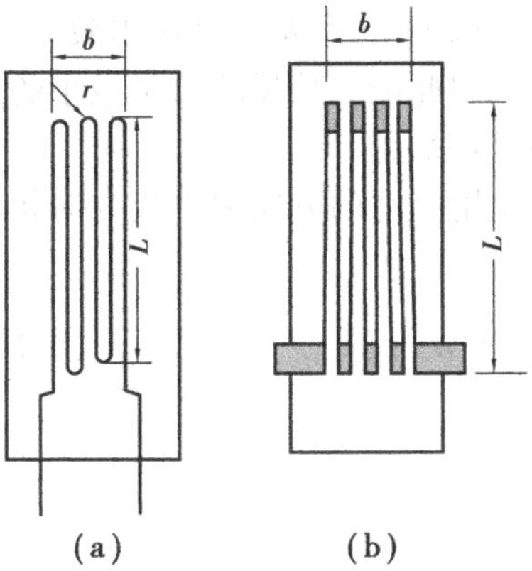

图3.12　电阻丝应变片

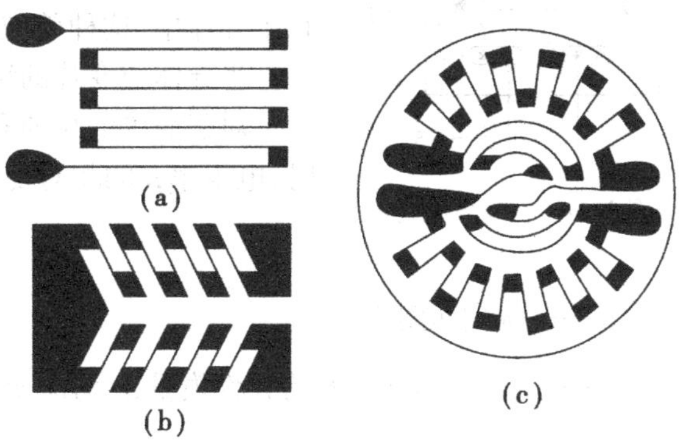

图3.13　箔式应变片

图3.13（b）是用以贴在轴上测剪切或扭矩的应变片。图3.13（a）是普通形式的箔式应变片，它的横向部分特别粗，这样大大减小了横向效应，并增加了端部承受剪切力的面积。焊接引线的地方是在线栅两端逐渐变宽而形成的条带处，避免了引线的线栅接合处因截面积突然变化而易于折断的缺点。箔栅的厚度很薄，能较好地反映构件表面的变形，也易于粘贴在弯曲的表面上。箔式应变片的蠕变小，疲劳寿命长，在截面积相同的情况下栅条比栅丝的散热条件好得多，允许较大的工作电流，可提高测量灵敏度。其制造工艺也非常易于自动化。由于金属箔式应变片具有以上优点，其应用范围越来越广。

（3）**金属薄膜应变片**

所谓薄膜是指厚度在1 000Å（0.1 μm）以下的膜，厚度在25 μm左右的称为厚膜，箔式应变片即属于厚膜型。

金属薄膜应变片是近年来薄膜技术发展的产物，它是采用真空蒸发或真空沉积等方法，将金属材料在基底材料如表面有绝缘层的金属，有机绝缘材料或玻璃、石英、云母等无机材料上制成一层薄膜电阻，以组成应变片。

薄膜电阻可分为不连续膜和连续膜,不连续膜的厚度较薄,为数安至数千安,它实际上用很小块的膜片组成,膜片之间存在空隙,彼此有电子隧道连接。不连续膜的应变灵敏度要比常规的丝式和箔式应变片高一个或两个数量级。较厚的均匀连续膜不存在隧道传导,其应变灵敏度和常规应变片大致相同。

有一种高温应变片、膜层为铂或铬、膜层上覆上一层一氧化硅保护膜。铂或铬沉积在蓝宝石薄片或覆有绝缘层的钼条上。在钼条上制成的薄膜应变片工作温度达 800 ℃,在蓝宝石薄片上的薄膜应变片工作温度为 800 ℃以上。

将应变金属或合金直接沉积在传感器的弹性元件上效果更好,有一种压强传感器是将陶瓷绝缘层沉积在金属膜片弹性元件上,然后将金属或合金(镍、铬、康铜)沉积在绝缘层上,组成电桥的 4 个臂,4 个臂用真空沉积的线路连接。由于传感器各部分紧密接触,故滞后和蠕变很小,在工作温度范围内滞后和蠕变小于全量程的 0.1%。由于桥路电阻值高达 5 000 Ω,并因散热条件好,故可用较高的桥压(达 25 V)。而得到较大的输出。传感器的工作温度范围是 −197 ~ 317 ℃,并可用于辐射的条件下。

(4)半导体应变片

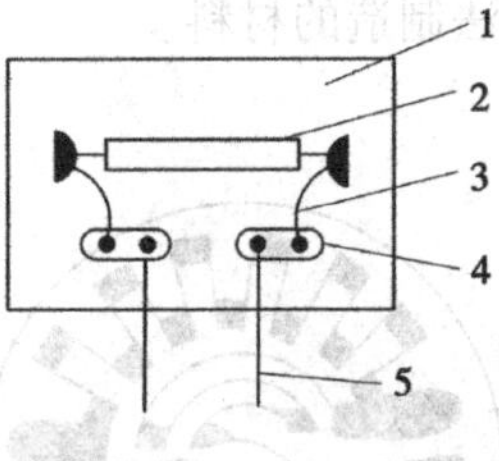

图 3.14　半导体应变片

半导体应变片是基于半导体材料的电阻率随作用应力而变化的所谓“压阻效应”。所有材料在某种程度上都呈现压阻效应,但在半导体中,这种效应特别显著。因此能直接反映出很微小的应变。半导体应变片的结构如图 3.14 所示。

对于简单的拉伸和压缩,当作用应力的方向和电流方向相同时,电阻率 ρ 的相对变化与应力的关系为

$$\frac{\Delta\rho}{\rho} = \pi_l\sigma \tag{3.14}$$

式中:π_l——纵向压阻系数,

σ——应力,$\sigma = E\varepsilon$(E 为弹性模量,ε 为应变$\frac{\Delta l}{l}$)。

如果半导体应变片的几何尺寸是一电阻率为 ρ 的棒状物,则在应力作用下的电阻相对变化与金属材料的应变效应相同,亦可用式(3.12)表示:

$$\frac{\Delta R}{R} = (1 + 2\mu)\frac{\Delta l}{l} + \frac{\Delta\rho}{\rho}$$

将式(3.14)代入上式,得

$$\frac{\Delta R}{R} = (1 + 2\mu + \pi_l E)\varepsilon \tag{3.15}$$

上式右边括号中的前两项是材料的几何尺寸变化引起的,与一般电阻丝相同,约为 1 ~ 2。第 3 项 $\pi_l E$ 是压阻效应引起的,其数值为前两项之和的数十倍,故前两项可忽略。因此半导体的灵敏系数 K 可表示为

$$K = \pi_l E$$

半导体的灵敏系数 K 与材料、晶向和掺杂浓度有密切关系。半导体的晶向为切割的薄片的法线方向,用法线与立体晶轴夹角的余弦乘以适当的系数表示,使其为没有公约数的整数表示。几种常用的半导体材料特性如表 3.2 所示。

表 3.2　几种常用半导体材料特性

材　料	电阻率/($\Omega \cdot m$)	弹性模量/(10^{11} $N \cdot m^2$)	灵敏系数	晶　向
P 型硅	0.078	1.87	175	<111>
N 型硅	0.117	1.23	-133	<100>
P 型锗	0.150	1.55	102	<111>
N 型锗	0.166	1.55	-157	<111>
P 型锑化铟	5.4×10^{-3}		-45	<100>
P 型锑化铟	1×10^{-4}	0.745	30	<111>
N 型锑化铟	1.3×10^{-4}		-74.5	<100>

一般说来，半导体的应变灵敏度随杂质的增加而减小，温度系数也是如此。半导体应变片的突出优点是灵敏度高，可测量微小应变，另外，它的机械滞后小，横向效应小、体积小，这些优点使其应用范围越来越广泛。同时，也应看到半导体应变片有以下两大缺点：其一是灵敏度系数的非线性较大，如图 3.15 所示。其二是温度稳定性差，其电阻和灵敏度系数随温度的变化如图 3.16 所示。所以，在使用半导体应变片时，尤其是大应变和宽温度范围条件下，必须采用温度补偿和非线性补偿措施，温度补偿见第 4 节中的电桥温度补偿部分。

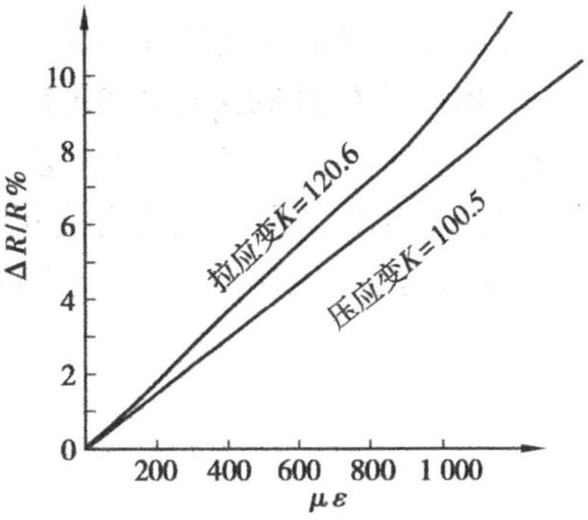

图 3.15　$\Delta R/R$-ε 曲线

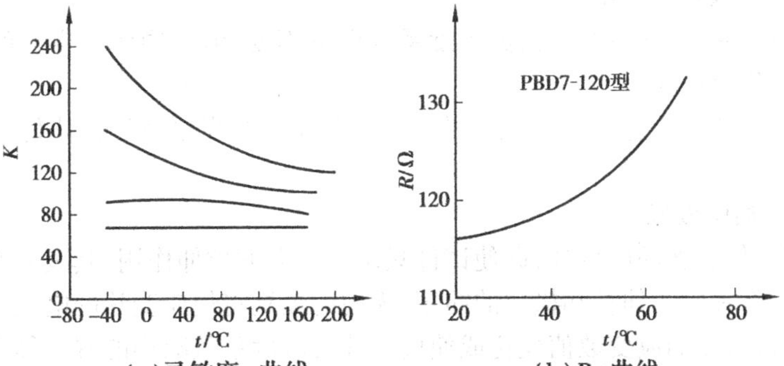

(a)灵敏度-t曲线　　(b)R-t曲线

图 3.16　半导体应变片的温度特性

3.2.3　电阻应变片的特性

(1)电阻应变片的规格

为了正确使用电阻应变片，必须了解下面的应变片的规格术语：

①应变片的灵敏轴线。灵敏轴线是指应变片的纵轴线，当这条轴线在试件上平行于最大的机械主应变方向时，应变片产生的电阻变化最大。

②应变片的标距。它指的是能够感受应变的电阻元件材料在应变片的灵敏轴线方向的长

度。对于有圆弧的应变片,应从圆弧内侧量起。标距也称为敏感栅基长,通常为 2 ~150 mm。

③应变片工作宽度。它指的是能够感受应变的电阻元件材料在与应变片的灵敏度轴线成90°方向上的宽度。工作宽度也称敏感栅基宽。

④应变片的基片长度和宽度。基片长度是基片在灵敏轴线方向上的长度,基片宽度是指基片垂直于灵敏轴线方向的长度。

⑤应变片的基片最小修正长度和宽度。它是在不改变应变片特性的条件下,根据外界条件需要将基片的长度和宽度修正的最小尺寸。

应变片的规格一般用使用面积和电阻值来表示。

应变片的使用面积是应变片的标距和工作宽度的乘积。

电阻应变片的电阻值是指在未粘贴前在室温下测得的电阻,它是使用中必须知道的参数,绝大部分应变片的阻值为 60 Ω、120 Ω、200 Ω、350 Ω、600 Ω 和 1 000 Ω,其中最常用的是 120 Ω的应变片。应变片的阻值一般是指 2 000 片的平均值,按等级给出阻值误差。目前由于工艺的改进,A 级箔式应变片的阻值偏差为 0.1%。

(2)电阻应变片的灵敏度系数

电阻应变片的灵敏度系数 K 是一个无量纲的量,它是指试件只在沿应变片灵敏轴线方向的单向载荷作用下,而其他所有变量保持不变时,粘贴在试件表面的应变片的单位电阻变化率与该试件表面沿应变片灵敏轴线方向上产生的单位变形之比,其数学表达式为

$$K = \frac{\frac{\Delta R}{R}}{\frac{\Delta L}{L}} \tag{3.16}$$

电阻应变片包装盒上所标注的灵敏系数,不是理论计算的结果,而是根据上述规定通过标定试验确定出来的。这种用标定方法确定的 K 值是在特定条件下产生的,使用时应尽量和它的特定条件相接近,以减小测量误差。

金属应变片在规定的应变范围内灵敏度系数保持不变,但半导体应变片的灵敏度系数随应变值变化,在使用时应注意这一点。

实验表明,应变片的 K 值应小于线材的灵敏系数 K_c,主要原因是胶体传递变形失真和横向效应。

(3)应变片的横向效应

粘贴在被测试件表面的应变片,即使试件只承受单向的拉伸作用,其表面变形仍是处在平面应变状态中,即有轴向的伸长和横向的缩短,横向的缩短将使应变片的电阻值发生变化。这种横向的应变使得所测的应变数值变化或使应变片灵敏度系数减小的现象称为横向效应。

应变片的横向效应可以用横向灵敏度和横向效应系数表示。横向灵敏度 K_H 是在纵向应变 ε_Z 为 0 的情况下,应变片的相对电阻变化与横向应变 ε_H 之比,即

$$K_H = \frac{\frac{\Delta R}{R}}{\varepsilon_H} \mid \varepsilon_Z = 0$$

应变片的纵向灵敏度 K_2 是在横向应变 ε_H 为零的情况下,电阻相对变化与纵向应变之比,即

$$K_2 = \frac{\frac{\Delta R}{R}}{\varepsilon_Z} \mid \varepsilon_H = 0$$

定义横向效应系数 C 为横向灵敏度与纵向灵敏度之比,即

$$C = \frac{K_H}{K_Z} \tag{3.17}$$

总的电阻相对变化为

$$\frac{\Delta R}{R} = K_Z\varepsilon_Z + K_H\varepsilon_H \tag{3.18}$$

在单向应力作用下,材料的泊松比为 μ,则有

$$\varepsilon_H = -\mu\varepsilon_Z$$

代入式(3.18)则可得

$$\frac{\Delta R}{R} = K_Z(1-\mu C)\varepsilon_Z \tag{3.19}$$

一般应变片的横向效应系数 C 为0.1%~3%。然而线绕式(U型)应变片由于圆弧部分的作用。横向效应比较严重,当标距比较短时,线栅的段数将增加,这将增大横向效应系数。故制造小标距的U型应变片是不适宜的。短接式(H型)、箔式和半导体应变片的横向效应系数较小,在测量复杂的应变场时,宜采用这类应变片。

(4)**电阻应变片的温度特性**

电阻应变片的电阻值受环境温度的影响较大,主要原因有两个:

①应变片材料的电阻温度系数引起的,因为材料的电阻率随温度变化。

②应变片材料与试件材料的线膨胀系数不同,引起应变片的敏感栅变形而产生电阻变化。

当环境温度变化 Δt ℃时,应变片的电阻增量为

$$\Delta R_i = R \cdot a_t \cdot \Delta t + R \cdot K_0(\beta_2 - \beta_1)\Delta t \tag{3.20}$$

式中:a_t——电阻应变片的电阻温度系数;

R——电阻应变片的电阻值;

a——应变片材料的电阻温度系数,1/℃;

β_2——试件材料的线膨胀系数,1/℃;

β_1——应变片材料的线膨胀系数,1/℃;

K_0——应变片材料的应变灵敏系数。

电阻应变片的电阻温度系数表达了应变片对温度变化的敏感程度,a_t 越小则质量越好。

式(3.20)中的第一部分为电阻应变片的材料电阻温度系数引起的,第二部分为应变片材料与试件材料的线膨胀系数不同造成的变形引起的变化。

(5)**电阻应变片的动态特性**

使用电阻应变片进行频率较高的动态应变测量时,除了要考虑测量电路的频率响应外,还应考虑应变片对动态应变的响应特性。

在动态测量时,应变是以应变波形式在材料中传播的,它的传播速度与声波相同,对于钢材近似为 $v=5\ 000\ \text{m}\cdot\text{s}^{-1}$。而应变波从试件传到敏感栅所需时间约为 $5\times10^{-8}\sim2\times10^{-7}$ s,故可忽略。但当应变波在敏感栅方向传播时,传播时间将与敏感栅的长度密切相关。

当应变波为阶跃波时,见图3.17,因为应变片不是一点而具有一定长度 L,而应变片的应变输出(电阻相对变化 $\Delta R/R$)是整个敏感栅应变的平均值,只有当应变波通过敏感栅全长后,即经过时间 L/v,应变片输出所反映的才是真正的应变值 ε。应变片的理论响应如图3.17(b)所示。由于应变片黏合层对应变波中的高次谐波的衰减作用和其他因素影响,实际波形如图

3.17(c)所示。如以终值的10%上升到90%这段时间作为上升时间 t_k，则

$$t_k = 0.8\frac{L}{v}$$

当测量按正弦规律变化的应变时，从应变片中反映出来的应变波形是应变片敏感栅长度 L 内所感受的应变量的平均值。因此，它所反映的应变波将低于实际的应变波，从而给测量带来误差，误差的大小将随应变片的标距的增大而加大。图3.18表示应变波传播过程中某瞬间的情况，也可认为是此瞬间试件表面轴向应力的分布情况。设应变波的波长为 λ，应变片的标距为 L，应变片两端点的坐标为 x_1 和 x_2，测得的沿标距 L 的平均应变为

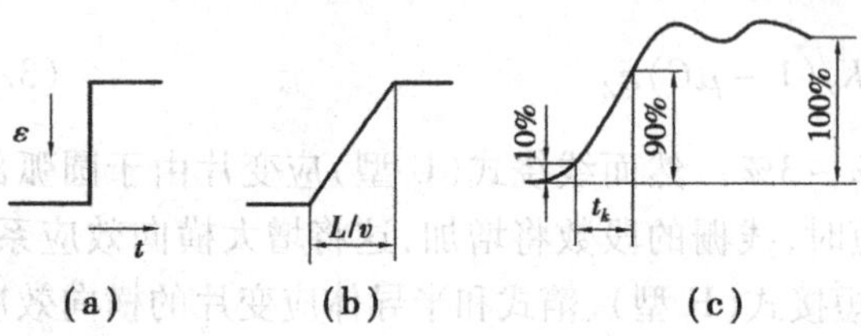

图3.17　应变片对阶跃波的响应

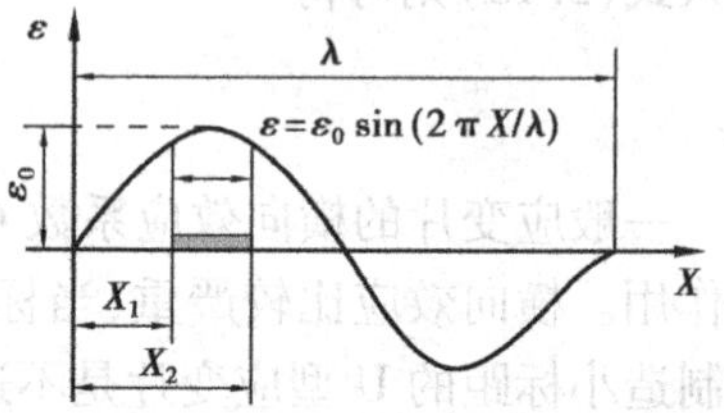

图3.18　正弦应变波在应变片中的传播

$$\varepsilon_a = \frac{\int_{x_1}^{x_2} \varepsilon_0 \sin\left(\frac{2\pi x}{\lambda}\right)\mathrm{d}x}{x_2 - x_1}$$

$$= -\frac{\lambda}{2\pi l}\varepsilon_0\left[\cos\left(\frac{2\pi x_2}{\lambda}\right) - \cos\left(\frac{2\pi x_1}{\lambda}\right)\right] \tag{3.21}$$

一般认为应变片测出的应变为其中点的应变 ε_m，中点的座标为

$$x_m = \frac{x_1 + x_2}{2}$$

因此，中点应变为

$$\varepsilon_m = \varepsilon_0 \sin\left(\frac{2\pi}{\lambda}\cdot\frac{x_1 + x_2}{2}\right) \tag{3.22}$$

测量误差为

$$\delta = \frac{\varepsilon_m - \varepsilon_a}{\varepsilon_m}$$

若要使误差小于5%，则

$$\frac{\lambda}{L} > 10$$

由于 $\lambda = v/f$，应变片的最高工作频率为

$$f = 0.1\frac{v}{f} \tag{3.23}$$

如果应变片在钢材试件上使用，即传播速度为5 000 m/s，标距为1 mm的应变片，可测频率为500 kHz；标距为50 mm的应变片，可测频率为10 kHz。

如果被测试件的最高工作频率和应变波在该试件的传播速度已知，则取应变波长 λ 的 $\frac{1}{20}\sim\frac{1}{10}$ 来选择应变片的标距。

(6)**电阻应变片的其他特性**

1)电阻应变片的线性度

应变片的线性度表示应变片的电阻相对变化与它的应变关系的线性好坏。理论上,各种应变片的应变和电阻相对变化呈线性关系,应变片灵敏度系数为常数,这只能在应变比较小的情况下成立。对于大应变的条件下,由于黏接剂传递变形不良等因素的影响,非线性现象较为严重。一般要求应变片的非线性在0.05% ~1%以内,用于制造传感器的应变片非线性最好小于0.02%。

2)应变片的机械滞后

粘贴在试件表面的应变片,当试件承受加载和卸载时,其$\frac{\Delta R}{R}$—ε的特性曲线不重合而是一个封闭的曲线,这种现象称为应变片的机械滞后。把加载和卸载特性曲线在相同应变下的最大差值称为电阻应变片的机械滞后值,有时也用此差值与加载和卸载过程中的最大电阻相对变化范围之比来表示。

造成机械滞后的因素主要是敏感栅基底和黏接剂在承受机械应变以后留下的残余变形。因此要选用性能优良的基底材料和黏接剂,并使敏感栅材料经过适当热处理,减小应变片的机械滞后。就电阻应变片本身而言,在循环加卸载3~5次之后,机械滞后会减小许多。故对新粘贴好的应变片,最好在正式测量前,对试件进行3次以上的循环加载,以减小应变片的机械滞后。

3)应变片的蠕变

粘贴在试件表面的应变片,在恒定的载荷作用和恒定的温度环境下,电阻值随时间变化的特性称应变片的蠕变。

蠕变大致以对数衰减规律表现出来,其数值基本上与承受载荷大小成比例。应变片的蠕变主要是由于敏感栅材料、黏接剂和基底在载荷情况下内部结构的变化引起的。

4)应变片的零漂

粘贴在试件表面上的应变片,在不承受任何载荷的条件下,并在恒定的温度环境中,电阻值随时间变化的特性称为应变片的零漂。

零漂主要是由于电阻应变片的绝缘电阻过低和通过电流而产生热电势等原因造成的。

5)应变片的应变极限

粘贴在试件表面的应变片所能够测量的最大应变值称应变片的应变极限。在恒温下的特制试件上施加均匀而缓慢的拉伸载荷,当指示应变值大于真实应变值的10%时,该真实应变值作为该批应变片的应变极限。

6)应变片的疲劳寿命

粘贴在试件上的应变片,所能承受某一特定动载荷的循环反复作用,而不使应变片破坏时,这个循环次数称为应变片的疲劳寿命。

应变片在动载荷的循环作用下遭到破坏的原因有:应变片敏感栅已达至疲劳极限,引线与敏感栅的连接点损坏,黏接剂性能变化等。

7)应变片的容许电源

加在应变片的电压和通过的电流不能超过规定数值,否则会使应变片温度升高,影响测量精度,当温度超过一定值时,还可能使应变片的敏感栅烧毁。

8)应变片的绝缘电阻

应变片的绝缘电阻是指应变片的引出线与粘贴该应变片的试件材料之间的电阻值,一般为兆欧级。

以上介绍了应变片的规格和特性,各种应变片的参数由表3.3、3.4、3.5和3.6给出。

表3.3 线绕式(U型)电阻应变片

敏感栅尺寸(宽×长)/mm	标称电阻值/Ω	灵敏系数	基片材料
2×2	120	2.4	JSF—2胶基
2×3	120	2.0	纸 基
2×5	120	2.0~2.3	纸 基
2×10	128	2.0~2.3	纸 基
3×4	120	2.0~2.3	纸 基
3×15	120	2.0~2.3	纸 基
3×17	120	2.0~2.1	纸 基
3×20	120	2.0~2.3	纸 基
5×40	120	2.0~2.3	纸 基
5×100	120	2.0~2.3	纸 基
5×150	120	2.0~2.3	纸 基

表3.4 短接线式(H型)电阻应变片

敏感栅尺寸(宽×长)/mm	标称电阻值/Ω	灵敏系数	基片材料
2×5	120	2.8	JSF—2胶膜
2×6	120	2.0~2.3	JSF—2胶膜
3×8	120	2.0~2.3	JSF—2胶膜
3×15	120	2.0	JSF—2胶膜
4×12	120	2.0	JSF—2胶膜

表3.5 箔式电阻应变片

敏感栅尺寸(宽×长)/mm	标称电阻值/Ω	灵敏系数	基片材料
1×1	120	2.0	1720胶膜
2×15	120	2.0	1720胶膜
2×3	120	2.0	1720胶膜
3×5	120	2.0	1720胶膜
5×6	120	2.0	1720胶膜
5×8	120	2.0	1720胶膜
10×12	120	2.0	1720胶膜

表 3.6　半导体应变片

型　号	材　料	硅片尺寸(宽×长×厚)/mm	基片材料及基片尺寸(宽×长)/mm	电阻值/Ω	灵敏系数	电阻温度特性/℃$^{-1}$	灵敏系数温度特性/℃$^{-1}$	极限工作温度/℃	最大工作电流/mA
PKD7—K	P—Si 单　晶	0.4×7×0.04	JSF—2 胶　膜 6×10	1 000±10%	160±5%	<0.4%	<0.35%	80	15
PBd6—350	P—Si 单　晶	0.4×6×0.04	JSF—2 胶　膜 6×10	350±10%	150±5%	<0.3%	<0.28%	80	15
PBD7—120	P—Si 单　晶	0.4×7×0.04	JSF—2 胶　膜 6×10	120±10%	130±5%	<0.12%	<0.15%	80	20
PBD7—60	P—Si 单　晶	0.4×7×0.04	JSF—2 胶　膜 6×10	60±10%	60±5%	<0.10%	<0.10%	80	20
	P—Si 单　晶		无基底	120	120	0.01%~0.03%	<0.10%	−40~+150	25

3.2.4　应变片的粘贴和常用黏合剂

应变片必须用黏合剂粘贴在弹性敏感元件或试件上，才能测量应变、应力、压力和力等参数。应变片的黏合层质量直接影响应变测量精度，它必须正确无误地将弹性元件或试件的应变传递到应变片的敏感栅上去。黏合层的质量与黏合剂的选择和粘贴工艺有密切关系，要保证质量，必须注意以上两点。黏合剂必须适合应变片材料和弹性元件（或试件）材料，要求黏接后机械性能可靠、黏接力强，黏合层有足够的剪切弹性模量，同时也要求有较高的绝缘电阻、良好的防潮、防油性能。

应变片的粘贴工艺包括：试件贴片处的表面处理，贴片位置的确定，应变片的粘贴、固化，引出线的焊接及防护处理等，简述如下：

①试件的表面处理。为了保证一定的黏合强度，必须将试件或弹性元件表面处理干净，清除杂质、油污和表面氧化层。用细砂纸交叉将试件或弹性元件表面打光，以保证粘贴表面平整，表面光洁度一般达到∇4~∇5 即可。表面处理的面积约为应变片基底面积的 3~5 倍。

②确定贴片位置。在应变片上标出敏感栅的纵、横向中心线，在试件或弹性元件上按照测量要求画出中心线，以保证应变片粘贴位置和方向与要求一致。

③粘贴。首先用丙酮，四氟化碳等有机溶剂彻底清洗试件或弹性元件表面，然后在清洗后的表面上均匀地涂上一层薄的黏合剂，晾干准备贴片，应变片的底面也要用溶剂清洗干净。然后在试件表面和应变片底面各涂上一层薄而均匀的黏合剂，待稍干后，即将应变片贴在划线处，用手指滚压把气泡和多余的黏合剂挤出，加压时应避免应变片错位。

④固化。根据所使用的黏合剂的固化工艺要求进行固化处理。

⑤质量检查。检查粘贴位置是否正确,黏合层是否有气泡和漏贴,敏感栅是否有短路和断路现象,敏感栅与试件或弹性元件的绝缘电阻等。一般情况下,绝缘电阻为 50 MΩ 即可,当精度要求很高时,需在 2 000 MΩ 以上。

⑥引线焊接与防护。检查合格后即可焊接引出导线,引出导线要适当固定,防止导线摆动折断应变片的引线。为保证应变片工作的长期稳定性,应采取防潮、防水等措施,如在应变片及其引线上涂上石蜡、石蜡松香混合剂、环氧树脂、有机硅、清漆等保护层。

常用的黏合剂及其使用条件由表 3.7 给出。选用时,要根据基片材料、工作温度、潮湿程度、稳定性、加温加压、粘贴时间等多种因素同时考虑。

表 3.7　常用黏合剂的性能

黏合剂类型	主要成分	牌　号	适于黏合的基底材料	最低固化条　件	固化压力 10^4 Pa	使用温度 /℃
硝化纤维素黏合剂	硝化纤维素(或乙基纤维素)溶液	万能胶	纸	室温,10 h 或 60 ℃、2 h	0.5～1	-50～80
α—氰基丙烯酸黏合剂	α—氰基丙烯酸树脂	501 502	纸、胶膜、玻璃纤维布	室温、1 h	黏合时指压	-50～80
酚醛树脂类黏合剂	酚醛—聚乙烯醇缩丁醛	JSF—2	胶膜、玻璃纤维布	150 ℃、1 h	1～2	-60～120
	酚醛—聚乙烯醇缩甲乙醛	1720	胶膜、玻璃纤维布	190 ℃、3 h	—	-60～100
	酚醛—有机硅	J—12	胶膜、玻璃纤维布	200 ℃、3 h	—	-60～350
环氧类黏合剂	环氧树脂、聚硫酚酮胺固化剂	914	胶膜、玻璃纤维布	室温、2.5 h	黏合时指压	-60～80
	环氧树脂、固化剂等	509	胶膜、玻璃纤维布	200 ℃、2 h	黏合时指压	-100～250
	环氧树脂、酚醛、树脂、甲苯二酚、石棉粉等	J06—2	胶膜、玻璃纤维布	150 ℃、1 h	1～2	-60～250
聚酰亚胺黏合剂	聚酰亚胺	30～14	胶膜、玻璃纤维布	280 ℃、2 h	1～3	-150～250 +300 短期

3.2.5　电阻应变式传感器

应变式传感器包括两个主要部分:一个是弹性敏感元件,利用它把被测的物理量(如力、扭矩、压力、加速度等)转化为弹性体的应变值;另一个是应变片(丝),作为传感元件将应变转换为电阻值的变化。

电阻应变式传感器可以分为两类,即粘贴式和非粘贴式。粘贴式传感器是用应变片粘贴于弹性敏感元件上,将弹性敏感元件的应变量转换成电阻值的变化;非粘贴式是将应变丝固接于壳体和敏感元件之间,用来将位移量转换成金属丝电阻值的变化。这种传感器有时也称为张丝式传感器。

应变式传感器按其用途可分为应变式力传感器、应变式压力传感器、应变式加速度传感器和应变式位移传感器等。

(1)非粘贴式传感器

非粘贴式传感器利用应变丝将弹性元件产生的位移量转化为电阻值的变化。结构见图3.19和图3.20。应变丝通常为金属丝,其直径一般不超过0.002 cm,阻值一般为100～1 000 Ω,图3.20所示的传感器有4根应变丝,采用惠斯登电桥测量,其输出电压比单根应变丝和两根应变丝大,并且有温度补偿作用。

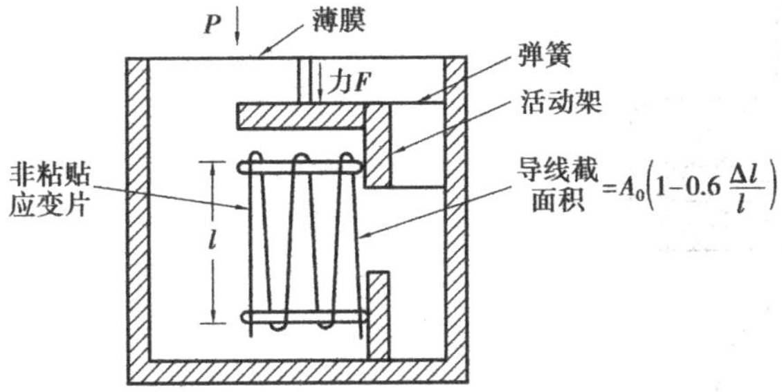

图3.19 非粘贴式应变压力传感器

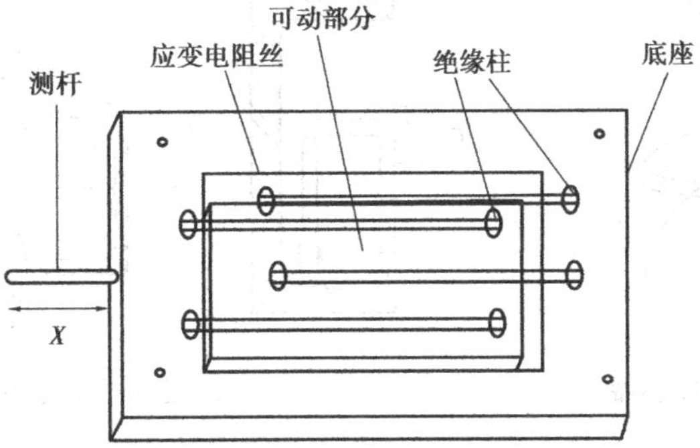

图3.20 张丝式位移传感器

金属丝应变计的允许最大相对变化十分小,一般为5 000 $\mu\varepsilon$,若灵敏度系数为2,则电阻变化为1%。因此输出幅度比较小,其满度输出电压为40 mV(5 V桥压)。

非粘贴式传感器可用于测量力、压力、位移、加速度等物理量。

(2)粘贴式电阻应变传感器

粘贴式电阻应变式传感器可用于测量力、压力、加速度、扭矩等非电物理量。

测力传感器用弹性元件将力转换为应变量,再利用粘贴在弹性元件上的应变片把应变压力变换为电阻值的变化。常用的弹性元件有柱式、悬臂梁式和环式。各种应变式力传感器如图3.21所示。

粘贴应变式压力传感器由变换压力的弹性敏感元件和应变片组成,常见的结构有平膜式和组合式,如图3.22所示。

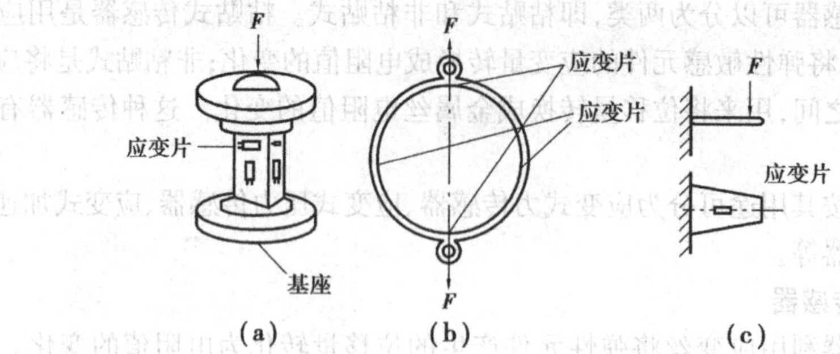

图 3.21　应变式测力传感器

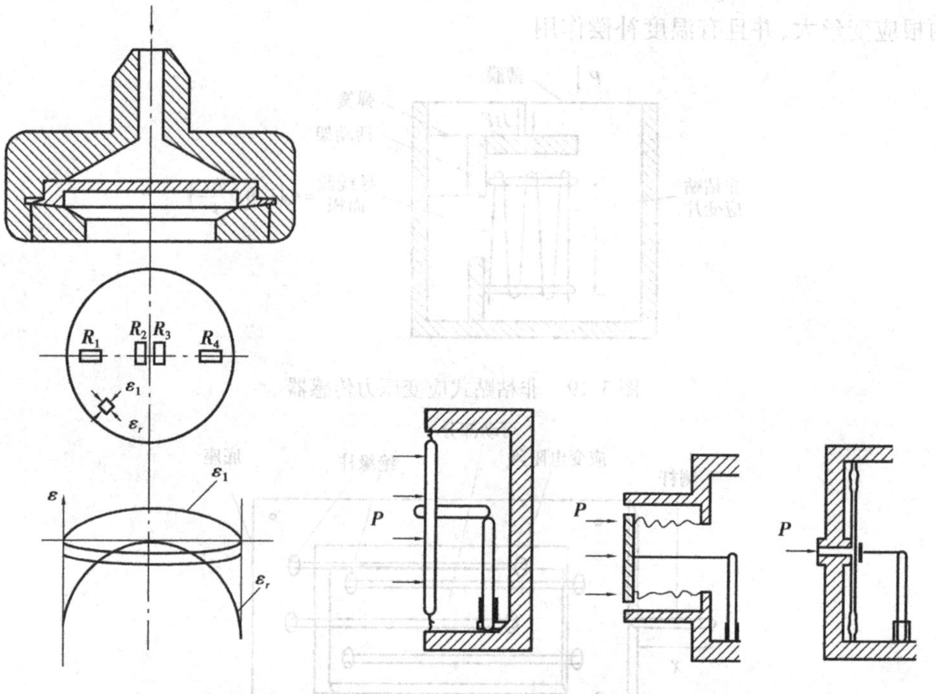

(a)平膜式压力传感器　　(b)组合式压力传感器

图 3.22　粘贴式应变压力传感器

3.3　固态压阻式传感器

3.3.1　压阻效应与压阻传感器

固体受力后,电阻率或电阻会发生变化,这种效应称为压阻效应。压阻式传感器就是利用固体的压阻效应制成,主要用于测量压力、加速度和载荷等参数,分别有压阻式压力传感器、压阻式加速度传感器等。

压阻式传感器有两种类型:一类是以利用半导体材料的体电阻做成的粘贴式半导体应变片作为敏感元件的传感器,称为粘贴型压阻式传感器;另一类是在半导体材料的基片上用集电路工艺制成扩散电阻，以扩散电阻作为敏感元件，这种传感器称为扩散型压阻式传感器，本章只讨论扩散型压阻式传感器。

由前面两节已知半导体的压阻效应为

$$\frac{\Delta\rho}{\rho}=\pi_l\sigma$$

半导体电阻相对变化为

$$\frac{\Delta R}{R}=(1+2\mu+\pi_l E)\varepsilon\approx\pi_l\sigma$$

实际上，半导体材料(例如单晶硅)是各向异性的，它的压阻效应与晶向有关。因此，其一般表达式为

$$\frac{\Delta\rho_{ij}}{\rho}=\pi_{ijkl}\sigma_{kl} \tag{3.24}$$

式中：σ_{kl}——外加作用力引起的应力，下标 k 表示应力的作用面方向，l 表示应力方向；

ρ_{ij}——电阻率，下标 i 表示电场强度的方向，j 表示电流密度的方向；

π_{ijkl}——对应于 σ_{kl} 和 ρ_{ij} 的压阻系数而电阻的相对变化应该为

$$\frac{\Delta R}{R}=\pi_{/\!/}\sigma_{/\!/}+\pi_{\perp}\sigma_{\perp} \tag{3.25}$$

式中：$\pi_{/\!/}$——纵向压阻系数；

$\pi_{\perp}$——横向压阻系数；

$\sigma_{/\!/}$——纵向应力；

$\sigma_{\perp}$——横向应力。

纵向压阻系数 $\pi_{/\!/}$ 和横向压阻系数 $\pi_{\perp}$ 与晶向、扩散浓度和温度有关，纵向应力和横向应力根据膜片的受力情况而定。

和半导体应变片一样，扩散型压阻式传感器灵敏度高，其灵敏度系数比金属应变片高50 ~ 100 倍，有时压阻式传感器的输出不放大就可直接用于测量，另外，压阻式传感器的分辨力高，它可以 1 ~2 mm 水柱的微压。

扩散型压阻式传感器与粘贴型压阻传感器相比有许多优点，由于扩散型压阻传感器是用集成电路工艺制成的，基片作为弹性元件，并把敏感元件(甚至某些测量电路)集成在基片上，避免了复杂的粘贴过程和由于粘贴应变片带来的误差和可靠性问题。扩散型压阻传感器的体积可以做得很小，其有效面积可以做到零点几个毫米，这种传感器可以用来测量高频的脉动压力。另外，由于体积小，可以把这种传感器探头伸入血管内、测量血管内的压力，避免了液体耦合带来的频响差等问题。

基于以上优点，扩散型压阻式传感器在生物医学测量中得到越来越广泛的应用，如导管端部压力传感器，植入式压力传感器和心内导管压力传感器等。

压阻式传感器的最大缺点是温度特性差，在使用时必须采用温度补偿措施。压阻式传感器的压阻系数和阻值均随着温度的升高而下降，其温度特性与表面杂质浓度有密切的关系。当表面杂质浓度低时，温度增加压阻系数下降快，当表面杂质浓度高时，温度增加压阻系数下降慢。为了降低温度的影响，扩散杂质浓度应高些。但扩散杂质浓度高时，压阻系数要降低，并且高浓度扩散层 P 型硅与衬底 N 型硅之间 PN 结的击穿电压要降低，而使绝缘电阻降低。所以，采用多大的表面杂质浓度进行扩散，必须综合考虑压降系数大小、温度特性和绝缘特性。

3.3.2　单晶硅的压阻系数

由式(3.24)可知,半导体材料的压阻系数 π_{ijkl} 为一个4阶张量,共有81个分量。为了书写方便,令 $\Delta ij = \Delta\rho_{ij}/\rho$,则式(3.24)变为

$$\Delta ij = \pi_{ijkl}\sigma_{kl} \tag{3.26}$$

压阻系数 π_{ijkl} 的前两个下标代表电阻率的变化率分量的方向,后两个下标代表应力分量的方向。考虑到剪切应力 $\sigma_{kl} = \sigma_{lk}(k \neq 1)$,$\Delta ij = \Delta ji(j \neq i)$,$\Delta ij$ 和 σ_{kl} 只有6个独立分量,为简化起见,将下标作如下变换

$$11 \to 1 \quad 22 \to 2 \quad 33 \to 3$$

$$23 \to 4 \quad 13 \to 5 \quad 12 \to 6$$

变换后,式(3.26)变为

$$\Delta i = \pi_{ij}\sigma_j \tag{3.27}$$

由于单晶硅的如下性质,上式可进一步简化:

①剪切应力不可能产生正向压阻效应,即

$$\pi_{14} = \pi_{15} = \pi_{16} = \pi_{24} = \pi_{25} = \pi_{28} = \pi_{34} = \pi_{35} = \pi_{36} = 0$$

②正向应力不可能产生剪切压阻效应,即

$$\pi_{14} = \pi_{42} = \pi_{43} = \pi_{51} = \pi_{52} = \pi_{53} = \pi_{61} = \pi_{62} = \pi_{63} = 0$$

③剪切应力只能在剪切平面内产生压阻效应,即

$\pi_{45} = \pi_{46} = \pi_{54} = \pi_{56} = \pi_{64} = \pi_{65} = 0$,只剩下 $\pi_{44},\pi_{55},\pi_{66}$。

④由于立方晶体的对称性必然存在正向压阻效应相等($\pi_{11} = \pi_{12} = \pi_{33}$)。横向压阻效应相等($\pi_{12} = \pi_{21} = \pi_{13} = \pi_{31} = \pi_{23} = \pi_{32}$)。剪切压阻效应相等($\pi_{44} = \pi_{55} = \pi_{66}$)。

将式(4.32)的张量形式写成矩阵形式:

$$\begin{bmatrix} \Delta_1 \\ \Delta_2 \\ \Delta_3 \\ \Delta_4 \\ \Delta_5 \\ \Delta_6 \end{bmatrix} = \begin{bmatrix} \pi_{11} & \pi_{12} & \pi_{12} & 0 & 0 & 0 \\ \pi_{12} & \pi_{11} & \pi_{12} & 0 & 0 & 0 \\ \pi_{13} & \pi_{12} & \pi_{11} & 0 & 0 & 0 \\ 0 & 0 & 0 & \pi_{44} & 0 & 0 \\ 0 & 0 & 0 & 0 & \pi_{44} & 0 \\ 0 & 0 & 0 & 0 & 0 & \pi_{44} \end{bmatrix} \begin{bmatrix} \sigma_1 \\ \sigma_2 \\ \sigma_3 \\ \sigma_4 \\ \sigma_5 \\ \sigma_6 \end{bmatrix}$$

π_{11} 为正向压阻系数,π_{12} 为横向压阻系数,π_{44} 为剪切压阻系数。

以上的 $\pi_{11},\pi_{12},\pi_{44}$ 是相对于晶轴坐标而言的,任意晶向的单晶硅受到纵向应力 $\sigma_{/\!/}$ 和横向应力 $\sigma_{\perp}$,其纵向压阻系数 $\pi_{/\!/}$ 和横向压阻系数 $\pi_{\perp}$ 是3个压阻系数的线性组合,即

$$\pi_{/\!/} = \pi_{11} - 2(\pi_{11} - \pi_{12} - \pi_{44})(l_1^2m_1^2 + l_1^2n_1^2 + m_1^2n_1^2)$$

$$\pi_{\perp} = \pi_{12} + (\pi_{11} - \pi_{12} - \pi_{44})(l_1^2l_2^2 + m_1^2m_2^2 + n_1^2n_2^2)$$

式中:l_1、m_1、n_1——压阻元件纵向应力相对于立方晶轴的方向余弦;

l_2、m_2、n_2——横向应力相对于立方晶轴的方向余弦。

如果纵向应力方向为 <hkl>,则

$$l_1 = \frac{h}{(h^2 + k^2 + l^2)^{\frac{1}{2}}}$$

$$m_1 = \frac{k}{(h^2 + k^2 + l^2)^{\frac{1}{2}}}$$

$$n_1 = \frac{l}{(h^2 + k^2 + l^2)^{\frac{1}{2}}}$$

如果横向应力方向为 $<rsl>$,则

$$l_2 = \frac{r}{(r^2 + S^2 + t^2)^{\frac{1}{2}}}$$

$$m_2 = \frac{S}{(r^2 + S^2 + t^2)^{\frac{1}{2}}}$$

$$n_2 = \frac{t}{(r^2 + S^2 + t^2)^{\frac{1}{2}}}$$

如果知道纵向应力和横向应力方向,便可通过 π_{11},π_{12},π_{44} 计算出纵向压阻系数 $\pi_{/\!/}$ 和横向压阻系数 $\pi_{\perp}$,再通过公式:

$$\frac{\Delta R}{R} = \pi_{/\!/} \sigma_{/\!/} + \pi_{\perp} \sigma_{\perp}$$

便可计算出电阻相对变化率。

π_{11},π_{14},π_{44} 为单晶硅的独立的3个压阻系数,它们的数值可通过实测获得。在室温下,其数值见表3.8。

表3.8 单晶硅的 π_{11},π_{14},π_{44} 数值/($\times 10^{-11}$ $m^2 \cdot N^{-1}$)

晶 体	导电类型	电阻率/($\Omega \cdot m$)	π_{11}	π_{12}	π_{44}
Si	P	7.8	+6.6	-1.1	+138.1
Si	N	11.7	-102.2	+53.4	-13.6

设计压阻式传感器,必须选择适当的切割晶面、扩散电阻的方向,便电阻相对变化率满足要求。

3.3.3 扩散型压阻式传感器

(1)扩散型压阻式压力传感器

压阻式固态压力传感器如图3.23所示。其核心部分是一块圆形的膜片,在膜片上利用集成电路的工艺方法制成4个阻值相等的电阻,构成平衡电桥,膜片周围用一圆形硅环固定,如图3.24所示。膜片的两边有两个压力腔。当膜片两边存在压力差时,膜片上各点存在应力并产生相应的应度。4个电阻在应力作用下阻值发生变化,电桥失去平衡,输出相应的电压,这个电压与膜片两边的压差成正比。测量电压就能得到膜片所受压差的大小,如果一腔的压力已知,则另一腔的压力也可求得。

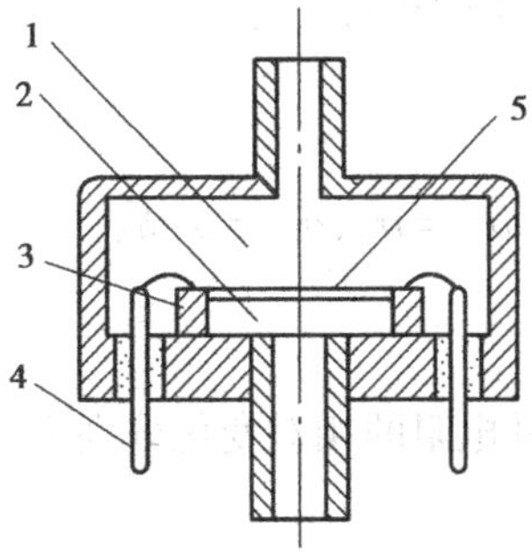

图3.23 固态压力传感器结构简图
1—低压腔 2—高压腔 3—硅环
4—引线 5—硅膜片

由弹性敏感元件的知识知道,圆形平膜片上各点的径向应力 σ_T,和切向应力 σ_t,可用下列式表示:

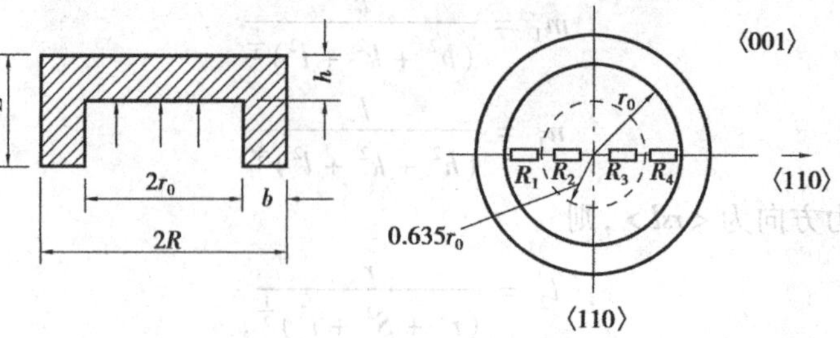

图 3.24 硅环上法线为<110>晶向的膜片

$$\sigma_T = \frac{3P}{8}[(1+\mu)r_0^2 - (3+\mu)r^2]$$

$$\sigma_t = \frac{3P}{8}[(1+\mu)r_0^2 - (1+3\mu)r^2]$$

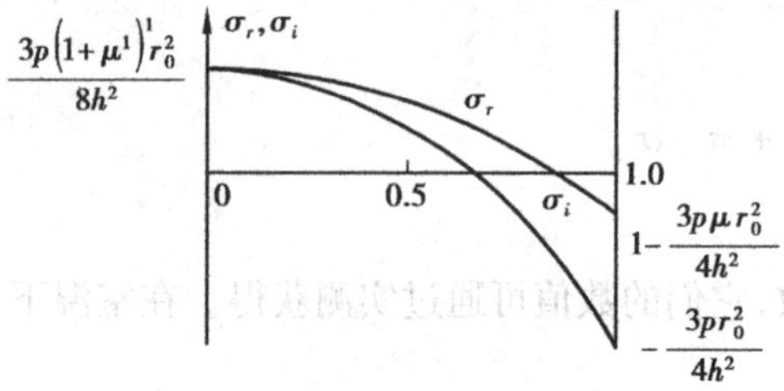

图 3.25 平膜片的应力分布图

式中：r_0——膜片有效半径，m；

r——计算点半径，m；

h——膜片厚度，m；

μ——泊松系数，硅的 $\mu = 0.35$；

P——压力，Pa。

根据上两式作出 σ_T 和 σ_t 与 r 的关系曲线，见图 3.25。当 $r = 0.635r_0$ 时，$\sigma_r = 0$；$r < 0.635r_0$ 时，$\sigma_r > 0$ 为拉应力；$r > 0.635r_0$ 时，$\sigma_r < 0$，为压应力，当 $r = 0.812r_0$ 时，$\sigma_t = 0$，仅有 σ_r 存在，且 $\sigma_r < 0$，即为压应力。

设计平膜片压阻传感器的关键是选择材料、晶向、扩散电阻的位置和方向，以下是一种方案。

在法线为⟨1 $\bar{1}$ 0⟩晶向的 N 型圆形硅膜片上，沿⟨1 1 0⟩晶向，在 $0.635r_0$ 半径的内外各扩散两个电阻，如图 3.24 所示。由于⟨110⟩晶向的横向为⟨001⟩，经计算，$\pi_{/\!/}$ 和 $\pi_\perp$ 分别为

$$\pi_{/\!/} = \frac{\pi_{44}}{2}$$

$$\pi_\perp = 0$$

而电阻的相对变化：

$$\frac{\Delta R}{R} = \pi_{/\!/}\sigma_{/\!/} + \pi_\perp\sigma_\perp$$

由于 $\sigma_{/\!/} = \sigma_T, \sigma_\perp = \sigma_t$ 故

$$\frac{\Delta R}{R} = \frac{1}{2}\pi_{44}\sigma_r$$

内、外电阻的相对变化分别为

$$\left(\frac{\Delta R}{R}\right)_i = \frac{1}{2}\pi_{44}\bar{\sigma}_{ri}$$

$$\left(\frac{\Delta R}{R}\right)_o = -\frac{1}{2}\pi_{44}\bar{\sigma}_{ro}$$

式中：$\bar{\sigma}_{ri}, \bar{\sigma}_{ro}$——内、外电阻上的径向应力的平均值。

适当安排电阻位置,可以使得 $\sigma_{ri} = -\sigma_{ro}$,于是有

$$\left(\frac{\Delta R}{R}\right)_i = -\left(\frac{\Delta R}{R}\right)_o$$

由于两内阻的变化与外电阻变化的方向相反而且数值相等,可做成差动电桥。

另一种电阻散方案是在〈001〉晶向的 N 型圆形硅膜片上沿〈1 $\bar{1}$ 0〉与〈1 $\bar{1}$ 0〉二晶向利用扩硼的方法扩散出四个 P 型电阻,则〈1 $\bar{1}$ 0〉晶向的两个径向电阻与〈1 $\bar{1}$ 0〉晶向的两个切向电阻阻值的变化率分别为

$$\left(\frac{\Delta R}{R}\right)_T = \pi_{/\!/}\sigma_{/\!/} + \pi_{\perp}\sigma_{\perp} = \pi_{/\!/}\sigma_T + \pi_{\perp}\sigma_t \tag{3.28}$$

$$\left(\frac{\Delta R}{R}\right)_t = \pi_{/\!/}\sigma_{/\!/} + \pi_{\perp}\sigma_{\perp} = \pi_{/\!/}\sigma_t + \pi_{\perp}\sigma_T \tag{3.29}$$

而在〈1 $\bar{1}$0〉晶向:

$$\pi_{/\!/} = \frac{1}{2}\pi_{44} \quad \pi_{\perp v} = -\frac{1}{2}\pi_{44} \tag{3.30}$$

在〈1 1 0〉晶向:

$$\pi_{/\!/} = \frac{1}{2}\pi_{44} \quad \pi_{/\!/} = -\frac{1}{2}\pi_{44} \tag{3.31}$$

将上两式及 σ_r 和 σ_t 的表达式分别代入式(3.28)和式(3.29)得

$$\left(\frac{\Delta R}{R}\right)_r = -\pi_{44}\frac{3Pr^2}{8h^2}(1-\mu) \tag{3.32}$$

$$\left(\frac{\Delta R}{R}\right)_t = \pi_{44}\frac{3Pr^2}{8h^2}(1-\mu) \tag{3.33}$$

可见$\left(\frac{\Delta R}{R}\right)_r = -\left(\frac{\Delta R}{R}\right)_t$

径向和切向电阻变化率均与 r^2 成正比,即 r 愈大时,$\left(\frac{\Delta R}{R}\right)_r$ 与$\left(\frac{\Delta R}{R}\right)_t$ 的数值越大,灵敏度越高。所以最好将 4 个扩散电阻放在膜片有效面积的边缘处。

压阻式压力传感器在设计过程中,为了使输出线性度较好,扩散电阻上的应变不应过大,这可用限制硅膜片上最大应变不超过 400 ~ 500$\mu\varepsilon$ 来保证。

圆形平膜片上各点的应变可用下列两式来计算:

$$\varepsilon_T = \frac{3P}{8h^2E}(1-\mu^2)(r_0^2 - 3r^2) \tag{3.34}$$

$$\varepsilon_t = \frac{3P}{8h^2E}(1-\mu)^2(r_0^2 - r^2) \tag{3.35}$$

式中:ε_r、ε_t——径向与切向应变,$\mu\varepsilon$;

E——弹性模量,单晶硅弹性模量为

晶向〈100〉 $E = 1.30 \times 10^{11}$ N/m^2;

晶向〈110〉 $E = 1.67 \times 10^{11}$ N/m^2;

晶向〈111〉 $E = 1.87 \times 10^{11}$ N/m^2。

根据上两式作出曲线就可得到圆形薄膜片的应力分布图,如图 3.26 所示。从图中可见,膜片边缘处切向应变等于零,径向应变为最大。所以在设计时应考虑膜片边缘处径向应变

ε_r,不应超过 400 ~ 500 $\mu\varepsilon$。根据这一要求,可以求出硅膜片的厚度 h。

利用集成电路工艺制造成的压阻式压力传感器,突出优点之一是可以做得尺寸很小,固有频率很高。圆形平膜片的固有频率为

$$f_0 = \sqrt{\frac{E}{3(1-\mu^2)\rho}} \cdot \frac{2.56h}{\pi r_0^2}$$

式中:ρ——单晶硅的密度,kg/m³。

(2)**固态压阻式加速度传感**

压阻式加速度传感器是利用单晶硅作为悬臂梁,在其根部扩散出 4 个电阻,见图 3.27,当悬臂梁自由端的质量块受到加速度作用时,悬臂梁受到弯矩作用,产生应力,使 4 个电阻阻值发生变化。

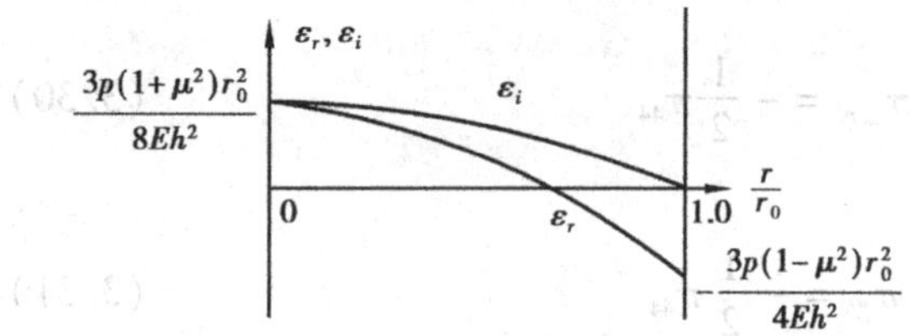

图 3.26 平膜片的应变分布图

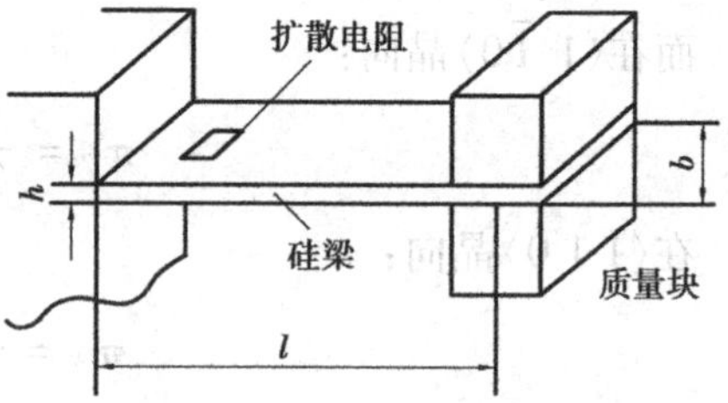

图 3.27 压阻式加速度传感器

如悬臂梁的单晶硅采用〈001〉晶向,则在〈1 $\bar{1}$ 0〉和〈110〉晶向各扩散两个电阻。

在〈1 $\bar{1}$ 0〉晶向的两电阻的电阻变化率为

$$\left(\frac{\Delta R}{R}\right)\langle 1\,\bar{1}\,0\rangle = \pi_{/\!/}\sigma_{/\!/} + \pi_{\perp}\sigma_{\perp} = \pi_{/\!/}\sigma_l$$

在〈1 1 0〉晶向的两电阻的电阻变化率为

$$\left(\frac{\Delta R}{R}\right)\langle 1\,1\,0\rangle = \pi_{/\!/}\sigma_{/\!/} + \pi_{\perp}\sigma_{\perp} = \pi_{\perp}\sigma_l$$

在〈1 $\bar{1}$ 0〉晶向的 $\pi_{/\!/} = \frac{\pi_{44}}{2}$,在〈1 1 0〉晶向的 $\pi_{\perp} = -\frac{\pi_{44}}{2}$。

根据材料力学知识,悬臂梁根部所受应力为

$$\sigma_l = \frac{6ml}{bh^2}a$$

式中:m——质量块质量,kg;

b、h——悬臂梁的宽度和厚度,m;

l——质量块中心至悬臂梁根部的距离,m;

a——加速度,m/s²。

所以

$$\left(\frac{\Delta R}{R}\right)\langle 1\,\bar{1}\,0\rangle = \pi_{44}\frac{3ml}{bh^2}a$$

$$\left(\frac{\Delta R}{R}\right)\langle 1\,1\,0\rangle = -\pi_{44}\frac{3ml}{bh^2}a$$

由上两式可见:

$$\left(\frac{\Delta R}{R}\right)\langle 1\ \bar{1}\ 0\rangle = \left(\frac{\Delta R}{R}\right)\langle 1\ 1\ 0\rangle$$

为了保证传感器的输出具有较好的线性度，悬臂梁根部所产生的应变不应超过 400 ~ 500 $\mu\varepsilon$。应变可由下式计算：

$$\varepsilon = \frac{6ml}{Ebh^2}a$$

正确地选择尺寸和阻尼，这种传感器可以用来测量低频加速度和直线加速度，其固有振动频率为

$$f_0 = \frac{1}{2\pi}\sqrt{\frac{Ebh^2}{4ml}}$$

3.4　电阻式传感器的测量电路

测量电路的作用是将电阻传感器的电阻变化转化为电压或电流的变化，供显示和记录。有时电阻式传感器的电阻变化很小，测量电路中须有放大器，才能观察到微弱的电阻变化。

将电阻变化转换为电压变化的常用电路有两种：一种是电位计式电路，另一种是电桥电路。电桥电路使用最为普遍，本节将重点讨论。

3.4.1　电位计式电路

电位计式电路如图 3.28 所示，由传感器电阻 $R+\Delta R$ 串联一个固定电阻 R_b 组成，U 为激励电压，E 为输出电压。

当无电阻变化 ΔR 时，输出电压 ΔE：

$$E = \frac{R}{R_b + R}\cdot U \tag{3.36}$$

当传感器电阻为 $R+\Delta R$ 时，输出电压增加 ΔE：

$$E + \Delta E = \frac{R + \Delta R}{R_b + R + \Delta R}\cdot U \tag{3.37}$$

由式(3.36)和式(3.37)可得

$$\Delta E = \frac{R_b\cdot\Delta R}{(R_b + R)(R_b + R + \Delta R)}U \tag{3.38}$$

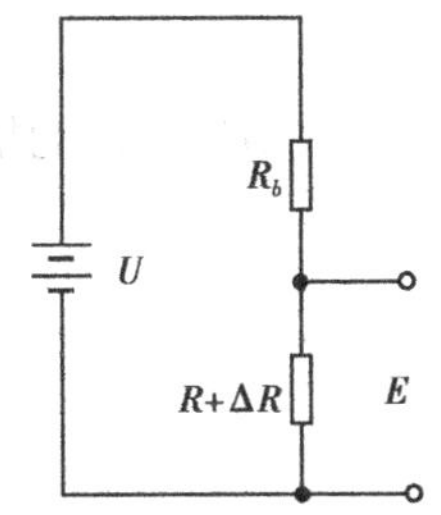

图 3.28　电位计式电路

$$= \frac{a}{(1+a)^2 + (1+a)\dfrac{\Delta R}{R}}\cdot\frac{\Delta R}{R}\cdot U \tag{3.39}$$

式中：$a = \dfrac{R_b}{R}$。

由式(3.39)可以看出，ΔE 与 $\dfrac{\Delta R}{R}$ 之间的关系不是线性关系。但 $\dfrac{\Delta R}{R}$ 值一般都很小，$a>1$，则非线性误差不致过大。显然，增大 a 可以减小误差，但这会使输出电压降低，一般取 $a=1\sim3$。

电位计式电路比较简单，通常用于测量动态分量(如冲击和振动)。如果用变压器或隔直电容耦合，可把直流分量滤掉。

3.4.2 惠斯登电桥电路

电桥电路是电阻式传感器测量中用得最广泛的电路，它可以测量非常微弱的电阻变化，通过调整，可以使其输出在静态时为零，用灵敏的检流计可直接测量输出，得到被测的物理量值。

(1)恒压式电桥

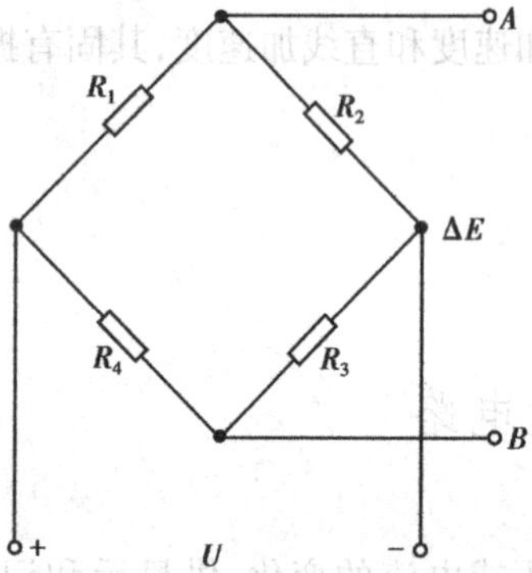

图 3.29 恒压式电桥

恒压式电桥，如图 3.29，是用得最普遍的电路，电桥输出电压是 A 点和 B 点间的电位差，即

$$\Delta E = \frac{R_3}{R_3 + R_4}U - \frac{R_2}{R_1 + R_2}U = \frac{R_1R_3 - R_2R_4}{(R_1 + R_2)(R_3 + R_4)} \cdot U \tag{3.40}$$

为了使被测量的量值变化前，电桥输出为零，即电桥平衡，则应使

$$R_1R_3 = R_2R_4 \tag{3.41}$$

所以，正确选择各桥臂的阻值，可消除电桥的恒定输出量，使输出电压只与传感器的电阻变化有关。根据分析计算，在符合公式(3.41)的条件下，当各臂电阻值分别为 $R_1 + \Delta R_1, R_2 + \Delta R_2, R_3 + \Delta R_3, R_4 + \Delta R_4$ 时，输出电压近似为

$$\Delta E = \frac{R_1R_2}{(R_1 + R_2)^2}\left(\frac{\Delta R_1}{R_1} - \frac{\Delta R_2}{R_2} + \frac{\Delta R_3}{R_3} - \frac{\Delta R_4}{R_4}\right) \cdot U \tag{3.42}$$

在对称情况下，即 $R_1 = R_2, R_3 = R_4$，这时

$$\Delta E = \frac{U}{4}\left(\frac{\Delta R_1}{R_1} - \frac{\Delta R_2}{R_2} + \frac{\Delta R_3}{R_3} - \frac{\Delta R_4}{R_4}\right) \tag{3.43}$$

在 $R_1 = R_4, R_2 = R_3$ 的情况下，如果令

$$\frac{R_2}{R_1} = \frac{R_3}{R_4} = a$$

则

$$\Delta E = \frac{Ua}{(1 + a)^2}\left[\frac{\Delta R_1}{R_1} - \frac{\Delta R_2}{R_2} + \frac{\Delta R_3}{R_3} - \frac{\Delta R_4}{R_4}\right] \tag{3.44}$$

如果 $R_1 = R_2 = R_3 = R_4$，这时的输出电压表达式与式(3.43)相同。

为了提高灵敏度，增加输出幅度，常常在设计传感器时，使 4 个桥臂电阻都随被测量变化，并且使 $R_1 = R_3 = R + \Delta R, R_2 = R_4 = R - \Delta R$，即接成全桥的方式，这时输出电压为

$$\Delta E = U \cdot \frac{\Delta R}{R} \tag{3.45}$$

这种设计在应变式传感器和固态压阻式传感器中广泛使用。

温度的变化会引起传感器电阻变化，尤其是半导体应变片和固态压阻式传感器。如果 4 个臂或其中相邻两臂电阻均处于相同温度环境中，并且特性基本相同，则可以起到温度补偿作用。因为温度引起的电阻变化 ΔR_T 在各臂相同，故相互抵消，设

$$R_1 = R_3 = R + \Delta R_T + \Delta R, R_2 = R_4 = R + \Delta R_T - \Delta R$$

则

$$\Delta E = U \cdot \frac{\Delta R}{R + \Delta R_T} \tag{3.46}$$

由于 $R >> \Delta R_T$，故 ΔR_T 对电桥输出影响很小。

式(3.42)给出的输出电压表达式仅是一个近似公式，精确的输出电压为

$$\Delta E = \frac{R_1 R_2 U}{(R_1 + R_2)^2}\left(\frac{\Delta R_1}{R_1} - \frac{\Delta R_2}{R_2} + \frac{\Delta R_3}{R_3} - \frac{\Delta R_4}{R_4}\right)(1 - \eta) \tag{3.47}$$

式中 η 为非线性项，其值为

$$\eta = \frac{1}{1 + \dfrac{1 + \dfrac{R_2}{R_1}}{\dfrac{\Delta R_1}{R_1} + \dfrac{\Delta R_4}{R_4} + \dfrac{R_2}{R_1}\left(\dfrac{\Delta R_2}{R_2} + \dfrac{\Delta R_3}{R_3}\right)}} \tag{3.48}$$

当电阻相对变化 $\Delta R_i / R_i$ 很小时，η 接近零，可以忽略，如果变化量大，应考虑非线性问题加以修正。当 $\frac{\Delta R_1}{R_1} = \frac{\Delta R_2}{R_2} = -\frac{\Delta R_3}{R_3} = -\frac{\Delta R_4}{R_4}$ 时，$\eta = 0$。

以上讨论的结果是电桥输出端开路得到的，即空载特性，当输出端接上 R_L 时，如图3.30所示。分析这个电路可用戴维南定理进行，即先将 R_L 开路，求出开路电压和输出阻抗，再计算输出电流。

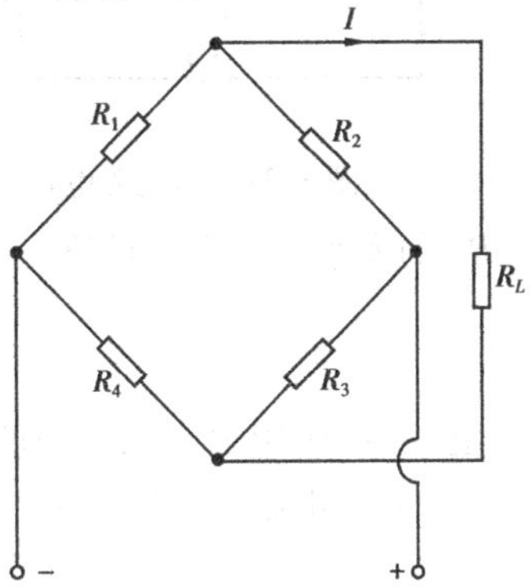

图3.30　带负载的电桥

现考虑一种特殊情况，即 $R_1 = R_3 = R + \Delta R$，$R_2 = R_4 = R - \Delta R$，由于开路电压

$$U_0 = \frac{\Delta R}{R} U$$

等效电阻 $R_0 = R$，故输出电流为

$$\Delta I = \frac{U_0}{R_0 + R_L} = \frac{\Delta R}{(R_L + R) R} \cdot U \tag{3.49}$$

(2) **恒流源电桥**

恒流源供电的电桥如图3.31所示。这种电路的突出优点是它比恒压源电桥能更好地消除温度影响。

设 $R_1 = R_3 = R + \Delta R + \Delta R_T$，$R_2 = R_4 = R - \Delta R + \Delta R_T$

由于支路 ABC 和 ADC 的电阻相等，即

$$R_{ABC} = R_{ADC} = 2(R + \Delta R_T)$$

故有

$$I_{ABC} = I_{ADC} = \frac{1}{2} I$$

电桥的输出为

$$U_0 = \frac{1}{2} I (R + \Delta R + \Delta R_T) - \frac{1}{2} I (R - \Delta R + \Delta R_T) = I \Delta R \tag{3.50}$$

电桥的输出与电阻的变化量成正比，即与被测量成正比，无非线性项，不受温度影响。而恒压电桥即无法消除温度影响，若采用恒压驱动，则输出为 $U \frac{\Delta R}{R + \Delta R_T}$。当 ΔR_T 较大时，温度影响就必须注意。

(3)**电桥平衡**

电桥平衡是使被测量为零时,电桥的输出为零。对于直流电桥,只考虑电阻平衡即可。但对于交流电桥,不仅需要电阻平衡,而且还需要对电抗分置进行平衡,电抗分量主要表现为分布电容。

1)电阻平衡

电阻平衡方法分串联平衡法和并联平衡法。串联平衡电路如图 3.32 所示,在电桥臂 R_1 和 R_2 之间接入一可变电阻 R_U 来调节电桥的平衡。

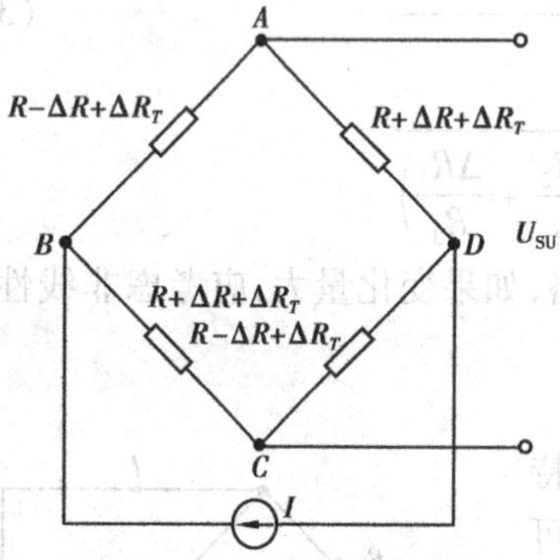

图 3.31 恒流源电桥

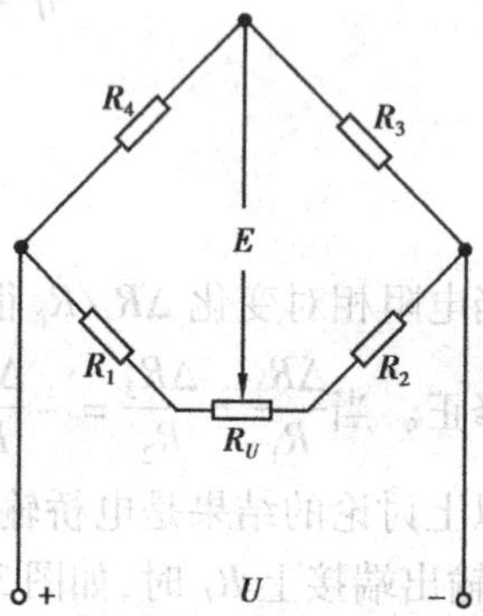

图 3.32 电阻串联平衡

R_U 的大小可由下式计算:

$$R_U = \left(|\Delta r_1| + \left| \Delta r_2 \frac{R_1}{R_3} \right| \right)_{\max} \tag{3.51}$$

式中:Δr_1——电阻 R_1 和 R_2 的偏差;

Δr_2——电阻 R_3 和 R_4 的偏差。

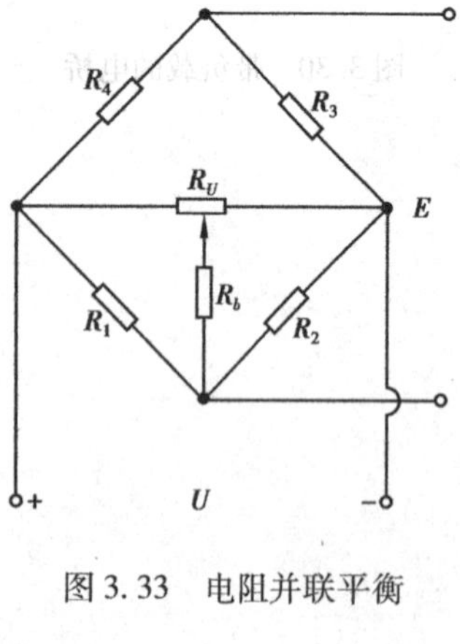

图 3.33 电阻并联平衡

并联平衡电路如图 3.33 所示。用改变 R_U 的中间触点的位置来达到平衡的目的,即用改变并联在桥臂 R_1 和 R_2 的电阻的方法。

平衡能力的大小取决于 R_b 和 R_U,当 R_b 和 R_U 小一些,平衡能力就大一些。但太小时会给测量带来误差。只能在保证测量精度的前提下选择较小的 R_b 和 R_U。一般取 R_b 为

$$R_b = \frac{R_1}{\left(\left| \frac{\Delta r_1}{R_1} \right| + \left| \frac{\Delta r_2}{R_3} \right| \right)_{\max}} \tag{3.52}$$

式中:Δr_1——电阻 R_1 和 R_2 的偏差;

Δr_2——电阻 R_3 和 R_4 的偏差。

R_U 的值通常与 R_b 相等。

2)电容平衡

当电桥用交流供电时,为了达到平衡,需要各桥臂满足如下条件:

$$Z_1 Z_3 = Z_2 Z_4$$

将 $Z_k = R_k + jX_k (k = 1,2,3,4)$ 代入上式整理得

$$R_1 R_3 - X_1 X_3 = R_2 R_4 - X_2 X_4$$

$$R_3X_1 + R_1X_3 = R_4X_2 + R_2X_4 \tag{3.53}$$

式中：X_1, X_2, X_3, X_4——各臂的电抗，电抗主要是分布电容产生的容抗。

为了达到平衡，除使用电阻平衡外，还要使用电容平衡，两者配合满足式(3.60)的条件。

图3.34是常用的电容平衡电路，由电位器 R_H 和固定电容 C 组成，改变电位器上滑动触点的位置，即可改变并联到桥臂 R_1 和 R_2 上的阻容网络，达到平衡条件。

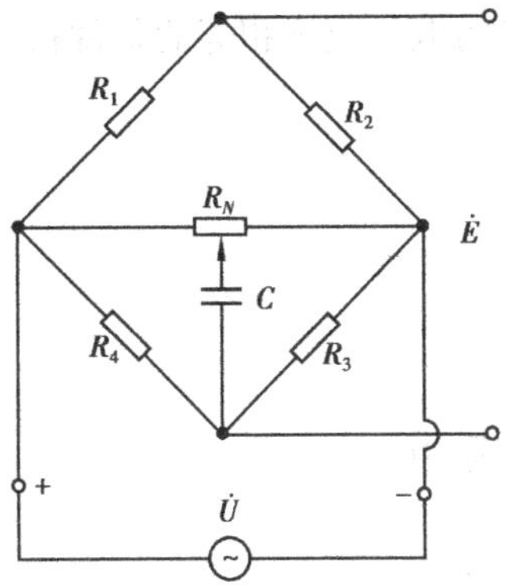

图3.34　电容平衡之一

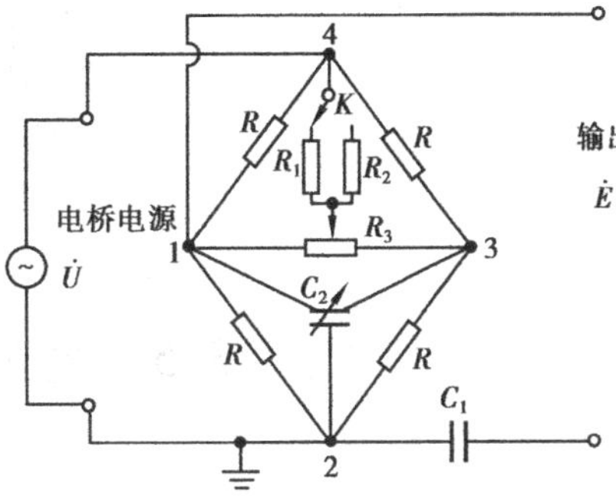

图3.35　电容平衡之二

另一种电容平衡电路如图3.35所示，它是通过 R_3 和 R_1、R_2 构成的网络达到电阻平衡。改变差动电容 C_2 的电容分配来达到电抗平衡。电容器 C_2 为精密差动式可变电容，当拧动旋钮时，左边和右边两部分电容一边增加，另一边减小使并联到相邻两臂的电容改变，以达到平衡的目的。如果 C_2 还不能达到平衡，可将固定电容 C_1 的"5"端短接到电桥的"1"端或"3"端上。

(4)**电桥的温度补偿**

半导体应变片传感器和固态压阻式传感器的阻值和灵敏度系数受温度影响较大，温度变化时，会产生较大的电桥零位漂移和灵敏度漂移。

零位温度漂移是桥臂电阻随温度变化引起的。理论上，只要4个桥臂的电阻值，温度系数一样，电桥的零位温度漂移就可以很小，但这在工艺上是不容易实现的。应变片和扩散电阻的温度系数与掺杂浓度密切相关，当掺杂浓度高时，温度系数小。如果各桥臂的温度系数差别较大，则会出现较严重的温度零漂。

电桥的灵敏度温度漂移是由于压阻系数随温度变化引起的，温度升高时，压阻系数变小；温度降低时，压阻系数升高。即传感器的灵敏度温度系数是负值。如果扩散电阻的表面浓度高，则压阻系数随温度变化就小，电桥的灵敏度温度系数也小。

图3.36是电桥零位温漂和灵敏度温漂的补偿电路。电桥的零位温漂一般是采用串联、并联电阻的方法进行补偿。R_S 是串联电阻，R_P 是并联电阻。R_S 和 R_P 均为热敏电阻。

电桥的温度漂移，就是说在温度变化时，B 点和 D 点的电位不等。假如当温度升高时，R_3 的增加比较大，则 D 点电位低于 B 点电位，B、D 两点的电位差就是零

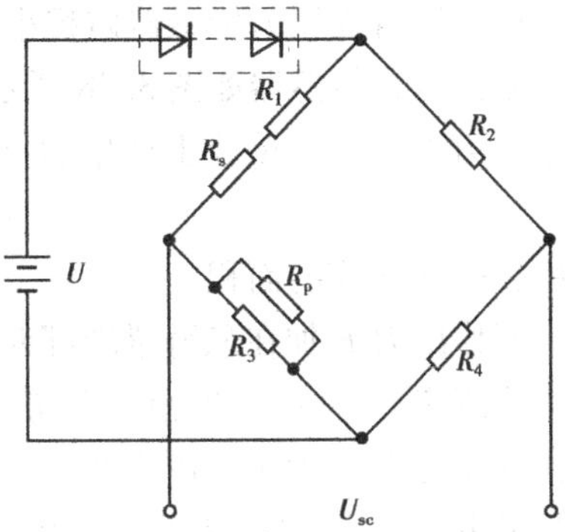

图3.36　温漂补偿电路

位温漂，要消除 B、D 两点的电位差，最简单的方法是在 R_3 上并联一个负温度系数的阻值较大的电阻，用它来减小 R_3 变化的影响。这样，当温度变化时，B、D 两点的电位差不致过大，达到补偿的目的，在 R_4 上串联一个正温度系数的热敏电阻也可以起到补偿的作用。计算 R_S 和 R_P 的方法如下：

设 R_1'、R_2'、R_3'、R_4'和 R_1''、R_2''、R_3''、R_4''为 4 个桥臂电阻在低温和高温下的实测值。R_S'、R_P'与 R_S''、R_P''为在低温和高温下的数值。根据低温与高温下 B、D 两点的电位应该相等的条件得

$$\frac{R_1' + R_S'}{R_2'} = \frac{R_3'//R_P'}{R_4'} \tag{3.54}$$

$$\frac{R_1'' + R_S''}{R_2''} = \frac{R_3''//R_P''}{R_4''} \tag{3.55}$$

3.5 电阻式传感器的应用

(1)脉象传感器

脉象传感器的原理如图 3.37 所示，脉管搏动经传感钉作用于等强度梁的自由端，在脉管搏动的作用下，梁发生上下弯曲变形，贴附在梁上、下面的应变片产生方向相反的应变，为了提高灵敏度和补偿温度误差，梁的上面和下面各贴两块应变片组成平衡式的全桥电路。由于脉管搏动微弱，应变片采用半导体应变片。

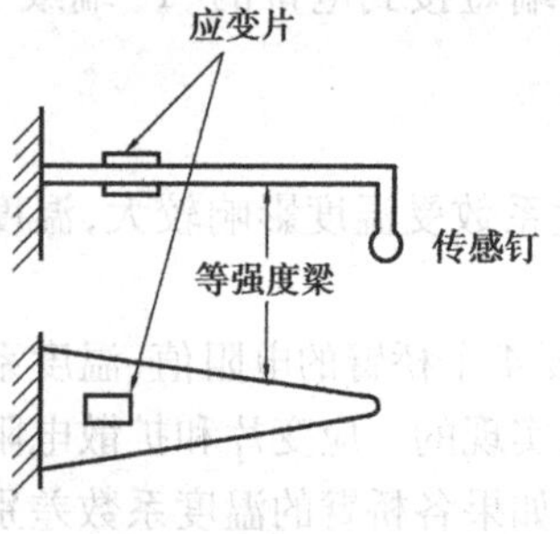

图 3.37 脉象传感器

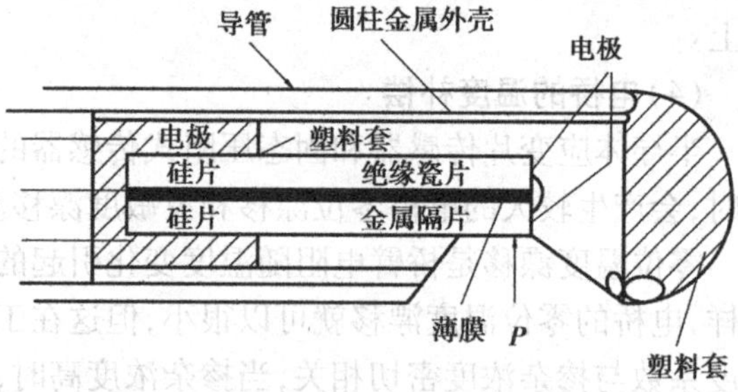

图 3.38 心内导管中压阻压力计的结构图

(2)心内导管压阻式压力传感器

由于压阻式压力传感器体积小、灵敏度高，分辨力高，被应用于植入式压力测量。心内导管压阻式压力传感器如图 3.38 所示，这种传感器采用双硅片作为悬臂梁，悬臂梁端部的作用力是压力 P 作用于薄膜上产生的，作用力为

$$F = P \cdot A$$

式中：A——薄膜的面积。

当作用力 F 加在悬臂梁端部时，悬臂梁发生弯曲，产生应力，其中一个硅片为拉应力，另一个为压应力，从而产生相反方向的电阻变化。用双感受臂电桥可测出这种电阻相对变化，从而得知压力 P 的大小。由于两硅片的特性基本相同，并在同一温度场中，温度变化产生的两硅片的电阻变化相同，因此可以相互抵消。从而使温度误差特性得到补偿。

这种传感器的主要技术指标是灵敏度和可用频率范围，可用频率范围受该传感器的最低

机械共振频率f_0的限制。

$$f_0 = 0.56\left(\frac{h}{l^2}\right)\left(\frac{E}{12\rho_D}\right)^{\frac{1}{2}} \tag{3.56}$$

式中：h——硅片总厚度；

l——硅片长度；

E——弹性模量；

ρ_D——密度。

假设压力是沿悬臂梁自由端的1/3段均匀分布，采用双感受臂电桥，电桥的输出电压为

$$V_0 = 0.528\frac{VKlPA}{Ewh^2} \tag{3.57}$$

式中：V_0——输出；

V——桥压；

K——硅片的灵敏度系数；

l——硅片长度；

P——压力；

A——薄膜面积；

E——弹性模量；

w——硅片宽度；

h——硅片总厚度。

式(3.43)计算的输出为理论值，实测往往存在误差，主要原因是：

①计算中未考虑刚性隔片和粘贴材料的影响；

②在膜片中有张力存在，这往往会使外加压力减少；

③K值会因掺杂的变化或者切割的几何误差而产生偏差。

以上这些误差可通过实验来校正。

尽管采用了双硅片的温度补偿效应，但该传感器仍存在温度零漂，需用外电路来补偿。

这种传感器频响可达1 000 Hz以上，灵敏度为2.4×10^{-8} V/Pa，可以放在9号导管内。可用于测量心脏各腔室的压力波形。

(3)指力检测传感器

手指在完成不同动作时各手指会根据需要产生不同的力量(简称指力)，检测分析指力变化对研究手指运动功能有重要意义。重庆大学设计了一种基于压阻敏感片的指力检测装置。其中压力敏感器件为Interlink公司生产的FSR压力敏感片(图3.39)，它是高分子聚合物厚膜，并具有随着表面压力的增加电阻值下降的特性，具有较好的灵敏度FSR压力敏感片的长度为32 mm，敏感区的直径为7 mm，厚度为0.04 mm。同时，利用聚碳酸酯聚合物材料设计了指力检测装置(图3.40)，能有效地将手指指尖压力转换为FSR的阻抗变化。

为了将指尖压力引起的FSR电阻变化转换为电信号，设计了恒流源放大电路(图3.41)，利用稳压二极管和运算放大器提供基准参考电压，利用三极管输出恒定电流，流经FSR的电流为

$$I = \frac{V_{D_1}}{(R_3 + R_4)}$$

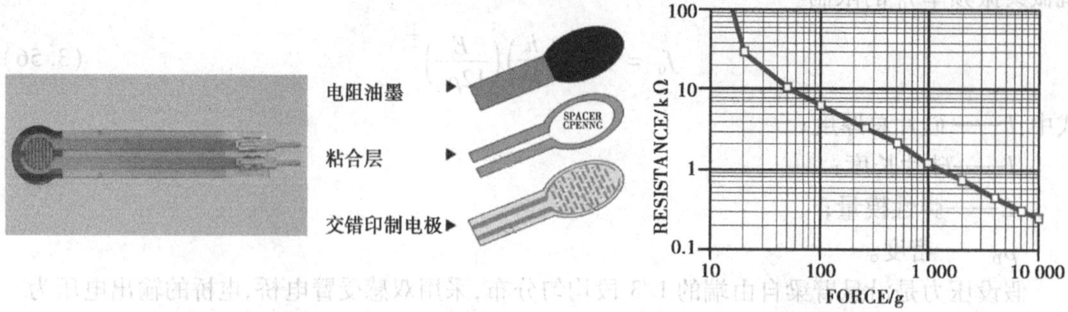

(a)FSR敏感片　(b)FSR结构　(c)FSR阻抗—力量曲线

图 3.39　FSR 敏感片结构与特性

电流 I 在 FSR 上形成的电压信号通过同相跟随电路的阻抗变换，输出 2～3 V 的电压信号，即

$$U_{OUT1} = I \times R_{FSR}。$$

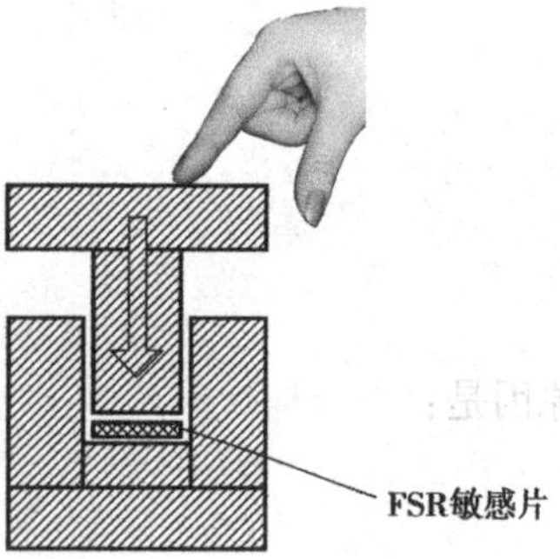

图 3.40　指力传感器结构示意图

(4)呼吸参数检测

呼吸参数的检测对研究呼吸功能、测试呼吸频率有重要意义，可检测呼吸参数的传感器有气体式、液体式、压力式等，其中压力式呼吸传感器的原理是：呼吸时人的胸部或腹部发生起伏变化，使得围绕在人体胸部或腹部的压力传感器受到的压力发生变化，压力传感器将这个压力变化转化成模拟信号，即得到人体的呼吸波信号。重庆大学设计了一种呼吸波检测系统(图 3.43)，呼吸信号的获取是采用北京颐松科技有限公司生产的 YXF-2 型压阻式全桥型系带式呼吸传感器，其结构如图 3.42 所示。压阻式压力传感器采用集成

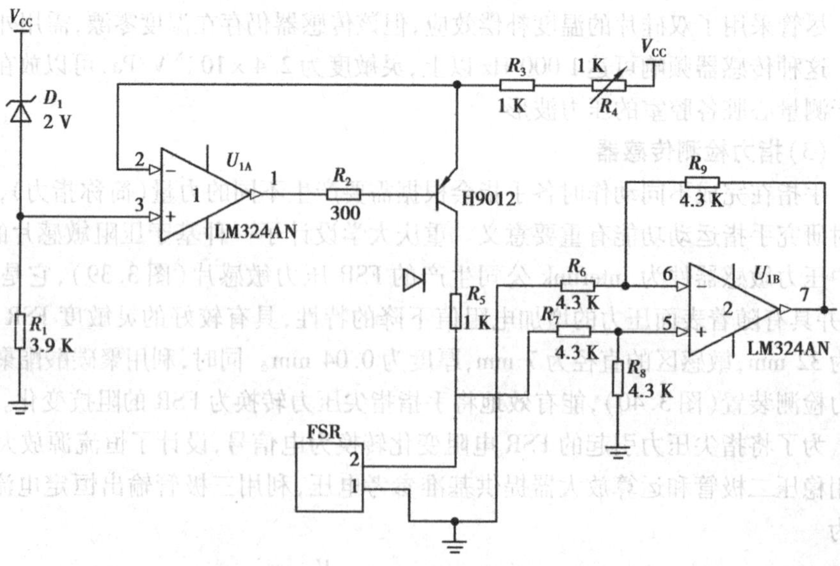

图 3.41　指力传感器检测电路

工艺将电阻条集成在单晶硅膜片上，制成硅压阻芯片，并将此芯片的周边固定封装于外壳之内，引出电极引线。其中，硅膜片一般设计成周边固支的圆形，直径与厚度比为20～60。在圆形硅膜片(N型)定域扩散4条P杂质电阻条，并接成全桥，其中两条位于压应力区，另两条处于拉应力区，相对于膜片中心对称。

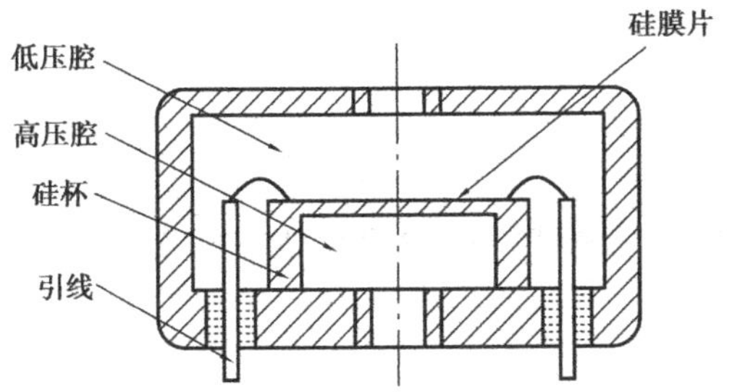

图3.42　压阻式压力传感器结构原理图

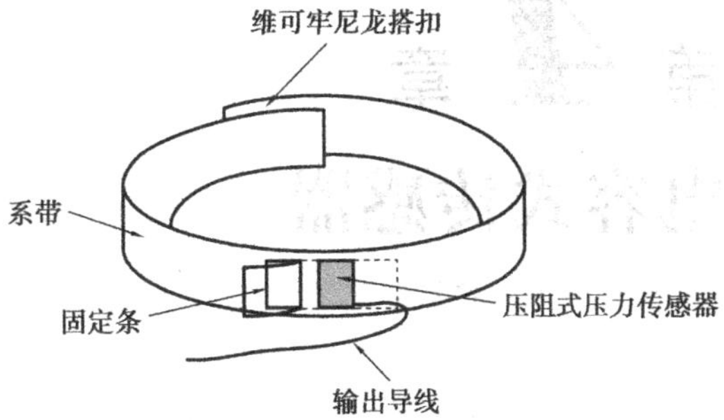

图3.43　系带式呼吸传感器结构框图

第 4 章 电容式传感器

电容式传感器具有结构简单，灵敏度高，动态响应特性好，抗过载能力强，对高温、辐射和强烈振动等恶劣条件适应性强，价格便宜等一系列优点。因此，它已成为一种较有发展前途的传感器，在生物医学测量中有广阔的应用前景。

两个金属极板间的电容量为

$$C = \frac{\varepsilon S}{d} \tag{4.1}$$

式中：C——两金属极板间具有的电容，F；

ε——两极板间介质的介电常数，F/m；

S——两极板间相对有效面积，m^2；

d——两极板间的距离，m。

由式(4.1)可知，式中 ε、S、d 三个参数之中的任意一个发生改变，都会引起电容量 C 发生变化。如果保持其中的两个参数不变，而仅改变其中的一个参数，而且使该参数与被测量之间存在某种一一对应的函数关系，那么被测量的变化就可以直接由电容量 C 的变化反映出来。

根据决定电容器电容量 C 的三个参数 ε、S、d 的变化特性，电容式传感器一般可分为极距变化型（d 变化）、面积变化型（S 变化）、介质变化型（ε 变化）三种。

4.1 极距变化型电容式传感器

极距变化型电容式传感器的结构可用图 4.1(a)简单描述。

其中 A 和 B 是一组平行板电容器的极板，设 A 为固定极板，B 为可动极板。由于某种原因使 A 极板与 B 极板之间的距离 d 变化 Δd 时，两极板之间的电容量 C 相应地也会发生 ΔC 的变化，从式(4.1)可知，电容量 C 与极距 d 之间是一种双曲函数的关系，如图 4.1(b)所示。当极距 d 有一微小变化 Δd 时，引起的电容变化量近似为

$$\Delta C \approx -\frac{\varepsilon S}{d^2}\Delta d$$

下面讨论极距变化型电容传感器的灵敏度和非线性。

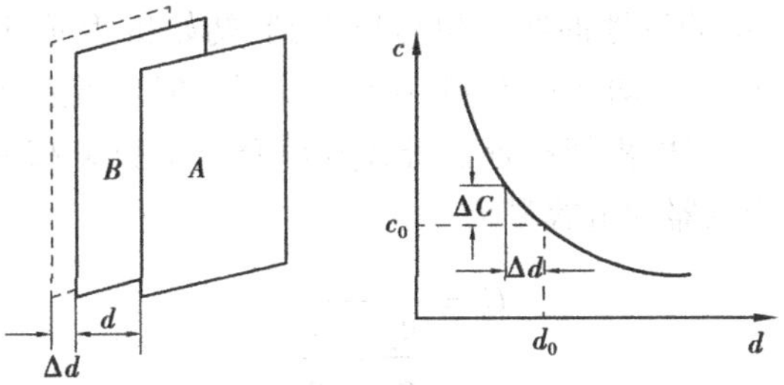

(a)结果图　　(b)特性图

图4.1　极距变化型电容传感器结构及特性

平行极板电容器的电容量表达式为

$$C = \frac{\varepsilon S}{d}$$

假设两极板间的初始距离为 d_0，电容器的初始电容量为 C_0，当极板间距有一增量 Δd 时，传感器的电容量为

$$C = \frac{\varepsilon S}{d_0 + \Delta d} = C_0 + \Delta C$$

可求得：

$$\Delta C = C - C_0 = \frac{\varepsilon S}{d_0 + \Delta d} - \frac{\varepsilon S}{d_0}$$

$$= \frac{\varepsilon S(-\Delta d)}{d_0(d_0 + \Delta d)} = -\frac{\varepsilon S \cdot \Delta d}{d_0^2} \cdot \left(1 + \frac{\Delta d}{d_0}\right)^{-1}$$

当 $\Delta d/d_0 \ll 1$ 时，上式可展开成级数形式：

$$\Delta C = \frac{\varepsilon S}{d_0} \cdot \left(-\frac{\Delta d}{d_0}\right) \cdot \left[1 - \frac{\Delta d}{d_0} + \left(\frac{\Delta d}{d_0}\right)^2 - \left(\frac{\Delta d}{d_0}\right)^3 + \cdots\right]$$

$$= C_0 \cdot \left(-\frac{\Delta d}{d_0}\right) \cdot \left[1 - \frac{\Delta d}{d_0} + \left(\frac{\Delta d}{d_0}\right)^2 - \left(\frac{\Delta d}{d_0}\right)^3 + \cdots\right]$$

于是灵敏度 K 为

$$K = \frac{\Delta C}{\Delta d} = \frac{\varepsilon S}{d_0^2} \cdot \left[1 - \frac{\Delta d}{d_0} + \left(\frac{\Delta d}{d_0}\right)^2 - \left(\frac{\Delta d}{d_0}\right)^3 + \cdots\right] \tag{4.2}$$

可见极距变化型电容式传感器的灵敏度并非常数，只有比值 $\Delta d/d_0$ 很小时才可认为是近似线性关系。使用这种型式的传感器时，被测非电量的变化范围不应太大。从另一角度也可看出，当 ε 和 S 固定不变时，灵敏度 K 与极距 d 的平方成反比，极距 d 越小，灵敏度越高。例如，初始距离 $d_0 = 1$ mm，若距离变化到 $d = 0.2$ mm 时，从灵敏度公式可知，极距为 0.2 mm 附近的灵敏度要比极距为 1 mm 附近的灵敏度增加 $(d_0/d)^2 = (1/0.2)^2 = 25$ 倍。由于灵敏度随极距变化，这将引起传感器的非线性误差，为了减小这种非线性误差，常采取以下措施。

①规定电容式传感器只允许极距 d 在初始极距 d_0 附近很小范围内变化，使传感器能获得近似线性关系，从式(4.2)可知，只有当 $\Delta d \ll d_0$ 时才有

$$K = -\varepsilon S \cdot \frac{1}{d^2}$$

使得灵敏度 K 趋于常数，即这时输入与输出之间呈近似线性关系。

此外,从图 4.1(b)所示的特性曲线上也可以看到,初始极距 d_0 越小,灵敏度愈高。所以在实际应用中,初始极距 d_0 一般均在 0.5 ~ 1.0 mm 以下。但当极距 d_0 过小时,又容易引起电容器击穿或短路,为此,一般在极板间放置云母或其他介电常数 ε 高的物质来改善这种情况,如图 4.2 所示,此时电容传感器的电容量为

$$C = \frac{S}{\frac{d_2}{\varepsilon_2} + \frac{d_1}{\varepsilon_1}}$$

式中:ε_1——空气的介电常数;

ε_2——固体电介质的介电常数;

d_1——空气隙厚度;

d_2——固体电介质厚度;

S——极板面积。

这种加有固体介质的变极距电容传感器,在外加非电量作用下电容量 C 只随空气隙厚度 d_1 而变,一般最大工作范围 Δd_{max} 应小于初始间隙的 1/10 ~ 1/20。另外由于云母片的介电常数一般为空气的介电常数的 5 ~ 6 倍,而钛酸钡则为空气的 800 ~ 1 000 倍,介电常数的提高使传感器灵敏度和线性也有一定的改善。例如极板直径为 50 mm,极距为 0.2 mm 的空气电容器,其电容量为 830 pF,当加有 0.1 mm 厚的云母片时,电容量增加到 1 440 pF,而加同样厚度的钛酸钡片时,电容量增大到 1.4×10^6 pF。若在被测压力作用下,一极板对另一极板的位移是 0.025 mm,那么没有云母片的电容式传感器,其电容量相对于初始电容量的相对变化量 $\Delta C/C$ 为 14%,当加有厚度为 0.1 mm 的云母片时,$\Delta C/C$ 增大到 29%,可见灵敏度将大大提高。

②在测量电路中,人为地用一个较大容量的电容 C_0 与电容传感器相并联,如图 4.3 所示,这样一来,相当于传感器初始电容量增大为 $C + C_0$。在实际运用中,通常取 C_0 的值,使

$$C_0 + C \approx 10C$$

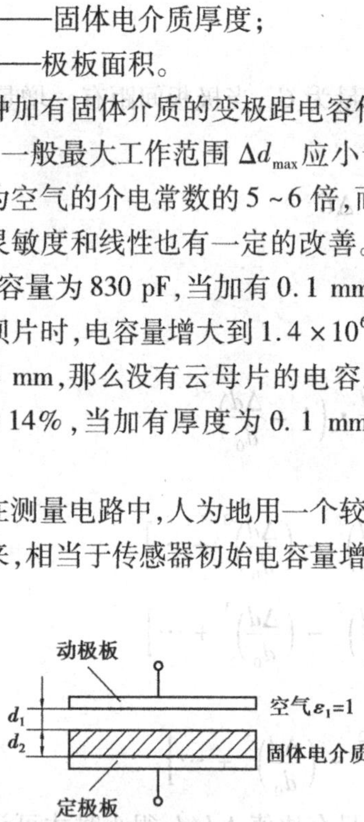

图 4.2　具有固体介质的变极距电容式传感器

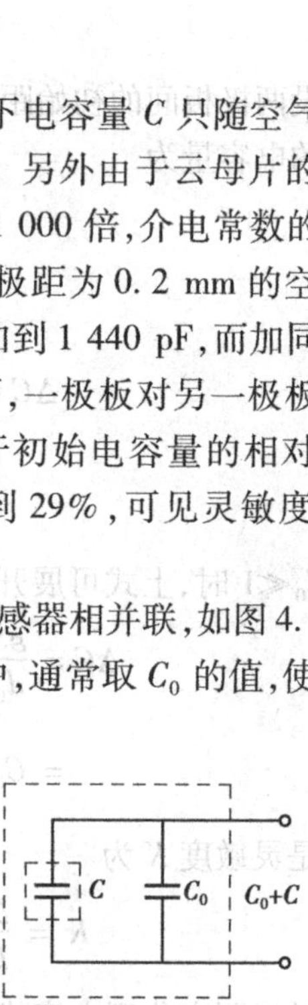

图 4.3　电容传感器线性补偿

例如对于 $C = 10$ pF 的电容式传感器,则并联一个 $C_0 \approx 90$ pF 的固定电容器,使初始电容量增大约 10 倍,在传感器相同电容量变化的条件下,使非线性得到了改善。当然这种改善是以牺牲传感器的灵敏度为代价的。

③在测量电路中采用“线性化器”(如用 EPROM 查表方式)。从原理上讲“线性化器”可将任意非线性特性校正为线性特性。

④采用差动结构的电容传感器来减小非线性,差动式电容传感器的原理结构图如图 4.4 所示。

由式(4.2)可知:

$$\Delta C_{BC} = C_0 \frac{(-\Delta d)}{d_0} \cdot \left[1 - \frac{\Delta d}{d_0} + \left(\frac{\Delta d}{d_0}\right)^2 - \left(\frac{\Delta d}{d_0}\right)^3 + \cdots\right]$$

$$\Delta C_{AC} = C_0 \frac{\Delta d}{d_0} \cdot \left[1 + \frac{\Delta d}{d_0} + \left(\frac{\Delta d}{d_0}\right)^2 + \left(\frac{\Delta d}{d_0}\right)^3 + \cdots\right]$$

则灵敏度 K' 为

$$K' = \frac{\Delta C_{AC} - \Delta C_{BC}}{\Delta d} = 2 \cdot \frac{C_0}{d_0}\left[1 + \left(\frac{\Delta d}{d_0}\right)^2 + \cdots\right]$$

可见差动式电容传感器的灵敏度比单极式传感器的灵敏度提高了一倍，而且 $\Delta d/d_0$ 的奇次方项被抵消掉了，使得差动式电容传感器的非线性亦大为减小。

传感器或整个测量系统的非线性程度用非线性系数 m 来衡量，可以用下面的公式加以估算：

$$m = \frac{\text{输出量与线性特性间的最大偏差}}{\text{输出量的最大变化}} \times 100\%$$

若输出量用 Y 来表示，则非线性系数 m 可表示为

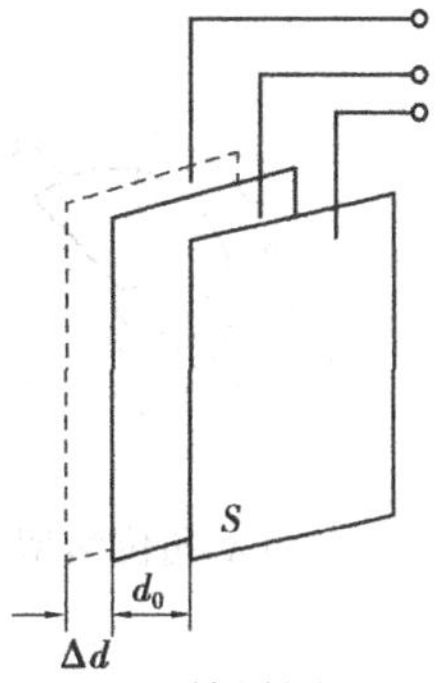

(a)结果图

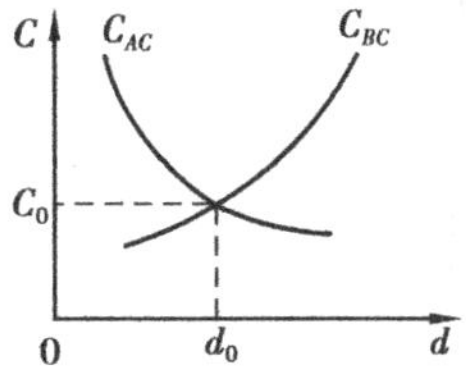

(b)特性图

图 4.4 差动电容传感器机构及特性

$$m = \frac{\Delta Y'_{max}}{\Delta Y_{max}} \times 100\%$$

$\Delta Y'_{max}$往往发生在特性曲线的中段或输入量为 ΔX_{max}处附近，如图 4.5 所示。

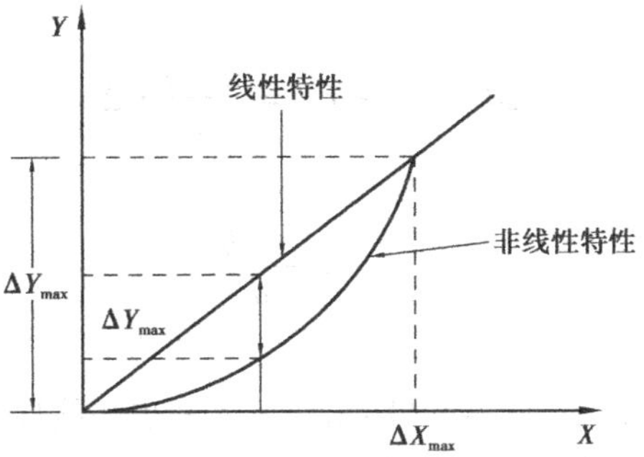

图 4.5 传感器的非线性特性

由极距变化型电容式传感器组成的测量系统，采取以上 1、2 项改善非线性的措施后，其非线性可控制在 4% 以内。

4.2 面积变化型电容式传感器

改变极板间相对有效面积的电容式传感器；其原理结构如图 4.6 所示。图 4.6(a)为角位移型电容式传感器，当动极板 1 有角位移时，与定极板 2 之间的相对有效面积发生变化，因而导致电容量的变化。

相对有效面积 $S = \theta r^2/2$，其中 θ 为相对有效面积所对应的中心角，r 为极板半径，电容器的

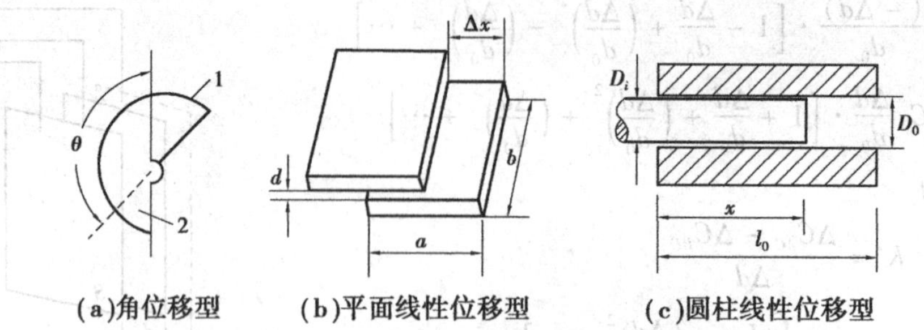

图 4.6　面积变化型电容传感器原理结果图

电容量 C 为

$$C = \frac{\varepsilon\theta r^2}{2d} \tag{4.3}$$

灵敏度为

$$K = \frac{\Delta C}{\Delta\theta} = \frac{\varepsilon r^2}{2d}$$

可见角位移型电容式传感器的输出与输入之间呈线性关系。

图 4.6(b)为平面线位移型电容式传感器，当动极板 1 沿着 X 方向移动时，两极板间的相对有效面积就发生变化，电容量也随之变化。电容量与线位移的关系为

$$C = \frac{\varepsilon \cdot b \cdot x}{d} = \frac{\varepsilon \cdot b \cdot (x_0 + \Delta x)}{d} = C_0 + \frac{\varepsilon \cdot b \cdot \Delta x}{d} \tag{4.4}$$

因为

$$\Delta C = C - C_0 = \frac{\varepsilon \cdot b}{d} \cdot \Delta x$$

所以灵敏度为

$$K = \frac{\varepsilon \cdot b}{d}$$

式中：b——极板宽度。

可见平面线位移型电容式传感器，其输出与输入间也呈线性关系。

图 4.6(c)为圆柱型线位移电容传感器，动极板(圆柱)1 与定极板(圆筒)2 相互覆盖，其电容量为

$$C = \frac{\varepsilon x}{2\ln\left(\frac{D_i}{D_0}\right)} \tag{4.5}$$

式中：D_0——圆筒内直径；

D_i——圆柱直径；

x——覆盖长度。

当覆盖长度 x 变化时，电容量 C 发生变化，其灵敏度为

$$K = \frac{\Delta C}{\Delta x} = \frac{\varepsilon}{2\ln\left(\frac{D_i}{D_0}\right)}$$

可见圆柱型线位移电容传感器的输出与输入间仍呈线性关系。

从上面的分析可看出,面积变化型电容式传感器输出与输入间都呈线性关系,但与常用的极距变化型电容传感器相比,灵敏度较低,适合于较大位移及角度的测量。

4.3 介质变化型电容式传感器

可改变介质型电容式传感器的结构原理图,如图4.7所示。电容量为

$$C = C_A + C_B \tag{4.6}$$

式中

$$C_A = \frac{b \cdot x}{\frac{d_2}{\varepsilon_2} + \frac{d_1}{\varepsilon_1}}$$

$$C_B = \frac{b(l - x)}{\frac{d_2 - d_1}{\varepsilon_1}}$$

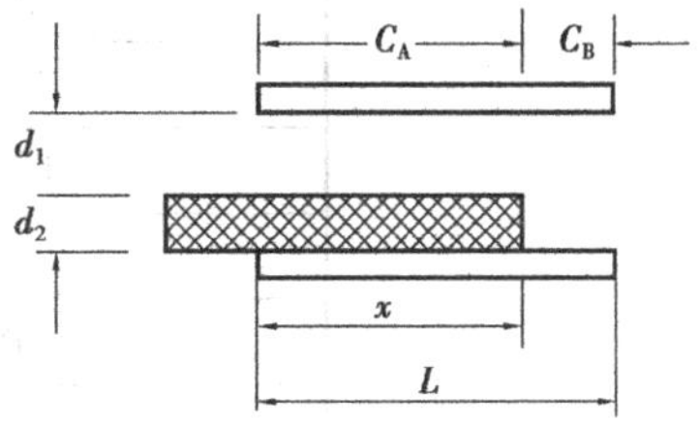

图4.7 介质变化型电容传感器原理结果图

式中:b——极板宽度;

ε_1——空气的介电常数;

ε_2——可移动介质的介电常数;

l——极板长度。

设在极板中无 ε_2 介质时的电容量为

$$C_0 = \frac{\varepsilon_1 \cdot b \cdot l}{d_1 + d_2}$$

将 C_A、C_B 代入式(4.6)得

$$C = \frac{b \cdot x}{\frac{d_2}{\varepsilon_2} + \frac{d_1}{\varepsilon_1}} + \frac{b \cdot (l - x)}{\frac{d_2 - d_1}{\varepsilon_1}}$$

$$= C_0 + C_0 \cdot \frac{x \cdot \left(1 - \frac{\varepsilon_1}{\varepsilon_2}\right)}{l \cdot \left(\frac{d_1}{d_2} + \frac{\varepsilon_1}{\varepsilon_2}\right)}$$

灵敏度为

$$K = \frac{\Delta C}{\Delta x} = \frac{C_0 \cdot \left(1 - \frac{\varepsilon_1}{\varepsilon_2}\right)}{l \cdot \left(\frac{d_1}{d_2} + \frac{\varepsilon_1}{\varepsilon_2}\right)}$$

可见电容量 C 与线位移 x 呈线性关系。

常见材料的介电常数如表4.1所示。电容式传感器还可以有其他结构形式,但其分析计算方法与上述几种典型结构相同。就传感器直接感受非电量而言,可归纳为如下三种类型:直线位移、角度位移和介电材料的改变。如果被测的非电量不是以上三种时,必须先用适当的机

械结构将被测非电量转换为上述三种非电参数之一。

表 4.1　介电材料的介电常数

材　料	相对介电常数 ε
真　空	1.000 00
干燥的空气	1.000 54
PTFE	2.1
聚乙烯	2.3
硅　油	2.9
环氧树脂	3.3
二氧化硅	3.8
PRC	4.0
石　英	4.5
玻　璃	5.3～7.5
瓷　器	5.5～7
云　母	7
矾　土	8.5
水	80
钛酸钡	10^4～10^5
电容器用蓖麻油	4.2
电容器用聚异丁烯	2.15～2.3
甲基硅油	>2.6
乙基硅油	2.35～2.65
丁晴橡胶	13.0
聚丙烯薄膜	2～2.5

4.4　电容式传感器的测量电路

一般电容式传感器电容值的变化量十分微小,很难直接显示和记录,更不便于传输。必须借助于一些特殊的检测电路,将微小的电容变化量转换成其他形式的电学量,如电压、电流、频率等,以便进行记录、显示或传输。

本节实际上是讨论测量电容量变化的电路,下面简要介绍几种测量电路,供应用时参考。

4.4.1　交流电桥测量电路

这种测量电路实际上是一种调幅电路,在电路的输出端取出幅度被调制了的正弦信号,其幅值的变化量正比于被测非电量,再将调幅信号通过检波器,就可得到相应的电压信号。

图 4.8 是这种测量电路的一种形式。图中由电容 C_x、C_0 和电阻 R_1、R_2 组成交流电桥，其中 C_x 为电容式传感器的电容，R_1、R_2 是配接的电阻，C_0 是配接的电容。把振荡器产生的幅度和频率都稳定的高频交流电压加在电桥的一个对角上，由电桥的另一对角取出信号。

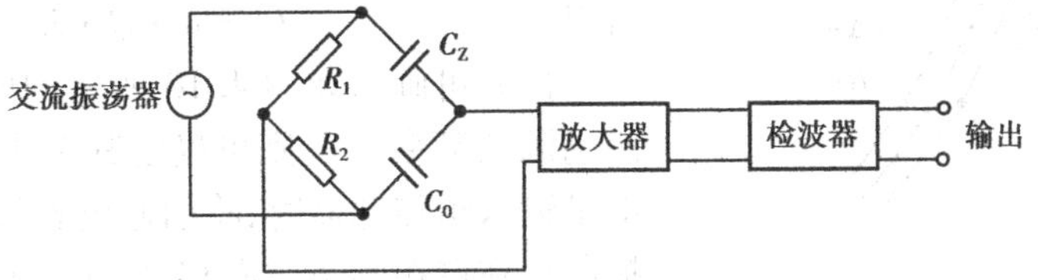

图 4.8　交流电桥测量电路原理图

各配各配接元件在电容式传感器处于零输入状态下调整至平衡（调整 R_1）。当传感器电容 C_x 变化时，电桥失去平衡而产生输出电压，此交流电压的幅度随 C_x 容量的变化而变化，此电压经放大和检波送至记录仪器。若电容传感器采用差动结构，则把 C_0 换成差动电容传感器的另一电容即可。电阻 R_1、R_2 也可用其他的固定电感或电容来代替。

4.4.2　谐振法测量电路

谐振法是一种简单的测量方法，利用 LC 谐振电路在谐振点随近的电压—电容特性来检测出电容增量，其基本原理如图 4.9(a) 所示（一般采用松耦合）。图 4.9(b) 为次级端的等效电路。

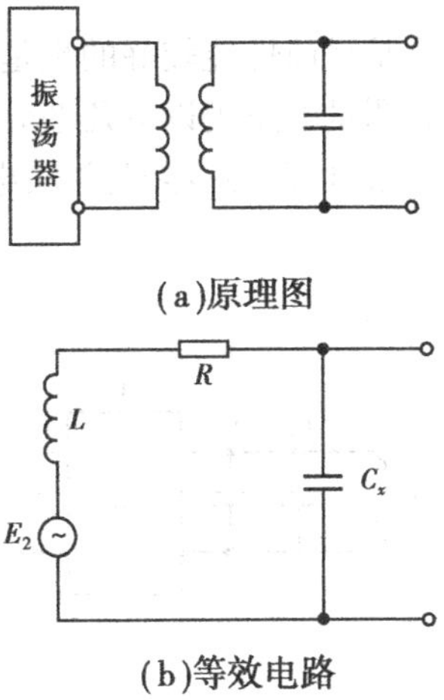

图 4.9　谐振法测量电路

根据克希霍夫电压定律，有

$$L\frac{\mathrm{d}i}{\mathrm{d}t} + Ri + \frac{1}{C_x}\int i\mathrm{d}t = E_2$$

成立。

所以

$$LC_x\frac{\mathrm{d}^2u_0}{\mathrm{d}t^2} + RC_x\frac{\mathrm{d}u_0}{\mathrm{d}t} + u_0 = E_2$$

式中：E_2——次级等效电动势；

M——耦合电路的互感系数；

ω——振荡源的角频率；

L——变压器次级线圈的电感值；

R——变压器次级线圈的直流电阻；

C_x——电容变换器的电容值。

这是一个二阶常系数微分方程，解此方程可得：

$$U_c = \frac{E_2}{\sqrt{[1 - LC_x\omega^2]^2 + R^2C_x^2\omega^2}} \tag{4.7}$$

若传感器的初始电容值为 C_0，电感电容回路的初始谐振频率为

$$\omega_0 = 2\pi f_0 = 1/\sqrt{LC_0}$$

并设

$$Q = \frac{\omega_0 l}{R}$$

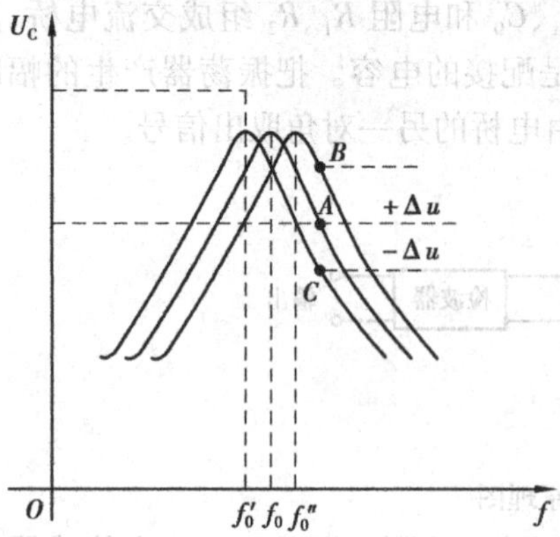

图 4.10　谐振曲线

$$K = \frac{1}{Q} \cdot \frac{1}{\sqrt{\left(1 - \frac{\omega^2}{\omega_0^2}\right)^2 + \frac{1}{Q^2} \cdot \frac{\omega^2}{\omega_0^2}}}$$

所以
$$U_c = K \cdot Q \cdot E_2$$

据此可画出如图 4.10 所示的回路谐振曲线。若激励源的频率为 f，则可确定其工作点在 A 点，当有非电量输入给传感器时，将引起电容值改变，从而导致谐振曲线在谐振频率左右移动，工作点 A 也在同一频率的纵坐标直线上作上下移动，使电容传感器上的电压降发生变化，这时电路输出信号是激励源同频率、幅度受非电量调制的调幅波。

工作点 A 的选择对输出的线性影响较大，合理选择 A 点很重要，为此常在传感器 C_x 上并联一个可调小电容，以便调整 A 点，使输出与输入呈线性关系。

4.4.3　调频—鉴频法测量电路

这是目前性能较好的也是最常用的测量电路。它的工作原理如图 4.11 所示。调频—鉴频电容测量电路由以下几部分组成：

①由电容传感器 C、并联电容 C_0 和固定电感 L 组成的高频 LC 振荡回路 1，其振荡频率 f_0 为

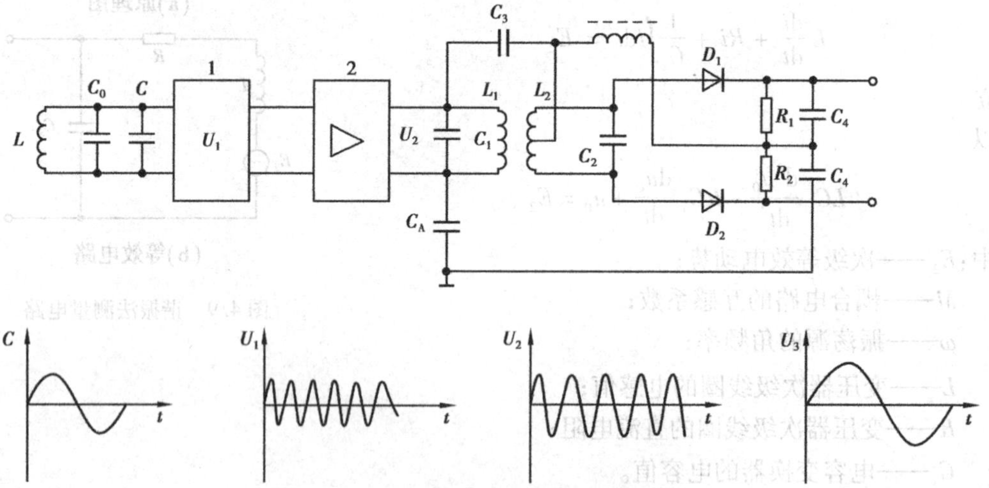

(a)输入非电量　(b)振荡器输出的调频信号　(c)放大后的调频信号　(d)鉴频器输出信号

图 4.11　调频—鉴频法原理图

$$f_0 = \frac{159}{\sqrt{L(C + C_0)}}$$

式中：L——电感，μH；

C——电容，pF。

振荡器1输出的电压是中心频率为f_0的交流电压U_1。调频回路的中心频率一般很高，通常在几兆赫以上，例如$C=10$ pF、并联电容$C_0=90$ pF、电感$L=10$ pH时，

$$f_0=\frac{159}{\sqrt{L(C+C_0)}}=\frac{159}{\sqrt{10(10+90)}}\approx 5\ \text{MHz}$$

当传感器的电容量变化ΔC时，振荡器1输出电压的频率亦随之改变，这时的频率：

$$f_0=\frac{159}{\sqrt{L(C+\Delta C+C_0)}}=\frac{f_0}{\sqrt{1+\dfrac{\Delta C}{C+C_0}}}$$

一般$\Delta C \ll (C+C_0)$，在$C+C_0\approx 100$ pF的例子中，ΔC只有1 pF左右，这时可把上式近似展开成线性多项式

$$f\approx f_0\left(1-\frac{1}{2}\frac{\Delta C}{C+C_0}\right)$$

所以
$$\Delta f=f-f_0=-\frac{1}{2}\cdot f_0\cdot\frac{\Delta C}{C+C_0}$$

因此电容量的变化ΔC引起交流信号的频率发生变化。当传感器的电容量变小时，振荡频率变高，反之则振荡频率变低。振荡频率偏离中心频率的量Δf称为频偏。在上面的例子中，如果$\Delta C_{\max}=1$ pF，那么这种调频电路的最大频偏$\Delta f_{\max}$为

$$\Delta f_{\max}=\pm\frac{1}{2}\cdot\frac{1}{90+10}\times 5=\pm 25\ \text{kHz}$$

在调频电路中，频偏值$\Delta f_{\max}$很重要，它决定了整个测量系统的灵敏度。

②放大器和限幅器2

它的作用是：把调频信号U_1放大并限幅，以避免幅度大小不齐反映到鉴频器输出信号U_2中去，可减小测量误差。

③鉴频器

由L_1C_1、L_2C_2、二极管D_1、D_2等组成。调整L_1C_1、L_2C_2使它们均谐振于中心频率f_0，即

$$\frac{159}{\sqrt{L_1C_1}}=\frac{159}{\sqrt{L_2C_2}}=f_0$$

这时，L_1和L_2中电压和电流向量如图4.12所示。

谐振时$\dot{U}_1$、$\dot{E}_2$及$\dot{I}_2$的相位相同，在纯电感中，电压超前电流$\pi/2$，因此$\dot{U}_2$超前$\dot{I}_2\pi/2$，即$\dot{U}_1$超前$\dot{U}_2\pi/2$。

在图4.11中，对于高频信号，电容C_A和C_3、C_4相当于短路，高频振流圈GZL相当于开路，所以作用在二极管D_1和D_2上的交流电压$\dot{U}_{D1}$、$\dot{U}_{D2}$分别为

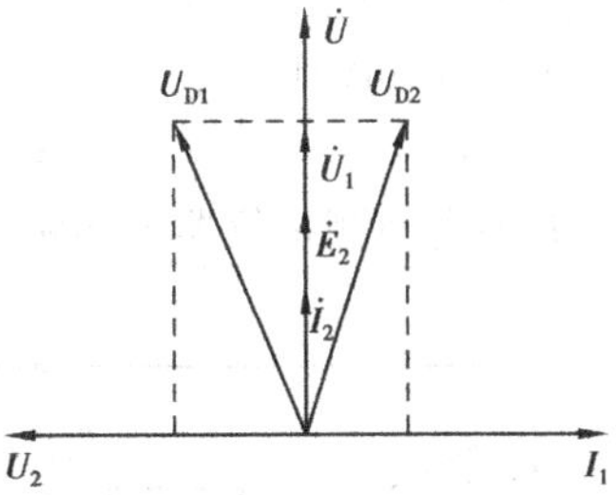

图4.12　鉴频器电流—电压矢量图

$$U_{D1}=\dot{U}_1+\frac{1}{2}\dot{U}_2$$

$$U_{D2}=\dot{U}_1-\frac{1}{2}\dot{U}_2$$

经过二极管的检波作用，在电阻R上分别获得直流电压为

$$\dot{U}_{R1}=K\ |\dot{U}_{D1}|$$

$$\dot{U}_{R2} = K \mid \dot{U}_{D2} \mid$$

所以鉴频器输出电压为

$$U_3 = U_{R1} - U_{R2} = K(\mid \dot{U}_{D1} \mid - \mid \dot{U}_{D2} \mid) = 0$$

当信号频率偏离中心频率 f_0 时，L_1C_1 及 L_2C_2 两个调谐回路失调，使得 $\dot{I}_2$ 和 $\dot{E}_2$ 不同相位，当频偏为正时 $\dot{I}_2$ 滞后 $\dot{E}_2$ 一个 φ 角，如图 4.13 所示，这时 $\mid U_{D1} \mid > \mid U_{D2} \mid$，所以

$$U_3 = K(\mid U_{D1} \mid - \mid U_{D2} \mid) > 0$$

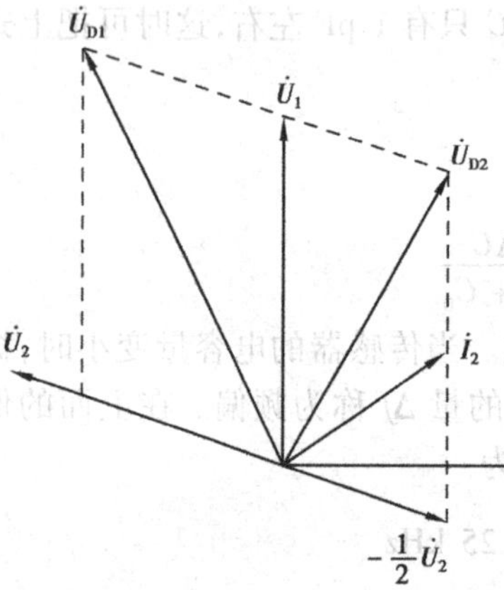

图 4.13　鉴频器电流—电压矢量图

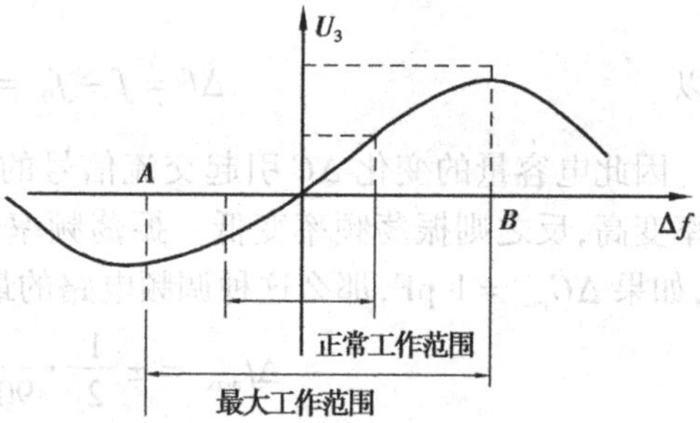

图 4.14　鉴频特性曲线

可以证明，鉴频器输出电压 $\dot{U}_3$ 和频偏 Δf 之间存在如图 4.14 所示的关系，把这种关系称为鉴频器的鉴频特性曲线。

从鉴频特性曲线中可以看出，它有较宽的线性工作范围 $A \sim B$ 段，在实际使用中，测量信号的最大频偏 $\pm \Delta f_{max}$ 应小于这个线性范围，通常取最大工作频偏范围 $\pm \Delta f_{max} < \left(\frac{1}{3} \sim \frac{1}{2}\right)$ 鉴频器的线性工作范围。

这种类型的鉴频器的灵敏度 S_0 在输入电压为 2 ~ 4 V 时，$S_0 \approx 10 \sim 30$ mV/kHz，如果以平均值 $S_0 = 20$ mV/kHz 代入上面的例子，可以估计鉴频器的输出电压 U_{3max} 为

$$U_{3max} = 20\ \text{mV/kHz} \times (\pm 25\ \text{kHz}) = \pm 500\ \text{mV}$$

如果要使测量仪器输出幅值为 ±5 V，只要在鉴频器输出端再接上一个放大倍数为 10 的直流放大器即可。

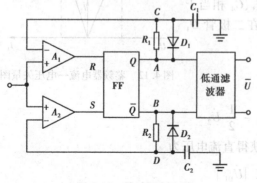

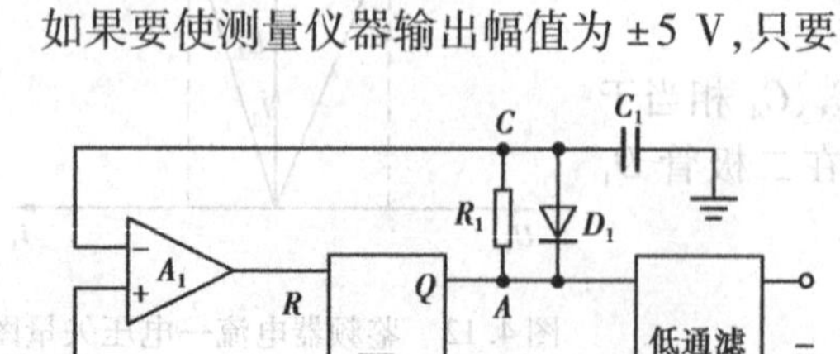

图 4.15　脉冲调制电路

4.4.4　脉冲调制测量电路

脉冲调制测量电路的一种常用形式是差动脉冲调宽电路，其原理如图 4.15 所示。其中 A_1、A_2 为电压比较器，在两个比较器的同相输入端加入幅值稳定的正比较基准电压 U_τ。若 U_C 略高于 U_τ，则 A_1 输出为低电平，若 U_D 略高于 U_τ，则 A_2 输出为低电平。FF 为 R—S 触发器，采用低电平输

入控制，当 A_1 输出为低电平时，Q 端为低电 $\overline{Q}$ 平，为高电平；反之，若 A_2 输出为低电平时，$\overline{Q}$ 端为低电平，Q 端为高电平。C_1、C_2 为一组差动连接的电容传感器，电阻 R_1 与 R_2 取相同的阻值，D_1、D_2 为特性一致的二极管。

工作原理如下：设传感器处于初始状态，即 $C_1 = C_2 = C_0$，且 $R—S$ 触发器的 Q 端为高电平，$\overline{Q}$ 端为低电平，此时 U_A 必然经过 R_1 对 C_1 进行充电，C_1 上的电压按指数规律上升，上升的时间常数为 $\tau_1 = R_1C_1$。当电容上的电压升至 $U_C \geqslant U_\tau$ 时，比较器 A_1 发生翻转，使 $R—S$ 触发器的 R 输入端变为低电平，触发器复位置零，即 Q 端由高电平变为低电平，$\overline{Q}$ 端由低电平变为高电平；这时 C_1 上的电压使二极管 D_1 导通，C_1 通过 D_1 迅速放电，U_C 迅速降为零，使比较器 A_1 的输出再次翻转为高电平。从触发器$\overline{Q}$端为高电平开始，$\overline{Q}$端的高电平经 R_2 以时间常数 $\tau_2 = R_2C_2$ 对 C_2 充电，当 C_2 上的电压充至 $U_B \geqslant U_\tau$ 时，比较器 A_2 输出发生翻转，由高电平变为低电平，致使 $R—S$ 触发器的 S 端由高电平变为低电平，触发器置"1"，即 Q 端为高电平，$\overline{Q}$ 端为低电平，C_2 上充的电荷通过正偏的二极管 D_2 迅速放电，使 U_D 迅速降为零，又使 A_2 输出由低电平变为高电平，同时 Q 端为高电平，又开始向 C_1 充电，重复上述过程。整个工作过程的波形如图4.16所示。

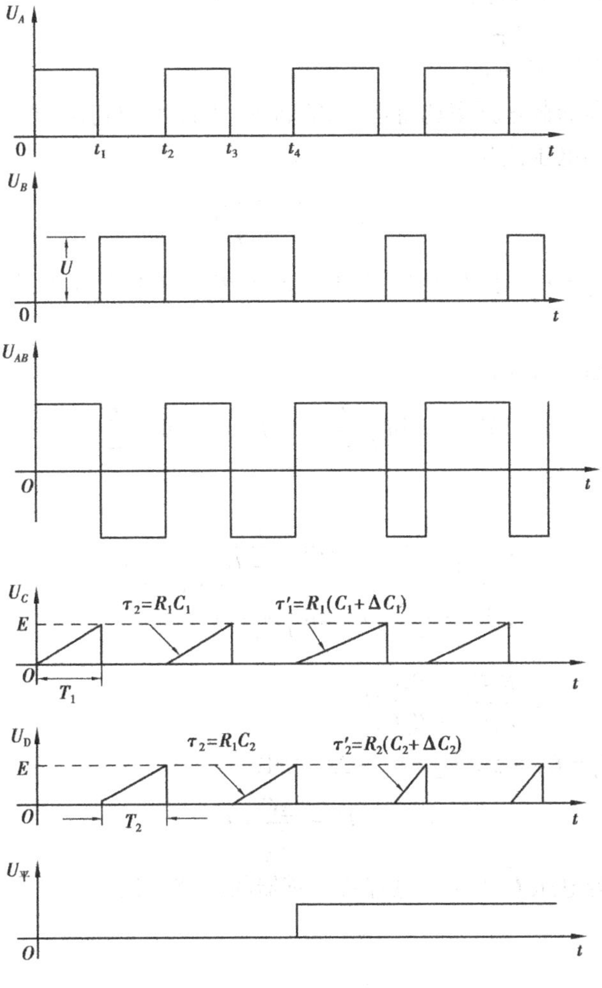

图4.16　脉冲调制波形图

在初始状态,由于 $C_1=C_2=C_0, R_1=R_2$,因此 $\tau_1=\tau_2$,这时 Q 和 $\overline{Q}$ 端按 $T_1=T_2$ 对称输出。

当电容式传感器上有输入时,将导致 $C_1 \neq C_2$,假如 $C_1=C_0+\Delta C, C_2=C_0-\Delta C$,则有

$$\tau_1 = R_1C_1 = R_1(C_0+\Delta C)$$
$$\tau_2 = R_2C_2 = R_2(C_0-\Delta C)$$

显然这时 $\tau_1 \neq \tau_2$,使得 $T_1 \neq T_2$,Q 和 $\overline{Q}$ 端输出的不再是占空比为 1∶1的方波,而是占空比随 ΔC 而变的调宽脉冲波。

该调宽脉冲可用付氏级数展开成如下形式:

$$U_{AB} = \frac{T_1-T_2}{T_1+T_2}\cdot U+\frac{2U}{n\pi}\sum_{n=1}^{\infty}\Big\{(-1)^n\sin n\pi\frac{T_1-T_2}{T_1+T_2}\cos n\omega t +$$
$$[1-(-1)^n]\sin n\pi\frac{T_1-T_2}{T_1+T_2}\sin n\omega t$$

式中:T_1——C_1 上的电压按时间常数 $\tau_1=R_1C_1$ 充至 U_τ 所需的时间;

T_2——C_2 上的电压按时间常数 $\tau_2=R_2C_2$ 充至 U_τ 所需的时间;

U——R—S 触发器的高电平值;

ω——角频率,$\omega=\dfrac{2\pi}{T_1+T_2}$。

如果低通滤波器的截止频率选得适当,能将 $n=1$ 以上的高次谐波分量完全滤掉,则滤波器输出端得到的平均电压值为

$$\overline{U} = \frac{T_1-T_2}{T_1+T_2}U \tag{4.8}$$

显然,当 $C_1=C_2=C_0$ 时,$T_1=T_2$,有 $\overline{U}=0$,即传感器上无输入时,滤波器的输出电压也为零。

当传感器上有输入时,$C_1 \neq C_2$有

$$T_1 = \tau_1\ln\frac{U}{U-U_\tau} \quad T_2 = \tau_2\ln\frac{U}{U-U_\tau}$$

将 T_1、T_2 代入式(4.8)得

$$\overline{U} = \frac{\tau_1\ln\frac{U}{U-U_\tau}-\tau_2\ln\frac{U}{U-U_\tau}}{\tau_1\ln\frac{U}{U-U_\tau}+\tau_2\ln\frac{U}{U-U_\tau}}\cdot U = \frac{\tau_1-\tau_2}{\tau_1+\tau_2}\cdot U$$
$$= \frac{R_1C_1-R_2C_2}{R_1C_1+R_2C_2}U$$

通常 $R_1=R_2$、$C_1=C_0+\Delta C$、$C_2=C_0-\Delta C$,所以

$$\overline{U} = \frac{\Delta C}{C_0}\cdot U$$

可见调宽脉冲的平均电压 $\overline{U}$ 正比于电容式传感器的电容变化量。

4.5 电容式传感器的应用

4.5.1 电容式微音器

电容式微音器的结构原理如图4.17所示，它是一种变极距型电容传感器，具有响应速度快、灵敏度高、可进行非接触测量等优点。因此，在生物医学测量中常用于记录心音、心尖搏动、胸壁运动以及动脉和挠动脉的脉动等。利用声压造成薄膜与固定极板之间的距离发生变化，从而使电容量发生变化以测量心音。这种传感器常与图4.18所示的直流极化电路结合使用。当电容传感器的电容量发生变化时，R 两端的电压 v_0 也随之改变（当然它只能有动态响应），当 $\Delta x = x_0 \sin \omega t$ 时，可求得

$$v_0 = \frac{V_l C_0 R}{d}\left|\frac{\mathrm{j}\omega}{1+\mathrm{j}\omega C_0 R}\right| x_0 \sin(\omega t+\varphi)$$

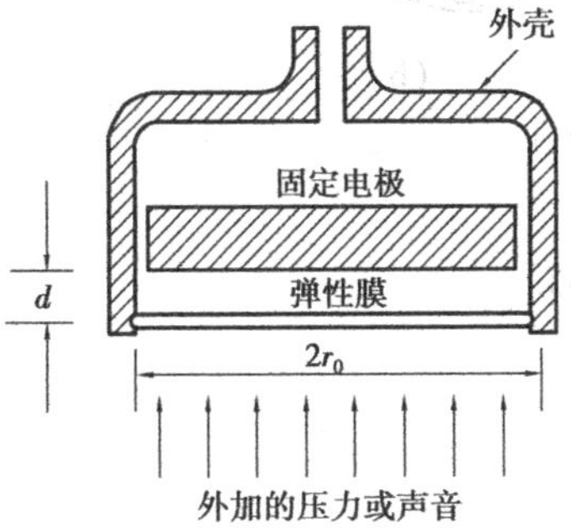

图4.17 电容式微音器

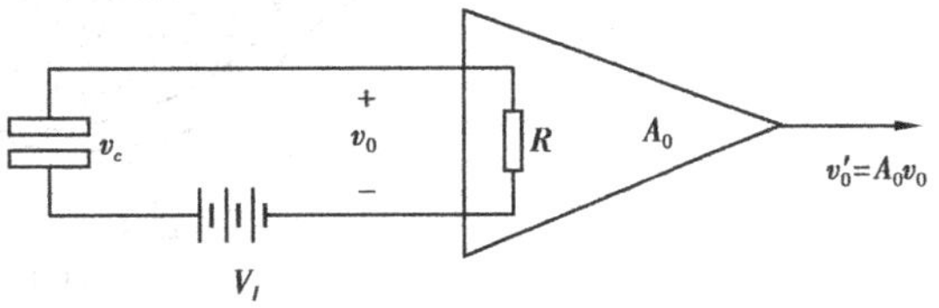

图4.18 直流极化电路

式中：C_0——电容传感器的初始电容值，$C_0 = \frac{\varepsilon S}{d}$；

V_l——直流极化电压。

当满足 $\omega C_0 R \gg 1$，且不考虑初始相位时，

$$v_0 \approx \frac{V_l x_0 \sin \omega t}{d}$$

若放大器的增益为 A_0，则

$$v_0' = A_0 v_0 = A_0 \cdot \frac{V_l x_0 \sin \omega t}{d}$$

4.5.2 电容式心输出量计

图4.19(a)所示是在体外循环血泵中，根据电容量变换原理测定心输出量的装置。血泵中间有一层薄膜，右侧为气室，气室的右表面为一层金属箔，作为电容式传感器的一个极片，膜的另一侧为血液，作为电容式传感器的另一极片。右侧的气室接到空气压缩机上，周期性地给予气室一定的正负压，模仿心脏的收缩和舒张，推动血液流动。电容器的介质为空气及该层薄膜。实验表明，当心输出量相当于50 ml时，电容量的变化约为1 pF，将该电容作为振荡回路

中的一个电容,可引起 3 ~700 kHz 的振荡频率的变化,且频率的变化量与心输出量呈线性关系。如图 4.19(b)所示,用金属把血泵的圆锥形塑料外罩包起来,成为电容器的一个极片。而气室内表面的金属箔构成另一极片,在这种情况下血泵内的血液成为电容器介质的一部分。这种方法的优点在于,血液不需要与电流直接接触。图 4.19(c)所示为另一种结构,血泵呈囊状,在其圆锥形塑料外罩上安放两个片状电极,空气与囊中的血液构成介质。这两种方法也可采用同样的频率调制系统,得到与心输出量有关的调频信号。

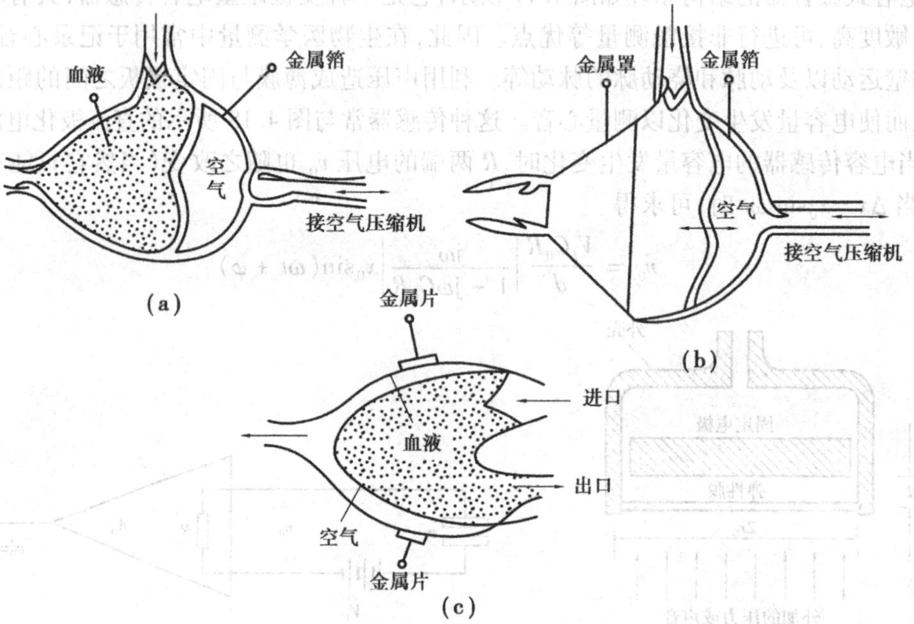

图 4.19　电容式心输出量计

4.5.3　电容式加速度传感器

美国模拟器件公司(ADI)推出的一款带有信号调理电路，可提供模拟电压输出的小量程、小尺寸、低功耗 3 轴加速度计 ADXL330(图 4.20(a)),它将微机械传感器集成在一片硅晶体表面，传感器与硅晶片之间的空隙可以减缓加速度产生的力，加速度使移动物体变形，独立固定极板以及黏附在移动物体上形成的电容差是衡量结构变形程度的标准，固定极板由 180°相位变化的方波驱动。由于物体变形，导致差分电容失去平衡(图 4.20(b)),并通过微传感器输出与加速度成正比的电压幅度。利用该传感器不仅可以测量加速度,还可以测量方位角,重庆大学设计了一种基于 ADXL330 的测量手指关节姿态的装置(图 4.21),可以实时记录手指活动状态。

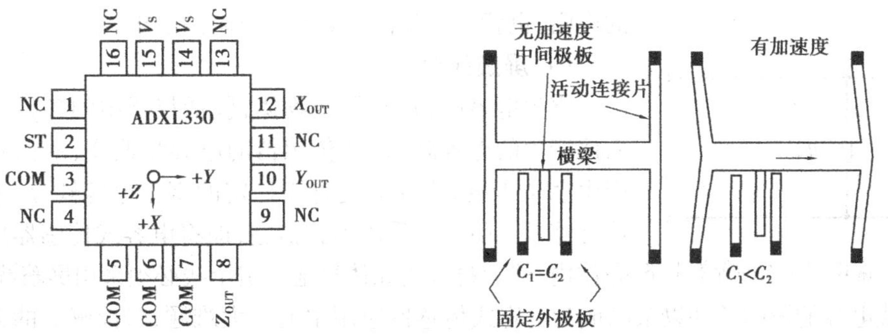

(a)ADXL330封装结构　　**(b)ADXL330内部电容变化示意图**

图4.20　ADXL330结构图

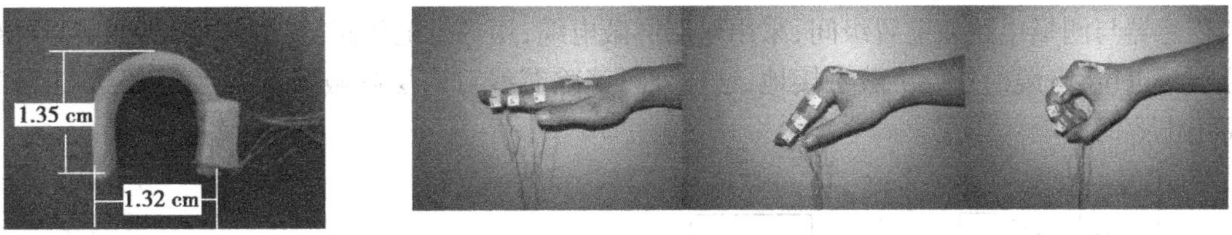

(a)基于ADXL330的手指运动姿态检测装置　　**(b)测试示意图**

图4.21　利用ADXL330检测手指运动姿态

4.6　电容式传感器存在的问题及影响精度的原因

(1)温度对结构尺寸的影响

环境温度的变化会引起构成电容式传感器部件的几何尺寸和相互几何位置发生改变，造成由于温度变化而带来的传感器误差，这种误差在变极距型电容式传感器中尤为突出。为减小这种误差，一般应选用温度系数小而稳定的材料，如选用陶瓷材料做电极支架，选用铁镍合金做电极材料。

(2)温度对介质介电常数的影响

由于电容器的电容量与介质的介电常数成正比，若介质的介电常数的温度系数不为零，温度变化时，就必然导致电容量的变化，从而引起测量误差。

空气和云母的介电常数的温度系数近似为零，用其他介质时，一定要注意对介质的温度系数进行补偿。

(3)绝缘问题

由于电容式传感器的内阻抗很高，特别是在激励源频率较低时尤为突出，所以极板的绝缘问题显得特别重要，一个不够高的绝缘电阻可视为对电容传感器的一个旁路，如图4.22所示。漏电阻与传感器电容构成一个复数阻抗加入测量线路，从而影响输出。因此在选择绝缘材料时，不仅要求材料的温度系数低，而且还应有高的绝缘电阻、低的吸湿性和高的表面电阻。常用玻璃、石英、陶瓷、聚四氟乙烯等材料。此外采用较高频率的激励电源可降低电容式传感器的内阻,也就相应降低了对绝缘电阻的要求。

(4)屏蔽问题

寄生电容(极板与周围物体,包括仪器中的各种元件甚至人体产生的电容联系)使传感器的电容量改变,从而对传感器产生严重干扰,为克服这种不稳定的寄生电容耦合,常对电容传感器及其引出线采用屏蔽措施,即将电容式传感器放入金属壳体内,然后将金属壳体接地。引出线必须采用屏蔽线。

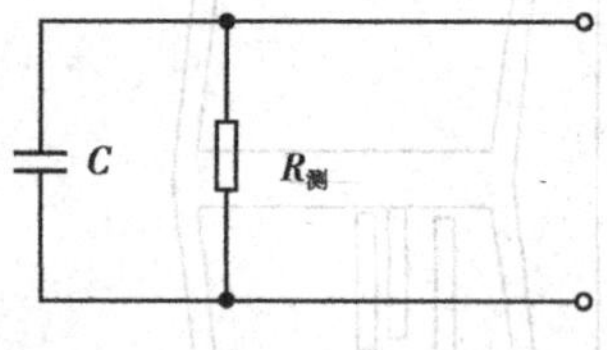

图 4.22　漏电阻影响的等效电路

电缆电容的影响长期以来已成为电容式传感器应用中的一大难题,目前解决的方法有以下两种:

1)电子线路的前级或全部应装在靠近传感器机械部分的地方,以消除长电缆的影响。

2)采用双层屏蔽等电位传输技术,亦称"驱动电缆",其原理电路如图 4.23 所示。在电容式传感器与测量电路的前置级间,采用双层屏蔽电缆,用一个电压跟随器使内层屏蔽层与屏蔽导线等电位,电缆的外层屏蔽层接地,这样就可消除芯线对内层屏蔽层的容性漏电,从而消除寄生电容的影响。

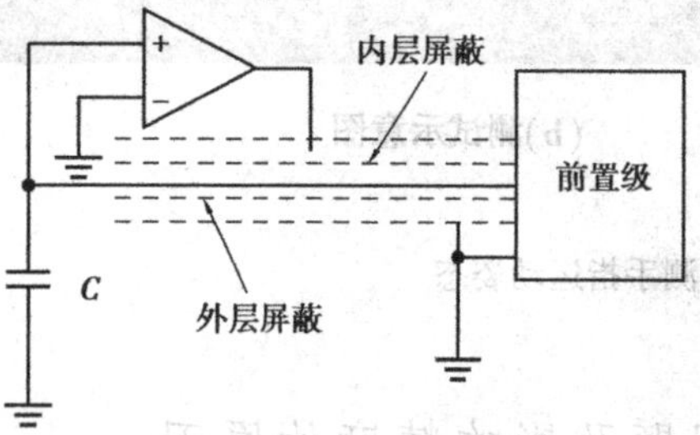

图 4.23　驱动电缆原理

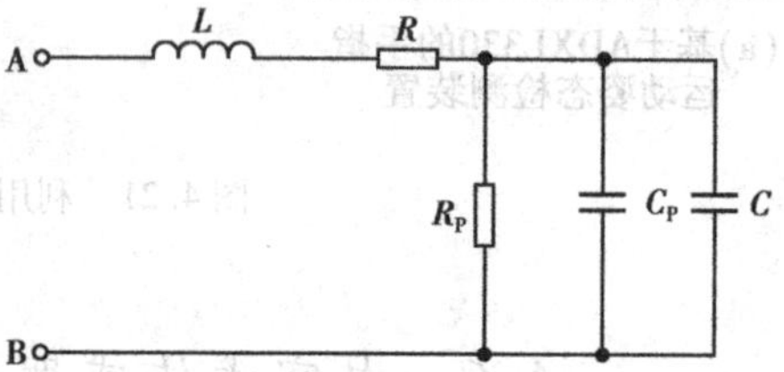

图 4.24　考虑电缆影响时传感器的等效电路

(5)激励频率和传输电缆的影响

使用电容式传感器时,总是需要用电缆将它同放大器等设备相连接,因而从放大器的输入端来看,传感器的等效电路如图 4.24 所示。图中 L 为传感器电缆的电感,R 为电缆的电阻(当频率较低时,由于集肤效应较小、R 较小);C 为传感器电容;C_P 为寄生电容;R_P 为传感器两极板之间的等效漏电阻。

由于电容式传感器的几何尺寸和制造工艺的限制,电容式传感器的电容变化量较小,一般在几皮法到几十皮法之间,如果寄生电容 C_P 太大,将导致传感器的灵敏度太低,因此这种传感器能否在实际中采用,其首要问题是克服寄生电容的影响,为消除和减小 C_P 的影响,除在结构设计和制造工艺上采取措施外,在与之配接的电路上也要尽量采取措施。从图 4.24 所示的等效电路中可以看出,当激励频率较低时,电缆的电感 L 和电阻 R 可忽略不计,这时以 C_P 和 R_P 的影响为主。当激励频率较高时,L 和 R 的影响将较为突出,特别是 L 的存在使从 AB 两端看进去的等效电容 C_{AB} 随频率的增高而增加。

$$Z_{AB} = j\omega L + \frac{1}{j\omega C} = \frac{1 - \omega^2 LC}{j\omega C}$$

$$= \frac{1}{j\omega\left(\frac{C}{1 - \omega^2 LC}\right)}$$

所以

$$C_{AB}=\frac{C}{1-\omega^2 LC}$$

AB 两端的等效电容随激励频率的改变而改变，将导致等效变换灵敏度的改变，因此，在较高激励频率下使用传感器时，改变激励频率和更换电缆后，必须重新对测量系统进行标定。

(6) 电容传感器的边缘效应

在上述各种电容传感器的公式推导中，都略去了电容边缘效应的影响，在实际应用中，边缘效应总是存在的。如图 4.25 所示，电容器两极板间的电力线中间部分是均匀的，而到了边缘会发生弯曲。考虑电容器的边缘效应时，要计算平行板电容器的电容量就复杂多了。

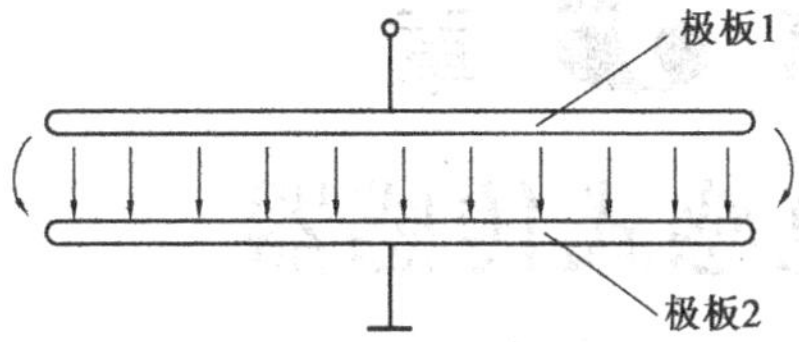

图 4.25　平行板电容的边沿效应

在实际应用中，通常用保护环消除边缘效应的影响，其原理结构如图 4.26 所示。图中除 AB 两个电容极板外，还在极板 A 的同一平面上加一同心圆环保护电极 C。电极 A 与电极 C 在电气上相互绝缘，使用时使它们处于等电位。于是，极板 A 与极板 B 之间就不存在边缘效应了。图 4.27 是一种采用保护环消除边缘效应的电容式传感器及其电路图。

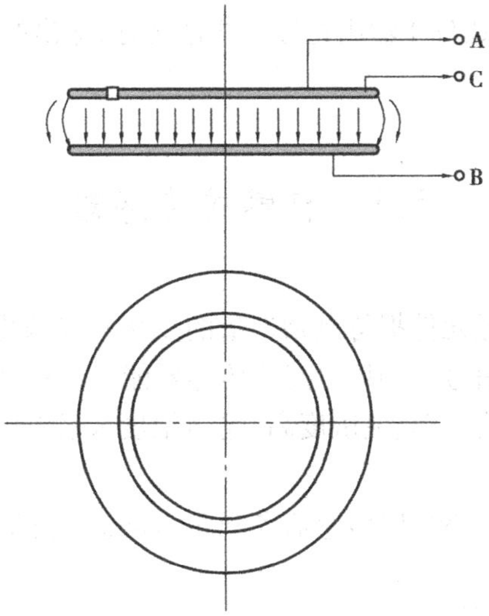

图 4.26　用保护环消除边缘效应的原理

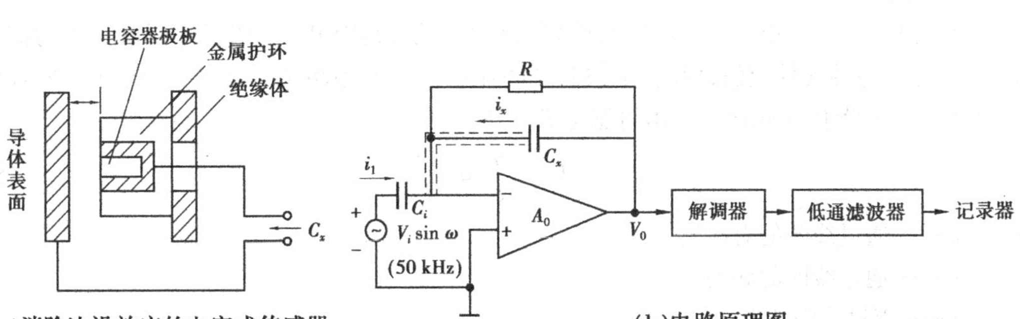

(a) 消除边沿效应的电容式传感器　　(b) 电路原理图

图 4.27

第 5 章 电感式传感器

电感式传感器是利用电磁感应原理,将被测非电量如直线位移、角位移、压力、转矩等转换成电感的变化量。这种类型的传感器主要有电感式、变压器式和涡流式等几种,其主要优点包括:①结构简单,没有活动接触点,因而工作寿命长;②灵敏度高,分瓣率高(分瓣率可达 0.1 μm);③重复性好,比较稳定;④输出特性的线性度好,输出幅度大,即使不用放大器放大,也有 0.1 ~5 V/mm 输出。

5.1 自感式传感器

自感式传感器是利用电感元件把待测物理量的变化转换成电感的自感系数的变化,再经测量电路转换为电压或电流信号。利用自感式传感器能对位移、压力、振动等物理量进行静态或动态测量。由于它具有结构简单、灵敏度高、输出幅度大、测量精度高等一系列优点,因此,在测量技术中得到广泛应用。

自感式传感器又分为闭磁路自感传感器和开磁路自感传感器,下面分别加以讨论。

5.1.1 闭磁路自感传感器

(1)原理

闭磁路自感传感器的典型原理结构如图 5.1 所示,其中 B 为动电芯(衔铁)、A 为固定铁芯,动铁芯用弹性元件定位,使动、定铁芯之间保持一个初始距离 l_0,设铁芯截面积 $S = ab$,在固定铁芯 A 上绕有 N 匝线圈。由电感定义可知:

$$L = \frac{\psi}{I} = \frac{N\phi}{I} \tag{5.1}$$

式中:ψ——通过线圈的总磁链;

ϕ——通过线圈的磁通;

I——流过线圈的电流。

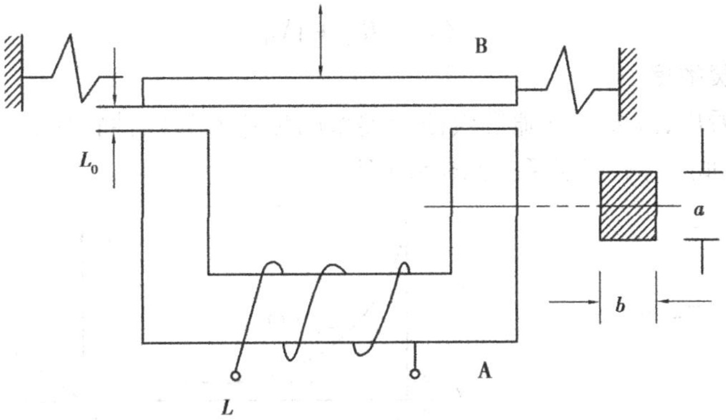

图5.1 闭磁路自感传感器原理结构示意图

又因为

$$\phi = \frac{IN}{R_m} \tag{5.2}$$

式中：IN——磁动势；

R_m——磁阻，$R_m = \sum_{i=1}^{n} \frac{l_i}{\mu_i S_i} + 2\frac{l_0}{\mu_0 S_0}$；

l_i——铁芯中磁通路上第 i 段的长度，cm；

S_i——铁芯中磁通路上第 i 段的截面积，cm^2；

μ_i——铁芯中磁通路上第 i 段的磁导率，H/m；

l_0——空气隙长度；

S_0——空气隙等效截面积；

μ_0——空气的磁导率。

当铁芯工作在非饱和状态时，R_m 表达式中以第二项为主，第一项可忽略不计。所以

$$L = \frac{N^2 \mu_0 S_0}{2l_0} \tag{5.3}$$

从式(5.3)中可以看出，闭磁路自感传感器的电感值与线圈匝数的平方成正比，与空气隙等效截面积成正比，与空气隙的长度成反比。如果我们用待测的非电量去改变 S_0 或 l_0，就可将它转变成自感 L 的变化，再配合测量电路就可将非电量转换成电量输出。

(2)**等效电路**

电感式传感器从电路角度来看并非纯电感，它还存在着线圈的铜损耗、铁芯的涡流以及磁滞损耗，这些可用有功电阻 R_q 来表示。此外无功阻抗除电感 L 的感抗以外，还有分布电容 C 的容抗。在工作频率不太高、线圈的集肤效应不太强的情况下，若用集中参数等效电路来描述闭磁路自感传感器的电感线圈，可用图5.2所示电路来描述。

$$L = \frac{N^2}{R_m} = \frac{N^2}{Z_m + Z_0}$$

式中：R_m——磁路总磁阻；

Z_m——铁芯部分的磁阻抗；

Z_0——空气隙部分的磁阻抗。

铁芯部分的磁阻抗是个复数量：

$$Z_M = R_M + jX_M$$

(3)非线性和灵敏度

从式(5.3)可看出,改变空气隙等效截面类型的传感器为线性转换关系,而改变空气隙长度类型的传感器为非线性转换关系,如图5.3所示。

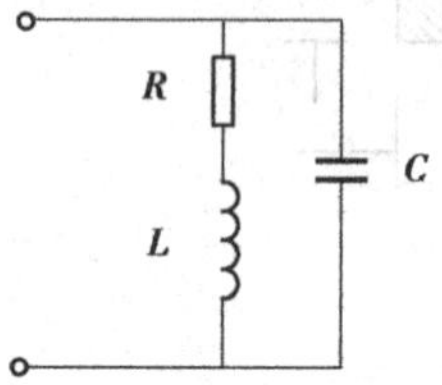

图5.2　等效电路

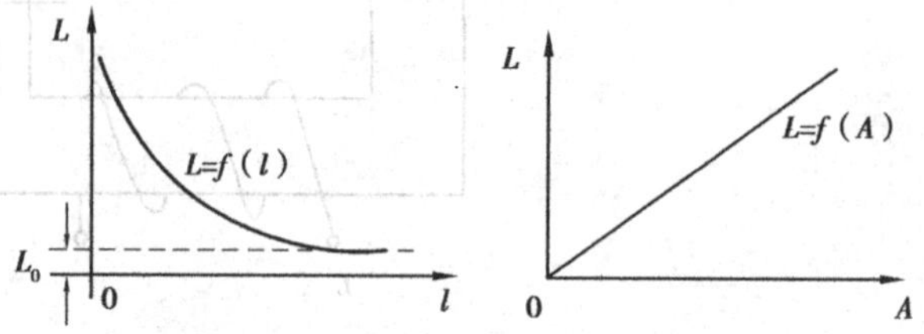

图5.3　变 l、变 A 型传感器的转换特性

下面我们讨论气隙长度的闭磁路自感式传感器的非线性。

设电感传感器的初始气隙长度为 l_0,动铁的位移量(即气隙的变化量)为 Δl,由图5.4可看出,当气隙长度 l_0 增加 Δl 时,电感变化为 $-\Delta L_1$,当气隙长度减小 Δl 时,电感变化量为 $+\Delta L_2$。显然,在 Δl 数值相同的情况下,电感的变化量是不相等的,Δl 越大,ΔL_1 与 ΔL_2 在数值上的差值也越大,这就意味着非线性越厉害。因此,为了得到较好的线性特性,必须把动铁芯的工作位移限制在较小的范围内,一般取 $\Delta l = (0.1 \sim 0.2) l_0$。

下面再定量分析 ΔL 与 Δl 的非线性关系。

设衔铁处于起始位置时,电感传感器的初始气隙为 l_0,则初始电感为

$$L_0 = \frac{N^2 \mu_0 S}{2 l_0}$$

当衔铁位移 Δl 时,电感量变为

$$L = \frac{N^2 \mu_0 S}{2(l_0 + \Delta l)}$$

电感的变化量为

$$\Delta L = L - L_0 = -L_0 \frac{\Delta l}{l_0 + \Delta l}$$

灵敏度为

$$K = \frac{\Delta L}{\Delta l} = -\frac{L_0}{l_0} \frac{1}{1 + \frac{\Delta l}{l_0}}$$

当 $\Delta l / l_0 \ll 1$ 时,上式可展成级数

$$K = -\frac{L_0}{l_0}\left[1 - \frac{\Delta l}{l_0} + \left(\frac{\Delta l}{l_0}\right)^2 - \cdots\right]$$

由展开式可看出,高次项的存在是造成非线性的原因。但当 $\frac{\Delta l}{l_0}$ 很小时,高次项迅速衰减,使非线性减小,但此时传感器的测量范围也变小,因此,输出特性的线性与测量范围是相互矛盾的,在实际应用时一定要综合考虑,不可片面追求一个方面。

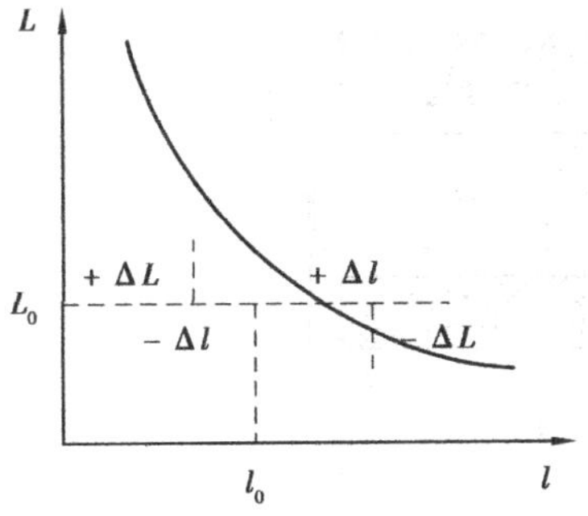

图 5.4　电感传感器的特性曲线

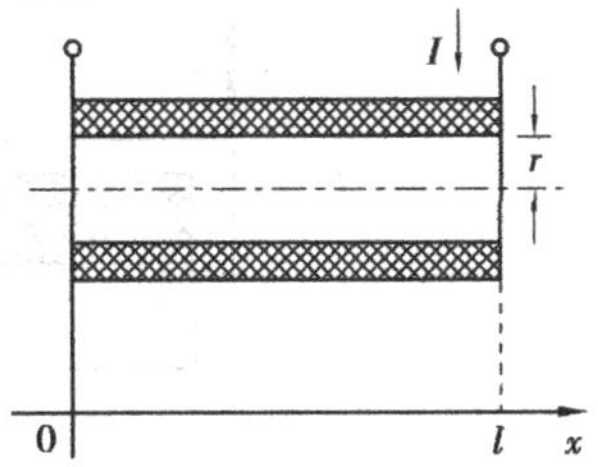

图 5.5　开磁路螺线管

5.1.2　开磁路电感传感器

开磁路式电感传感器最常用的形式为在螺线管中插入铁芯的结构形式,如图 5.5 所示。当铁芯处于不同位置时,螺线管具有不同的电感值。它的作用原理是基于线圈磁通泄漏路径中的磁阻变化。

这种传感器的电感量与铁芯的直线位移成一定的关系,但灵敏度比较低,对很小移位的测量利用价值不大,适用于测量比较大的位移(一般为数毫米到数百毫米)。

对图 5.5 所示的螺线管,设长度为 l,匝数为 N,内径为 r,根据电磁场理论可求得空芯电感线圈的电感量为

$$L_0 = \frac{\mu_0 N^2 \pi r^2}{l}\left(\sqrt{r^2 + l^2} - r\right) \tag{5.4}$$

再设有一半径为 r_c、导磁率为 μ_m 的铁芯插入空芯螺线管中,这时导磁率增大为 $\mu_0\mu_m$,所以,线圈电感值也相应地增大,若铁芯插入线圈内的长度为 l_c,则增长值为

$$L_{Fe} = \frac{\mu_0\mu_m N^2 \pi r_c^2}{l^2}\left[\sqrt{r_c^2 + l_c^2} - r_c\right] \tag{5.5}$$

螺线管的总电感量为

$$\begin{aligned} L &= L_0 + L_{Fe} \\ &= \frac{\mu_0 \pi N^2}{l^2}\left[r^2\left(\sqrt{r^2 + l^2} - r\right) + r_c^2\mu_m\left(\sqrt{r_c^2 + l_c^2} - r_c\right)\right] \end{aligned}$$

当 $l \gg r, l_c \gg r_c$ 时

$$L \approx \frac{\mu_0 \pi N^2}{l^2}\left[r^2 l + r_c^2 \mu_m l_c\right] \tag{5.6}$$

可见,当满足 $l \gg r, l_c \gg r_c$ 时,总电感量 L 与铁芯的直线位移近似呈线性关系。

开磁路电感传感器还常做成差动方式,如图 5.6 所示,这种结构的特点是两个完全相同的螺线管相接,铁芯初始位置处于对称位置上,使两边螺线管的初始电感量相等。这种结构形式的传感器还有一特点,即是由它组成的电桥电路在平衡状态下没有电流流过负载。

两螺线管的初始电感为

$$L_{10} = L_{20} = \frac{\mu_0 \pi N^2}{l^2}\left[r^2 l + \mu_m r_c^2 l_c\right] \tag{5.7}$$

当铁芯移动 Δl 后,使一边的电感量增加,另一边的电感量减小,

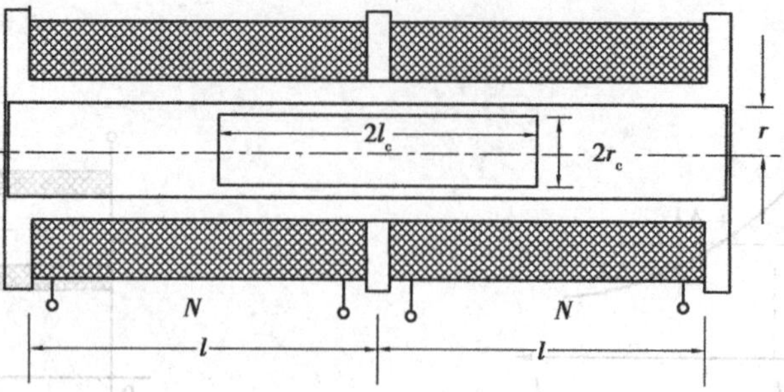

图 5.6 差动结构的螺线管传感器

$$L_1 = \frac{\mu_0 \pi N^2}{l^2}[r^2 l + r_c^2 \mu_m (l_c + \Delta l)]$$

$$L_2 = \frac{\mu_0 \pi N^2}{l^2}[r^2 l + r_c^2 \mu_m (l_c - \Delta l)]$$

因此单个线圈的灵敏度为

$$K = \frac{\Delta L}{\Delta l} = \frac{\mu_0 \mu_m \pi N^2 r_c^2}{\Delta l}$$

$$= \frac{L_0}{l_c} \cdot \frac{l_c}{\frac{\mu_0 \pi N^2}{l^2}[r^2 L + r_c^2 \mu_m l_c]} \cdot \frac{\mu_0 \pi N^2 \mu_m r_c^2}{l^2}$$

$$= \frac{L_0}{l_c} \cdot \frac{1}{\frac{r^2 L + r_c^2 \mu_m l_c}{l_c \mu_m r_c^2}} = \frac{L_0}{l_c} \frac{1}{1 + \frac{l}{l_c}\left(\frac{r}{r_c}\right)^2 \frac{1}{\mu_m}} \tag{5.8}$$

由式(5.7)可知，为取得较大的 L_0 值，l_c 和 r_c 应取大些，但从式(5.8)来看，为使灵敏度较高，l_c 又不宜选得过大，一般 $l_c \leqslant \frac{l}{2}$。铁芯的材料选取决定于激励源的频率。一般来说，当激励频率在 500 Hz 以下时，多用电钢，在 500 Hz 以上时可用坡莫合金，如果在更高的频率使用时，可选用铁氧体。

5.2 差动变压器式传感器

前面介绍的电感传感器是把被测量转换成线圈的自感变化来实现检测的，而差动变压器则是把被测量变化转换成线圈的互感变化来进行测量。差动变压器本身是一个变压器，初级线圈输入交流电压，次级线圈感应出交流信号，当初、次级间的互感受外界影响而变化时，次级所感应的电压幅值也随之发生变化。由于两个次级线圈接成差动的形式，故称为差动变压器。

差动变压器具有结构简单、测量精度高、灵敏度高及测量范围宽等优点，因而被广泛应用。下面以应用最多的螺管式差动变压器为例来说明其特性。

5.2.1 差动变压器的工作原理

差动变压器结构如图 5.7(a)所示，它由一个圆筒形骨架上分三段绕的 3 个线圈和插入其中的可动铁芯组成。中间绕组 N_1 为初级线圈，左右各有一组完全对称于初级的次级线圈 N_1、

N_2,在初始位置时,初级线圈与两个次级线圈的互感相等。图5.7(b)为差动变压器的电气连接原理图,其中,L_1 和 r_1 为初级线圈,L_{2a}和 r_{2a}、L_{2b}和 r_{2b}分别为两个电气性能完全相同的次级线圈,M_a、M_b 为初级线圈分别对两个次级线圈的互感。

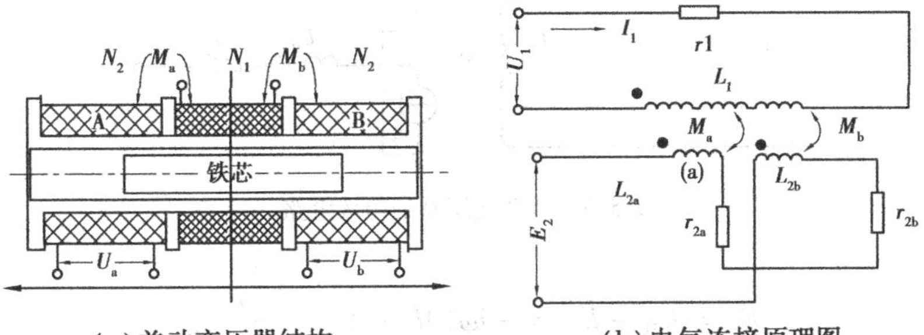

(a)差动变压器结构　　(b)电气连接原理图

图5.7

当初级线圈 N_1,上加有一定幅值的交流电压 U_1 后,在次级线圈上感应出的交流电压与铁芯在线圈中的位置有关。当铁芯在中心位置时,$U_a=U_b$,使输出电压 $E_2=0$,当铁芯位置向左偏离中心位置时,$U_1>U_2$,反之 $U_1<U_2$,其合成电压的大小与相位变化如图5.8所示,其中实线部分为理想电压输出特性,但由于制作上不对称以及铁芯位置等因素,其实际输出电压如图中虚线部分所示,图中 E_0 称为零点残余电压。

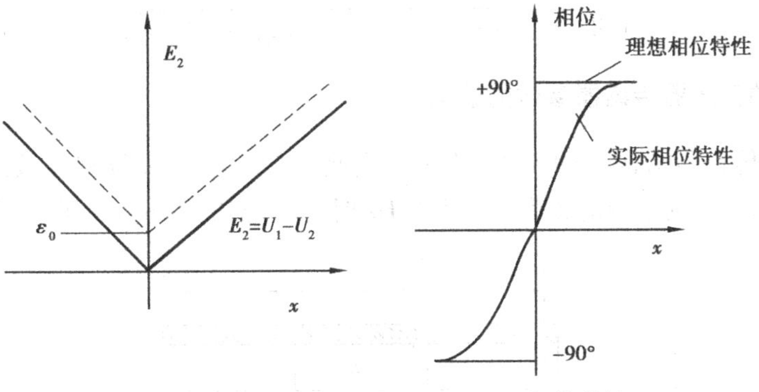

(a)振幅特性　　(b)相位特性

图5.8　差动变压器的输出特性

5.2.2　差动变压器的等效电路

如果不考虑差动变压器的铁损和耦合电容等因素,理想的差动变压器的等效电路如图5.9所示,图中 e_1 为初级线圈激励电压,L_1 和 r_1 为初级线圈电感和有效电阻,M_1、M_2 分别为初线圈对两个次级线圈的互感系数,e_{11}、e_{22}为两个次级线圈的感应电压,L_{21}、L_{22}和 r_{21}、r_{22}分别为两组次级线圈的电感和有效电阻。初级线圈的交流电流为

$$\dot{I}_1=\frac{\dot{E}_1}{r+\mathrm{j}\omega L_1}$$

次级感应电压为

$$\dot{E}_{21}=-\mathrm{j}\omega M_1\dot{I}_1$$

$$\dot{E}_{22}=-\mathrm{j}\omega M_2\dot{I}_1$$

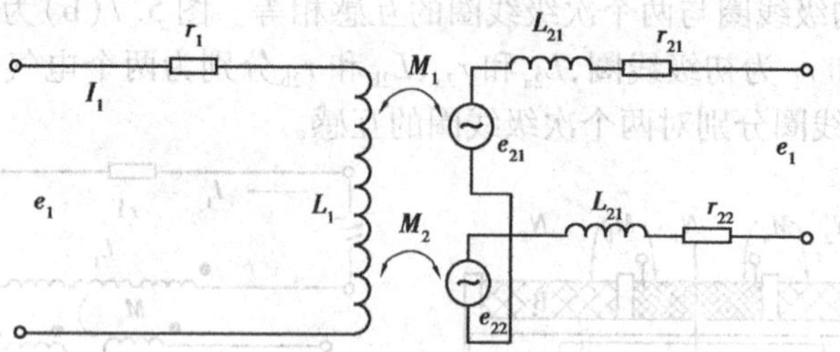

图 5.9　差动变压器的等效电路

输出电压为

$$\dot{E}_2 = \dot{E}_{21} - \dot{E}_{22} = -\mathrm{j}\omega(M_1 - M_2)\frac{\dot{E}}{r_1 + \mathrm{j}\omega L_1}$$

输出幅值为

$$E_2 = \frac{\omega(M_1 - M_2)E_1}{\sqrt{r_1^2 + (\omega L_1)^2}}$$

输出阻抗为

$$Z = r_{11} + r_{22} + \mathrm{j}\omega L_{21} + \mathrm{j}\omega L_{22}$$

输出阻抗的模为

$$|Z| = \sqrt{(r_{11} + r_{22})^2 + (\omega L_{21} + \omega L_{22})^2}$$

5.2.3　差动变压器传感器参数的选取

差动变压器传感器结构如图 5.10 所示。当测量较大的直线位移且被测振动频率小于 100 Hz,初级线圈中激励电源的频率小于 500 Hz 时,传感器的基本参数的选择步骤如下:

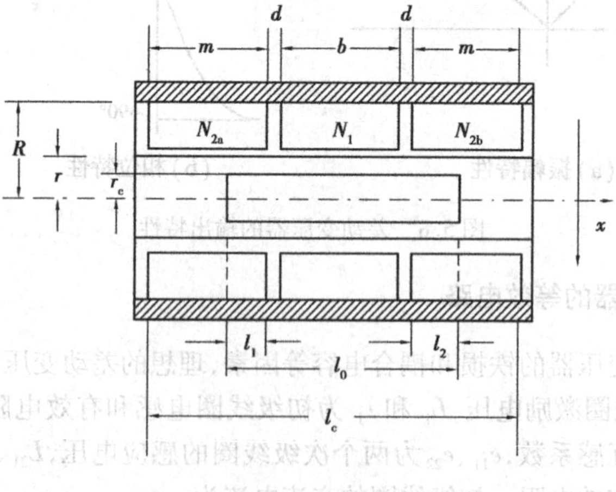

图 5.10　差动变压器传感器结构

①首先确定铁芯长度 l_c

$$l_c = 2(l_0 + d) + b$$

一般取 $l_0 = b$,则 $l_c = 3b + 2d$ 式中 d 为初次、级骨架上隔板的厚度,它越小越好。

②确定激励绕组(初级绕组)长度 b,应在给定的非线性误差 γ 及最大动态范围 Δl_{max} 的条件下来决定此参数:

$$b = \frac{\Delta l_{max}}{\sqrt{2\gamma}}$$

③确定次级线圈的长度 m

$$m = l_0 + \Delta l_{max} + \delta$$

或
$$m = b + \Delta l_{max} + \delta$$

δ 是为了确保铁芯在最大位移 Δl_{max} 时仍不超出次级线圈之外，一般取 $\delta = 2 \sim 10$ mm，当 b 值较大时，δ 可取大一些。

④l_c/r_c 及 R/r 的比例可按经验选取，一般，$l_c/r_c \approx 20$ 左右，$R/r \approx 2 \sim 8$ 之间，而且 r_c 与 r 尽量相近，即使铁芯与螺线管内壁之间的内壁间隙尽量小。

⑤N_1、N_2 选取时要考虑发热温升的允许值、窗口面积、供电电源电压的高低等因素，一般情况下激励电压不超过 5 V。

⑥灵敏度 K 的计算

$$K \approx \frac{4f\mu_0\pi^2 IN_1N_2l_0(2d + b + l_0)}{ml_c\ln\left(\frac{R}{r}\right)}$$

骨架材料的选取：一般选用酚醛塑料、陶瓷或是聚四氟乙烯制造，在要求特殊机械强度的情况下，可选用不锈钢。

加工时要注意保证两个次级绕组的一致性。R/r 比值愈大则线性越好，但灵敏度越低。

对于铁芯材料，当激励频率甚低时可采用工业纯铁，频率较高时可用硅钢片卷制成铁芯，频率更高时可选用坡莫合金，特别高时可选用铁氧体磁芯。

电感式传感器的屏蔽很重要，一般都应采用多层屏蔽，内层用高导磁率的坡莫合金，外层用电工钢。

5.2.4　差动变压器传感器的误差

引起差动变压器传感器误差的原因主要有以下几个方面：

①激励源的频率和幅度不稳定引起的误差，这种误差可以通过选择高稳定度的稳频稳幅激励源的办法来解决。

②温度、湿度变化引起的误差。由于温度、湿度的变化，会引起几何尺寸的变化，可采用温度性能好，吸潮性小的元件材料来制做传感器。

③不平衡误差。由于两个次级绕组不可能做到绝对的几何尺寸和电气性能的平衡，使得当传感器在零位时，两个次级绕组的电压不能完全抵消，导致不平衡误差。在实际应用中可在电路中采取一些零点校正措施。

5.3　电涡流式传感器

前面所述的电感传感器都是电移动铁芯，即使铁芯的质量很小，在有些测量场合也会干扰待测对象，给测量带来人为的测量误差。电涡流式传感器可在非接触的情况下把位移、厚度等非电量转换成电量来进行测量。电涡流传感器具有测量范围大、结构简单、不受介质影响、频带宽、抗干扰能力强等一系列优点，因而广泛用于非接触式测量中。

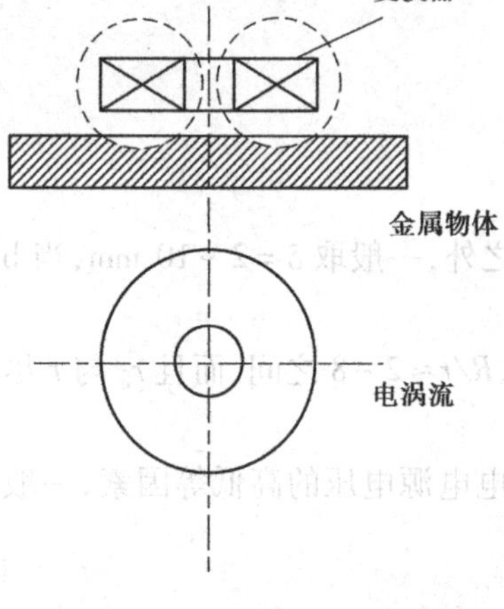

图 5.11　电涡流传感器原理结构

5.3.1　工作原理及等效电路

流传感器主要是一只固定于框架上的扁平线圈，如图 5.11所示。如果在该扁平线圈中通以正弦交流电，流过线圈的电流就会在线圈周围空间产生交变磁场。当导电的金属靠近这一线圈时，金属导体中就会产生涡流，如图 5.12 所示，其中图(a)为电涡流作用原理，图(b)为涡流式传感器与被测体的等效电路。涡流的大小与金属导体的电阻率 ρ、磁导率 μ、厚度 d、线圈与金属导体的距离 x 以及线圈励磁电流的角频率 ω 等参数有关，如果固定其中某些参数，就可根据涡流的大小测量出剩下的那些参数来。

要精确地得到线圈阻抗与线圈到被测体距离等参数之间的函数关系比较困难。为了分析问题方便，我们把金属理解为一短路线圈，并用 R_2 表示这一短路线圈的电阻，用 L_2 表示它的电感，用 M 表示它与空心线圈之间的互感，并假设空心线圈的电阻为 R_1，电感为 L_1，这样可得出如图 5.12(b) 所示的涡流传感器与被测体的等效电路。

根据该等效电路，按克希霍夫电压定律可列出下列方程：

$$\begin{cases} R_1\dot{I}_1 + j\omega L_1\dot{I}_1 - j\omega M\dot{I}_2 = \dot{E} \\ -j\omega M\dot{I}_1 + R_2\dot{I}_2 + j\omega L_2\dot{I}_2 = 0 \end{cases}$$

解方程组便可得到：

$$\dot{I}_1 = \frac{\dot{E}_1}{R_1 + \dfrac{\omega^2 M^2}{R_2^2 + (\omega L_2)^2}R_2 + j\left[\omega L_1 - \dfrac{\omega^2 M^2}{R_2^2 + (\omega L_2)^2}\omega L_2\right]}$$

$$\dot{I}_2 = j\omega\frac{M\dot{I}_1}{R_2 + j\omega L_2} = \frac{M\omega^2 L_2\dot{I}_1 + j\omega MR_2\dot{I}_1}{R_2^2 + \omega^2 L_2^2}$$

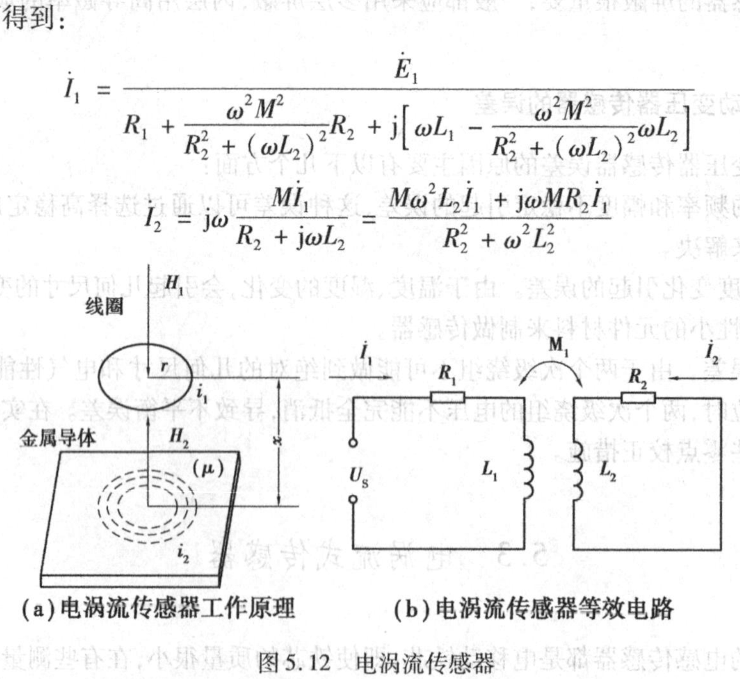

(a) 电涡流传感器工作原理　　(b) 电涡流传感器等效电路

图 5.12　电涡流传感器

由此可求出线圈受到金属导体影响后的等效阻抗 Z 为

$$Z = R_1 + \frac{\omega^2 M^2 R_2}{R_2^2 + (\omega L_2)^2} + j\omega\left(L_1 - L_2\frac{\omega^2 M^2}{R_2^2 + \omega^2 L_2^2}\right)$$

$$= R_{eq} + j\omega L_{eq} \tag{5.9}$$

式中：R_{eq}——线圈受到金属导体影响后的有功电阻；

L_{eq}——线圈受到金属导体影响后的等效电感。

它们分别为

$$R_{eq} = R_1 + \frac{\omega^2 M^2 R_2}{R_2^2 + \omega^2 L_2^2} \tag{5.10}$$

$$L_{eq} = L_1 - L_2 \frac{\omega^2 M^2}{R_2^2 + \omega^2 L_2^2} \tag{5.11}$$

线圈的品质因数 Q_{eq} 为

$$Q_{eq} = \frac{\omega\left(L_1 - \frac{\omega^2 M^2}{R_2^2 + \omega^2 L_2^2}\right)}{R_1 + \frac{\omega^2 M^2}{R_2^2 + \omega^2 L_2^2}} = Q_0 \frac{1 - \frac{L_2}{L_1} \cdot \frac{\omega^2 M^2}{Z_2^2}}{1 + \frac{R_2}{R_1} \cdot \frac{\omega^2 M^2}{Z_2^2}} \tag{5.12}$$

式中：Q_0——无涡流影响时线圈品质因数，$Q_0 = \omega L_1 / R_1$；

Z_2——金属导体中产生的电涡流环阻抗，$Z_2 = \sqrt{R_2^2 + \omega^2 L_2^2}$。

由式(5.9)至式(5.11)可以看出，当线圈接近金属导体时，电气参数 Z、R_{eq}、L_{eq}、Q_{eq}等均是 M 的函数，即是靠近距离 d 的函数。由于涡流所造成的能量损耗将使线圈电阻的有功分量增加，涡流磁场的去磁作用将使线圈电感量减小，并且还将引起线圈等效阻抗 Z 及 Q 的变化。所以凡能引起电涡流变化的非电量，例如金属的电导率、磁导率、几何形状、线圈与导体的距离等，均可以通过测量线圈的等效电阻 R_{eq}、等效电感 L_{eq}、等效阻抗 Z_{eq} 及等效品质因数 Q_{eq} 来测量。这就是电涡流传感器的工作原理。

5.3.2　电涡流的形成范围

要得到线圈与金属导体的输出特性，必须了解金属导体上形成的电涡流的分析情况。问题的难点在于电涡流在金属内部的分布是不均匀的，电涡流密度不仅是距离 x 的函数，而且电涡流只能在金属表面薄层内形成，在半径方向也只能在有限的范围内形成，由于它定量计算的复杂性，加之计算的结果与实际情况误差也很大，下面只作定性说明。为了分析方便，建立涡流传感器线圈与被测金属导体的简化模型如图5.13所示。

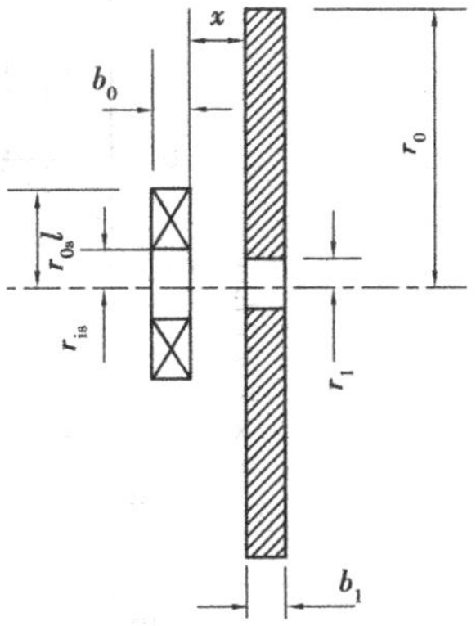

图5.13　电涡流传感器简化模型

(1)涡流强度与距离的关系

电涡流强度 I_2 随着线圈与导体间的距离并与线圈外径 r_{0s}的比值的增大而迅速减小，如图5.14所示。从图中的曲线可看出，x/r_{0s}的比值大于1后，导体中产生的涡流强度已十分微弱，为了获得较强的涡流电流，在使用时使 $x/r_{0s} < 1$，一般取 $x/r_{0s} = 0.05 \sim 0.15$。

(2)电涡流的径向形成范围

电磁场在半径方向所及的范围总是有限的，它随线圈外径 r_{0s} 的大小而变。图5.15所示的是电涡流密度径向分布曲线。图中 j_0 为导体半径 $r = r_0$ 处产生的电流密度，从图中可看出

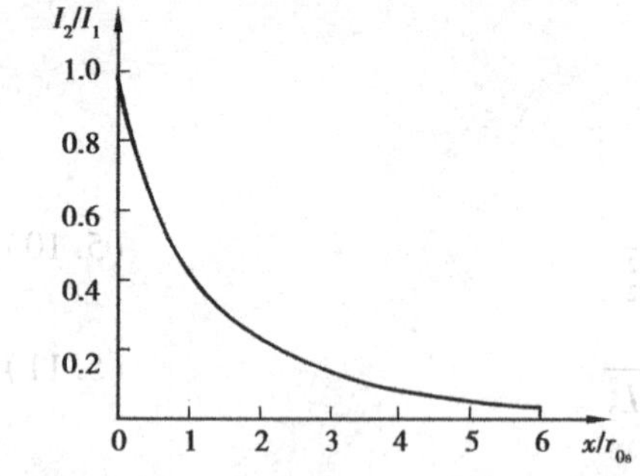

图 5.14　电涡流强度与 x/r_{0s} 关系曲线

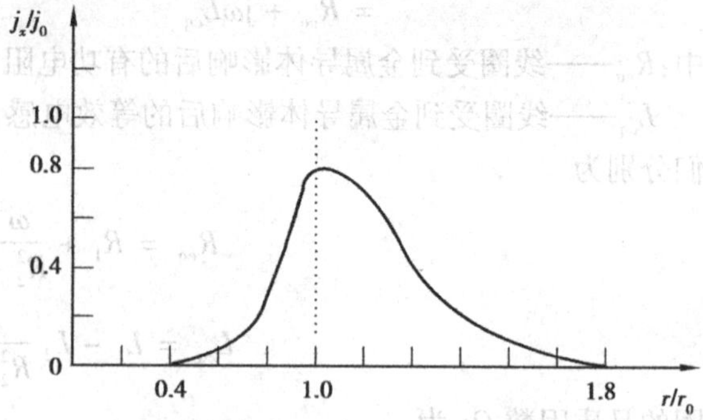

图 5.15　电涡流密度径向分布曲线

在导体半径等于线圈半径处，电涡流密度最大，而在大于线圈半径的 1.8 倍时，电涡流密度将衰减到最大值的 5%。

(3)**电涡流的轴向贯穿深度**

由于集肤效应，磁场不能透过所有厚度的金属。当磁场进入导体后，磁场强度将随偏离表面的距离的增大而按指数规律衰减，并且电涡流密度在金属导体中的轴向分布与导体材料的性质(磁导率 μ 和电导率 ρ)有关。

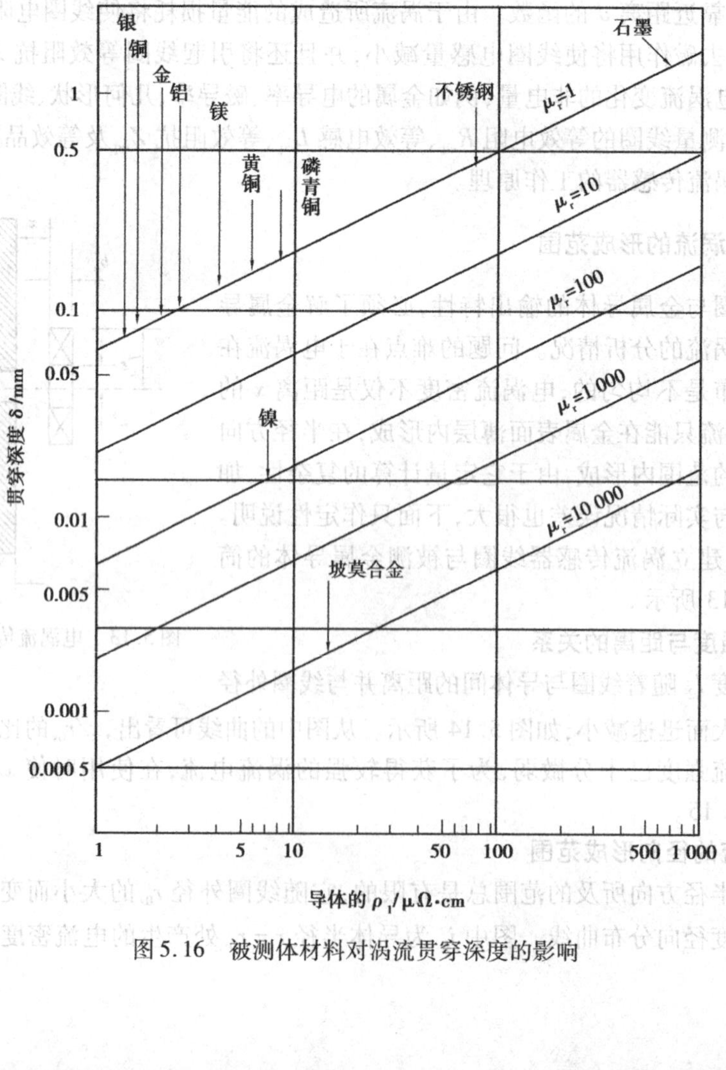

图 5.16　被测体材料对涡流贯穿深度的影响

图 5.16 所示的是在 1 MHz 的激励频率下，一些常用金属材料的电涡流轴向贯穿深度。可见导磁率越低，电阻率越高的金属导体电涡流的轴向贯穿深度越大。另外，贯穿深度还与激励频率有关，激励频率越低贯穿深度越大。

5.4　电感式传感器的测量电路

由于电感式传感器的原理不同，因此构成它的测量电路也有一定的差异，下面介绍几种常用的自感式和互感式传感器的测量电路。

5.4.1　电感式传感器的测量电路

(1)脉冲调宽式测量电路

电路原理如图 5.17 所示。在图中 L_{x1}、L_{x2} 为变气隙长度闭磁路差接电感传感器，该电路的工作原理同前一章中的电容传感器的脉冲调宽型测量电路相似。

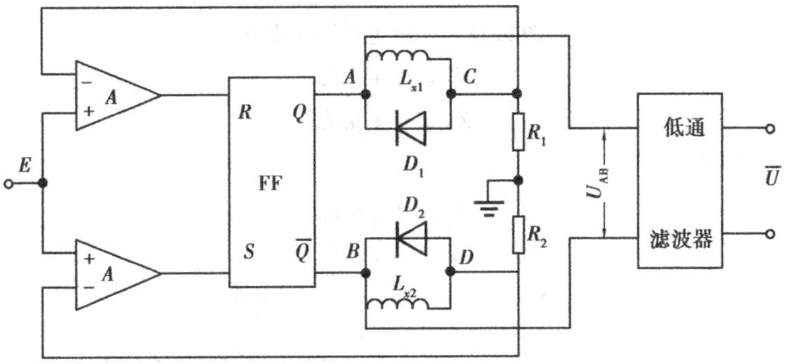

图 5.17　脉冲调宽电路

可以求得

$$T_1 = \frac{L_1}{R_1}\ln\frac{U}{U - U_\tau}$$

$$T_2 = \frac{L_2}{R_2}\ln\frac{U}{U - U_\tau}$$

同理可求得

$$\overline{U} = \frac{T_1 - T_2}{T_1 + T_2}U = \frac{\dfrac{L_1}{R_1} - \dfrac{L_2}{R_2}}{\dfrac{L_1}{R_1} + \dfrac{L_2}{R_2}}U$$

令 $R_1 = R_2$，并将

$$L_1 = \frac{N^2\mu_0 S}{2(l_0 + \Delta l)}, L_2 = \frac{N^2\mu_0 S}{2(l_0 - \Delta l)}$$

代入上式得

$$\overline{U}=\frac{\dfrac{N^2\mu_0S}{2(l_0+\Delta l)}-\dfrac{N^2\mu_0S}{2(l_0-\Delta l)}}{\dfrac{N^2\mu_0S}{2(l_0+\Delta l)}+\dfrac{N^2\mu_0S}{2(l_0-\Delta l)}}\cdot U=\frac{\Delta l}{l_0}\cdot U$$

可见低通滤波器输出端的平均电压正比于输入非电量 Δl(空气隙长度的改变量)。

(2)**交流电桥测量电路**

交流电桥测量电路的一种形式如图 5.18 所示。

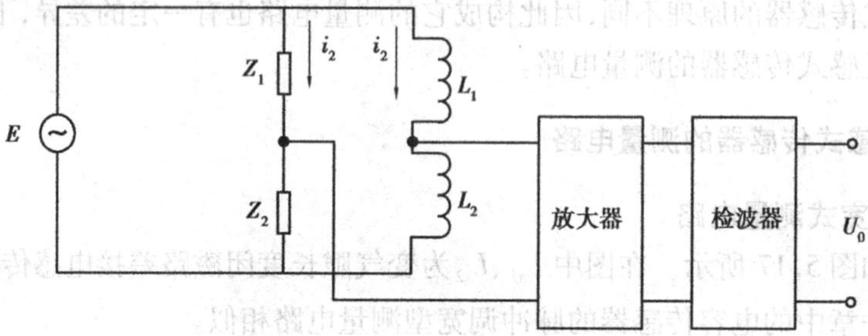

图 5.18 交流电桥测量电路

图中

$$Z_1=r_1+j\omega L_1$$
$$Z_2=r_2+j\omega L_2$$

设 $r_1=r_2=r_0$,则有

$$L_{10}=L_{20}=L_0$$
$$Z_3=Z_4=R$$

则有

$$\begin{aligned}\Delta U&=i_1(r_1+j\omega L_1)-i_2R\\&=\frac{E}{2r_0+j\omega(L_1+L_2)}(r_1+j\omega L_1)-\frac{E}{2}\\&=\frac{E}{2}\left[\frac{2(r+j\omega L_1)}{2r_0+j\omega(L_1+L_2)}-1\right]\\&=\frac{E}{2}\cdot\frac{j\omega(L_1-L_2)}{2r_1+j\omega(L_1+L_2)}\end{aligned}$$

当 $\omega l\gg r_0$ 时

$$\Delta U\approx\frac{E}{2}\cdot\frac{L_1-L_2}{L_1+L_2}$$

当衔铁有 Δl 位移时有

因为

$$L_1=\frac{N^2\mu_0S}{2(l_0\pm\Delta l)}$$

$$L_2=\frac{N^2\mu_0S}{2(l_0\mp\Delta l)}$$

所以

$$\Delta U=\pm\frac{E}{2}\cdot\frac{\Delta l}{l_0}$$

电桥电路的系统灵敏度为

$$K=\frac{\Delta U}{\Delta l}=\frac{E}{2l_0}$$

为了判明衔铁的位移方向，通常在测量电路中采用相敏检波电路检出位移量的方向。

5.4.2　差动变压器式传感器的测量电路

(1)精密二极管检波测量电路

这种电路的形式如图 5.19 所示。振荡器产生幅度和频率都恒定的交流信号，它可以是正弦波，也可以采用方波，方波的好处在于稳定幅度的技术比较简单。由 A、D_1、D_2、R_1、R_3、R_5 组成精密正向检波电路，由 B、D_3、D_4、R_2、R_4、R_6 组成精密负向检波电路，R_7、C_1 和 R_8、C_2 分别构成正负向检波器的滤波电路，C、R_9、R_{10}、R_{11}、R_{12} 构成加法器。当衔铁处于中心位置时，由于 $e_1=e_2$，所以正向检波器的输出电压等于负向检波器的输出电压，使加法器的输出电压 $U_0=0$；当衔铁有向上位时，由于 $e_1>e_2$，导致正向检波器的输出电压大于负向检波器的输出电压，使加法器的输出电压 $U_0<0$，反之，当衔铁有向下的位移时，加法器输出电压 $U_0>0$。这种电路输入输出关系如图 5.20。

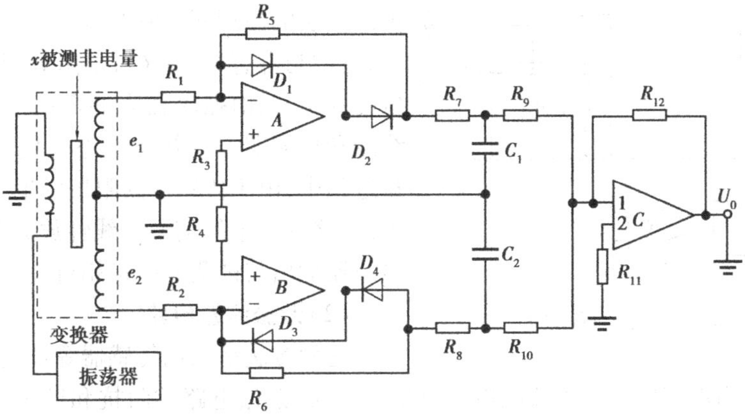

图 5.19　精密二极管被测量电路

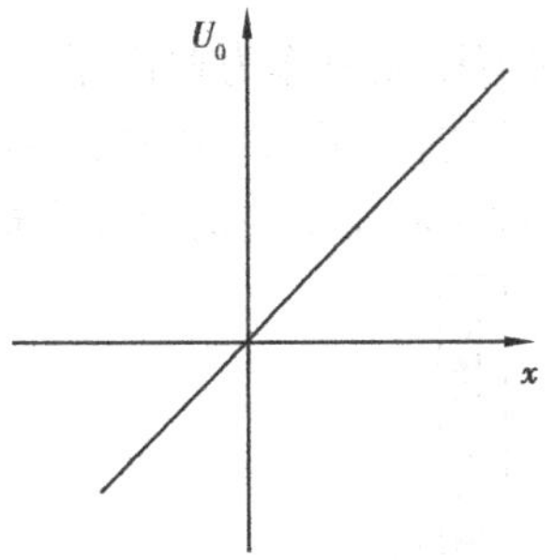

图 5.20　精密二极管管检波电路输入输出特性

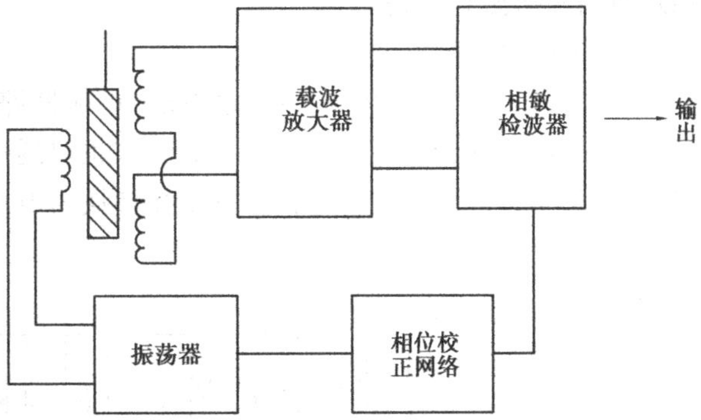

图 5.21　线性可变差动变压器的相敏检波系统

(2)线性可变差动变压器的相敏检波测量电路

电路如图 5.21 所示，由于初级绕组电阻、次级绕组电阻以及绕组电容的存在，激励与输出电压之间的相位差可能不等于 0°或 180°，因而，对于一定的负载电阻，相位在低频时趋于 +90°在高频时趋于 -90°。因此，可选择一激励频率，使零位一侧的相位为 0°，而在另一侧时相位为 180°。这样就可使得位移过零位时输入电压的相位发生 180°的变化，以便从输入电压中判明位移的方向。在这一测量系统中,采用了同步解调的相敏检波器,它可按照位移对零点的方向产生正或负的输出。

差动变压器传感器的灵敏度一般为0.5~2.0 mV/kHz。

5.4.3 电涡流传感器的测量电路

涡流式传感器可以把传感线圈与被测金属导体之间的距离变化,变换成线圈的等效电感、等效电阻、等效电抗以及等效品质因数的变化,因而涡流式传感器常配用的测量电路有如下3种:电桥测量电路、谐振测量电路、Q 值测量电路。

下面主要介绍电桥测量电路和谐振测量电路。

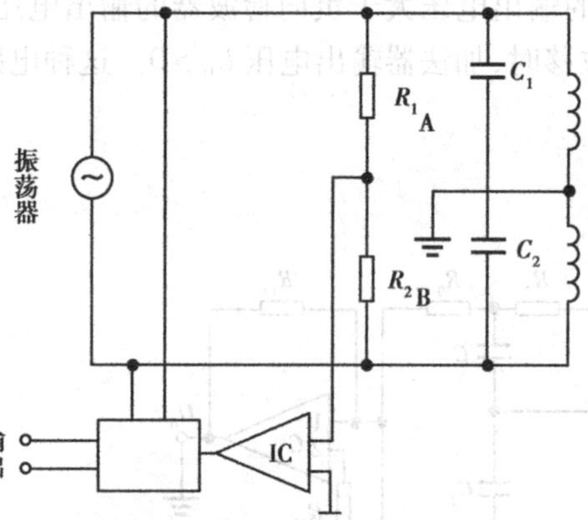

图5.22 电桥法原理图

(1)电桥测量电路

这种方法也称为阻抗测量法,它把传感器线圈的阻抗变化转变成电压的变化,如图5.22是这种测量法的原理图,图中线圈A和B为传感器线圈,它们与电容 C_1 和 C_2,电阻 R_1 和 R_2 和组成电桥的4个臂,由振荡器来的振荡信号供给传感器线圈和检波器。在初始状态时使电桥平衡,在测量过程中,由于传感器的阻抗发生变化,电桥失去平衡,这一不平衡信号由线性放大器IC放大后经检波器输出与被测非电量相对应的电信号。

(2)谐振测量电路

这种方法是利用传感器等效电感与电容组成并联谐振电路,当涡流使传感器线圈电感发生变化时,谐振电路的阻抗和谐振频率发生变化,检测出阻抗的变化或谐振频率的变化就可以反映出被测量的大小。谐振测量电路又可分为调频式电路和谐振式电路。

1)调频式电路

这种方法是把涡流传感器的线圈接入谐振回路,以回路的谐振频率作为输出量。这种频率的变化可以直接用数字式频率计来测量,也可通过频率—电压转换,最后以电压的形式表示出来。图5.23为采用鉴频器将频率变化转换为电压变化的调频法测量电路的原理方框图。

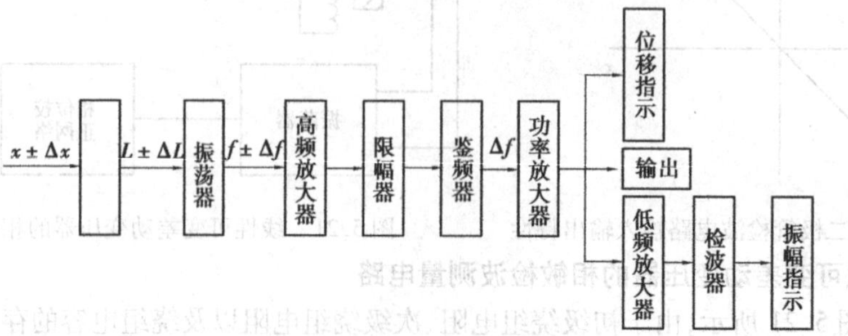

图5.23 调频法测量电路原理方框图

这种方法对被测物体的电阻率反映不够敏感,因此,调频法测置电路主要用于距离的测量。此外采用调频法时,传感器与振荡器连接电缆之间的分布电容影响较大,高频电缆的分布电容一般在 50 ~ 100 pF/m。而在测量电路中电缆位置变化引起分布电容几皮法的变化将使振荡器的频率发生几千赫的频率变化,因而对测量结果的准确性会产生严重影响。因此,在测量中应尽量将振荡回路的电容同涡流传感器的线圈装在一起,以减小电缆分布电容的影响。

2)调幅式测量电路

它由一只电容 C 与传感器线圈 L 组成 LC 并联谐振电路,并由一个频率及幅度都稳定的振荡器(一般用石英晶体振荡器)提供一个高频信号来激励这个谐振电路,与调频法不同的是 LC 组成的并联谐振电路不是在谐振状态,而是工作在失谐状态。图 5.24 是这种调幅线路的原理图。

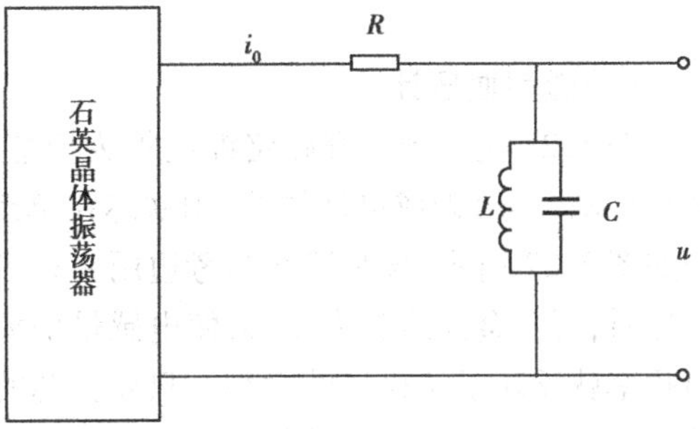

图 5.24 调幅电路原理图

LC 回路的输出电压:

$$u = i_0 F(Z)$$

式中:i_0——高频激励电流;

Z——LC 回路阻抗。

从图 5.24 可知,LC 回路的阻抗越大回路的输出电压 u 越大。

在测量时,首先使传感器远离被测导体,并使此时的 LC 谐振回路的谐振频率刚好谐振于激励频率,这时 LC 谐振回路呈现的阻抗最大,输出电压 u 亦越大;当传感器线圈接近被测导体时,线圈的等效电感将发生变化,使谐振回路的谐振频率和谐振阻抗也随之变化,谐振峰将向左右移动,致使回路失谐于激励频率,如图 5.25 所示。若被测是非磁性材料,线圈的等效电感减小,回路的谐振频率提高,这时谐振峰向右偏离激励频率,若被测体为软磁材料线圈的等效电感增大,回路谐振频率降低,所以谐振峰向左偏离激励频率。在偏离激励频率时,由于回路电阻的有功分量增加,所以回路呈现的阻抗相应减小,分别为 Z_1、Z_2 和 Z'_1、Z'_2,回路的输出电压也将由 u 降为 u_1、u_2 和 u'_1、u'_2。因此可由输出电压的变化来表示传感器与被测导体间的距离变化,如图 5.26 所示。

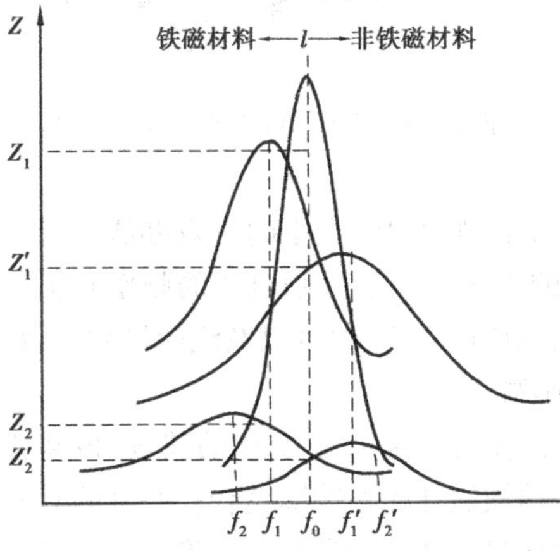

图 5.25 谐振曲线

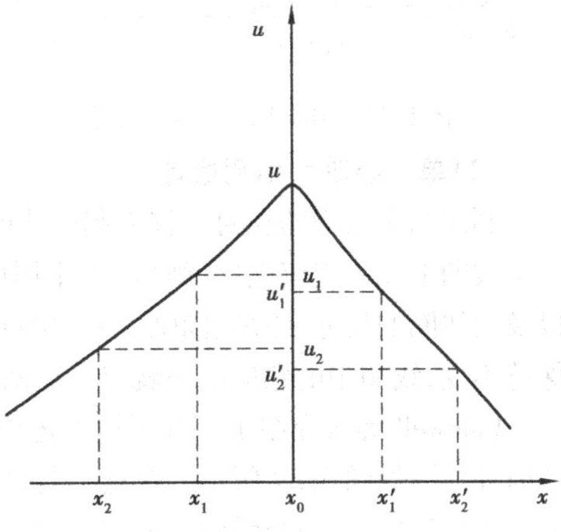

图 5.26 特性曲线

通常直接从 LC 并联谐振回路两端输出的电压太弱,直接测量这一高频调幅波也不方便,因此,将谐振回路输出的电压经高频放大,检波后再输出,以反映被测量的低频信号。

5.5 电感式传感器的应用

(1)微型血压计

图5.27是一种以开磁路螺线管为换能器件的心内微型血压计。它采用缪合金材料(镍铁高导磁合金)做成可动铁芯,用铁芯在单线圈内运动的位移来测量薄膜的位移,传感器的结构如图5.27所示,该装置在参考边用一有机玻璃来作虚拟铁芯,起到温度补偿作用。当压力增加时,缪合金向线圈内位移,使电感量增大。如果将线圈连接成一振荡回路,则振荡器的输出频率就反映了位移量的大小。只要铁芯的位移很小,振荡器频率的变化与两薄膜间的压力差就接近正比关系。这种装置由于重量小,频响可达1 000 Hz以上。

将这种传感器插入心腔时,可同时测量压力波形和心音,由于心音信号的频谱一般在50 Hz以上,血压波的频谱在20 Hg以下,因此,可分别用一个低通和高通滤波器来分离血压和心音信号。

图5.28所示的是Wetterer于1943年叙述的第一个导管端血压传感器,它就是利用差动变压器来测量弹性膜的位移的。由于铁芯与芯与薄膜的质很小,薄膜的刚性大,因而谐振频率可达500 Hz,在这个压力计中,波登管作为一次换能器,它将压力转换为位移,差动变压器作为二次换能器,它将波登管的位移转换成电压。

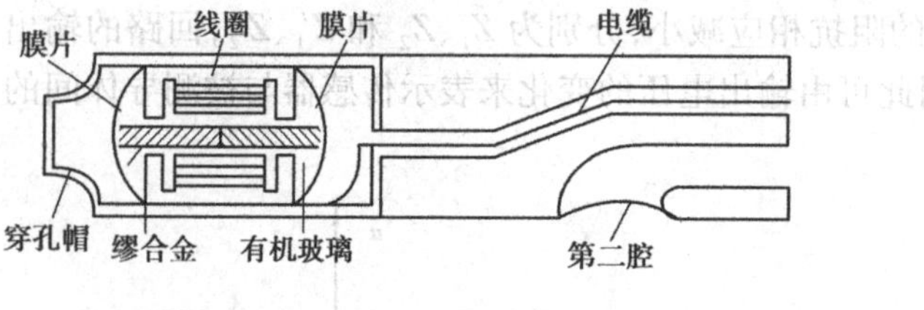

图5.27 Allard-Laurens微型血压计

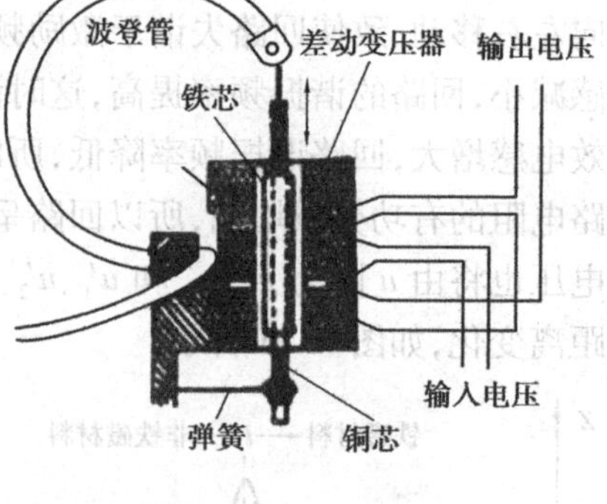

图5.28 带有LVDT的波登管压力计

(2)单道心脏大小测量计

利用两个线圈的相对位移引起的线圈间耦合的变化,是测量内脏大小的有效办法。若在一个线圈上加上交流电压,则另一线圈中的感应电动势的大小取决于激励电压的频率和幅度以及两线圈的尺寸、距离、同轴度和线圈匝数。若使激励电压的频率、幅度以及线圈尺寸、匝数保持不变,线圈中的感应电势就仅是线圈距离和轴向的函数。

Caldwell等人介绍了一种根据上述原理设计的一个测量左心室尺度变化的装置,该装置的原理框图如图5.29所示。在这个装置中,用两个相同的铁氧体磁芯线圈缝合在心脏的对壁上作为传感器,在一个线圈上加交流激励信号,另一线圈通过晶体滤波器接到高增益放大器和解调器上,解调器输出量反比于两线圈间的距离的三次方,为了获得两线圈间距离与输出电压的线性关系,他们还设计了一个立方根倒数模拟电路。该测量装置的非同轴现象不太严重,将线圈旋转30°时产生的电压变化相当于两线圈相距5 cm时距离变化了1 mm。

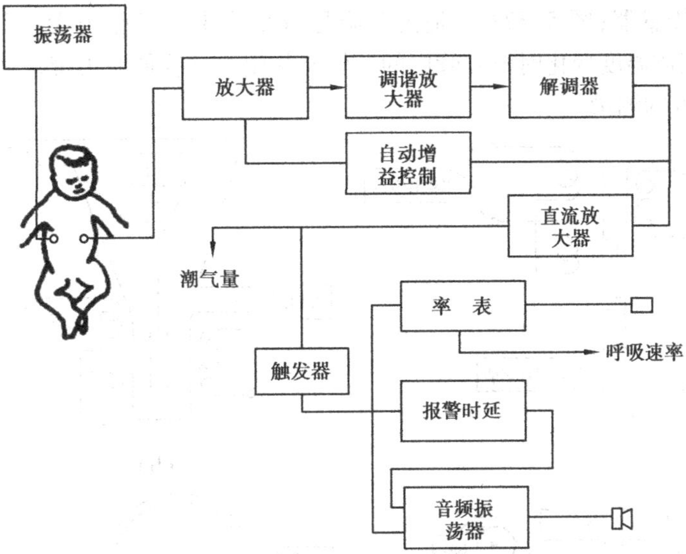

图5.29　监护婴儿呼吸的双线圈位移换能器系统的方框图

(3)**测量压力或压差的膜盒式压力传感器**

图5.30是膜盒式压力传感器,在这一传感器中,差动变压器作为二次换能器。图中,a为将压力或压差变换成位移的膜盒,b为差动变压器的动铁心,L_1、L_2、L_3分别是差动变压器的初级线圈和两个次级线圈。

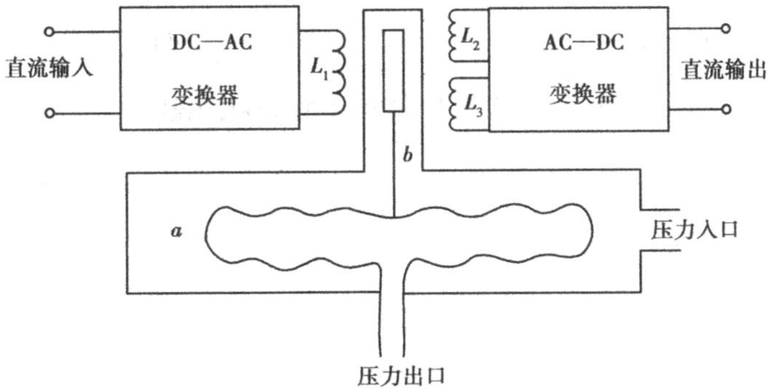

图5.30　膜盒式压力、压差计

(4)**环形力测量器**

图5.31所示的是环形力测量器的原理图。图中a为差动变压器的线圈,b为差动变压器的动铁芯,c为刚性环。在这一传感器中,刚性环作为一次换能器,它将力转变成动铁芯的位移,差动变压器作为二次换能器,再将位移转变成电压的变化输出。图5.32中还列出了应用差动变压器的压差传感器、流量传感器、张力传感器和温度传感器实例。

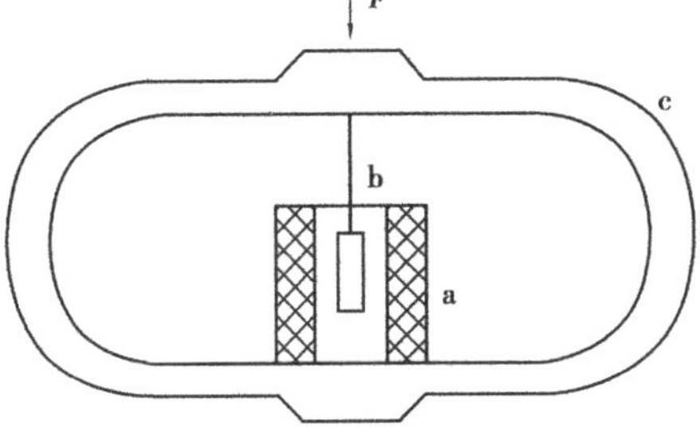

图5.31　环形测力器

其中图5.32(a)是利用水银高度变化测压差的压差传感器。图5.32(b)是由浮子位置改变来测流量的大小的流量传感器；图 5.32(c)是由升降导辊变位来测量张力大小的张力传感器；图 5.32(d)是利用液体温度变化时波登管内的气体膨胀使波登管伸缩再带动差动变压器的动铁芯来实现液体温度的测量。

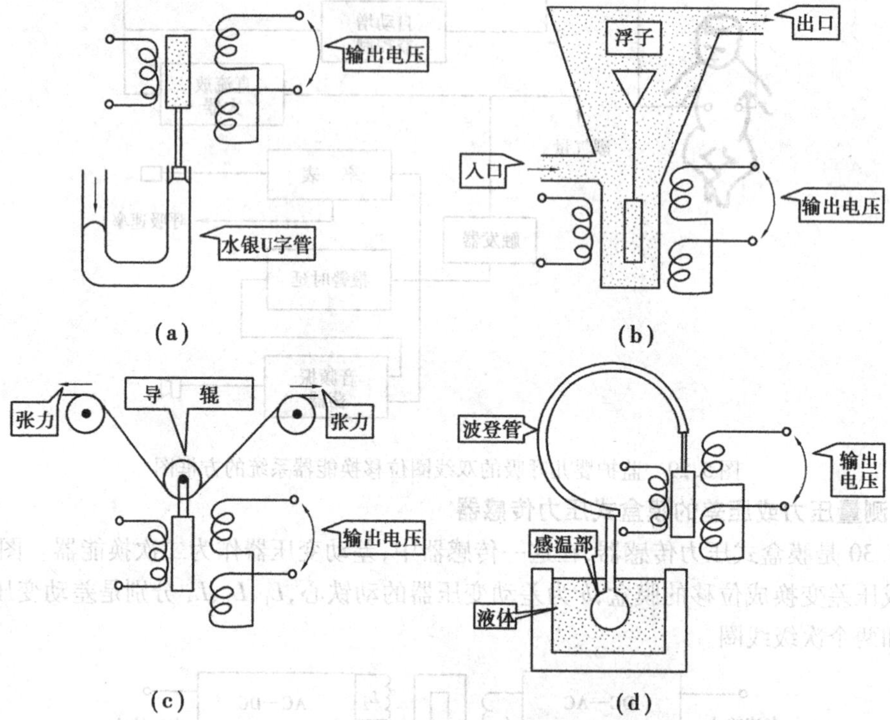

图 5.32　使用差动变压器的几种传感器

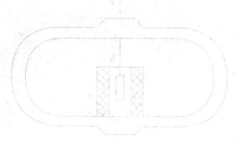

第6章 压电式传感器

压电式传感器是利用压电体的压电效应来实现检测的传感器。压电式传感器的主要优点是频带宽、灵敏度高、信噪比高、结构简单、工作可靠和重量轻；缺点是某些压电材料需要防潮措施，而且输出的直流响应差，需要采用高输入阻抗电路或电荷放大器来克服这一缺陷。压电式传感器常用于测量力和能变换为力的非电物理量，如压力、加速度等，在生物医学测量中有广泛的应用。

6.1 压电材料与压电效应

某些电介质物质，在沿一定方向上受到外力的作用变形时，内部会产生极化现象，同时在其表面上产生电荷；当外力去掉后，又重新回到不带电的状态。这种将机械能转变为电能的现象，称为“顺压电效应”。相反，在电介质的极化方向上施加电场，它会产生机械变形，当去掉外加电场时，电介质的变形随之消失。这种将电能转换为机械能的现象，称为“逆压电效应”。具有压电效应的电介物质称为压电材料。在自然界中，大多数晶体都具有压电效应。但多数晶体的压电效应过于微弱，因此并没有实用价值。能应用于测量的只不过几十种，石英就是其中性能良好的一种压电晶体。随着技术的发展，人工制造的压电陶瓷，如钛酸钡，钴钛酸铅等多晶压电材料相继问世，并获得了越来越广泛的应用。

6.1.1 压电材料

应用于压电式传感器中的压电材料主要有两种：一种是压电晶体，如石英等；另一种是压电陶瓷，如钛酸钡、锆钛酸铅等。对压电材料要求具有以下几方面特性：

①转换性能。要求具有较大压电常数。

②机械性能。压电元件作为受力元件，希望它的机械强度高、机械刚度大，以期获得宽的线性范围和高的固有振动频率。

③电性能。希望具有高电阻率和大介电常数，以减弱外部分布电容的影响并获得良好的低频特性。

④环境适用性强。温度和湿度稳定性要好，要求具有较高居里点，获得较宽的工作温度

范围。

⑤时间稳定性。要求压电性能不随时间变化。

(1)**石英晶体**

石英是一种具有良好压电特性的压电晶体。其介电常数和压电系数的温度稳定性相当好,在常温范围内这两个参数几乎不随温度变化,如图6.1和图6.2所示。

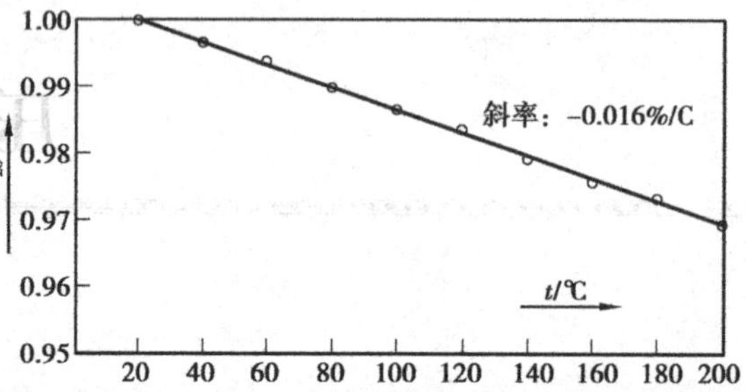

图6.1　石英的 d_{11} 系数相对于20 ℃的 d_{11} 随温度变化特性

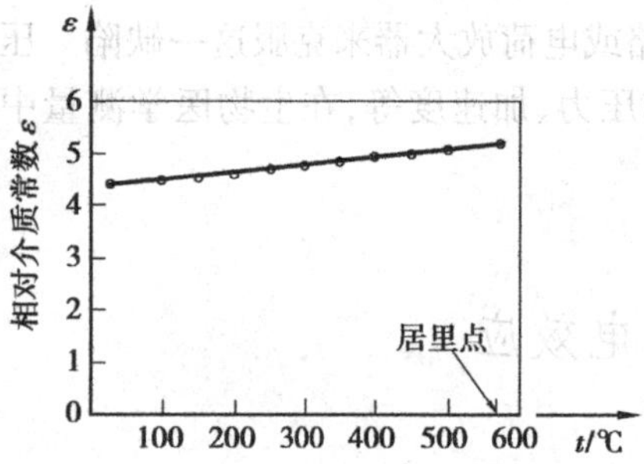

图6.2　石英在高温下相对介电常数的温度特性

由图可见,在20~200 ℃温度范围内,温度每升高1 ℃,压电系数仅减少0.016%。但是当温度达到居里点(573 ℃)时,石英晶体便失去了压电特性。

石英晶体的突出优点是性能非常稳定、机械强度高、绝缘性能也相当好。但石英材料价格昂贵,且压电系数比压电陶瓷低得多。因此一般仅用于标准仪器或要求较高的传感器中。

需要指出,因为石英是一种各向异性晶体,因此,按不同方向切割的晶片,其物理性质(如弹性、压电效应、温度特性等)相差很大。为了在设计石英传感器时,根据不同使用要求正确地选择石英片的切型,下面对石英切片的切型作必要的介绍。

石英晶片切型符号有两种表示方法:一种是IRE标准规定的切型符号表示法;另一种是习惯符号表示法。

IRE标准规定的切型符号包括一组字母(X、Y、Z、t、l、b)和角度。用X、Y、Z中任意两个字母的先后排列顺序,表示石英晶片厚度和长度的原始方向;用字母t(厚度)、l(长度)、b(宽度)表示旋转轴的位置。当角度为正时表示逆时针旋转;当角度为负时,表示顺时针旋转。例如:(YXl)350切型,其中第一个字母Y表示石英晶片在原始位置(即旋转前的位置)时的厚度沿Y轴方向,第二个字母X表示石英晶片在原始位置时的长度沿X轴方向,第三个字母l和角度35°表示石英晶片绕长度逆时针旋转35°,如图6.3所示。如($YXtl$)5°/-50°切型,它表示石英晶片原始位置的厚度沿X轴方向,长度沿Y轴方向,先绕厚度t逆时针旋转5°,再绕长度l顺时针旋转50°,如图6.4所示。

习惯符号表示法是石英晶体特有的表示法,它由两个大写的英文字母组成。例如,AT、BT、CT、DT、NT、MT和FC等。IRE符号和习惯符号之间的对应关系如表6.1所示。

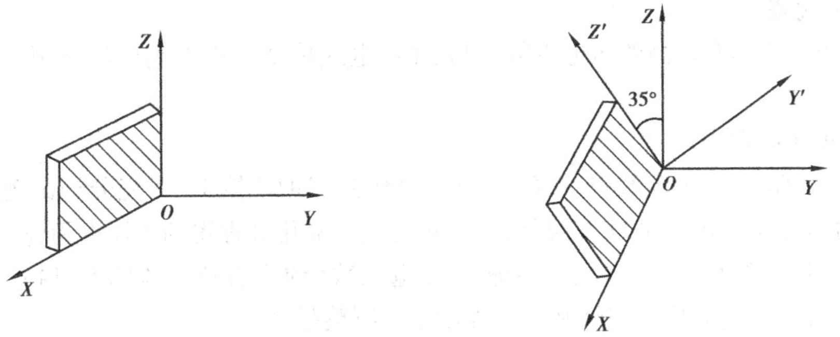

(a)石英晶片原始位置　　(b)石英晶片的切割方位

图6.3　$(XYl)35°$切型

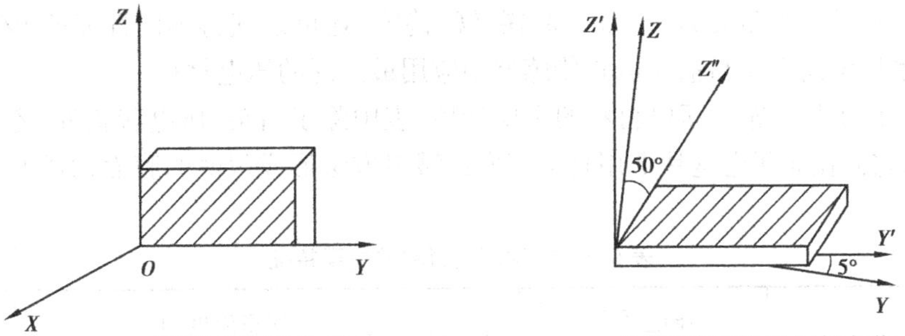

(a)石英晶片原始位置　　(b)石英晶片的切割方位

图6.4　$(XYtl)5°/-50°$切型

表6.1　石英晶体两类切型符号之间对应关系

习惯符号	IRE 符号	习惯符号	IRE 符号
AT	(*yxl*) 35°	SC	(*yxbl*) 24°24′/34°18′
BT	(*yxl*) −49° (−49° ~ −49°30′)	TS	(*yxbl*) 21°55′/33°55′
ET	(*yxl*) −57°	*x*−18.5°	(*xyt*) −18°30′
x+5°	(*yxl*) 5°	MT	(*xytl*) 8.5°/±34°
CT	(*yxl*) 37°	FC	(*xytl*) 5° ±50° (0° ~8.5°)/ ±38° ~ ±70°
DT	(*yxl*) −52° (−52° ~ −53°)	NT	(*yxbl*) 15°/34°30′
ET	(*yxl*) 66°30′	GT	(*yxlt*) 51°45′
AC	(*yxl*) 30°	RT	(*yxbl*) 15°/−34°30′
BC	(*yxl*) −60°	LC	(*yxbl*) 11°39.9′/9°23.6′
ST	(*yxl*) 42°46′		

(2)压电陶瓷

压电陶瓷由于具有很高的压电系数,因此在压电式传感器中得到广泛应用。压电陶瓷主要有以下几种。

1)钛酸钡压电陶瓷

钛酸钡($BaTiO_3$)是由碳酸钡($BaCO_3$)和二氧化钛(TiO_2)按1∶1克分子比例混合后充分研磨成型,经高温1 300~1 400 ℃烧结,然后再经人工极化处理得到的压电陶瓷。

这种压电陶瓷具有很高介电常数和较大压电系数(约为石英晶体的50倍),不足之处是居里温度低(120 ℃),温度稳定性和机械强度不如石英晶体。

2)锆钛酸铅系压电陶瓷(PZT)

锆钛酸铅是由$PbTiO_3$和$PbZrO_3$组成的固溶体$Pb(Zr、Ti)O_3$。它与钛酸钡相比,压电系数更大,居里温度在300 ℃以上,各项机电参数受温度影响小,时间稳定性好。此外,在锆钛酸中添加一种或两种其他微量元素(如铌、锑、锡、锰、钨等)还可以获得不同性能的PZT材料。因此锆钛酸铅系压电陶瓷是目前压电式传感器中应用最广泛的压电材料。

表6.2列出了目前常用压电材料的主要特性,表中除了石英、压电陶瓷外,还有压电半导体ZnO、CdS,它们在非压电基片上用真空蒸发或溅射方法形成很薄的膜而构成的半导体压电材料。

表6.2　常用压电材料的主要特征

材　料	形　状	压电系数 (10^{-12} C/N)	相对介电系数	居里温度 /℃	密　度	机械品质因数
石　英 α-SiO_2	单　晶	$d_{11}=2.31$ $d_{14}=0.727$	4.6	573	2.65	10^5
钛酸钡 $BaTiO_3$	陶　瓷	$d_{33}=190$ $d_{31}=-78$	1 700	~120	5.7	300
锆钛酸铅 PZT	陶　瓷	$d_{33}=71\sim590$ $d_{31}=-100\sim-230$	460~3 400	180~350	7.5~7.6	65~1 300
硫化镉 CdS	单　晶	$d_{33}=10.3$ $d_{31}=-5.2$ $d_{15}=-14$	10.3 9.35		4.82	
氧化锌 ZnO	单　晶	$d_{33}=12.4$ $d_{31}=-5.0$ $d_{15}=-8.3$	11.0 9.26		5.68	
聚二氟乙烯 PVF_2	延伸薄膜	$d_{31}=6.7$	5	~120	1.8	
复合材料 PVF_2-PZT	薄　膜	$d_{31}=15\sim25$	100~120		5.5~6	

目前已研制成氧化锌(ZnO)膜制作在MOS晶体管栅极上的PI-MOS力敏器件。当力作用在ZnO薄膜上,电压电效应产生电荷并加在MOS管栅极上,从而改变了漏极电流,这种力敏器件具有灵敏度高、响应时间短等优点。此外用ZnO作为表面声波振荡器的压电材料,可测取力和温度等参数。

表中聚二氟乙烯(PVF_2)是目前发现的压电效应较强的聚合物薄膜,这种合成高分子薄膜就其对称性来看,不存在压电效应,但是这些物质具有"平面锯齿"结构,存在抵消不了的偶极子,经延展,拉伸处理后可以使分子链轴成规则排列,并在与分子轴垂直方向上产生自发极化偶极子,当在膜厚方向加直流高压电场极化后,就可以成为县有压电性能的高分子薄膜。这种薄膜有可挠性,并容易制成大面积压电元件,耐冲击,不易破碎、稳定性好,频带宽。为提高其压电性能还可以掺入压电陶瓷粉末,制成混合复合材料(PVF_2-PZT)。

6.1.2　压电效应

(1)石英晶体的压电效应

图6.5所示为石英晶体的理想外形,它具有规则的几何形状。这是由于晶体内部结构对称性的缘故。石英晶体有3个晶轴,如图6.6所示。其中Z轴称为光轴,它是用光学方法确定的。Z轴方向上没有压电效应;经过晶体的棱线,并且垂直于光轴的X轴称为电轴。沿X轴方向施加外力时,在垂直于此轴的棱面上压电效应最为明显;垂直于X—Z平面的Y轴称为机械轴,沿Y轴或X轴方向施加机械应力(拉或压)时,在Y轴方向不产生压电效应,只产生形变。

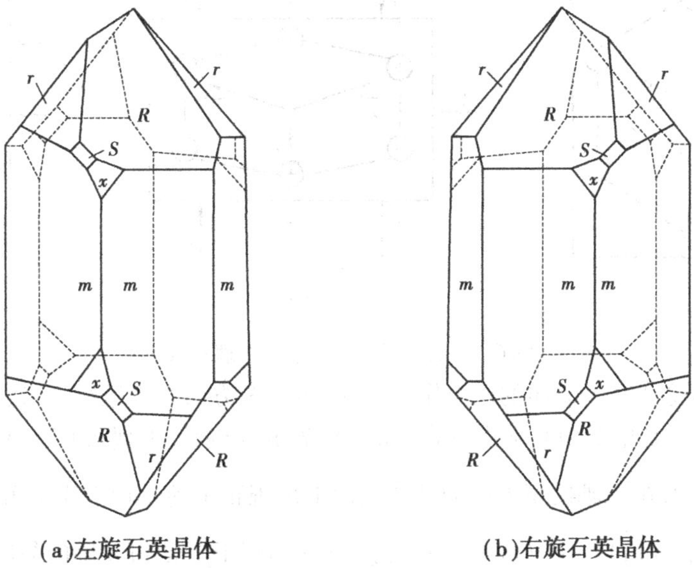

图6.5　石英晶体的理想外形

石英晶体的压电效应与其内部结构有关。为了直观地了解其压电效应,我们将组成石英(SiO_2)晶体的硅离子和氧离子的排列在垂直于晶体Z轴的XY平面上的投影,等效为图6.7中的正六边形排列。其中"⊕"代表Si^{4+},"⊖"代表$2O^{2-}$。

当石英晶体未受力作用时,正、负离子(即Si^{4+}和$2O^{2-}$)正好分布在正六边形的顶角上,形成3个大小相等、互成120°夹角的电偶极矩$\vec{p}_1$,$\vec{p}_2$和$\vec{p}_3$,如图6.7(a)所示。$R=ql$,q为电荷量,l为正、负电荷之间距离。电偶极矩方向为负电荷指向正电荷。此时,正、负电荷中心重合,电偶极矩的矢量和等于零,即$\vec{p}_1+\vec{p}_2+\vec{p}_3=0$。这时晶体表面不产生电荷,石英晶体从整体上说呈电中性。

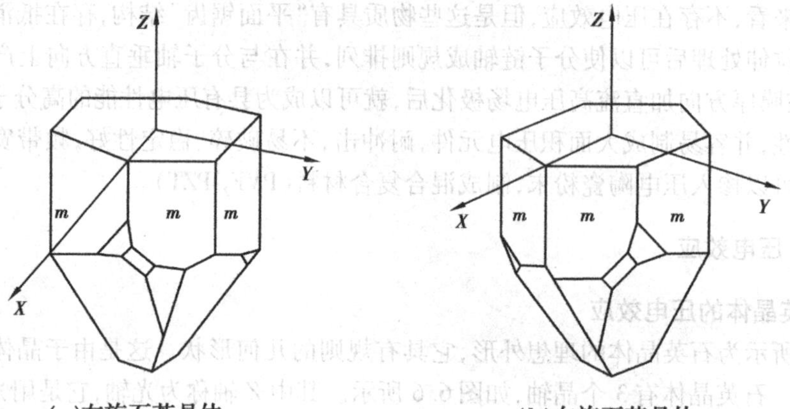

(a)左旋石英晶体　　(b)右旋石英晶体

图6.6　石英晶体的直角坐标系

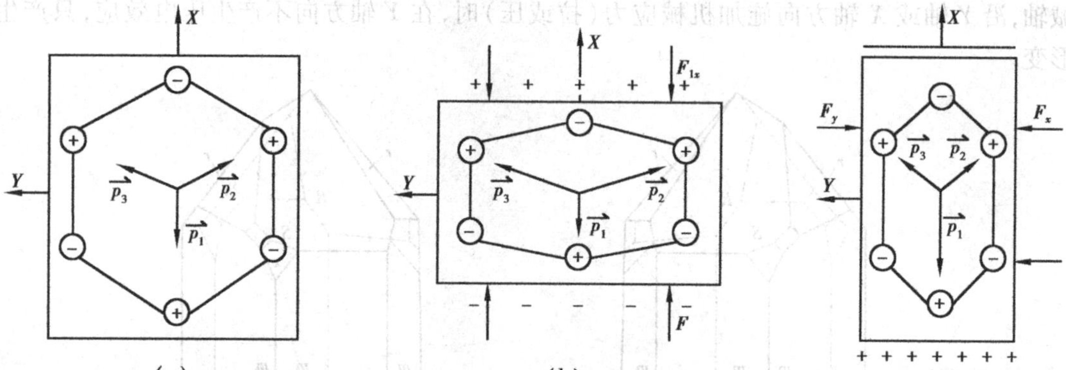

(a)　　(b)　　(c)

图6.7　石英晶体压电效应机理示意图

当石英晶体受到沿X方向的压力作用时,晶体沿X方向产生压缩变形,正、负离子的相对位置随之变动,正、负电荷中心不再重合,如图6.7(b)所示。电偶极矩在X轴方向的分量为$(\vec{p}_1+\vec{p}_2+\vec{p}_3)_X=0$,在$X$轴的正方向的晶体表面上出现正电荷。而在$Y$轴和$Z$轴方向的分量均为零,即$(\vec{p}_1+\vec{p}_2+\vec{p}_3)Y=0$,$(\vec{p}_1+\vec{p}_2+\vec{p}_3)_Z=0$在垂直于$Y$轴和$Z$轴的晶体表面上不出现电荷。这种沿$X$轴作用力,而在垂直于此轴晶面上产生电荷的现象,称为“纵向压电效应”。

当石英晶体受到沿Y轴方向的压力作用时,晶体的变形如图6.7(c)所示。电偶极矩在X轴方向的分量为$(\vec{p}_1+\vec{p}_2+\vec{p}_3)_X<0$,在$X$轴的正方向的晶体表面上出现负电荷。同样,在垂直于$Y$轴和$Z$轴的晶面上不出现电荷。这种沿$Y$轴作用力,而在垂直于$X$轴晶面上产生电荷的现象,称为“横向压电效应”。

当晶体受到沿Z轴方向的力(无论是压力或拉力)作用时,因为晶体在X方向和Y方向的变形相同,正、负电荷中心始终保持重合,电偶极矩在 X、Y 方向的分量等于零。所以沿光轴方向施加作用力,石英晶体不会产生压电效应。

当作用力 F_x 或 F_y 的方向相反时,电荷的极性将随之改变。如果石英晶体的各个方向同时受到均等的作用力(如液体压力),石英晶体将保持电中性。所以石英晶体没有体积的压电效应。

(2)**石英晶体的压电常数和表面电荷的计算**

从石英晶体上切下一片平行六面体—晶体切片,使它的晶面分别平行于 X、Y、Z 轴,如图6.8所示。当晶片受到 X 方向压缩应力 T_1(N/m^2)作用时,晶片将产生厚度变形,在垂直于 X 轴表面上产生的电荷密度 σ_1 与应力 T_1 成正比,即

$$\sigma_1 = d_{11}T_1 = d_{11}\frac{F_1}{l\omega} \tag{6.1}$$

式中:F_1——沿晶轴 X 方向施加的压缩力,N;

d_{11}——压电常数,压电常数与受力和变形方式有关。石英晶体在 X 方向承受机械应力时的压电常数 $d_{11}=2.31\times10^{-12}$ C/N;

l——石英晶体的长度,m;

ω——石英晶体的宽度,m。

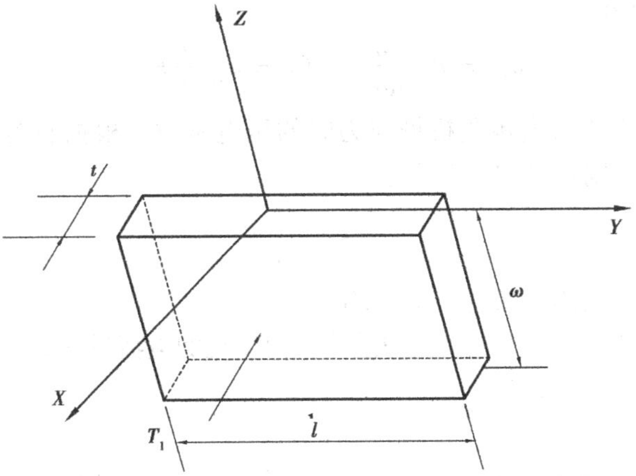

图6.8　石英晶体切片

因为

$$\sigma_1 = \frac{q_1}{l\omega}$$

式中:q_1——垂直于 X 轴晶片表面上的电荷,C。

所以式(6.1)可写成如下形式:

$$q_1 = d_{11}F_1 \tag{6.2}$$

由式(6.2)可知,当石英晶片的 X 轴方向施加压缩力时,产生的电荷 q 正比于作用力 F_1,而与晶片的几何尺寸无关。电荷的极性如图6.9(a)所示。如果晶片在晶轴 X 方向受到拉力(大小与压缩力相等)的作用,则仍在垂直于 X 轴表面上出现等量的电荷,但极性却相反,如图6.9(b)所示。

当晶片受到沿 Y(即机械轴)方向的应力 T_2 作用时,在垂直于 X 轴表面上出现电荷,电荷的极性如图6.9(c)(受压缩应力)和图6.9(d)(受拉伸应力)所示。电荷密度 σ_{12} 与施加的应

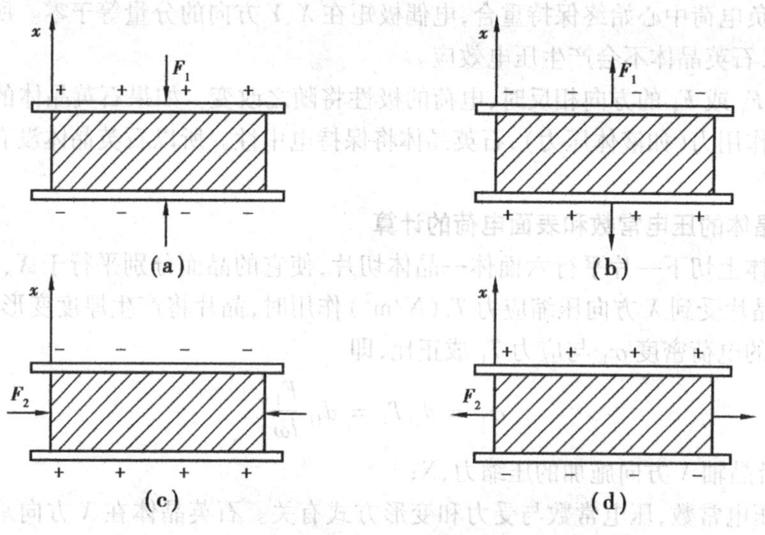

图6.9　石英晶体片上电荷极性与受力方向的关系

力 T_2 成正比,即

$$\sigma_{12} = d_{12} T_2 \tag{6.3}$$

由此可得到电荷量为

$$q_{12} = d_{12} \frac{l\omega}{t\omega} F_2 = d_{12} \frac{l}{t} F_2 \tag{6.4}$$

式中:d_{12}——石英晶体在 Y 方向承受机械应力时的压电常数。根据石英晶体的轴对称条件,$d_{12} = -d_{11}$,则式(6.4)可写成:

$$q_{12} = -d_{11} \frac{l}{t} F_2 \tag{6.5}$$

式中:F_2——沿 Y 方向对晶体施加的作用力,N;

q_{12}——在 F 作用下,在垂直于 X 轴的晶片表面出现的电荷量,C;

l——石英晶片的长度,m;

t——石英晶片的厚度,m。

由式(6.5)可知,沿机械轴方向对晶片施加作用力时,产生的电荷量与晶片的尺寸有关。适当选择晶片的相对尺寸(长度与厚度),可以增加电荷量。

当石英晶体受到 Z(即光轴)方向应力 T_3 作用时,无论是拉伸应力,还是压缩应力,都不会产生电荷,即

$$\sigma_{13} = d_{13} T_3 = 0 \tag{6.6}$$

因为 $T_3 \neq 0$,所以 $d_{13} = 0$。

当石英晶体分别受到剪切应力 T_4、T_5、T_6 作用时,则有

$$\sigma_{14} = d_{14} T_4 \tag{6.7}$$

$$\sigma_{15} = d_{15} T_5 = 0 (\text{即 } d_{15} = 0) \tag{6.8}$$

$$\sigma_{16} = d_{16} T_6 = 0 (\text{即 } d_{16} = 0) \tag{6.9}$$

以上三式中的 T_4、T_5、T_6 分别为晶片 X 面(即 YZ 面)、Y 面(即 ZX 面)和 Z 面(即 XY 面)上作用的剪切应力,如图6.10所示。

综上所述,只有在沿 X、Y 方向作用单向应力和晶片的 X 面上作用剪切应力时,才能在垂

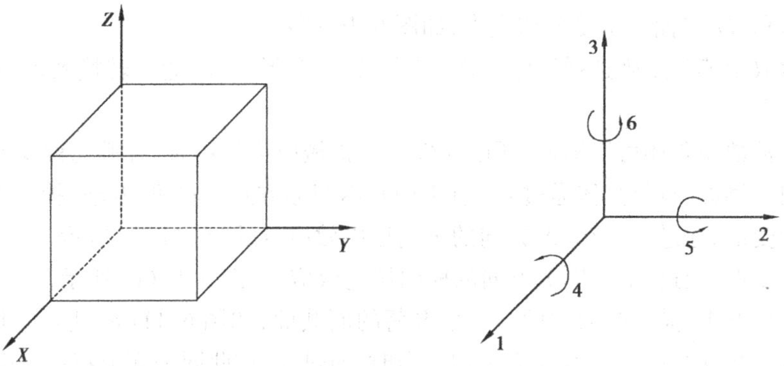

图6.10　石英晶体的应力作用

直于 X 轴的晶片表面上产生电荷,即

$$\sigma_1^* = d_{11}T_1 - d_{11}T_2 + d_{14}T_4 \tag{6.10}$$

同理,通过实验可知,在垂直于 Y 轴的晶片表面上,只有在剪切应力 T_5 和 T_6 的作用下才出现电荷,即

$$\sigma_2^* = d_{25}T_5 + d_{26}T_6 \tag{6.11}$$

因为石英晶体的压电常数 $d_{25} = -d_{14}$;$d_{26} = -2d_{11}$,所以上式可写成:

$$\sigma_2^* = -d_{14}T_5 - 2d_{11}T_6 \tag{6.12}$$

在垂直于 Z 轴向的晶片表面上的电荷密度为

$$\sigma_3^* = 0 \tag{6.13}$$

综合式(6.10)、式(6.11)、式(6.12)和式(6.13),则得到石英晶体在所有的应力作用下的顺压电效应表达式,写成矩阵形式为

$$\begin{bmatrix}\sigma_1^*\\\sigma_2^*\\\sigma_3^*\end{bmatrix}=\begin{bmatrix}d_{11} & d_{12} & 0 & d_{14} & 0 & 0\\0 & 0 & 0 & 0 & d_{25} & d_{26}\\0 & 0 & 0 & 0 & 0 & 0\end{bmatrix}\begin{bmatrix}T_1\\T_2\\T_3\\T_4\\T_5\\T_6\end{bmatrix}$$

$$=\begin{bmatrix}d_{11} & -d_{11} & 0 & d_{14} & 0 & 0\\0 & 0 & 0 & 0 & -d_{14} & -2d_{11}\\0 & 0 & 0 & 0 & 0 & 0\end{bmatrix} \tag{6.14}$$

由压电常数矩阵可知,石英晶体独立的压电常数只有两个,即

$$d_{11} = \pm 2.31 \times 10^{-12} \quad (\mathrm{C/N})$$

$$d_{14} = \pm 0.73 \times 10^{-12} \quad (\mathrm{C/N})$$

按 IRE 标准规定,右旋石英晶体的 d_{11} 和 d_{14} 值取负号;左旋石英晶体的 d_{11} 和 d_{14} 值取正号。

压电常数 d_{ij} 有两个下标,即 i 和 j。其中 $i(i=1、2、3)$ 表示在 i 面上产生电荷,例如 $i=1、2、3$ 分别表示在垂直于 $X、Y、Z$ 轴的晶片表面即 $X、Y、Z$ 面上产生电荷。下标 $j=1、2、3、4、5、6$,其中 $j=1、2、3$ 分别表示晶体沿 $X、Y、Z$ 轴方面承受单向应力;$j=4、5、6$ 则分别表示晶体在 YZ 平面、ZX 平面和 XY 平面上承受剪切应力，如图 6.10 所示。

压电常数矩阵是正确选择压电元件、受力状态、变形方式、能量转换效率以及晶片几何切型的重要依据。

由压电常数矩阵还可以知道，压电元件承受机械应力作用时，有哪几种变形方式具有能量转换的作用。例如，石英晶体通过 d_{ij}，有 4 种基本变形方式可将机械能转换为电能，即

①厚度变形，通过 d_{11} 产生 X 方向的纵向压电效应，如图 6.11(a) 所示。

②长度变形，通过 d_{12} 产生 Y 方向的横向压电效应，如图 6.11(b) 所示。

③面剪切变形，晶体受剪切面与产生电荷的面共面，如图 6.11(c) 所示。例如，对于 X 切晶片，当 X 面（即 YZ 平面）上作用有剪切应力时，通过 d_{14} 在此同一面上将产生电荷。对于 Y 切晶片，通过 d_{25} 可在 Y 面（即 ZX 平面）产生面剪切式能量转换。石英晶体的 d_{14} 和 d_{25}（$d_{25} = -d_{14}$）较小，因此石英晶体的面剪切式能量转换率较低，亦即压电效应较弱。

④厚度剪切变形，晶体受剪切面与产生电荷的面不共面，如图 6.11(d) 所示。例如，对于 Y 切晶片，当 Z 面（即 XY 平面）上作用有剪切应力时，通过 d_{26} 在 Y 面（即 ZX 平面）上产生电荷。由于 $d_{26} = -2d_{11}$，因此能量转换效率比 X 切型厚度变形的大一倍。可见厚度剪切变形的压电效应最强。

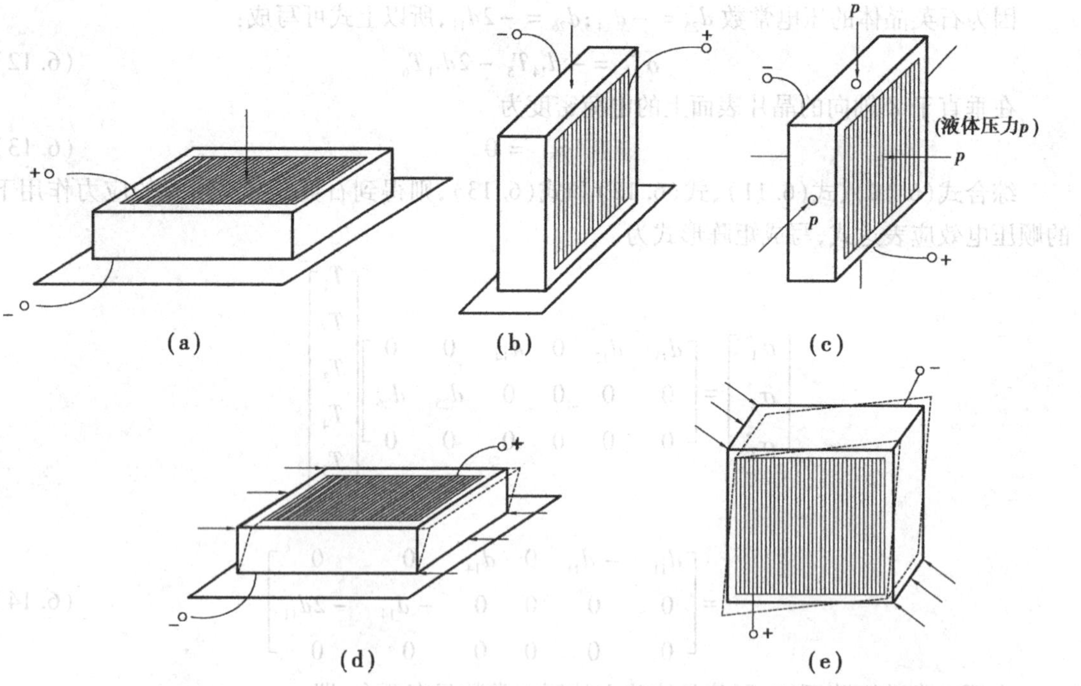

图 6.11　压电元件的受力状态和变形方式

(3) **压电陶瓷的压电效应**

压电陶瓷是人工制造的多晶压电材料。它由无数细微的电畴组成。这些电畴实际上是自发极化的小区域。自发极化的方向完全是任意排列的，如图 6.12(a) 所示。在无外电场作用时，从整体来看，这些电畴的极化效应被互相抵消了。使原始的电压陶瓷呈电中性，不具有压电性质。

为了使压电陶瓷具有压电效应，必须进行极化处理。所谓极化处理，就是在一定温度下对

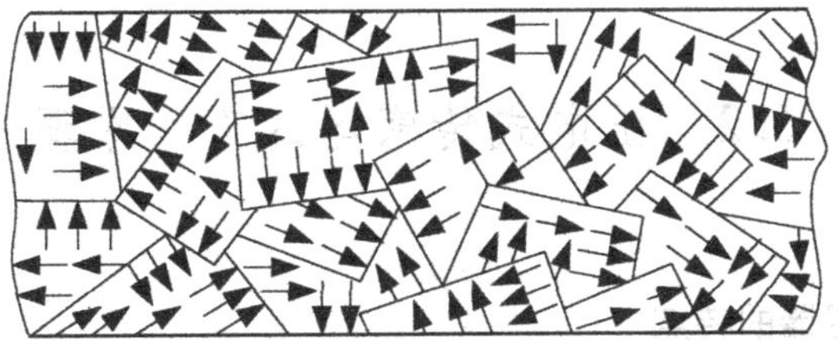

(a)未极化情况

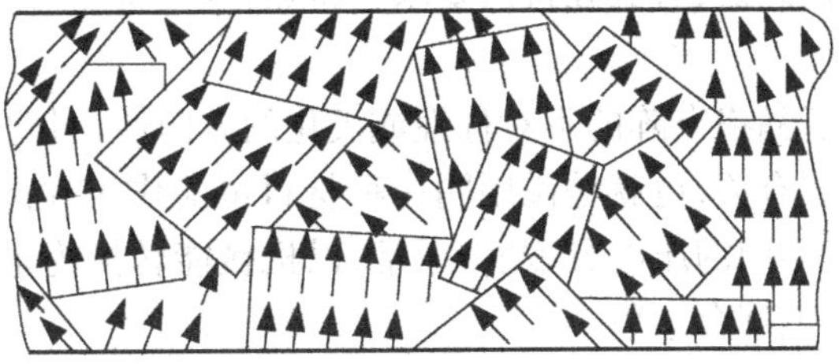

(b)极化情况

图6.12 钛酸钡压电陶瓷的电筹结构示意图

压电陶瓷施加强电场(如20～39 kV/cm直流电场),经过2～3 h以后,压电陶瓷就具备压电性能了。这是因为陶瓷内部的电畴的极化方向在外电场作用下都趋向于电场的方向(如图6.12(b)所示。这个方向就是压电陶瓷的极化方向,通常取Z轴方向。

压电陶瓷的极化过程与铁磁材料的磁化过程极其相似。经过极化处理的压电陶瓷,在外电场去掉后,其内部仍存在着很强的剩余极化强度。当压电陶瓷受外力作用时,电畴的界限发生移动,因此剩余极化强度将发生变化,压电陶瓷就呈现出压电效应。

(4)压电陶瓷的压电常数和表面电荷的计算

压电陶瓷的极化方向通常取Z轴方向,在垂直于Z轴平面上的任何直线都可取作为X轴或Y轴。对X轴和Y轴,其压电特性是等效的。压电常数d_{ij}的两个下标中的1和2可以互换,4和5也可以互换。这样在18个压电常数中,不为零的只有5个,而其中独立的压电常数只有3个,即d_{33}、d_{31}和d_{15}。例如,钛酸钡压电陶瓷的压电常数矩阵为

$$\begin{bmatrix} 0 & 0 & 0 & 0 & d_{15} & 0 \\ 0 & 0 & 0 & d_{24} & 0 & d_{26} \\ d_{31} & d_{32} & d_{33} & 0 & 0 & 0 \end{bmatrix} \tag{6.15}$$

式中:$d_{33}=190\times10^{-12}$ (C/N);

$d_{31}=d_{32}=-0.41d_{33}=-78\times10^{-12}$ (C/N);

$d_{15}=-d_{24}=250\times10^{-12}$ (C/N)。

由式(7.15)可知,钛酸钡压电陶瓷除厚度变形、长度变形和剪切变形外,还可以利用体积变形(见图6.12(c))获得压电效应。在三向应力(T_1、T_2、T_3)的作用下产生的表面电荷密度σ_3为

$$\sigma_3 = d_{31}T_1 + d_{32}T_2 + d_{33}T_3$$

考虑到$T_1=T_2=T_3=T$和$d_{31}=d_{32}$,所以上式可写成:

$$\sigma_3 = d_hT$$

式中$d_h=2d_{31}+d_{33}$,称为体积压缩的压电常数。在测量流体静压力时采用体积变形方式。

6.2 压电式传感器的工作原理

6.2.1 压电式传感器的特点

以压电材料构成的传感器,有其独特的要求与特点,这些特点与压电元件的变换性质和特性有关。

①压电的产生是基于晶格点阵的不对称性或极化的方向性,因此,压电传感器的性能就与力的作用方向和作用方式有关,也就是说用同一种材料可能作出性能差异很大的传感器。同样作用力的大小,可能有不同的压电灵敏度,通常,以机械能转换为电能的效率来表示其机械力学性能,此效率称为机电耦合系数。

②压电元件中可能同时存在正逆两种效应,从信息传递的角度来看,就有可能出现双向传递的信息。例如,由外力作用通过正压电效应产生电荷,而电荷所产生的电场则又通过逆压电效应产生应变,而此应变反过来又影响正压电效应。逆压电效应的产生与否则和测量线路有关,也就是与电的边界上的条件有关。

③压电元件从电的方面来看是一个电荷发生器,电荷量与被测力有一一对应关系,任何能量的损失,不仅意味着转换效率的变化,而且意味着信息的损失,这和电压源或电流源变换器有差别。在这些变换器中能量的损失只牵涉到变换效率的降低,但信息内容并未发生变化。为此对压电传感器的测量线路就有特殊的要求。

6.2.2 压电元件在机电耦合条件下的等效参数

压电方程要同时考虑力与电之间相互作用和相互影响,就是说既要考虑力如何通过正压电效应产生电荷,也要同时考虑此电荷产生的退极化电场的电致伸缩效应,在两种效应同时作用条件下所得到的压电方程,与力的作用方式有关,也与测量线路有关。但不管是哪一种边界条件,基本出发点都是正压电效应所产生的电荷正比于应变,逆压电效应所产生的应变正比于电场强度。根据这个原则,可以求出在不同边界条件下的等效参数。为了分析方便,考虑到传感器常用状态,我们在机械自由(应变 $S=0$)条件下分析电的边界条件。

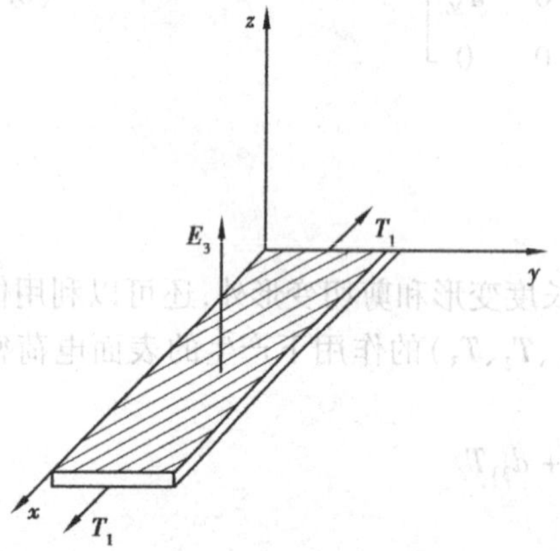

图 6.13 压电陶瓷薄片力与电场作用图

如图 6.13 所示的压电陶瓷片,设其长宽远大于厚度,由前述可知,极化轴为 Z,若在 T_1 方向作用有自由应力 T_1,并忽略其他方向的影响,则可分析压电薄片输入与输出关系。

(1)电边界为短路状态

此时,压电片的两个极板短路,例如接有电荷放大器,此时极板相当于一静电屏蔽如图 6.14,介质中极化强度 P_3 的变化,并不引起极板上电荷累积,极板间也不产生电场,于是应力与应变关系为

$$S_1 = C_{11} T_1$$

式中：C_{11}——陶瓷固有的柔度系数。

与 T_1 作用下产生的变形 S_1 相对应的有极化强度 P_3 以及束缚电荷 $\sigma_3(D_3)$

$$P_3 = \sigma_3 = D_3 = d_{31}T_1 \tag{6.16}$$

由此可知，在 T_1 作用下，两极板之间必有电荷交换，其数量为

$$q_3 = A_3\sigma_3 = A_3 d_{31} T_3$$

由以上分析，可求得 σ_3 与 S_1 关系：

$$\sigma_3 = \frac{d_{31}}{C_{11}}S_1 \tag{6.17}$$

系数 $\dfrac{d_{31}}{C_{11}}$ 可看作单位应变所引起的电荷密度变化，是一个只和材料机械性能（C_{11}）和压电性能（d_{31}）有关，而不随边界条件变化的量，故短路条件下信号变换可等效地用图6.15表示。由图可见，信号变换是单向的。

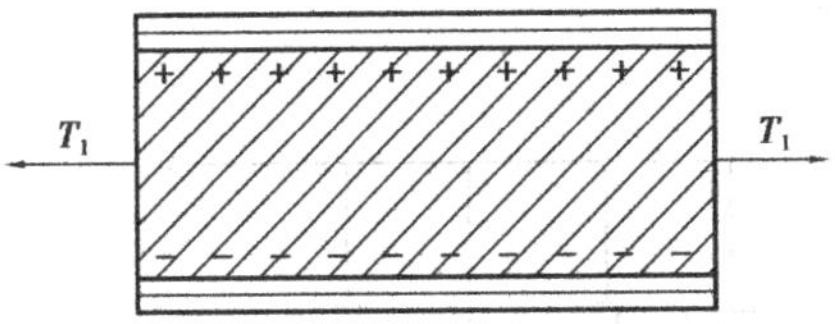

图6.14　电边界短路状态

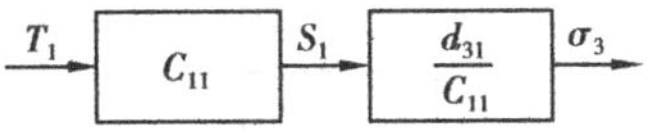

图6.15　信号变换流程图

（2）**电边界为开路状态**

当极板开路时，极板上累积有由正向压电效应所产生的电荷。此电荷正比于应变大小其间关系由式（6.17）表示，但要注意：此时 S_1 包括二个分量，其一是由外加应力 T_1 引起 $S_1' = C_{11}T_1$，另一分量由极板电荷引起的逆压电效应所产生的变形 S''_1，应用逆效应系数 g_{13}，表示在 Z 轴方向电场对 X 方向的影响，则

$$S_1'' = g_{13}\sigma_3$$

由此得两种分量合成的变形：

$$S_1 = S_1' - S_1'' = C_{11}T_1 - g_{13}\sigma_3 \tag{6.18}$$

上述过程可用图6.16的信号变换流程图表示，可见信号是双向变换的。由图及式（6.16）与式（6.17）可求出的电极开路条件下的输出表达式及等效压电系数 d_{ef}，如图6.17（a）。

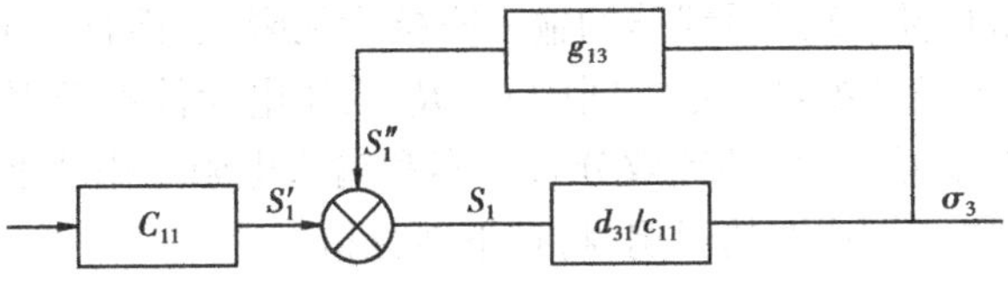

图6.16　电开路条件下信号变换流程图

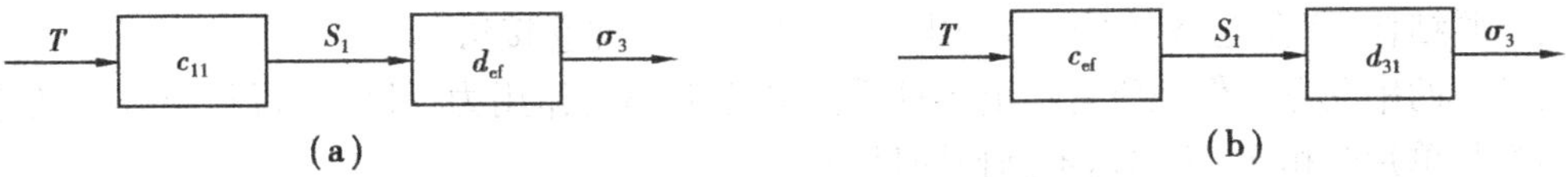

图6.17　用等效参数表示的信号变换图

$$\sigma_3 = \frac{d_{31}}{1 + g_{13}\dfrac{d_{31}}{C_{11}}}T_1 \approx d_{31}\left(1 - g_{13}\frac{d_{31}}{C_{11}}\right)T_1 = d_{ef}T_1 \tag{6.19}$$

或用等效柔顺系数 C_{ef} 表示，如图 6.17(b)。

$$S_1 = \frac{C_{11}}{1 + g_{13}\dfrac{d_{31}}{C_{11}}}T_1 \approx C_{11}\left(1 - g_{13}\frac{d_{31}}{S_{11}}\right)T_1 = C_{ef}T_1 \tag{6.20}$$

比较式(6.14)及式(6.19)可见，电短路条件下变换灵敏度比开路条件要高。

6.2.3 压电元件的等效电路

如上所述，从信号变换角度来看，压电元件相当于一个电荷发生器，其电荷量正比于应力。从结构上来看，压电元件又是一个电容器，压电元件两极板之间又存在电容，故通常将压电体看作一个电荷源与电容相并联的电路，如图 6.18 所示。

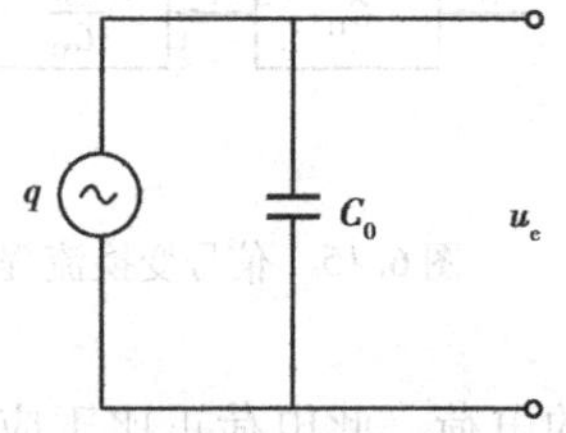

(a)理想条件下等效电路

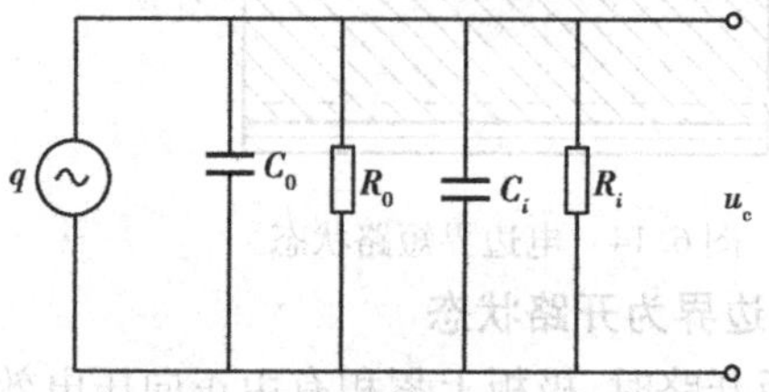

(b)实际条件下等效电路

图 6.18 压电元件等效电路

此时，

$$u_c = \frac{q}{C_0}$$

即开路电压（电开路边界条件）是电荷的量度。这种等效电路是在两个假设条件下求得的：①外作用力的变化极其缓慢，故 q 与外力的变化完全一致。在实际实用时（例如加速度计）压电传感器的力学方面为一个单自由度的二阶系统，应变（或 q）与应力并不完全一致，此时将有更为复杂的等效电路；②测量线路的输入阻抗为无限大，而且压电材料本身漏电阻亦为无限大。实际上，第二个条件更难满足。图中 C_0、R_0 为压电元件本身固有的电容和漏电阻，C_i 和 R_i 为测量线路（包括信号电缆）的等效分布电容和输入电阻。由于实际电路不同于理想电路，图中各参数对传感器工作特性的影响，将在下面分析。

6.2.4 压电元件的串并联

为了提高灵敏度，常常将若干片压电元件组合在一起。这种组合方法是：①压电元件在力学上是串联结构；②在电路上可以采用串联，也可以采用并联接法。

力学上的串联方式保证所有压电零件受到同样大小的作用力。因此，每片所产生的应变及电荷都与单片时相同，否则达不到预期目的。

下面以两片单晶的纵向压电效应来说明压电元件的组合方式。如图 6.19(a)所示，两片压电元件按极化方向相同排列，并黏合在一起。

在外力作用下，两片的变形及电荷都相同，而总的电容则减小一半，因而：

$$u_c = \frac{q}{\frac{C}{2}} = \frac{2q}{C}$$

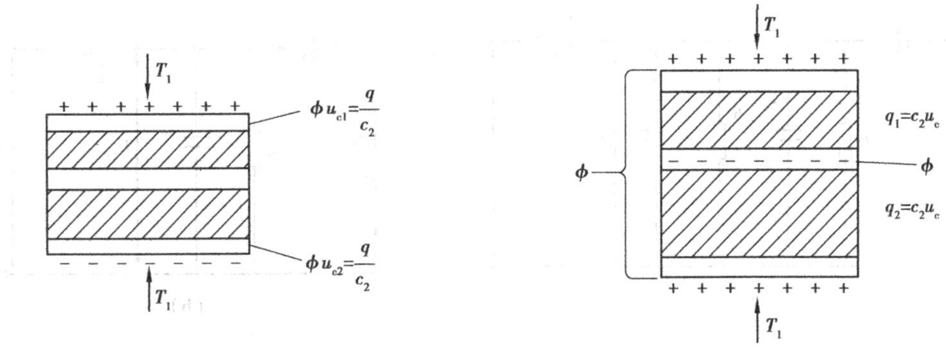

(a)串联接法　　(b)并联接法

图6.19　压电元件的联接方式

可见输出电压增大了一倍，适用于测量电路采用高阻抗的电压放大情况。电路方面并联的组合是将两片按极化方向相反方式组装如图6.19(b)所示，此时，电荷量增大一倍而电容也增大一倍，故此种联法适宜于低阻抗的电荷输出方式，此时，电荷灵敏度将增大一倍。

6.3　压电式传感器的测量电路

压电式传感器的输出信号非常微弱，一般需将电信号放大后才能检测出来。但因压电传感器的内阻抗极高，因此通常应当将传感器的输出信号输入到高输入阻抗的前置放大器中变换成低阻抗输出信号，然后再采用一般的放大、检波、指示或通过功率放大至记录和数据处理设备。

按照压电式传感器的工作原理及其等效电路，传感器的输出是电压信号或电荷信号，把传感器看作电压发生器或电荷发生器。因此，前置放大器也有两种形式：一种是电压放大器，其输出电压与输入电压（即压电元件的输出电压）成正比，这种电压前置放大器一般称作阻抗变换器；另一种是电荷放大器，其输出电压与输入电荷量成正比。

6.3.1　电压放大器

上面讲过，压电传感器相当于一个静电荷发生器或电容器。按照电容器的放电特性，电容器两端的电压将按指数规律变化。放电的快慢决定于测量回路的时间常数 t、τ 越大，放电越慢；反之，放电就越快，如图6.20所示。

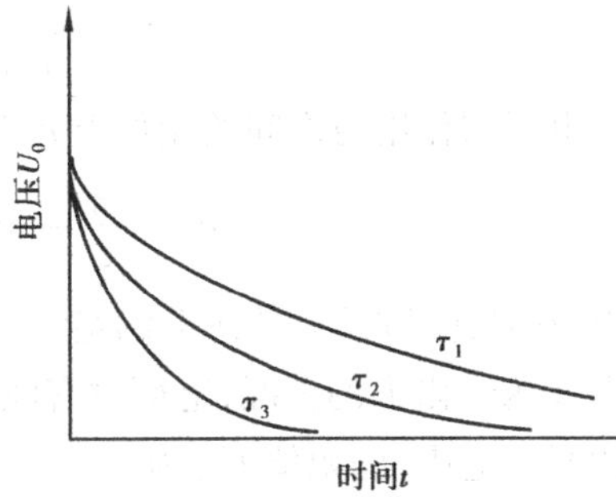

图6.20　传感器输出电压随时间变化的曲线

$(\tau_1 > \tau_2 > \tau_3)$

由此可见，为了尽可能保持压电传感器的输出电压或电荷不变，就要求测量回路的时间常数尽量大。尤其是在测量低频动态量时，更应有极大的时间常数，这样才能减小漏电造成的电压或电荷损失，不致引起较大的测量误差，下面对这个问题作进一步说明。

如图 6.21 为压电式传感器与电压放大器连接的等效电路，图中(b)为(a)的简化电路。

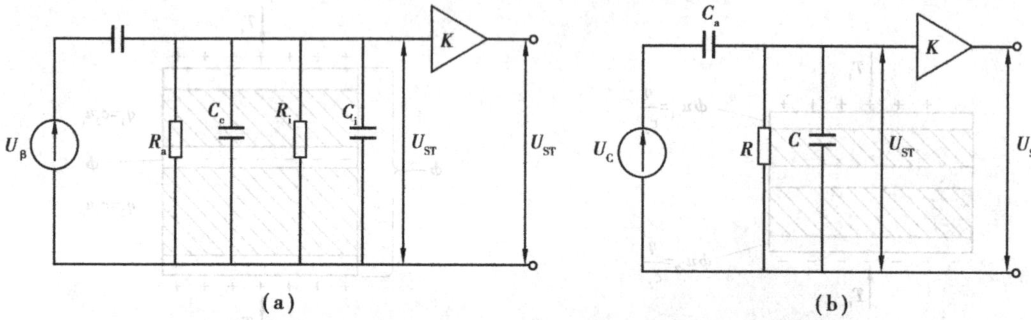

图 6.21 压电传感器与电压放大器连接的等效电路图

图 6.21(b)中，等效电阻 R 为

$$R = \frac{R_a R_i}{R_a + R_i}$$

等效电容 C 为

$$C = C_0 + C_i$$

设作用在压电陶瓷元件上的力为一圆频率 ω、幅值 F_m 的交变力，即

$$f = F_m \sin \omega t$$

则压电元件上产生的电压值为

$$U_a = \frac{q}{C_a} = \frac{d_{33} F_m \sin \omega t}{C_a} \tag{6.21}$$

由图 6.21(b)可得到前置放大器的输入电压 U_{sr}，写成复数形式为

$$\dot{U}_{sr} = d_{33} \dot{F} \frac{j\omega R}{1 + j\omega R(C_a + C)} \tag{6.22}$$

由此式可得到前置放大器的输入电压的幅值 U_{srm} 为

$$U_{srm} = \frac{d_{33} F_m \omega R}{\sqrt{1 + (\omega R)^2 (C_a + C_c + C_i)^2}} \tag{6.23}$$

输入电压与作用力之间的相位差 ϕ 为

$$\phi = \frac{\pi}{2} - \arctan \omega (C_a + C_c + C_i) R \tag{6.24}$$

假设，在理想情况下，传感器的绝缘电阻 R_a 和前置放大器的输入电阻 R_i 都为无限大，即等效电阻 R 为无限大的情况，电荷没有泄漏，则由式(6.23)可知，前置放大器的输入电压(即传感器的开路电压)的幅值 U_{am} 为

$$U_{am} = \frac{d_{33} F_m}{C_a + C_c + C_i} \tag{6.25}$$

这样，放大器的实际输入电压 U_{srm} 与理想情况的输入电压 U_{am} 之幅值比为

$$\frac{U_{\text{srm}}}{U_{\text{am}}}=\frac{\omega R(C_{\text{a}}+C_{\text{c}}+C_{\text{i}})}{\sqrt{1+(\omega R)^{2}(C_{\text{a}}+C_{\text{c}}+C_{\text{i}})^{2}}} \tag{6.26}$$

令

$$t=R(C_{\text{a}}+C_{\text{c}}+C_{\text{i}}) \tag{6.27}$$

则式(6.26)和(6.24)可分别写成如下形成：

$$\frac{U_{\text{srm}}}{U_{\text{am}}}=\frac{\omega t}{\sqrt{1+(\omega R)^{2}}} \tag{6.28}$$

$$\phi=\frac{\pi}{2}-\arctan(\omega t) \tag{6.29}$$

式中：t——测量回路的时间常数。

由此得到电压幅值比和相角与频率的关系曲线，如图6.22所示。当作用在压电元件上的力是静态力($\omega=0$)时，则放大器的输入电压等于零。这个道理很容易理解，因此放大器的输入阻抗不可能无限大，传感器也不可能绝对绝缘。因此，电荷就会通过放大器的输入电阻和传感器本身的泄漏电阻漏掉。这也就从原理上决定了压电传感器不能测量静态物理量。

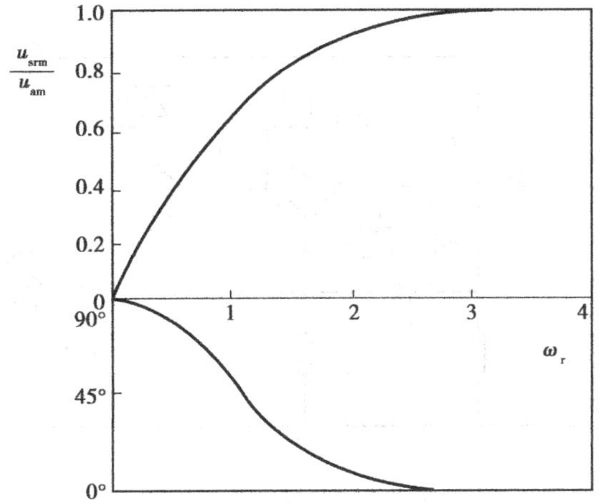

图6.22　电压幅值比和相角与频率的关系

当$\omega t\gg3$，可以近似看作放大器的输入电压与作用力的频率无关。在时间常数一定条件下，被测物理量的变化频率越高，越能满足以上条件，则放大器的实际输入电压越接近理想情况的输入电压。

但是，如果被测物理量是缓慢变化的动态量，而测量回路的时间常数又不大，则将造成传感器的灵敏度下降，而且频率变化还会引起灵敏度变化。为了扩大传感器的低频响应范围，就必须尽量提高回路的时间常数。但是应当指出的是，不能靠增加测量回路的电容量来提高时间常数，因传感器的电压灵敏度K_{u}是与电容量成反比的。这可从式(6.23)得到的电压灵敏度关系式来说明。由式(6.23)可得

$$K_{\text{u}}=\frac{U_{\text{srm}}}{F_{\text{m}}}=\frac{d_{3s}}{\sqrt{\frac{1}{(\omega R)^{2}}+(C_{\text{a}}+C_{\text{c}}+C_{\text{i}})^{2}}}$$

因为 $\omega R \gg 1$，所以传感器的电压灵敏度 K_u 为

$$K_u = \frac{d_{33}}{C_a + C_c + C_i} \tag{6.30}$$

由上式可以看出，增加测量回路的电容量必然会降低传感器的灵敏度。为此，切实可行的办法是提高测量回路的电阻。传感器本身的绝缘电阻一般都很大，所以测量回路的电阻主要取决于前置放大器的输入电阻。放大器的输入电阻越大，测量回路的时间常数就越大，传感器的低频响应也就越好。

为了满足阻抗匹配要求，压电式传感器一般都采用专门的前置放大器。电压放大器（阻抗变换器）虽有好几种型式，但一个共同的特点是具有很高的输入阻抗（1 000 MΩ 以上）和很低的输出阻抗（小于 100 Ω）。

图 6.23 所示的一种阻抗变换器，其第一级采用 MOS 型场效应管（3D01E），第二级用锗管（3AX31D）构成对输入端的负反馈，以提高输入阻抗。二极管 D_1 和 D_2 起保护场效应管的作用，同时也起温度补偿作用。由于晶体管 BG_2 流过 R_4 的电流与 BG_1 流过的漏源电流同相位，因此提高了场效应管的跨导，使输出阻抗降低，该阻抗变换器的输入阻抗大于 10^9 Ω，输出阻抗小于 100 Ω，增益 0.96，频率范围 2 ~ 100 kHz。

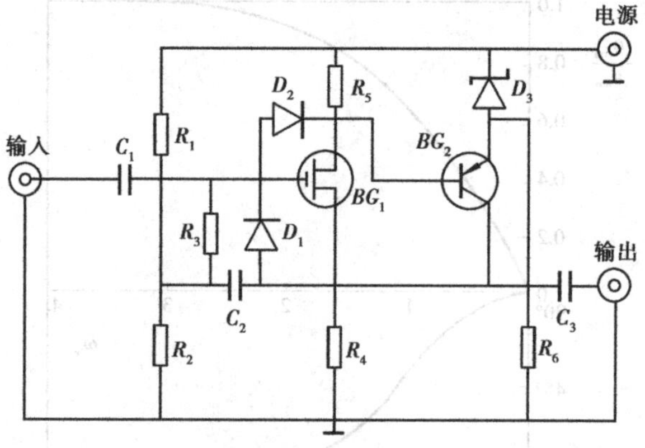

图 6.23　阻抗变换器电路图

电压放大器的电路简单、元器件少、价格便宜、工作可靠。但是电缆长度不能长，增加电缆长度必然会降低传感器的电压灵敏度，而且不能随便更换出厂时规定的电缆，一旦更换电缆，必须重新校正灵敏度，否则将引起测量误差。

当然，电缆问题并不是不能解决的。随着固态电子器件和集成电路的迅速发展以及越来越广泛的应用，超小型阻抗变换器已能直接装进传感器内部。由于阻抗变换器充分靠近压电元件，引线非常短，因此，引线电容几乎等于零，这就避免了长电缆对传感器灵敏度的影响。

图 6.24 所示为装入石英压电传感器内部的超小型阻抗变换器电路图。第一级是自给栅偏压的 MOS 型场效应管构成的源极输出器，BG_3 为 BG_1 和 BG_2 的有源负载。由于 BG_2 的集电极和发射极之间的动态电阻非常大，因此，提高了放大器的输出电压。同时，由于电路具有很强的负反馈，所以放大器的增益非常稳定，以致几乎不受晶体管特性变化和电源波动的影响。

这种内部装有超小型阻抗变换器的石英压电传感器，能直接输出高电平、低阻抗的信号

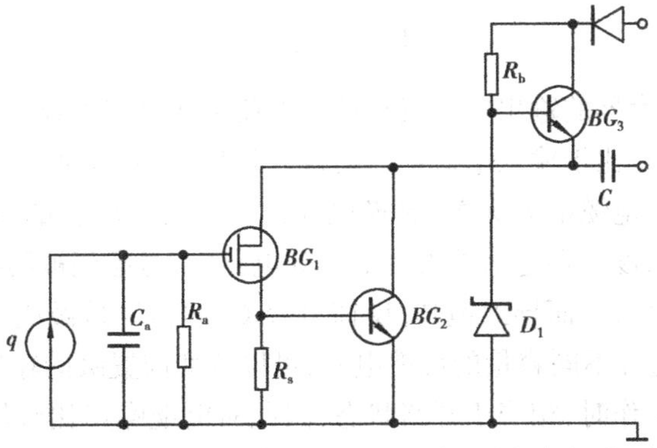

图6.24　装入压电传感器的超小型阻抗变换器电路图

(输出电压可达几伏)。它既不需要特制的低噪声电缆,也无需使用价格较贵的电荷放大器,它可以用普通的同轴电缆输出信号,电缆可长达几百公尺而输出信号却无明显衰减。因此,一般不需要再附加放大器。

这种传感器还有一个很显著的优点是,由于采用石英晶片作压电元件,因此在很宽的温度范围内灵敏度十分稳定,而且长期使用,性能几乎不变。其他性能指标,如线性度、频率响应及动态范围等,与一般的压电加速度传感器相比并不逊色。

6.3.2　电荷放大器

电荷放大器实际上是一个具有深度电容负反馈的高增益运算放大器,如图6.25所示。当放大器开环增益和输入电阻、反馈电阻相当大时,放大器的输出电压 U_{SC} 正比于输入电荷 q:

$$U_{SC} = \frac{-Kq}{C_a + C_c + C_i + (1+K)C_f} \tag{6.31}$$

式中:C_a——传感器压电元件的电容;

C_c——电缆电容;

C_i——放大器输入电容;

C_f——放大器反馈电容;

K——放大器的开环增益。

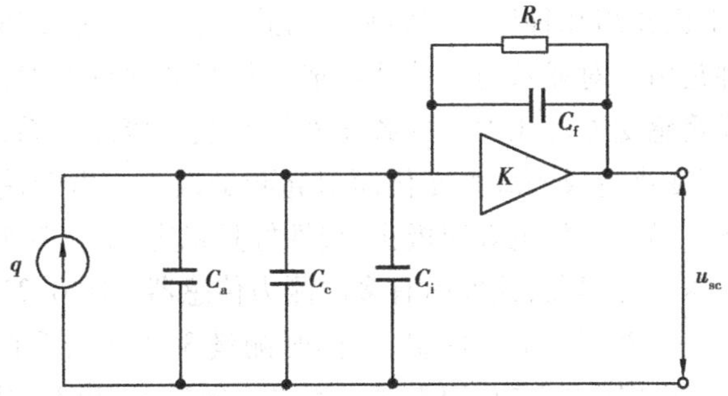

图6.25　压电传感器与电荷放大器连接的等效电路

当 K 足够大,则 $(1+K)C_f \gg (C_a + C_c + C_i)$,这样式(6.31)可写成:

$$U_{SC} \approx \frac{q}{C_f} \tag{6.32}$$

由上式可见,电荷放大器的输出电压仅与输入电荷量和反馈电容有关,只要保持反馈电容的数值不变,输出电压就正比于输入电荷量。而且,当$(1+K)C_f > 10(C_a + C_c + C_i)$以上时,可以认为传感器的灵敏度与电缆电容无关,更换电缆或需要使用较长的电缆(数百米)时,无需要重新校正传感器的灵敏度。在电荷放大器的实际电路中,考虑到被测物理量的大小,以及后级放大器不致因输入信号太大而导致饱和,反馈电容 C_f 的容量是做成可选择的,选择范围一般在 100 ~ 10 000 pF。选择不同容量的反馈电容,可以改变前置级的输出大小。其次,考虑到电容负反馈线路在直流工作时,相当于开路状态,因此对电缆噪声比较敏感,放大器的零漂也比较大。为了减小零漂,提高放大器工作稳定性,一般在反馈电容的两端并联一个大电阻 R_f (10^{10} ~ 10^{14} Ω),其功用是提供直流反馈。

电荷放大器的时间常数 R_fC_f 相当大(10^5 s 以上),下限截止频率$f_L\left(f_L = \frac{1}{2\pi R_f C_f}\right)$低达 3×10^{-6} Hz。上限频率高达 100 kHz,输入阻抗大于 10^{12} Ω,输出阻抗小于 100 Ω。因此压电式传感器配用电荷放大器时,低频响应比配用电压放大器要好得多,可对准静态的物理量进行有效的测量。

6.4 压电式力和加速度传感器

压电元件是一种典型的力敏感元件。可用来测量终能转换为力的多种物理量。在检测技术中,常用来测量力和加速度。

6.4.1 压电式测力传感器

利用压电元件做成力—电转换元件的关键是选取合适的压电材料、变形方式、机械上串联或并联的晶片数、晶片的几何形状和合理的传力机构。压电元件的变形方式以利用纵向压电效应的厚度变形为最方便。压电材料的选择取决于所测力的大小、测量精度和工作环境等。结构上大多数采用机械串联而电气并联的一对或数对晶片,因为机械上并联的片数增加会使加工、安装带来困难。下面介绍几种压电式力和压力式传感器。图 6.26 是测量均布压力的传感器结构图。压电元件是由一对或数对石英片组成。拉紧的薄壁筒对晶片提供预载力,用挠性材料做成的薄膜片弹簧感受外部压力。预载筒外的空腔连接冷却系统,保证传感器在一定温度下工作,避免因温度变化造成预载力变化而引起测量误差。由于使用石英晶体作为力—电转换元件,因此机械性能好,热释电效应极小,线性好且稳定,工作频带宽。

上述是单向压电式压力传感器,此外尚有多向测力传感器。图 6.27 示出一种三向压电式测力传感器的三组剪切—压缩型压电元件组,可同时测量 3 个互相垂直的 F_x、F_y、F_z 力分量。其中上、下两对晶片具有切变压电效应,用来测量水平方向的 F_x 和 F_y;中间那对为 X0°切割石英晶片具有纵向压电效应,用来检测力 F_2。压电元件的接地端用导电片与传感器基座相连。粘性连接压电晶体并不可靠,所以装配时必须加预紧力,以保证良好的线性,就是要保证在没有滑移的情况下把 X 和 Y 间的剪切力的微变化转换得足够大。例如,有种三向力传感器,水

平力 F_x、F_y 的量程为 2.5 kN,其预紧力应足够大。

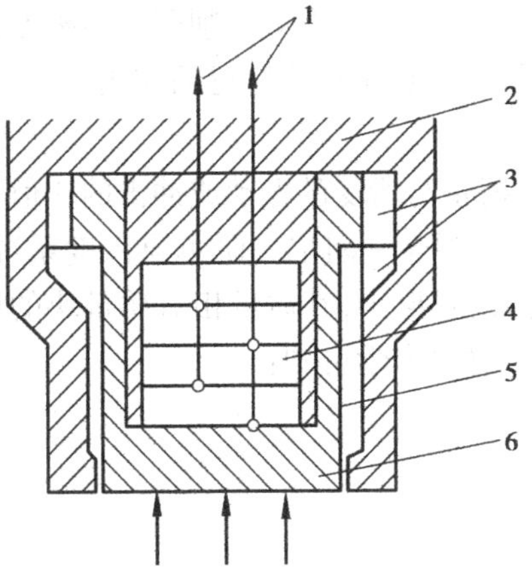

图 6.26　压电式压力传感器
1—引线;2—外壳;3—冷却腔;
4—晶片组件;5—薄壁筒;6—膜片

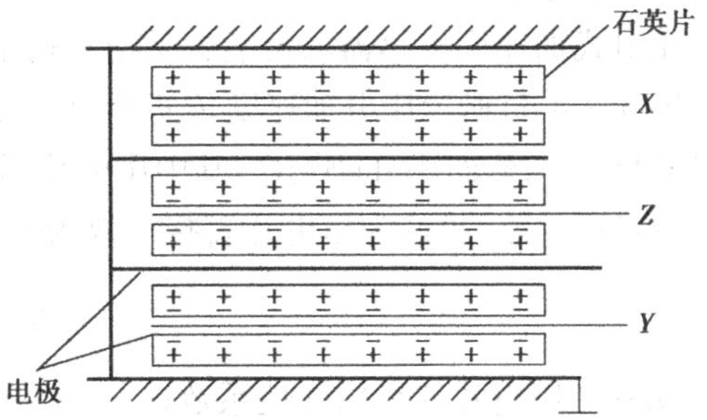

图 6.27　叠层式压电组件
结构型式多晶片

6.4.2　压电式加速度传感器

(1)结构和工作原理

如前所述,压电式传感器的高频响应好;如配备合适的电荷放大器,低频段可低至 0.3 Hz。所以常用来测量动态参数,如振动、加速度等。压电式加速度传感器还具有体积小、重量轻等优点。图 6.28(a)为一种加速度传感器结构原理图。其中惯性质量块 1 以一定的预紧力安装在双压电晶体片 2 上,后者与引线 3 都用导电胶粘结在底座 4 上。测量时,底部螺钉与被测件刚性固联,传感器感受与试件相同频率的振动,质量块便有正比于加速度的交变力作用在晶片上,由于压电效应,压电晶片便产生正比于加速度的表面电荷。

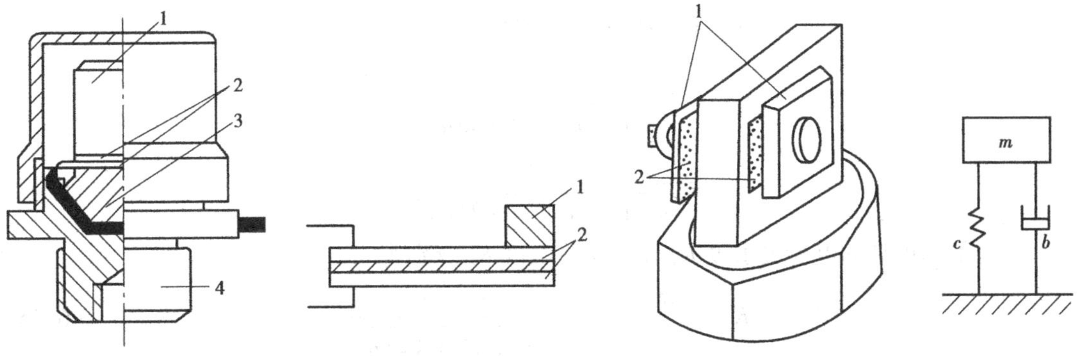

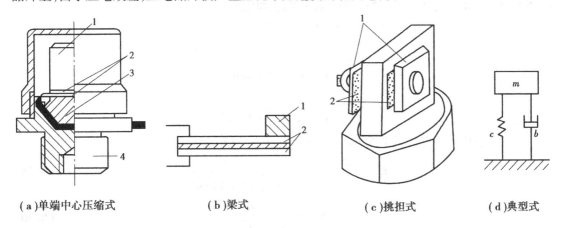

(a)单端中心压缩式　(b)梁式　(c)挑担式　(d)典型式

图 6.28　压电加速度传感器结构原理图
1—质量块;2—晶片;3—引线;4—底座

图 6.28(b)示出用压电晶体弯曲变形的方案,能测量较小的加速度,具有很高的灵敏度和很低的频率下限,因此能测量地壳和建筑物的振动,在医学上也获得广泛的应用。

图6.28(c)为挑担剪切式加速度传感器原理图,由于压电元件很好地与底座隔离,因此能有效地防止底座弯曲和噪声的影响;压电元件只受剪切力的作用,这就有效地削弱了由瞬变温度引起的热释电效应。它在测量冲击和轻型板、小元件的振动测试中得到广泛的应用。

(2)**灵敏度**

压电式加速度传感器的灵敏度是指其输出的电压或电荷量与所受的振动或冲击的比值。

图6.28(d)所示压电加速度传感器是一个典型的质量—弹簧—阻尼二阶单自由度系统,其等效机械系统如图(d)所示。其中压电片因为机械刚度大、阻尼小,其质量相对质量块的质量来说可以忽略,故认为压电片直接等效为弹簧刚度 C。由材料力学可知:

$$C = \frac{ES}{2t}$$

式中:E——压电片的纵向弹性系数;

S——压电片垂直于加速度方向的面积;

t——压电片单片的厚度。

系统的阻尼系数用 b 表示。因此当传感器感受振动体的加速度 a 时,质量块相对外壳的位移振幅 A 由下式确定:

$$A = \frac{1}{(1-\eta^2)^2 + (2\xi\eta)^2} \cdot \frac{1}{\omega_0^2} a \tag{6.33}$$

式中:$\omega_0 = \sqrt{\frac{C}{m}}$——传感器固有振动角频率;

$\eta = \frac{f}{f_0} = \frac{\omega}{\omega_0}$——传感器工作频率与固有频率之比;

$\xi = \frac{b}{2\sqrt{mC}}$——系统的阻尼比。

在压电式加速度传感器中质量块相对外壳的位移即为弹簧的变形,弹簧力 $F = CA$,就是使晶体表面产生电荷的作用力。所以单个晶片的表面电荷:

$$\begin{aligned} Q_1 &= d_{ij}F_m = d_{ij} \cdot CA \\ &= \frac{d_{ij}C}{\sqrt{(1-\eta^2)^2 + (2\xi\eta)^2}} \cdot \frac{1}{\omega_0}a \\ &= \frac{d_{ij}m}{\sqrt{(1-\eta^2)^2 + (2\xi\eta)^2}} a \end{aligned} \tag{6.34}$$

压电加速度计的电荷灵敏度 K_a 和电压灵敏度 K_u 分别为

$$K_a = \frac{nQ}{a} = \frac{n \cdot d_{ij} \cdot m}{\sqrt{(1-\eta^2)^2 + (2\xi\eta)^2}} \tag{6.35}$$

$$K_u = \frac{U_m}{a} = \frac{K_q}{C} \tag{6.36}$$

式中有关电容的意义相同。

若传感器工作在 $\eta \ll 1$ 的频段上,则以上两式中与频率有关的因子 $\frac{1}{\sqrt{(1-\eta^2)^2 + (2\xi\eta)^2}} \approx 1$,于是得到传感器的中频灵敏度:

$$K_q = n \cdot d_{ij} m \tag{6.37}$$

或

$$K_u = n \cdot d_{ij} \cdot \frac{m}{nC_a + C_c + C_i} \tag{6.38}$$

由上两式可知,压电加速度计的灵敏度与压电系数 d_{ij} 正成比,也与质量块的质量 m 成正比。必须指出:选取大的 m 值会同时降低谐振频率 ω_0,使传感器的工作频带变窄;又因为工作时传感器安装在试件上,成了试件的附加载荷,势必影响试件的振动。所以,为了提高传感器的灵敏度不能靠增加质量 m 来达到,而是采用压电系数高的材料和适当增加压电片数。

(3)**频率特性**

如上所述,压电加速度计是一个二阶系统,其高频特性取决于传感器的固有频率 ω_0 及其阻尼比 ξ,通常 ξ 只有 0.01 ~0.04,故根据式(6.35),高频的灵敏度为

$$K_{aH} \approx \frac{nd_{ij}m}{|1 - \eta^2|}$$

令中频灵敏度 $K_{qB} = nd_{ij}m$,则上式为

$$K_{qH} = \frac{K_{qB}}{|1 - \eta^2|} \tag{6.39}$$

因为 $\eta = \dfrac{\omega}{\omega_0}$,故由以上两式可见,当 $\omega_0 \gg \omega$ 时,传感器的灵敏度近似为常数,即中频灵敏度。由式(6.34)得到的频率响应曲线示意图 6.29 中。图中中频段为传感器的理想工作频带,在这里误差是很小的。

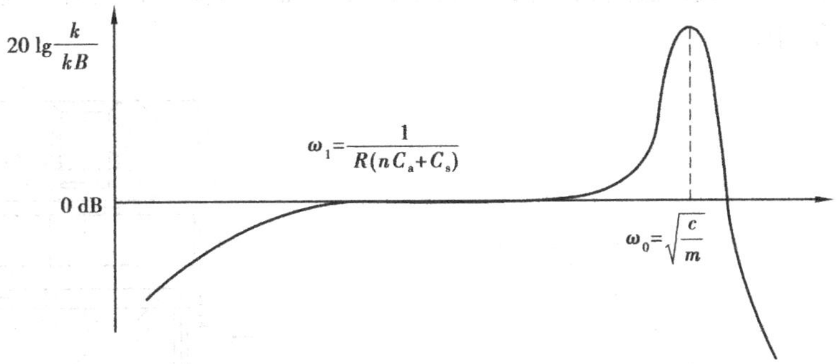

图 6.29　压电加速度计的频率响应

由于压电式传感器的体积小、重量轻、刚度大,所以它的固有频率 ω_0 很高,一般可达几十千赫。因此,压电式传感器的高频响应是很好的。欲进一步提高传感器的高频响应,除了增加壳体的刚度和适当减小惯性质量外,尚须提高安装表面质量和零件之间紧固的程度,否则会大大降低传感器的测量频率的上限。

需要指出的是,测量频率的上限不能取得和传感器的固有频率一样高,否则会引起共振,影响测量精度。所以,实际测量的振动频率上限一般只有传感器固有频率的 $\dfrac{1}{5} \sim \dfrac{1}{3}$。

至于传感器低频端的特征,其决定于压电元件两极上产生的表面电荷的泄漏情况,因此在频率相当低时,灵敏度不仅很小,而且是随频率变化的。因为压电元件本身相当于一个被充电

的电容器，极板上电荷的泄放决定于电路的时间常数，在 $\tau = RC$，而低频段的转角频率 $\omega_1 = \frac{1}{\tau} = \frac{1}{R(nC_a + C_c + C_i)}$，如图6.29所示。

为了清楚地说明传感器的低频响应与时间常数的关系：

$$\frac{U_{im}}{U_m} = \frac{\frac{\omega}{\omega_1}}{\sqrt{1 + \left(\frac{\omega}{\omega_1}\right)^2}} \tag{6.40}$$

并示于图6.30中，由图可见，当低频测量误差一定时，测量回路的时间常数 RC 越大，则可测的低频下限越低；反之，当时间常数一定时，测量的频率越低，低频测量误差就越大。因此，欲测量低频振动，必须增大测量回路时间常数。增大时间常数有效的办法是加大前置放大器的输入电阻。

图6.30的曲线可用来计算低频误差，也可由其允许的低频误差求出可测的低频下限。电荷放大器的下限截止频率可低至0.3 Hz，故传感器与其配合使用时低频响应是好的。

6.4.3 压电阻抗头

上面分别介绍了压电式力和加速度传感器。在机械阻抗的测量中，力和运动的响应是用压电阻抗头测得的，它是把压电式力和加速度传感器组合在一体的传感器，如图6.31所示。它用上、下两个联接螺孔安装在激振器和试件之间，其前端是力传感器，用来测量激振力；后面是加速度传感器，用来测量激振力作用下那点的加速度，在结构上应使两者尽量接近。质量块用高密度的钨合金制成，壳体材料为钛。为了使传感器的激振平台具有刚度大、质量小的特点，多用铍合金制造。

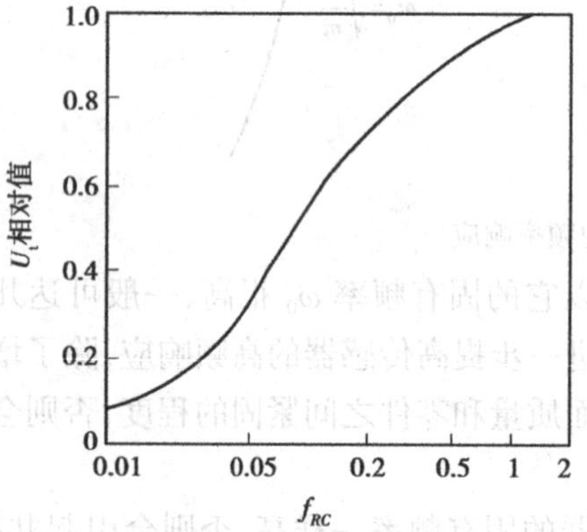

图6.30　前置放大器的输入电压与频率、时间常数的关系

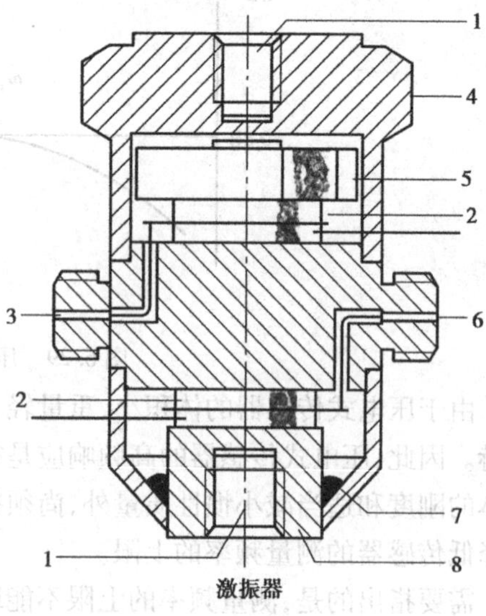

图6.31　压电阻抗头

1—联接螺孔；2—两片压电元件；3—加速度输出端；4—外壳；5—质量块；6—力输出端；7—硅橡胶；8—激振平台

6.5　压电传感器的医学应用

压电式传感器具有结构简单体积小、重量轻、测量的频率范围宽、动态范围大、性能稳定输出线性好等优点。因此，它已广泛应用于生物医学测试的许多方面，例如用于心音测量的微音器；用于震颤测量的压力传感器；用于直流测量的超声流量计；用于眼压测量的压力传感器；用于超声诊断仪；B型和M型超声心动仪；压电心脏起搏装置……。其中很大一部分应用是在超声诊断方面（利用压电晶体的逆压电效应）。

（1）眼压传感器

它利用了压电传感器（图6.32），当测眼压时，角膜表面先与传感器接触，传感器继续向前时力增大，这时角膜进一步被压平，直到平坦区比力传感器的面积大，在这一点，所得到的力为最大。

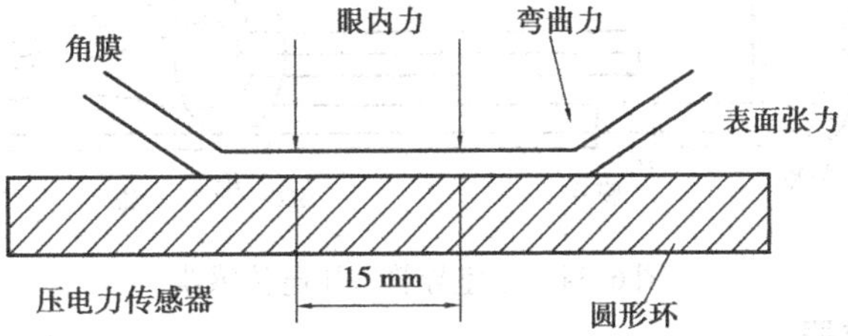

图6.32　眼压测量

（2）血压测量传感器

在图6.33中，两个压电晶体的臂脉带的底部，一个晶体接到超声波发生器（8 MHz振荡器）来的超声信号后，利用晶体的逆压电效应，使晶体产生机械振荡，机械波发射至血管壁造成反射。一个晶体与另一个窄带放大器相连，检测反射信号。如果血管壁是动的则反射信号将有多普勒频移，其值与瞬时壁速成比例。动脉的张开产生一个相当高的频率信号（Δf = 30～100 Hz）。在整个心脏循环中，动脉张开因基本没有多普勒频移。于是，随脉带放气造成高频和低频信号之间的时间间隔先增加然后减小。两个信号的合并是伴随着一种一定的信号声音特征的改变并用来指示舒张压。

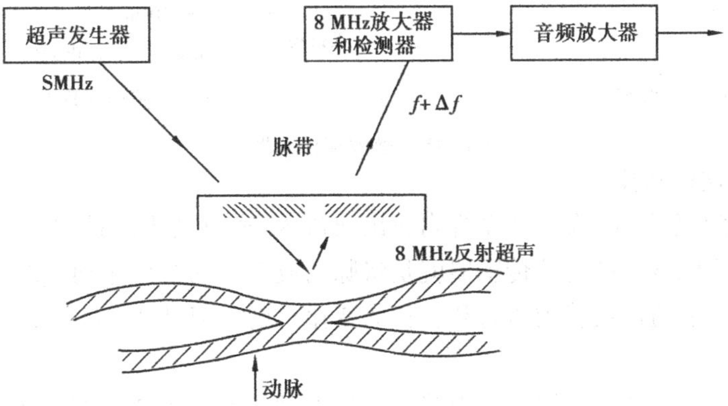

图6.33　血压测量

此法 Stegaull 等报导对 10 个血压正常的对象作的测量与直接测量相比较的误差,对收缩和舒张压都小于2.5 mmHg。此外,他们还报导成功地测量3个婴儿和8个临床休克病人的收缩和舒张压。

(3)各种导管端压电传感器

导管端部压电传感器可以从心室内部局部检测心音(心内心音图)。

在导管顶端装了一个空心圆筒的钛酸钡陶瓷。它们能做到小得足以用17号薄壁针直接导入左心室。较大的和较坚实的单腔和双腔的可以通过外围静脉或动脉导入。

心室导管式微音器(图6.34)。它是利用两压电陶瓷经膜片作用压力后而造成的弯屈形变产生压电效应来测量压力的,由于它体积小,一直可以导入心室内部。

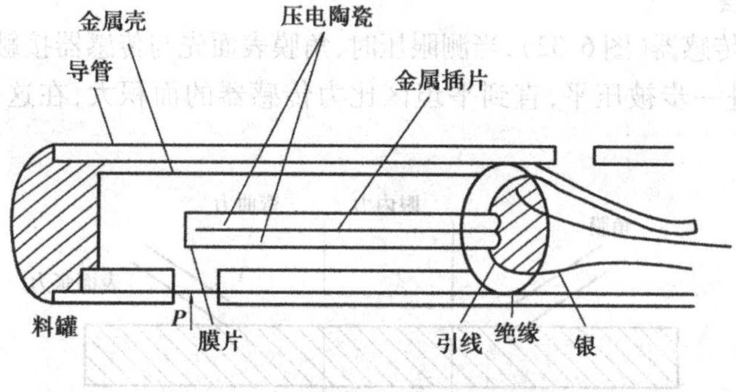

图6.34　心室导管室压电传感器

(4)压电微震传感器

这种传感器主要用以测量人体和动物体发生的微震颤或微振动,观察药物疗效。

微震颤传感器是一只压电加速度型传感器,如图6.35所示。它用压电元件作为振动接受器,用一块橡皮膏贴到手指上(拇指球部)。当手震颤时,使质量-弹性系统振动,压电片受力产生电荷,从而把手震颤变换成电信号。

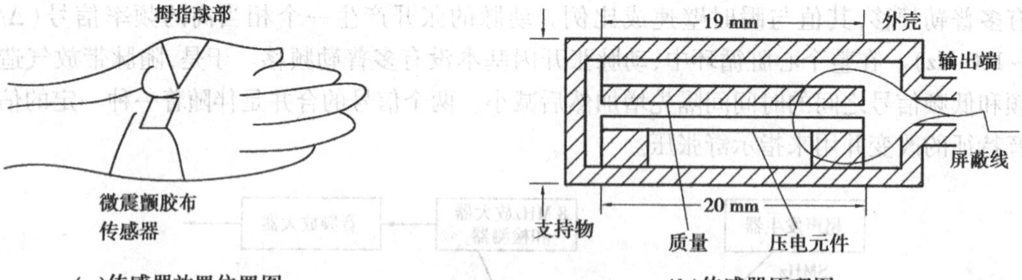

(a)传感器放置位置图　　(b)传感器原理图

图6.35　微震颤传感器

(5)压电脉搏波传感器

由于人体心脏的泵作用,血液从血管内驱出或流入,血管就不断扩展,收缩而形成一种微弱的脉动波,称之为脉波。脉搏波传感器就是将脉动波产生的机械振动(皮肤搏动)转换成电信号的一种装置,它能检出血管内压力和容积的变化。用它记录脉动波,供诊断循环系统疾病作参考。

图6.36是压电脉搏波传感器的结构图。它的振动由空气室传给受压膜,使之产生位移。由压电元件将位移转换成电量,所以它又叫空气传导型脉搏波传感器。

(6)**心音传感器**

图 6.37 示出压电式心音传感器的结构。图中的长条形压电晶体片被固定在环形的绝缘支架中,并通过一连与金属膜片相连。当膜片受到自胸壁传来的心音波振动时,心音的波动通过连传递到压电晶片上。晶片两侧便出现电压信号输出,再经一阻抗匹配器隔低输出阻抗后送至放大器输入端,由于采用了简支梁结构,故频响较宽。如果欲获得更高的灵敏度可采用多层晶体片。这种传感器抗环境噪声影响的能力较强,且便于小型化,可小到直径十几毫米,重量仅几克。此传感器也可用于柯氏音的测量。

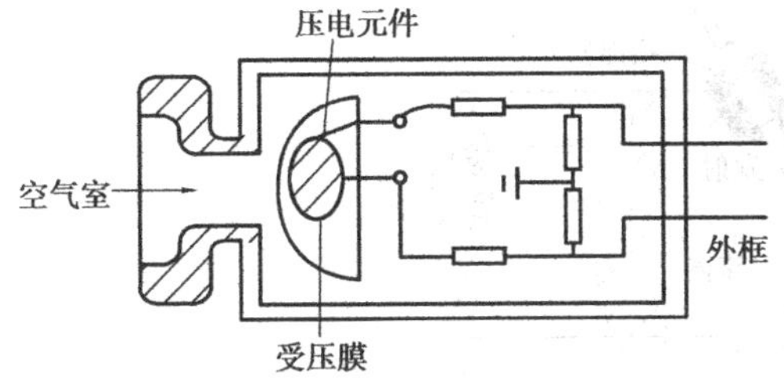

图 6.36　脉搏波传感器

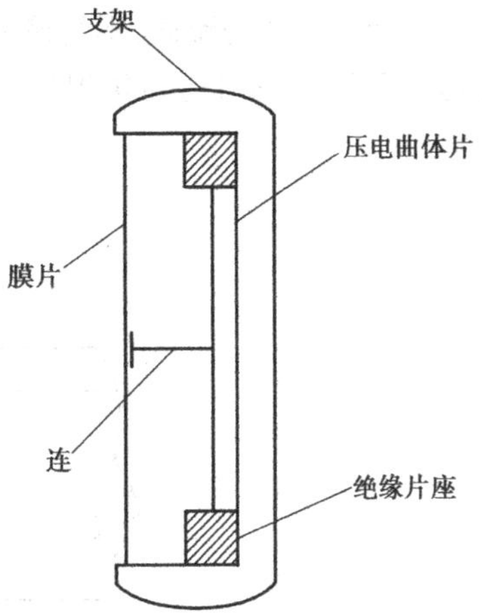

图 6.37　压电式心音传感器

(7)**腰带式小儿呼吸监视器**

腰带式小儿呼吸监视器是传感器固定在带子,然后把带子捆在小儿腹部,传感器紧贴在小儿肚脐上。传感器是压电双晶片,它安装在特殊设计的架料架使晶片(B)弯曲,晶片的弯曲产生正和负的电压。

压电驱动变容二极管(D),使其电容变化,电容变化反过来改变 5 MHz 振荡器的频率。该信号发送到天板内的天线。检测信号经放大后判断有无呼吸波,在一定时间内无呼吸及波则报警。

这种呼吸检测器排除了用热敏电阻型检测的缺点。另外,信号遥测不需要电缆。这种呼吸检测系统不管检测任何处的呼吸都能有效地使用。如图 6.38 所示。

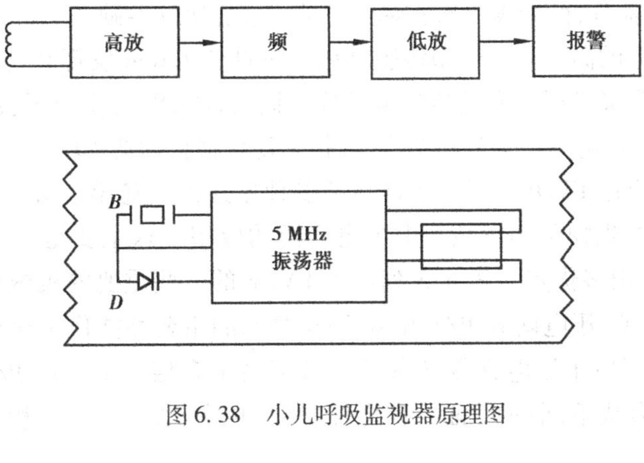

图 6.38　小儿呼吸监视器原理图

(8)压电式流量计

压电式流量计是利用超声波在顺流方向和逆流方向的传播速度不同来进行测量。它的测量装置是,在管外设置两个相隔一定距离的收发两用压电超声换能器,每隔一段时间(例如1/100 s),发射和接收互换一次。在顺流和逆流的情况下,发射和接收的相位差与流速成正比,根据这个关系,便可精确测定流速。流速与管道横截面积的乘积等于流量。

图6.39表示一种工业用压电式流量计的示意图。这种流量计可以测量各种液体的流速,中压和低压气体的流速,不受该流体的导电率、黏度、密度、腐蚀性以及成分的影响。其准确度可达0.5%,有的可达到0.01%。

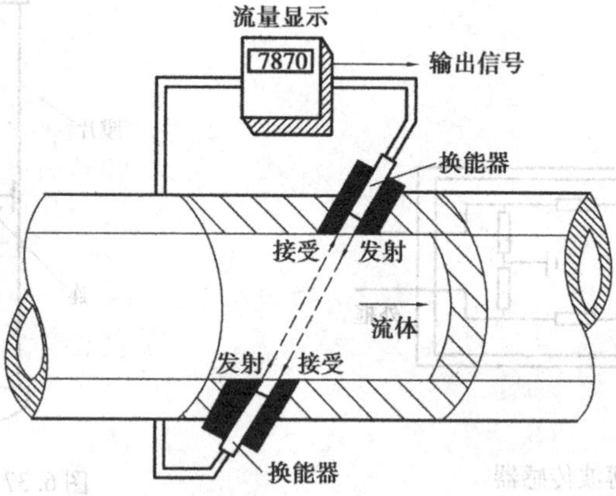

图6.39 压电式流量计

根据同一道理,可以用于直接测量随海洋深度而变化的声速分布,即以一定距离放置两个正对着的陶瓷换能器,一个为发射器,一个为接收器。根据测定的发射和接收的相位差随深度的变化,即可得到声速随深度的分布情况。

6.6 聚偏二氟乙烯(PVDF)压电式传感器

前面介绍的石英和压电陶瓷等压电材料具有转换效率高、刚性好的特点,但这些材料脆,不能构成大面积阵列器件,而聚偏二氟乙烯压电薄膜能克服这些缺点。

PVDF是一种新型的高分子物性型传感材料。1969年Kawai发现其具有很强的压电性以后,1971年Bergman等又发现它有强热释电效应。同时,PVDF与微电子技术相结合,能制成多功能传感元件,而与压电陶瓷等材料结合,开拓了复合材料的新领域。

自1972年首次应用PVDF以来,已研制了多种用途的传感器。如压力、加速度、温度、声和无损检测,尤其在生物医学领域获得了更广泛的应用。这主要是因为它与无机的压电和热电材料相比具有很多优点。表6.3列出了PVDF的一些重要的机械和电气参数,表6.4将PVDF与常用的石英、压电陶瓷PZT和$BaTiO_3$之间的主要性能作了比较。从表中可以看出,PVDF的主要优点是;①压电常数d参数比石英高十多倍。虽然比PZT低,但作为传感到1 mm厚度不等,形状不同的大面积有挠性的膜,因此适于做大面积的传感阵列器件。

③它的声阻抗与水的、人体肌肉的声阻抗很接近，因此用作水听器和医用仪器的传感元件时，可不用阻抗变换器。④频响宽，室温下在 $10^{-5} \sim 5 \times 10^{8}$ Hz 范围内响应平坦。⑤由于PVDF的分子结构链中有氟原子，使得它的化学稳定性和耐疲劳性高，吸湿性低，并有良好的热稳定性。

表6.3　PVDF的物理性能

特　征	值	单　位	特　征	值	单　位
密　度	1 785	kg/m^3	晶体熔点	178	℃
肖氏D硬度	77		膨胀系数	128×10^{-6}	1/℃
弹性模量	245×10^5	Pa	导热率	0.19	W/mK
抗拉强度	47×10^6	Pa	电阻率	8×10^{14}	Ω·cm
抗压强度	82×10^6	Pa	面电阻	7×10^{13}	Ω
冲击韧性	400	kJ/m^2	探测灵敏度	10^{11}	m·Hg/W(在4Hz)
耐磨性	5~10	mg/1 000次	击穿强度	150~200	
伸长率	18~25	10 N负载	相对介电常数	12	kV/mm

表6.4　PVDF与石英PZT、$BaTiO_3$的性能比较

特　性		PVDF	石　英	PZT	$BaTiO_3$
柔顺系数/(10^{12} $m^2 \cdot N^{-2}$)		320	14.7	20.7	—
相对介质常数		12	4.5	1 700	1 350
密度/(10^3 $kg \cdot m^{-3}$)		1.785	2.65	7.5	5.7
柔顺系数/(10^{12} $m^2 \cdot N^{-2}$)		1 960	5 750	4 560	—
声阻抗/(10^6 $kg \cdot s^{-1} \cdot m^{-2}$)		2.5	14.3	30	30
居里温度/℃		120	573	193	
压电常数	$d/(PC \cdot N^{-1})$	23	2	110	78
	$g/(10^{-3}\ Vm \cdot N^{-1})$	200	50	10	56
	$h/(10^7\ V \cdot m^{-1})$	65	380	90	—

6.6.1　PVDF的晶体结构

PVDF原材料的形式有：薄膜、厚膜、管状、丸状和粉状等。它具有重复的 CH_2—CF_2 化学结构链。这种原材料没有压电性和热释电性，只有经过加热拉伸和电极化等一系列处理后才具有这两种特性。PVDF有 α、β、γ 和 σ 四种晶相。图6.40示 α、β 相的分子结构。图中 α、β 晶格常数。当聚合物150 ℃熔融状态冷却时，主要生存 α 相，它的分子链反向平行，如图6.40所示。由于C—F偶极距都平行或垂直于分子链，晶胞中相邻链节的电偶极子相互抵消，α 相是非极性的，即没有压电性也没有热释电性。将 α 相膜在60~65 ℃拉伸3~5倍，然后进行极化处理，通常是在 $T_p = 100$ ℃时，通以 $E_p \approx 600$ kV/cm 直流高压并经过 $t_p \approx 30$ min 使电偶极子进一步取向,得到永久极化强度,成为具有很高压电和热电常数的 β 相薄膜。所以 T_p、E_p、t_p 称为极化三要素。β 相的分子链电偶极距都平行 b 轴方向,如图 6.40(b)所示。β 相是 PVDF 的主要晶相。

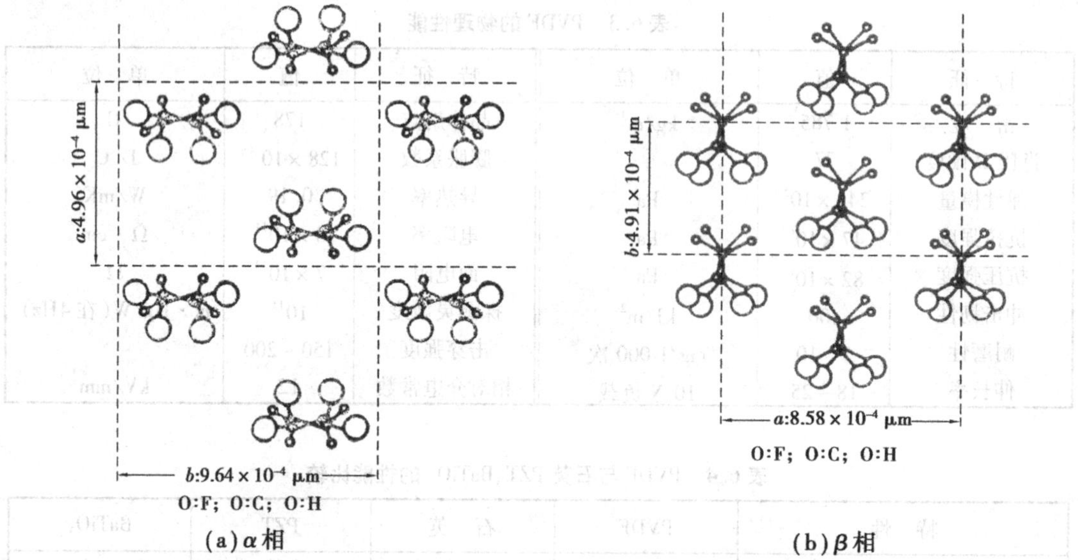

图 6.40　PVDF 的分子结构

γ 相晶体是 α 晶体经高温退火而得。而当 α 相晶体受高压极化时,它的滑移型分子链转动使偶极子呈平行状态,从而产生 σ 相晶体。这两种晶体也有压电性,但都没有 β 相的压电性强。

6.6.2　PVDF 的工作原理和基本特性

(1)PVDF 的工作原理

如前所述,要使没有极性的 α 相晶体转变为有强压电性的 β 相晶体,必须经过拉伸,使晶体内的电偶极距大致排列起来。再在强外电场作用下,这些电偶极距转向与外电场一致方向。所以可以认为 PVDF 的压电性是电偶极子取向极化的结果,这种极化过程的作用与压电陶瓷的极化原理相似。

(2)PVDF 的基本特性

首先需要指出,PVDF 材料除了有很强的压电性以外,还有一个很有意义的特性,即这种薄膜像压电陶瓷那样,在高压交流电场中测量其极化强度与外电场的关系时,出现类似铁电晶体的迟滞特性,所以这种压电聚合物是铁电性的。

β 相 PVDF 的压电与热释电特性除了与原材料的质量有关外,主要取决于极化三要素和拉伸取向、热处理情况,图 6.41(a)和(b)分别表示 β 相 PVDF 的压电性与 E_p 和 T_p 的关系,图 6.41(c)示出压电性与 t_p 的关系。

图 6.42(a)表示热电系数 $p=\dfrac{\mathrm{d}p_s}{\mathrm{d}T}$ 与压电常数成线性关系。因此,极化条件对热电性质的影响与对压电性相似。式中 p_s 为 PVDF 的自发极化强度,它与极化电场 E_p 的关系见图 6.41(b)。

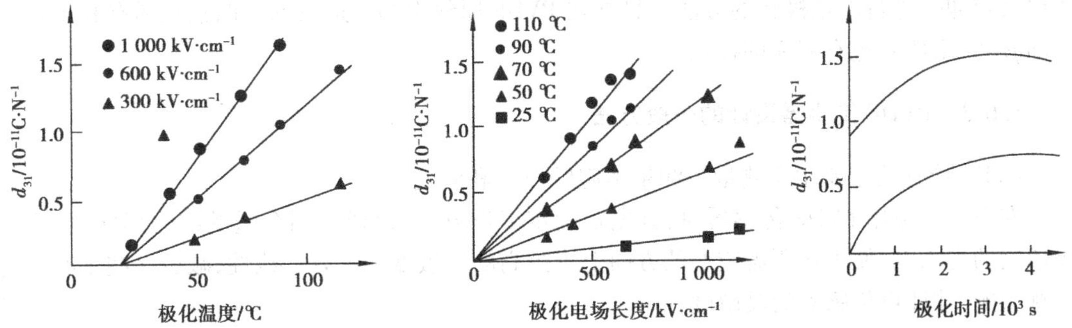

图 6.41　PVDF 的压电性与极化三要素的关系

图 6.43(a)表示 PVDF 工作时的线性度,可见表面电荷与应力—应变之间保持良好的线性关系。

PVDF 薄膜压电性的稳定性是使用过程的重要问题。图 6.43(b)表示它的热稳定性和时间稳定性。在常温下工作是非常稳定的,即使在 80 ℃时工作,压电系数 d_{33} 在是起使的 30 h 所下降,以后就稳定了。

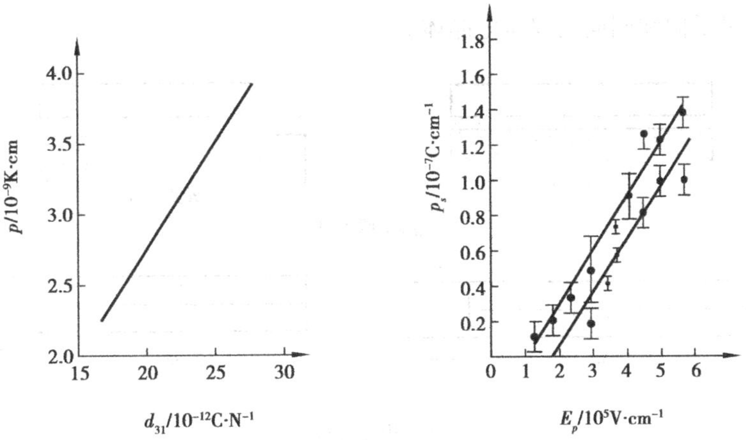

图 6.42　PVDF 的热释电特性

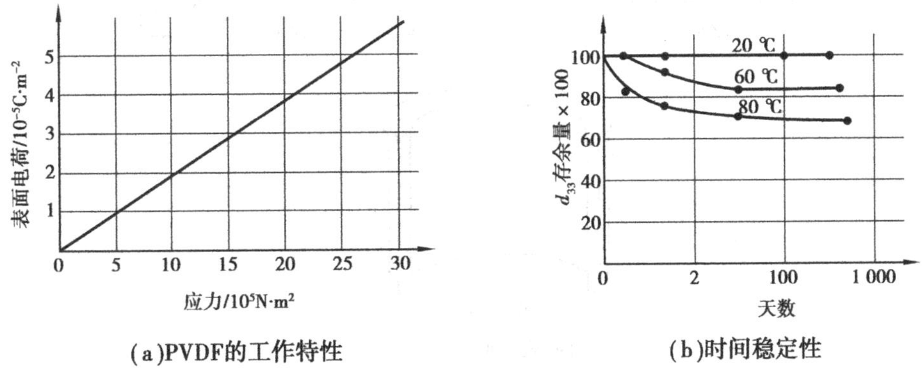

图 6.43　PVDF 的线性和时间稳定性

为了进一步提高 PVDF 薄膜的压电常数,可采用连续拉、滚和退火的方法,高压高温处理法以及拉伸时进行电晕极化的方法。另外在 PVDF 原料中加入适量的聚四氟乙烯有利于 α 相转向 β 相,系数 d 也有明显的提高。

6.6.3 PVDF 传感器设计的一般方法

PVDF 传感器主要用于测量被测量引起的应力和应变。

在设计或选用 PVDF 传感器时,首先要确定工作方式,以便采用合适的结构形状,然后选择适当的支承方,便于在所需应变的方向上得到高的灵敏度和良好的线性,减少一些不必要的干扰影响,并计算传感器的灵敏度。

PVDF 传感器元件的表面形状主要有膜片形、圆柱形和拱形,如图 6.44(c)所示。膜片式又可分为薄膜(5 ~500 μm 左右)和厚膜(500 μm 以上);圆柱形又有端部封闭式和敞开式等。

一般可用两种方法来安放 PVDF,一是自悬式;二是用基底支承。实际上因为 PVDF 材料不同于压电陶瓷,压电陶瓷的厚度很难做到小于 200 μm,需要时可以自悬,而 PVDF 可薄至 5 μm,故一般要用基底支承。支承又有下面是全部刚性基底和梁式支承之分,如图 6.44(a)所示。

像石英和压电陶瓷那样,PVDF 传感元件也可以用双片式结构,如图 6.44(b)所示,它们分别是极化矢量反向和同向的双压电晶体。

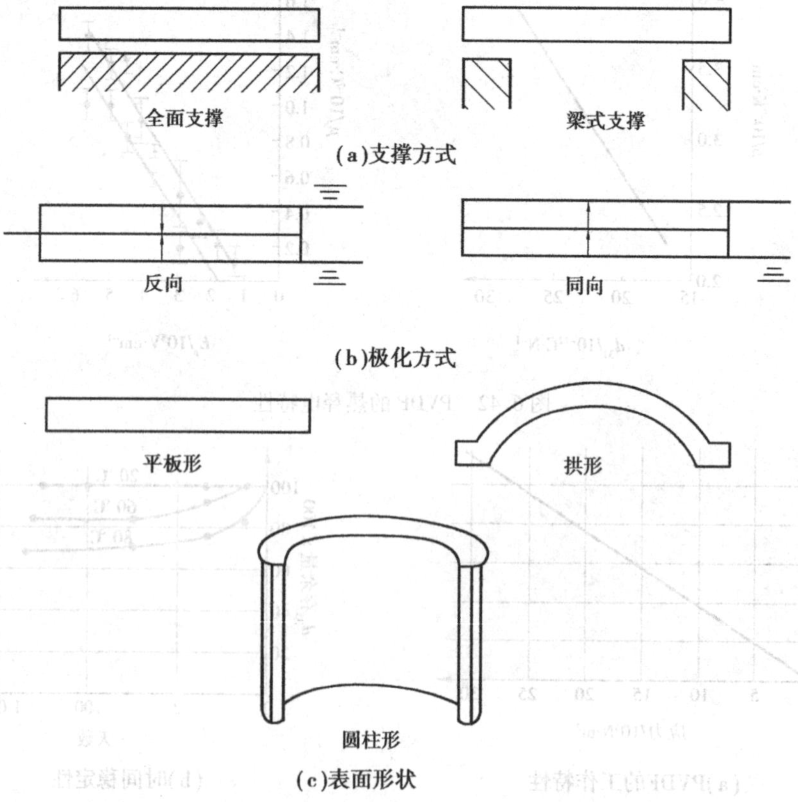

图 6.44 PVDF 传感元件的结构和工作方式

现在应用较多的还是膜片式，其灵敏度可以表示为

$$K = \frac{U_0}{p} = -\frac{d_{33}}{\varepsilon_{33}}\sigma = q_{33}\sigma$$

式中：U_0——开路电压；

p——作用在膜片上的均布压力；

σ——膜片厚度。

由于只有 p 作用，所以是一种理想的纯 d_{33} 工作模式。例如某膜厚 $\sigma = 25\ \mu m$，$\varepsilon_{33}^T = 13$，$d_{33} = 31.5\ nC/N$，其开路电压灵敏度为 0.9 mV/mmHg。而当 $\sigma = 580\ \mu m$ 时，$d_{33} = 22\ nC/N$，$\varepsilon_{33}^T = 13$，得 $U_0 = 14.8\ mV/mmHg$。

6.6.4　应用举例

PVDF 膜用作生物医学工程的传感器材料是非常合适的，因为它的化学性质稳定、设计灵活方便. 机械阻抗低、灵敏度高、频带宽、与人体接触安全舒适，能紧贴体壁，以及它的声阻抗与人体组织的声阻抗十分接近等。因为广泛地用作脉搏计、血压计、起搏计、生理移植和胎心音探测器等传感元件。

因为 PVDF 薄膜柔软，灵敏度高，所以适于做大面积的传感阵列器件。一种模拟人手感觉工作的 PVDF 触觉传感器已用在机器人技术，图 6.45 为其结构示意图。当 PVDF 薄膜受力后产生电荷，按电荷量的大小和分布判别物体的形状。利用 PVDF 薄膜的热释电效应可制作红外探测器、辐射计和反射计等。也可做成传感阵列器件组成物体方位自动识别系统。

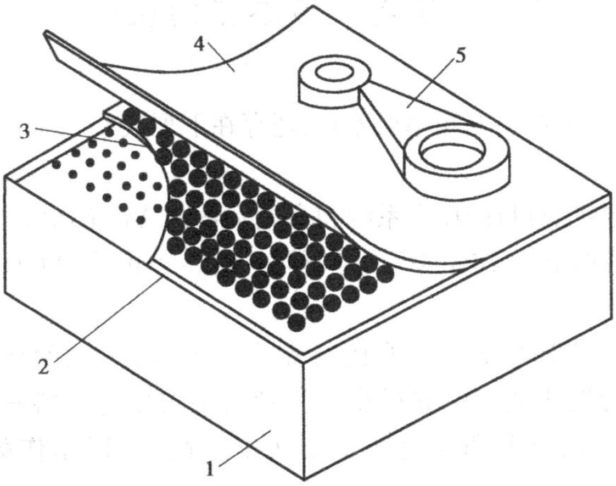

图 6.45　PVDF 触觉传感阵列

1—底座；2—电路板；3—接线；4—PVDF 膜；5—被识别物

测量、分析足底的压力可知不同足底压力分布特征和模式，对临床医学诊断、疾患程度测定、术后疗效评价、体育训练等有重要意义，西安交通大学设计了一种基于 PVDF 的足底压力检测系统（图 6.46）。其中 PVDF 压电薄膜的厚度为 100 μm，单点面积为 5 mm × 5 mm，排列成 4 × 4 阵列；同时在绝缘薄膜基底上光刻铜制栅线作为信号引出端，并通过接插元件与多路模拟开关连接；最后采用电荷放大电路实现多路信号放大。

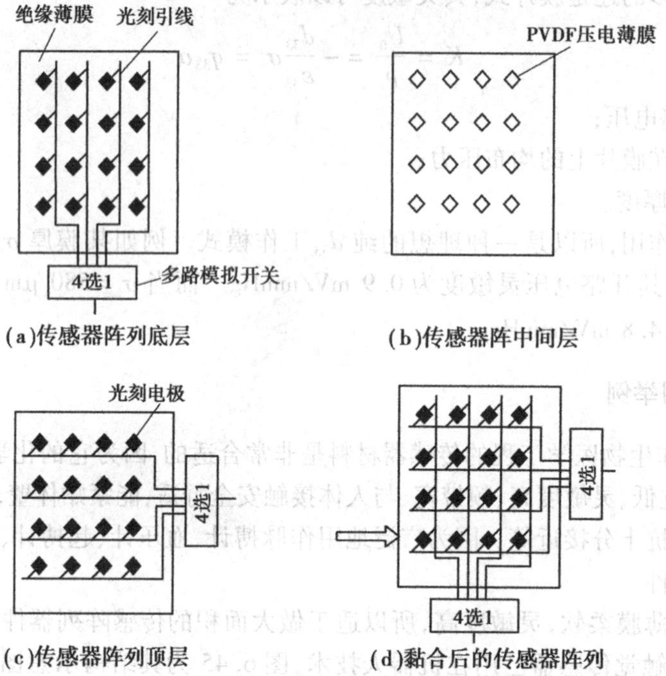

图 6.46　用于测量足底压力的 PVDF 传感器阵列

6.7　压电式传感器的误差

压电式传感器除了上节讨论的频率误差外,还存在下列误差。

(1)环境温度的影响

环境温度的变化对压电材料的压电系统和介电常数的影响都很大,它将使传感器灵敏度发生变化。压电材料不同,温度影响的程度也不同。当温度低于 400 ℃时,其压电系数和介电常数都很稳定。

人工极化的压电陶瓷受温度的影响比石英要大得多;不同的压电陶瓷材料,压电系数和介电常数的温度特性比钛酸钡好得多。一种新型的压电材料——铌酸锂晶体的居里点为(1 210 ± 10)℃,远比石英和压电陶瓷的居里点高,所以用作耐高温传感器的转换元件。

为了提高压电陶瓷的温度稳定性和时间稳定性,一般应进行人工老化处理。但天然石英晶体无需做人工老化处理,因为天然石英晶体已有五百万年的历史,所以性能很稳定。

经人工老化后的压电陶瓷在常温条件下性能稳定,但在高温环境中使用时,性能仍会变化,为了减少这种影响,在设计传感器对应采取隔热措施。

为适应在高温环境下工作,除压电材料外,连接电缆也是一个重要的部件。普通电缆难以承受 700 ℃以上高温,目前在高温传感器中大多采用无机绝缘电缆和含有无机绝缘材料的柔性电缆。

(2)**湿度的影响**

环境湿度对压电式传感器性能的影响也很大。如果传感器长期在高温环境下工作,其绝缘电阻将会减小,低频响应变坏。现在,压电式传感器的一个突出指标是绝缘电阻要高达 10^{14} Ω。为了能达到这一指标,采取的必要措施是:合理的结构设计,把转换元件组做成一个密封式的整体,有关部分一定要良好绝缘;严格的清洁处理和装配,电缆两端必须气密焊封。必要时可采用焊接全密封方案。

(3)**横向灵敏度和它所引起的误差**

压电式单向传感器只能接受一个方向的作用力。一个理想的加速度传感器,只有振动沿压电传感器的轴向运动时才有输出信号。若在与主轴正交方向的加速度作用下也有信号输出,则此输出信号与横向作用的加速度之比称为传感器的横向灵敏度。产生横向灵敏度的主要原因是压电材料的不均匀性;晶片切割或极化方向的偏差,压电片表面粗糙或有杂质,或两个表面不平行;基座平面与主轴方向互不垂直;质量块加工精度不够;安装不对称等。其中尤其以安装时传感器的轴线和安装表面不垂直的影响为最大。结果是传感器最大灵敏度方向与其几何主轴不一致;横向作用的加速度在传感器最大灵敏度方向上分量不为零。

通常,横向灵敏度是以主轴灵敏度的百分数来表示。最大横向灵敏度应小于主轴灵敏度的5%。横向灵敏度是具有方向的。图6.47表示最大灵敏度在垂直于几何主轴平面上的投影和横向灵敏度在正交平面内的分布情况。其中 K_m 为最大灵敏度向量,K_L 为纵向灵敏度向量,K_T 为横向灵敏度最大值且将此方向定为正交平面内的0°。沿0°方向或180°方向作用横向加速度时,都将引起最大的误差输出。在其他方向,产生的误差将正比于 K_T 在此方向的投影值,所以从0°~360°横向灵敏度的分布情况是对称的两个圆环。

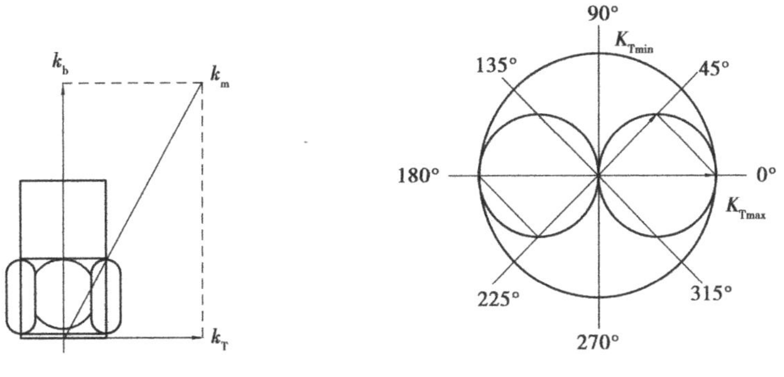

(a)横向灵敏度图解　　(b)横向灵敏度的坐标曲线

图6.47　横向灵敏度

横向加速度通过传感器横向灵敏度引起的误差用下式计算:

$$r_T = \frac{a_T K_T}{a_L K_L}$$

式中:a_T——横向干扰加速度;

a_L——被测加速度,即沿传感器主轴方向作用的加速度。

为了减小横向灵敏度,应针对上述产生横向灵敏度的原因逐项克服,其中特别应注意使用传感器的最小横向灵敏度 K 置于存在最大横向干扰的方向,从而减小测量误差。

(4)电缆噪声

普通的同轴电缆是由聚乙烯或聚四氟乙烯作绝缘保护层的多股绞线组成,外部屏蔽是一个编织的多股镀银金属套包在绝缘材料上。工作时电缆受到弯曲或振动时,屏蔽套、绝缘层和电缆芯线之间可能发生相对移动或摩擦而产生静电荷。由于压电式传感器是电容性的,这种静电荷不会很快消失而被直接送到放大器,这就形成电缆噪声。为了减小这种噪声,可使用特制的低噪声电缆,同时将电缆固紧,以免产生相对运动。

(5)接地回路噪声

在测试系统中接有多种测量仪器,如各仪器和传感器分别接地,各接地点又有电位差,这便在测量系统中产生噪声。防止这种噪声的有效办法是整个测量系统在一点接地,而且选择指示器的输入端为接地点。

第 7 章 光电传感器与光纤传感器

光电传感器是以光为媒介、以光电效应为基础的传感器，具有反应速度快、检测灵敏度高、并可实现非接触测量等优点；光纤传感器是利用光纤技术与光学原理将被测量转换为可用信号输出的器件或装置，它具有不受电磁干扰、传输信号安全、在恶劣环境下也能使用等优点。光电传感器和光纤传感器在医学、工业、农业、军事等众多领域中得到广泛应用。

7.1 光电传感器的基本原理及基本特性

7.1.1 光电传感器基本原理

光电传感器的物理基础是光电效应，当光照射到某种物体上时，光能量作用于物体而释放出电子的现象称为光电效应。光电效应常分为内、外光电效应两大类。

(1)外光电效应

在光线作用下，物体内的电子逸出物体表面向外发射的现象称为外光电效应。基于这类效应的光电器件有光电管、光电倍增管。根据爱因斯坦的光子假设，每个光子具有的能量为 hv，h 为普朗克常数，v 为光频率。物体中的电子吸收了入射光子能量，足以克服逸出功 A_0，而逸出物体表面，产生光电发射。入射光子的能量超过 A_0 部分表现为逸出电子的动能，即

$$hv = \frac{1}{2}mv_0^2 + A_0 \tag{7.1}$$

式中：m——电子质量；

v_0——电子逸出速度。

此式即爱因斯坦光电效应方程，由此可知：

①当光子能量大于逸出功时，才产生光电效应，当光子能量恰好等于逸出功时的 v_0 称为红限频率。小于红限频率的入射光，光强再大也不会产生光电效应。反之入射频率高于红限频率，即使光线微弱也会有光电效应。

②入射光频率成分不变，产生的光电流与光强成正比，光强愈强则入射的光子数越多，逸出的电子数也越多。

③光电子逸出物体表面具有初始动能，因此光电管即使没加阳极电压，也会有光电流。加负的截止电压可使光电流为零，此截止电压与入射光频率成正比。

(2) **内光电效应**

受光照物体电导率发生变化或产生光电动势的现象称为内光电效应。

1) 光电导效应

在光线作用下，电子吸收光子能量从键合状态过渡到自由状态而引起材料电阻率的变化，此现象称光电导效应。基于此类效应的器件有光敏电阻。它与外光电效应一样受红限频率限制。除金属外大多数的绝缘体和半导体都有光导效应。

2) 光生伏特效应

在光线作用下，能够使物体产生一定方向电动势的现象称为光生伏特效应。光生伏特效应有两种：

一种为结光电效应。接触的金属—半导体或 PN 结中，当光照射其接触区时，产生光生电动势。基于此原理的器件主要有光敏晶体管和光电池。

此外，当半导体光电器件敏感面受光照不均匀时，将由载流子浓度梯度产生侧向光电效应，基于这一效应工作的光电器件有半导体光电位置传感器。

7.1.2 光电器件基本特性

光电器件的基本特性对实际应用有重要指导意义。下面介绍几个基本特性参数。

(1) **光谱灵敏度 $S(\lambda)$**

光电器件对单色辐射通量的反应为光谱灵敏度 $S(\lambda)$。辐射通量指在单位时间内发射的辐射能，单位为 W。

$$S(\lambda) = \frac{\mathrm{d}U(\lambda)}{\mathrm{d}\phi(\lambda)} \tag{7.2}$$

式中：$\mathrm{d}U(\lambda)$——光电器件反应；

$\mathrm{d}\phi(\lambda)$——入射的单色辐射通量。

光电器件的 $S(\lambda)$ 是波长 λ 的函数，每一种材料在某个波长 λ_m 处的 $S(\lambda_m)$ 为最大值，对应的波长为峰值波长。实际中还常采用相对光谱灵敏度这一指标，它是指 $S(\lambda)$ 与 $S(\lambda_m)$ 之比。光谱灵敏度反映了光电器件的光谱特性，对选择器件和辐射源有重要意义。

(2) **积分灵敏度 S**

光电器件对连续辐射通量的反应程度称为积分灵敏度，它是反应 U 与入射到器件上的辐射通量 ϕ 之比，即 $S = U/\phi$。该指标和辐射源特性有关。

(3) **通量阈 ϕ_H**

在光电器件输出端产生的并与固有噪声电平等效的信号最小辐射通量称为通量阈值 ϕ_H。

$$\phi_H = \frac{N}{S} \tag{7.3}$$

式中：N——器件固有噪声。

显然，ϕ_H 也与辐射源的辐射特性有关。

(4) **归一化探测率 D^***

响应与输出噪声之比称为探测率 D，即

$$D = \frac{S}{N} = \frac{1}{\phi_H} \tag{7.4}$$

由于 ϕ_H 与元件受光面积 A 及测量用放大器带宽 Δf 的平方根成正比，因此，引入归一化探测率 D^*：

$$D^* = D\sqrt{A\Delta f} = \frac{S\sqrt{A\Delta f}}{N} \tag{7.5}$$

D^* 与测定条件有关，故完整写法为：D^*（辐射源，调制频率，放大器带宽）。D^* 能确切反映出元件品质，不同类的元件可以用 D^* 值相互比较。

(5)频率特性

在同样电压和同样光强下，当入射光强度以不同的正弦交变频率调制时，器件灵敏度会随调制频率 f 变化。外光电效应元件在表面受光照后立即有光电流，可视为无惯性的。内光电效应元件响应较慢。

(6)光照特性

它表示光电器件灵敏度与其入射辐射通量的关系。有时也用光电器件输出电流或电压与入射辐射通量间的关系表示。它是反映输入光信号与输出电信号的关系。

(7)伏安特性

在保持入射光频谱成分不变且入射辐射通量恒定时，光电器件的电流和电压之间的关系。伏安特性曲线可帮助我们计算光电元件的负载电阻、设计线路。

(8)温度特性

温度变化后，电子热运动也变化，将引起光电器件光、电性质的改变，是引起测量系统灵敏度不稳定的一个重要因素。

7.2　光电器件与光电传感器类型

7.2.1　光电器件

(1)光电管与光电倍增管

1)光电管

典型的真空光电管其玻璃泡内装有两个电极。一为光电阴极，常用碱金属及其化合物制成例如铯、氧化铯、锑铯等。阴极有的是贴附在玻璃泡内壁，有的涂敷在半圆形金属片上。在阴极前面装有单根金属丝或环状的阳极。当入射光线透过玻璃管壳射到光电阴极 K 时便打出电子，若阳极 A 接电源正极，阴极接电源负极，则电子被阳极吸引，有电子流动，实现光电转换，如图 7.1 所示。

2)光电倍增管

当入射光很微弱时，普通光电管能产生的光电流太小，不易检测。此时常采用光电倍增管，如图7.2所示。在阴极与阳极间装上许多“倍增极”或“次阴极”，它们是利用次级发射材料制成，这种材料在受到一个有一定能量的电子轰击后，能放出多于一个的电子(称次级电子)，各个倍

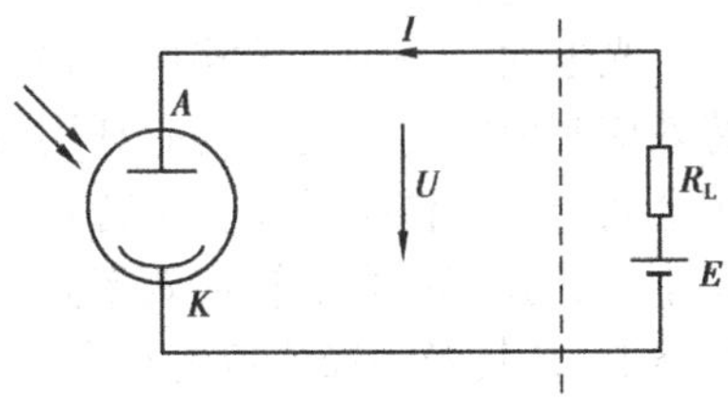

图 7.1　光电管电路图

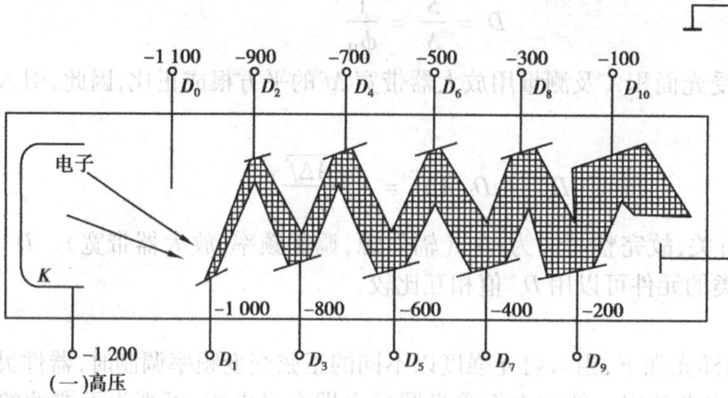

图 7.2　光电倍增管的结构

增极上顺次加上越来越高的正电压，使前级的次级电子加速飞向下一个次阴极。如果入射光照射在阴极上发射出一个电子，在第一倍增极上有 δ 个次级电子被打出来($\delta>1$)，δ 个电子又轰击第二倍增极，而产生 δ^2 个次级电子。这样经过 n 个倍增极后，一个电子将变为 δ^n 个电子，最后被阳极收集，形成较强电流。设 δ 为 4，n 为 10，则放大倍数可达 100 万倍。可见，光电倍增管放大倍数很高，微弱光照也能产生很大电流。光电倍增管倍增系数与所加电压有关(一般阳极阴极间电压为 1 000 ~ 2 500 V)，当电压波动时将发生波动，故所加电压越稳定越好。光电倍增管的极间电压愈高灵敏度也愈高，但电压过高会使阳极电流不稳定。由于光电倍增管灵敏度高，故不能接受强光刺激，否则易于损坏。当无光照时，管子加上电压后仍有电流产生，此电流称为暗电流，暗电流一般随温度增加而增加。此外，由光阴极发射的光电子经加速倍增后到达阳极所需平均时间称为飞行时间，由于发射电子的统计性，飞行时间有涨落。光电倍增管多用于医用射线仪器及生化仪器中。

(2) **光敏电阻**

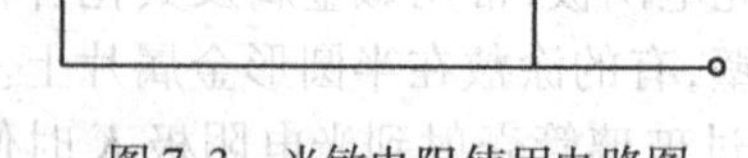

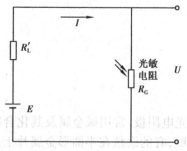

图 7.3　光敏电阻使用电路图

光敏电阻具有灵敏度高、光谱响应范围宽、体积小、重量轻、机械强度高、抗过载能力强，价格较低等特点。它一般由金属硫化物等材料制成。当光照射光敏电阻时，导电性增加，电阻值下降，此时的电阻称为亮阻，对应的电流为亮电流，当不受光照时光敏电阻的阻值则称为暗阻，此时流过的电流为暗电流。光敏电阻的暗阻与亮阻之比可达 10^2 ~ 10^6，即暗阻一般在兆欧量级，亮阻在几千欧以下，故灵敏度高。光敏电阻基本电路如图 7.3 所示。

(3) **光电池与光敏管**

1) 光电池

光电池是一个有源器件，当光照射时，不需外接电压激励也能产生电流输出。根据光生伏特效应制成的光电池主要有利用：PN 结光生伏特效应制成的光电池(硅、锗光电池)，以及利用金属与半导体接触光生伏特效应的光电池(如硒光电池、氧化亚铜光电池)。光电池由于体积小、结构简单、光电转换效率高、性能稳定而被广泛采用。其中硅光电池应用最广；硒光电池价格低，且其光谱峰值位置在人的视觉范围内。图 7.4 示出了光电池接线电阻、接锗管、硅管时的线路图。此外，利用非晶太阳电池，已研制出非晶硅光敏元件作色敏元件使用。

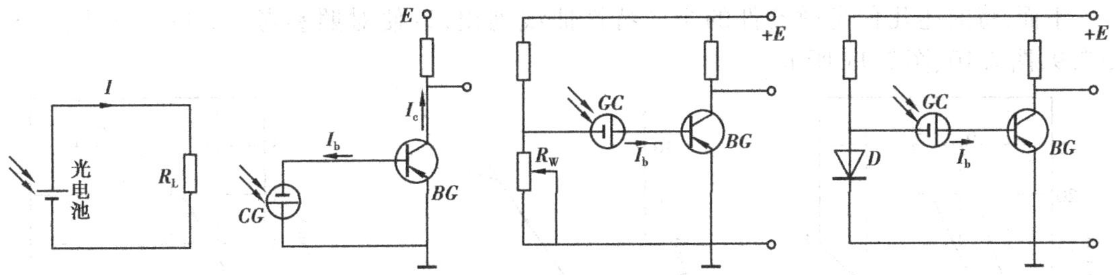

(a)接电阻　(b)接锗管　(c)接硅管　(d)接硅管

图7.4　光电池的几种基本应用线路

2)光电二极管

其结构与一般二极管相似。在工作时,一般加上反向电压,如图7.5所示。在无光照射时,反向电阻很大,暗电流较小。当光照射时,PN结附近受光子轰击,吸收其能量而产生电子空穴对,从而使P区和N区的少数载流子浓度大大增加,因此,在外加反偏电压和内电场作用下,P区的少数载流子渡越阻拦层进入N区,N区的少数载流子也进入P区,从而使通过PN结的反向电流大为增加,形成光电流。

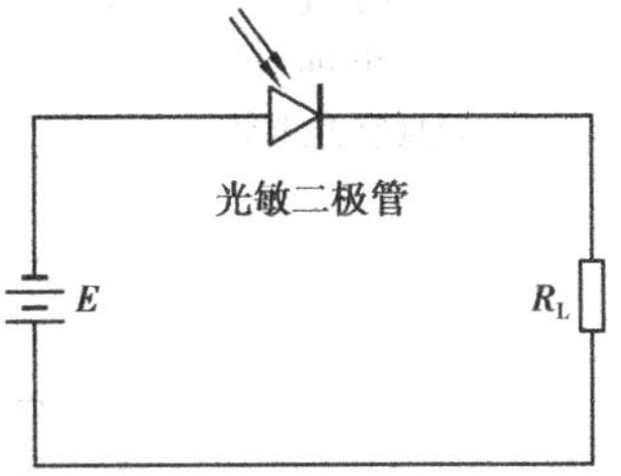

图7.5　光敏二极管基本线路图

普通光电二极管(PD)暗电流较大,量子效率不高,速度也不快。正—本征—负二极管(PINPD)灵敏度较高,线性较好,速度较快,常用于模拟技术。为进一步提高灵敏度和响应速度,可采用雪崩光电二极管(APD)。APD的工作电压比光电倍增管低(一般为几百伏),很适用于晶体管电路,且即使受到强光照射性能也不会变坏,但APD非线性较大,且更易受温度影响,故适合于脉冲调制工作方式,也可用于模拟技术中接收微弱光信号,但动态范围变小。

如果将具有不同光谱灵敏度峰值的二极管结合在一起,则构成半导体色敏元件。设第一个光敏二极管PD_1的光谱峰值波长为580 nm,光电流为I_{D1};第二个光敏二极管PD_2的光谱峰值波长为900 nm,光电流为I_{D2}。故可组合覆盖从蓝到红外区的光谱范围。由I_{D1}/I_{D2}可知所测光波长,从而进行色判别。

3)光敏三极管

与普通晶体三极管一样,集电结可获得电流增益,其工作电路如图7.6所示。光照射发射结产生的光电流相当于基极电流,故集电极电流是光电流的β倍。所以光敏三极管比光敏二极管灵敏度高。由于光敏三极管暗电流较大,为使光电流与暗电流之比增大,常在发射极—基极之间接一电阻(约5 kΩ),对硅平面光敏管由于其暗电流很小,一般不备有基极外接引线,仅有发射极、集电极两根引线。

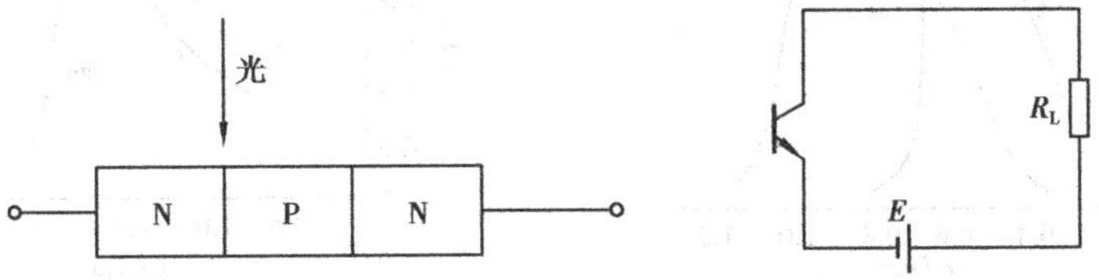

(a)光照射图　(b)线路图

图7.6　光敏三极管线路图

下面,将前述几种光敏器件的主要特性曲线列出,以便对照参考。如图 7.7、图 7.8、图 7.9、图 7.10、图 7.11 所示。

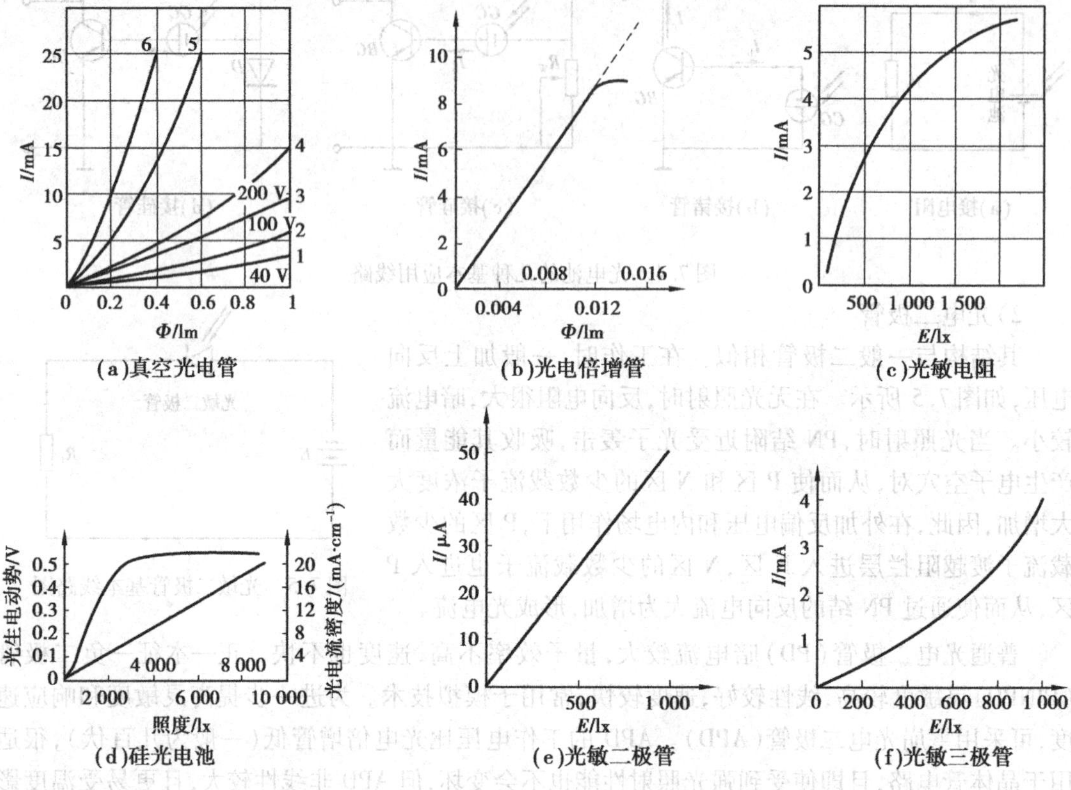

图 7.7　光电特性和光照特性曲线

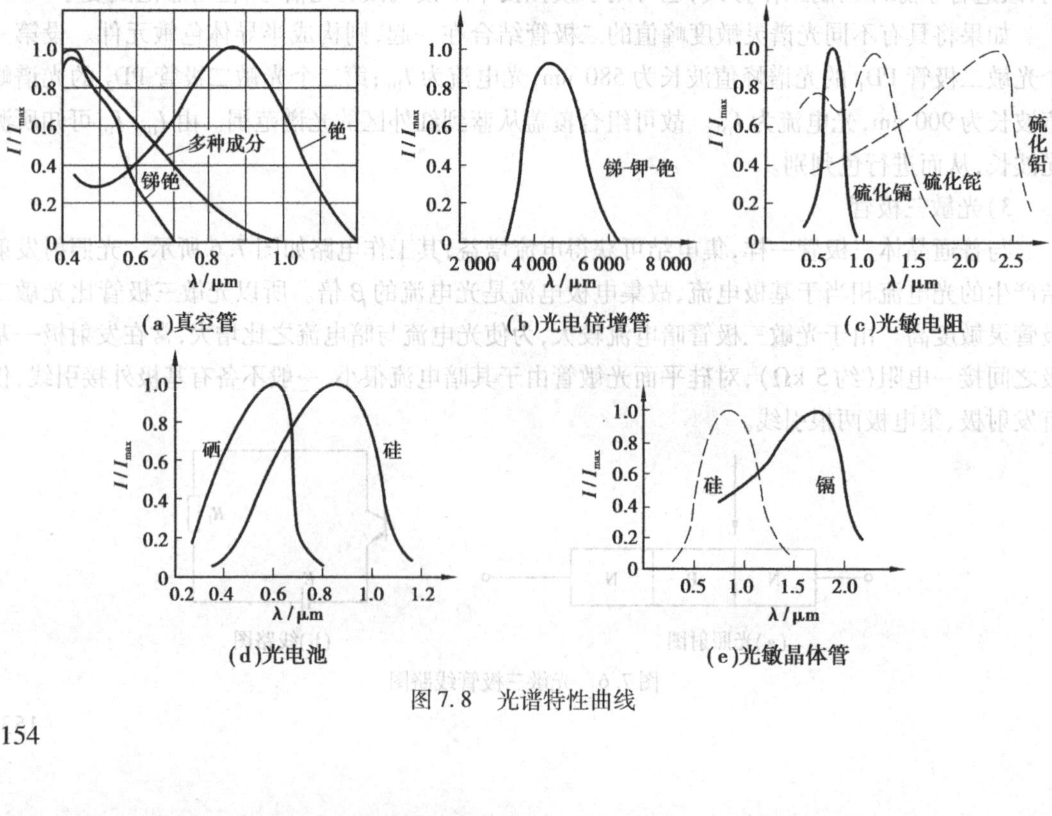

图 7.8　光谱特性曲线

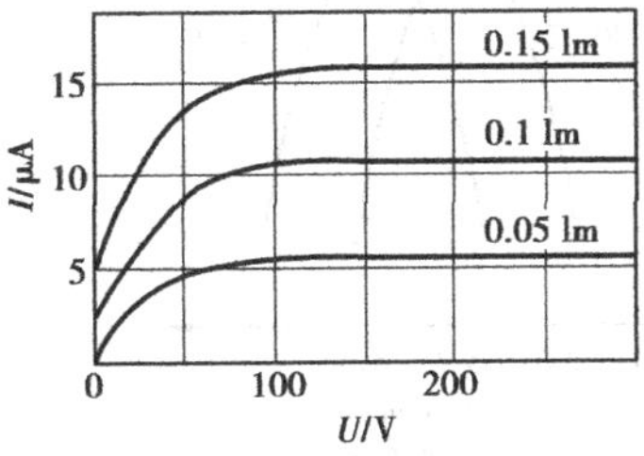

(a)真空管

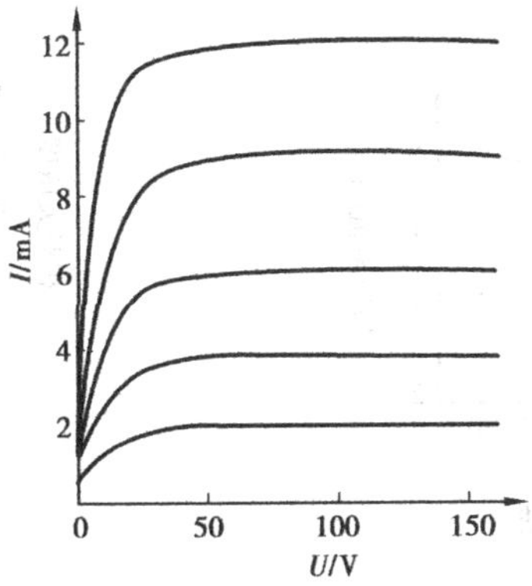

(b)光电倍增管

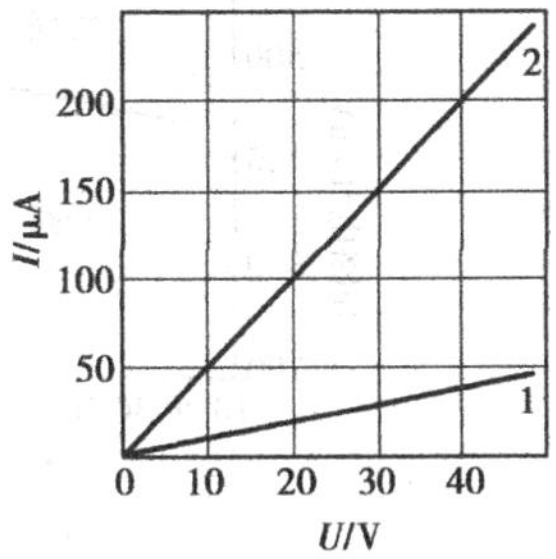

(c)光敏电阻

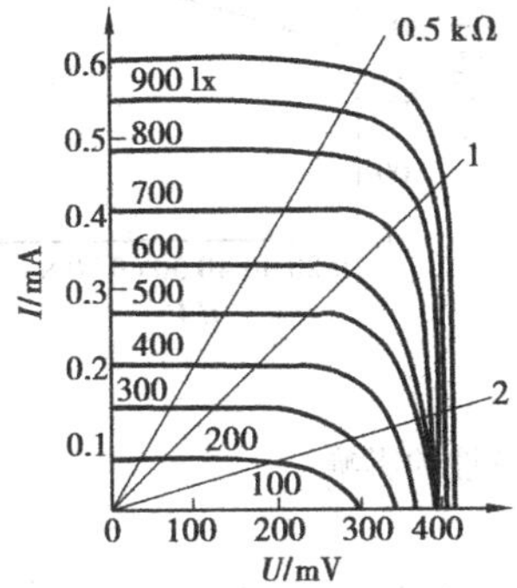

(c)光电池

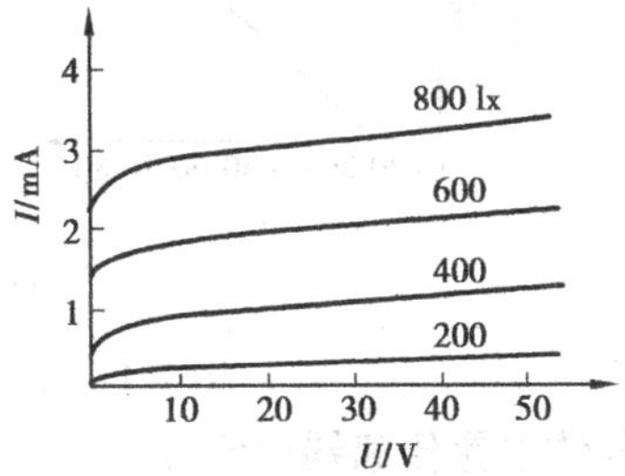

(e)光敏晶体管

图 7.9　伏安特性曲线

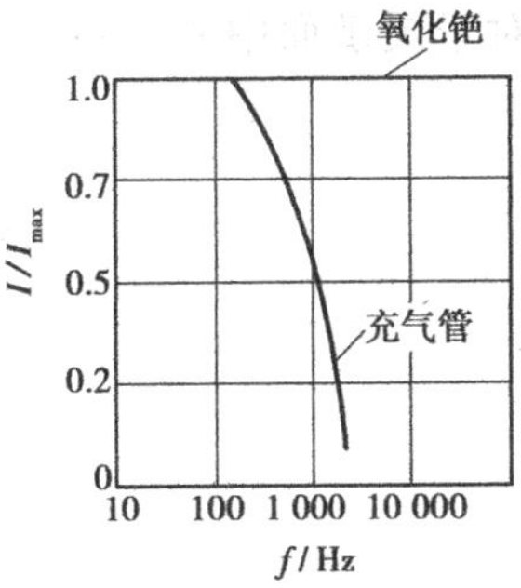

(a)真空管

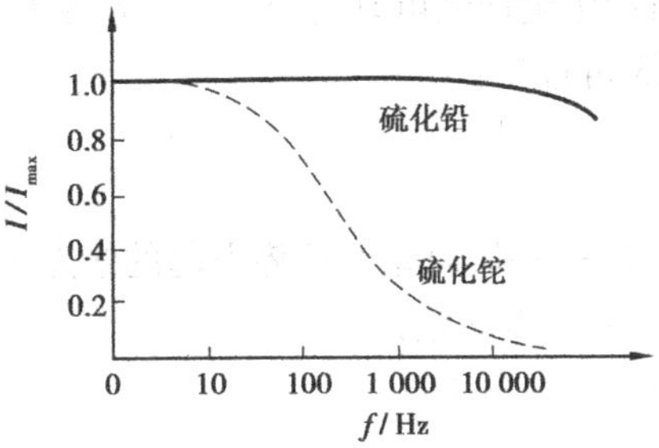

(b)光敏电阻

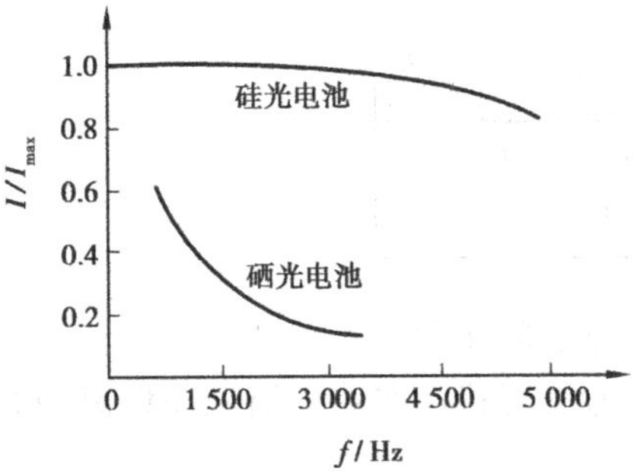

(c)光电池

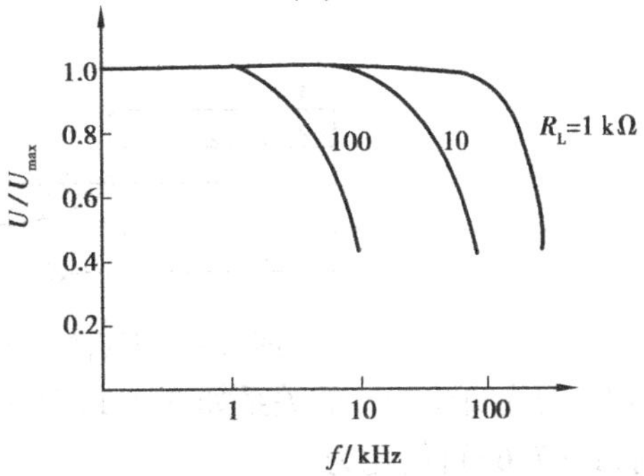

(d)光敏三极管

图 7.10　频率特性曲线

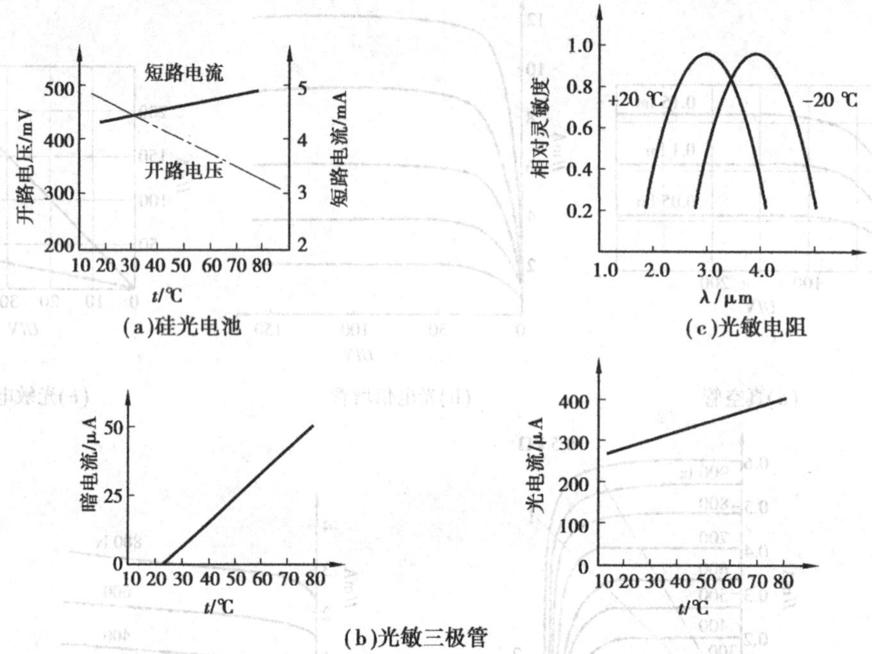

图 7.11　温度变化对元件特性的影响

(4)**半导体位置传感器**(PSD)

半导体位置传感器(Position Sensitive Detector)是基于侧向光电效应。对如图 7.12 所示的光敏二极管,如果灵敏面仅局部感受入射光照,当入射光斑中心相对于对称轴移动时,在 A、B 之间将产生侧向光电动势,此电动势的大小与方向与光斑相对于灵敏面中心的位置有关。由图 7.13 可推出:

$$U_x = U_1 - U_2 = \frac{\rho I}{2\pi\delta}\ln\frac{r+x}{r-x} \tag{7.6}$$

式中:U_1、U_2——侧向光电动势引起的接点 1 和 2 的电压;

$2r$——接点间距;

ρ——N 区电阻率;

δ——N 厚度;

I——总光电流。

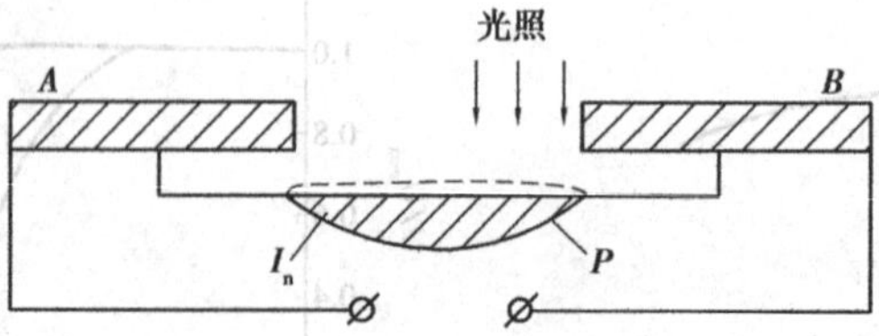

图 7.12　具有侧向光电效应的光敏二极管

则 U_x 与光斑位置 x 的关系如图 7.14 所示,并称为反转特性曲线。当光斑偏离中心位置较小时,式(7.6)可简化为

$$U_x = \frac{\rho I}{\pi\delta}\frac{x}{r} \tag{7.7}$$

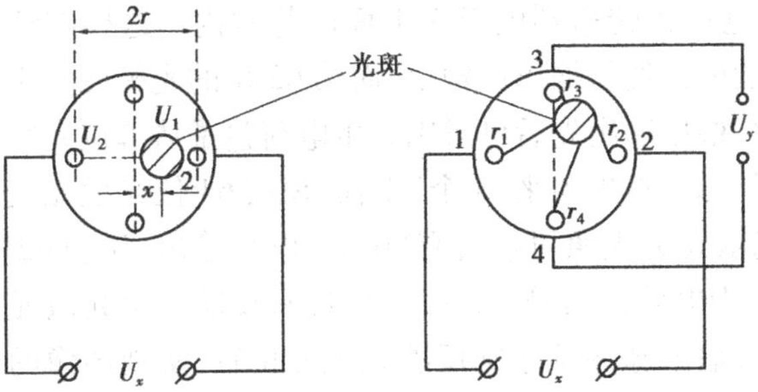

(a)一维位移测量　　(b)二维位移测量

图 7.13　PSD 工作原理

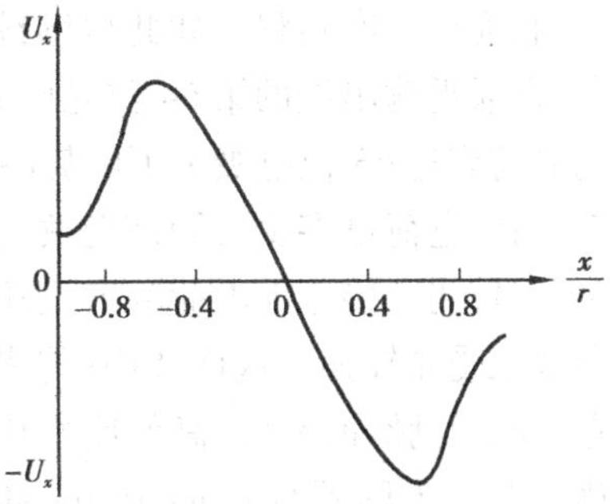

图 7.14　反转特性

可见，U_x 与 x 为线性关系。

如果在灵敏面边缘相互垂直的方向上各设两个接点，即可获得检测二维运动的光电传感器。

由于光电流与入射辐射通量有关，因而导致输出不稳定，应设法消除。PSD 可获得连续位移信息，分辨率和精度较高，但作为一种新器件还存在受背景光和暗电流影响，线性区域很小等缺陷。

(5)CCD 固态图像传感器

CCD(电荷耦合器件)图象传感器是集光电转换、电荷存贮、电荷转移为一体的固态图象传感器。图 7.15 示出了一维(线阵)64 位 CCD 的结构示意图。每个光敏元件对应有 3 个相邻的转移栅电极 1、2、3，所有电极彼此间靠得足够近。所有的 1 电极相连并加以时钟脉冲 ϕ_{A1}，所有 2、3 电极也是如此并加时钟脉冲 ϕ_{A2}、ϕ_{A3}。3 个脉冲在时序上相互交迭。

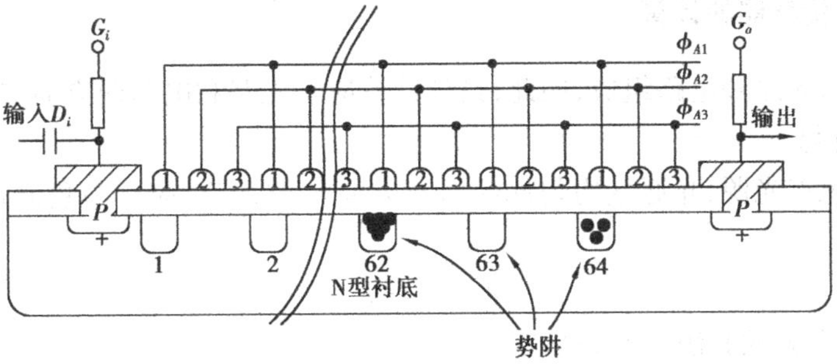

图 7.15　电荷转移原理图

当光入射到光敏元上时，在光敏元中产生光生电荷，其多少与入射光强成正比。这样在转移栅实行转移前，光敏元中积累着一定量的电荷。

转移栅实行转移时，在 t_1 时刻 ϕ_{A1} 为低电平，在电极 1 下面将产生一个势阱；此时电极 2、3 加的是高电平，从而垒起阱壁，这样，光生电荷将落在势阱内不能移动，例如第 62 位、64 位光敏元受光，而第 1、2、63 位等单元未受光照。

在 t_2 时刻，当 ϕ_{A1} 低电平未撤消前 ϕ_{A2} 已变成低电平，ϕ_{A3} 仍为高电平。这样一来在电极 2 下面也形成势阱，且和电极 1 下面势阱交迭，存贮在电极 1 下面势阱中的电荷扩散到 1、2 下面较宽阱区。

在 t_3 时刻，当 ϕ_{A1} 变为高电平，ϕ_{A2} 为低电平，电极 1 下存贮的光电荷转移到电极 2 下的势壁内,完成一次转移。如此再继续下去,光电荷将转移到电极 3 下面的势阱内。这样继续下去,则靠近输出端的第 64 位光敏元所产生的电荷便从输出端输出,而第 62 位的光敏元产生的光电荷到达 63 位电极 1 下的势阱区。因此,根据输出先后可辨别光生电荷包是从哪位光敏元来,而由电荷量多少可知该光敏元受光强弱。如,首先出来“3 个”电荷,说明 64 位光敏元受光照,但较弱。接着无电荷输出,表明 63 位光敏元无光照再接着有“6 个”电荷输出,说明 62 位光敏元受光较强。这样,CCD 将光信号转换为电脉冲信号。每一个脉冲只反映一个光敏元受光情况,此脉冲幅度的高低反映其受光强弱,输出脉冲顺序则反映光敏元位置,实现图像的传感。电荷转移器件(charge transfer device,简称 CTD)除 CCD 外,尚有电荷注入器件 CID(charge injection device)。对一个 $N \times M$ 像素的 CTD 阵列,它需要有 $N \times M$ 根引出线,这样每一个单元都能从外部寻址,即使一个元件损坏,也不会造成整个传感器不能读出。与 CTD 不同,CCD 中使元件工作的电极数与元件数目无关,但只要有一个元件破损,整个扫描线就停止工作。CCD 对时序控制电路的要求很严格,由此换来了元件引线数目大为减少的好处,在二维像素很多时更是明显。

固态图像传感器除 CTD 外,还有光电二极管阵列(SSPD 阵列)、电荷耦合光电二极管阵列(CCPD 阵列)等。它们具有尺寸小,价廉、工作电压低、功耗小、寿命长、性能稳定等优点。

值得一提的是,最近出现一种利用 RAM 的光敏特性的光学 RAM 二维阵列器件,这种器件的电荷泄漏速度与照射的光强度有关。作为图像传感器的 RAM 其基元地址与其物理位置要严格按照扫描规律排列,因而不是所有 RAM 都能用于图像转换。光学 RAM 在封装的顶部开有透明窗,以便光学图像成像在基元阵列上。由于 RAM 是计算机通用器件之一,故工艺成熟,生产批量大,成本低,很有发展前景。

7.2.2 光电传感器的计算

光电传感器由光路和电路组成,因此,设计计算应从光路和电路两方面加以考虑。

(1)光通量计算

设光源为单色点光源,光通量均匀地向所有方向辐射,则对应于单色光源波长为 λ 的辐射光通量 ϕ_λ 为

$$\phi_\lambda = 4\pi I_\lambda \tag{7.8}$$

式中:I_λ——波长为 λ 的光源的发光强度。

在光路中,为使光线聚焦、平行、改变方向或调制光通量等,还采用透镜、棱镜等光学元件,应考虑投射到它们的光通量及由此引起的损耗。

光学元件表面所接收的光通量仅仅是 ϕ_λ 的一部分,即

$$\phi'_\lambda = \Omega I_\lambda$$

式中:Ω——光学元件(透镜)对点光源所张的立体角。

在各方向均匀辐射时,光通量与穿过的面积成正比,即

$$\frac{\phi'_\lambda}{\phi_\lambda} = \frac{A}{4\pi R^2}$$

$$\phi'_\lambda = \frac{A}{4\pi R^2}\phi_\lambda \tag{7.9}$$

式中:A——光学元件面积;

R——光源与光学元件间的距离。

由光学元件表面反射引起的光通量损耗为

$$\Delta\phi''_{\lambda} = \phi'_{\lambda}\rho$$

式中：ρ——光谱反射系数。

若考虑光学元件的吸收，则透过光学元件后的光通量为

$$\begin{aligned}\phi''_{\lambda} &= (\phi'_{\lambda} - \Delta\phi'_{\lambda})\tau^{l} \\ &= \phi'_{\lambda}(l - \rho)\tau^{l}\end{aligned} \tag{7.10}$$

式中：l——光学元件内光路径的长度；

τ——光谱透射比，它是单位光通量在光学元件中经过单位长度后所透过的光通量：

$$\tau = e^{-k}$$

式中：k——比例系数。

由上各式可求出能投射到光电元件上的光通量。

（2）光电流的计算

如果投射于光电器件上的单色光源的光通量为 ϕ''_{λ}，光谱灵敏度为 S_{λ}，则光电流 i_{λ} 为

$$i_{\lambda} = S_{\lambda}\phi''_{\lambda} \tag{7.11}$$

若光源能发出各种波长的辐射线，则光电流或积分电流可由下式决定：

$$i = \int_{\lambda_1}^{\lambda_2} S_{\lambda}\phi''_{\lambda}\mathrm{d}\lambda \tag{7.12}$$

式中：λ_1、λ_2——光波长，一般由光电器件的光谱灵敏度决定。

若用 S 表示积分灵敏度，ϕ 表示各种波长的总光通量，光电流 i 可表示为 $i = S\phi$。

（3）电路的分析计算

光电器件可仿照晶体管电路理论进行分析计算，因为光电器件特别是光电管的伏安特性和负载线与晶体管很相似。如果以输入光通量 ϕ 或照度 E 代替晶体管输入电流 I_b，以灵敏度 S 代替晶体管电流放大倍数 β，即可按晶体管电路理论进行分析计算。表 7.1 示出了这两种器件的相互比较情况。

表 7.1 晶体管与光电器件的比较

项 目	晶体管	光电器件
输入信号	电信号 I_b	光信号 ϕ 或 E_r
控制参数	电流放大系数 $\beta = \dfrac{\Delta I_c}{\Delta I_b}$	灵敏度 $S = \dfrac{\Delta I}{\Delta\phi}$ 或 $S = \dfrac{\Delta I}{\Delta E_r}$
负载线	由 $U_{ce} = E - I_c R_L$ 决定	由 $U = E - IR_L$ 决定
静态工作点	可由偏置电路任意调整	由光通量 ϕ 或照度 E_r 的平均值决定，不能任意调整
工作状态	放大状态	模拟检测状态
	开关状态	光电继电器工作状态
工作电流	毫安级	微安级或毫安级
固有电流	穿透电流	暗电流

光电器件电路设计中应考虑暗电流的影响，它是一种噪声电流，暗电流一般随温度升高而增大（半导体光电器件更明显），应尽量减小暗电流，以使电路能稳定工作。图 7.16 示出减小暗电流的几种措施。图 7.16(a) 为桥式补偿电路，两只型号性能相同的光电器件中的一只接收光信号，另一只处在黑暗状态。由于它们同处于相同温度变化中，暗电流变化相同并被抵消。图 7.16(b) 采用负温度系数热敏电阻 R_t 进行补偿。图 7.16(c) 利用有基极引出线的光敏三极管，在基射之间接入电阻 R_b，使基-射间电压减小并趋于稳定。但应注意 R_b 太小时，低照度下产生光电流较难，影响线性。图 7.16(d) 是利用二极管的电压的负温度系数特性进行补偿，发射极电阻作负反馈用。

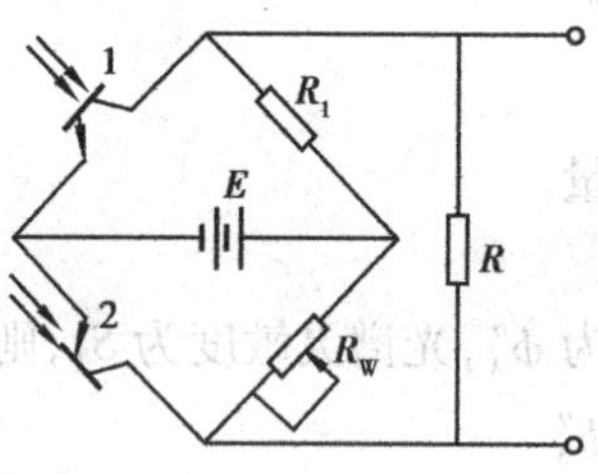

(a) 桥式补偿电路

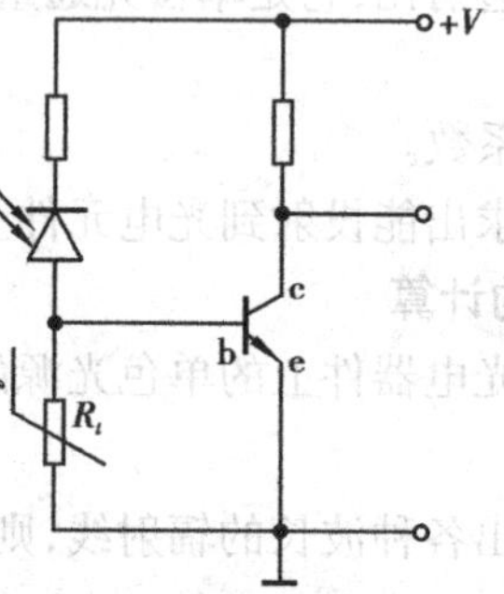

(b) 用热敏电阻补偿

(c) 用光敏三极管补偿

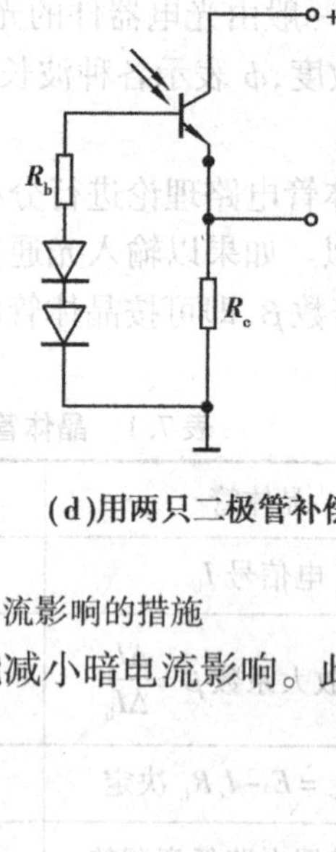

(d) 用两只二极管补偿

图 7.16　减小暗电流影响的措施

此外，采用调制光即可提高抗干扰能力，也能减小暗电流影响。此时可采用阻容耦合或变压器耦合的交流放大方式。

7.2.3　光电传感器类型

(1) 基本类型

光电传感器结构包括光路与电路。按测量光路可分为下面几种基本类型。

1) 透射式

光源发出一定的光通量，穿过被测对象时，部分光被吸收，其余到达光电元件上转换为电信号输出，如图 7.17 所示。被吸收的光决定于被测物的被测参量，利用到达光电元件的光通量来确定被测对象所吸收的光通量，从而间接测知被测量。

2)反射式

光源发出一定的光通量到被测对象,由于物体性质或状态损失了一部分光通量,余下部分反射到光电元件上,根据反射光量多少来测得被测量,如图 7.18 所示。

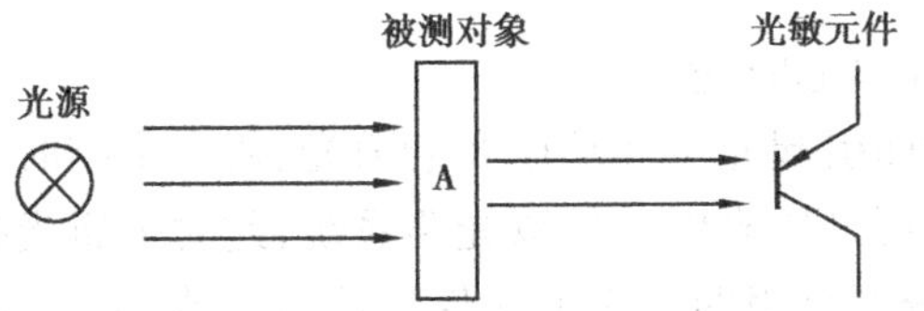

图 7.17　透射式光电传感器

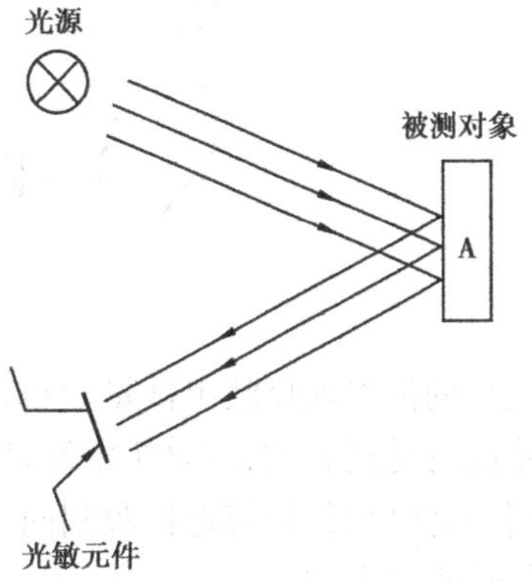

图 7.18　光电反射式传感器

3)辐射式

光源本身就是被测对象,被测对象辐射出的光通量的强弱与被测量(如温度)有关,由光电元件接受到的光通量即可确定被测量的大小,如图 7.19 所示。

4)遮挡式

光源发出一定的光通量,入射到光敏器件上。如果在光路途中被被测对象遮挡了一部分光,则入射到光电元件上的光通量也将改变,据此,光电元件的光电流是被遮挡的光通量的函数,如图 7.20 所示。

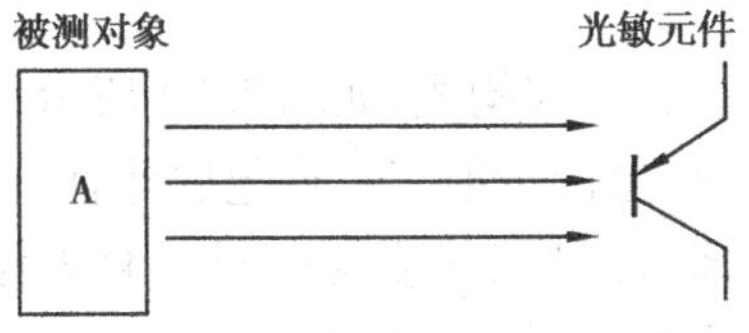

图 7.19　光电辐射式传感器

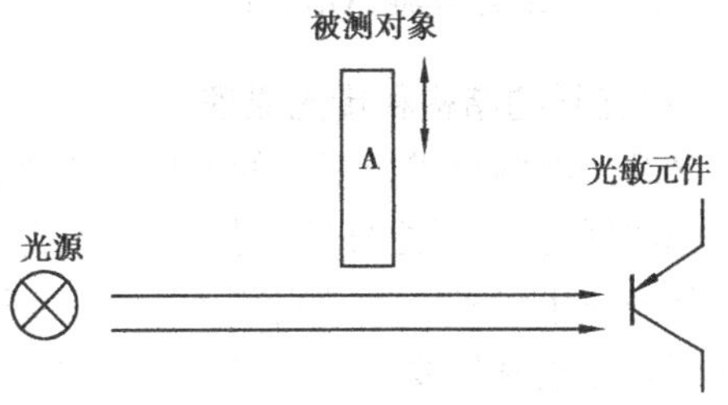

图 7.20　遮挡式光电传感器

5)开关式

当光路上有物体时,光路被切断,没有物体时,光路畅通。此时,光电元件上光电流仅有"有"或"无"两种状态。主要用在开关、计数、编码中。

(2)**双光路光电传感器**

上述基本型,当电源有波动,光路中有干扰光(如阳光、灯光等杂散光)以及光路中有尘时,将引起测量误差。此外光电元件特性变化也将带来误差。采用双光路系统可减少这些误差。

图 7.21 示出了一种双光路系统,L 为光源,它分为两路,一路经反射镜 1,穿过透镜 3 和 7,并穿过被测对象 5,为测量光路;另一路经反射镜 2,穿过透镜 4 和 8 以及吸收光楔 6,构成补偿光路。调整吸收光楔 6 的位置改变光通量,使两个光电元件输出相等,电桥达到平衡,此时吸

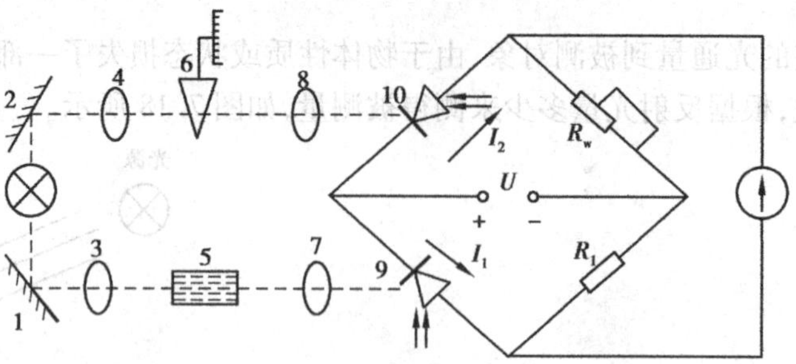

图 7.21　双电路光电传感器

收光楔的位置就反映出被量大小，当电源波动而引起光量波动以及杂散光、灰尘影响时，两条光路同时受到影响，而电桥中被抵消。此外也可采用光电元件双光路系统，此时采斩光技术，使同一光电元件能替地接收到两束光。该系统可克服两个光电元件特性不一致，灵敏度漂移不等带来的影响。

光电传感器在使用中应尽量不要将其安装在强光照射的场所，并应防尘、防水蒸气、防强电干扰，还应定期清洗或擦试光学元件，以保证传感器正常工作。

7.3　光纤传感元件

组成光纤传感器基本系统的光纤传感元件包括有光导纤维（光纤）、光源、光电元件。

7.3.1　光导纤维（Optical Fiber）

（1）光纤的结构和传光原理

光纤是由两种成分不同的玻璃抽成极细的丝，然后套装在一起构成，如图 7.22 所示，中间的细丝叫纤芯，芯子之外覆有包层，且纤芯的折射率略大于包层的折射率。在包层外有一层外套起保护作用。光纤的导光能力取决于纤芯和包层的性质，而机械强度由塑料外套来保持。当光纤直径比光的波长大很多时，可用几何光学方法说明光在光纤内的传播，当光线从空气中入射角 θ 入射到光芯时，只要 θ 小于临界入射角 θ_c，则除了在玻璃中吸收和散射之外，光线大部分在界面产生多次全反射，在光纤的末端以出射角口射出光纤，见图 7.23。

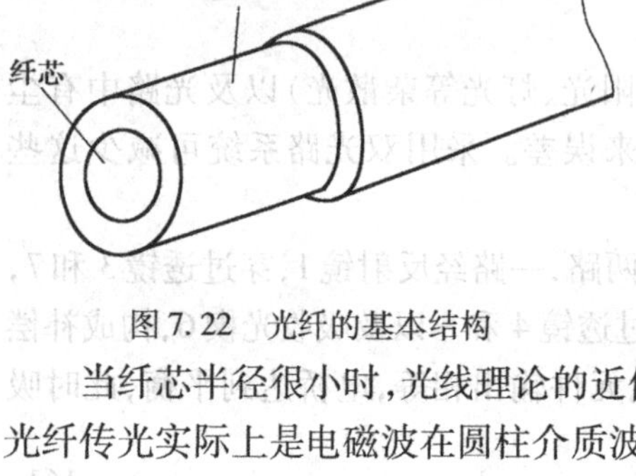

图 7.22　光纤的基本结构

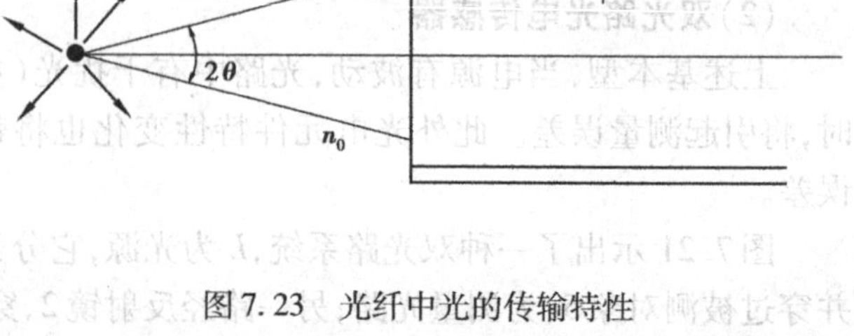

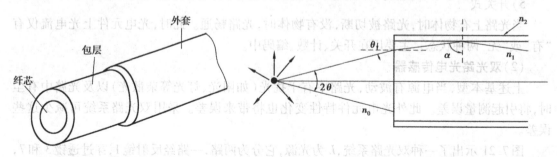

图 7.23　光纤中光的传输特性

当纤芯半径很小时，光线理论的近似性差，此时应用电磁波理论来表述。按电磁波理论，光纤传光实际上是电磁波在圆柱介质波导中的传输，为了使光波沿这种波导传播，必须寻找这样一种波型(模式),其能量主要沿纤芯内传播。解麦克斯韦方程,可求得光纤中传输电磁波模式为 TE 模、TM 模和 HE 模波,且 HE_{11} 波为主模。HE_{11} 波可看成相互垂直的 E_x 模和 E_y 模合成的,且 E_x、E_y 模为直线偏振波。

(2)光纤的主要参数

1)数值孔 NA

$$NA = \sin\theta_c = \sqrt{n_1^2 - n_2^2} \tag{7.13}$$

式中:θ_c——临界入射角;

n_1、n_2——纤芯和包层的折射率。

NA 表征了向光纤入射的光的难易程度,或者说反映了光纤对入射光的接收能力。NA 大则表明光纤可在较大入射角范围内输入全反射光。

2)传播模式

光纤内传输模式的总数常根据波导 V 参数来确定。

$$V = \frac{2\pi a NA}{\lambda_0} \tag{7.14}$$

式中:a——纤芯半径;

λ_0——真空中入射光波长。

V 值大,则允许传输的模式多。$V<2.40$ 时(一般 $2a<6\ \mu m$),只能传输单模 HE_{11},这种光纤称为单模光纤。$V>2.40$ 时,可传输较多模式,称此时的光纤为多模光纤。

3)传输损耗

由于纤芯材料的吸收,散射及光纤弯曲处的辐射损耗等的影响,光在光纤中传播时有损耗产生。传输损耗的大小是评定光纤优劣的重要指标,常用衰减率 A 表示:

$$A = -10 \log \frac{I}{I_0} \tag{7.15}$$

式中:I_0——入射光强;

I——距光纤入射端 1 km 处的光强。

4)色散现象

当光信号以光脉冲形式输入光纤并经光纤传输后发生的脉冲展宽现象称为色散,它限制了光纤的信息容量,色散以光脉冲在光纤中每传输 1 千米时脉冲展宽所增加的毫微秒数(ns/km)来表示。产生色散的原因主要有模式色散(对多模光纤而言)、材料色散、波导色散。显然单模光纤色散较小。

5)光纤强度

光纤传感器的工作和贮存寿命在很大程度上决定于玻璃纤维的机械强度。由于玻璃是脆性材料,所以玻璃纤维上非常细小的裂纹,缺陷都会引起应力集中,并使应力沿横向扩展到整个光纤横截面,最终导致完全断裂。

(3)光纤的特点

光纤传感器的特点主要由光纤的特点决定。表 7.2 列出了光导纤维的一些特点。

(4)光纤的分类

按传输模式,光纤可分为单模、多模光纤。单模光纤传输特性好、频带很宽,但制造连接及耦合工艺都很难。多模光纤性能较差,带宽较窄,但容易制造,连接耦合也比较方便。

表 7.2　光导纤维的特点

特　点	技术数据
传输频带宽	30 MHz · km ~ 10 GHz · km
低损耗	3 ~ 10 dB/km(最低可达 0.2 dB/km)
可挠曲	半径 20 mm、± 90°,53 次以上折曲不断裂
径细	包括保护层在,内直径可小至 1 mm 左右
质量轻	数百克/km(不含保护层)
抗电磁干扰	承受,19 kT/m、1 500 kV/m 的冲击电磁波
绝缘好	沿面放电电场 80 kV/20 cm、30 kV/80 cm
耐水、耐腐蚀	尤以石英玻璃为佳
耐火	石英玻璃光纤熔点可达 1 700 ℃以上

按折射率分布情况,光纤为分阶跃型和渐变型两类。阶跃型光纤的纤芯与包层间的折射率是突变的。渐变型光纤在纤芯中心处折射率最大,其 n_1 值逐步由中心向外变小,在内芯边界处,变为外层折射率 n_2。渐变型光纤有聚焦作用,且模式色散较小,如图 7.24 所示。

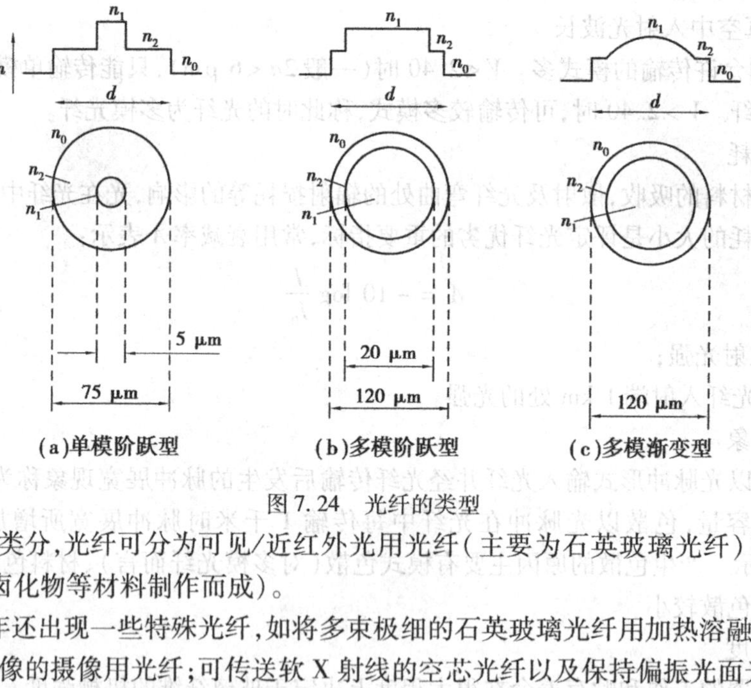

(a)单模阶跃型　(b)多模阶跃型　(c)多模渐变型

图 7.24　光纤的类型

按传光种类分,光纤可分为可见/近红外光用光纤(主要为石英玻璃光纤)以及红外光用光纤(用金属卤化物等材料制作而成)。

此外,近年还出现一些特殊光纤,如将多束极细的石英玻璃光纤用加热溶融工艺一体化制成直接传送图像的摄像用光纤;可传送软 X 射线的空芯光纤以及保持偏振光面光纤等。

7.3.2　光源与光电元件

光纤传感器多用固态器件,其共同特点是体积小、重量轻、可靠性高、与光纤匹配较好。

(1)光源

常用的激光二极管和发光二极管的发射波段是 0.8 ~ 0.9 μm 和 1.0 ~ 1.1 μm,在这一段光纤的损耗最小,因而应用广泛。

图 7.25 给出了利用晶体结构制作的 LED 或二极管激光器的结构。电子进入晶体复合层的底部而空穴进入顶部。在复合层里,空穴和电子复合形成光子,并向各方向发射,此器件是

自发射的发光二极管，如图7.25(a)所示。在此基础上，如果设法限制和引导所发射的光，使光强增加到产生受激发射程度，则就成为激光二极管。通过以下措施能实现上述目的。使复合层能隙最小，则复合层有最高折射率，该层夹在具有两个较低折射率的层之间，光子易于被低折射率的表面反射进入高折射率的复合层（就像光线在光纤中传播一样）。此外，光子通过反射镜保留在复合层里的时间较长。由此，在复合层里所形成的光子倾向于多次来回反射，使光强在复合层里得到加强。当光强足够大时，开始受激发射，这就是激光发射的条件，受激发射可增加比自发射高几个数量级的光强。

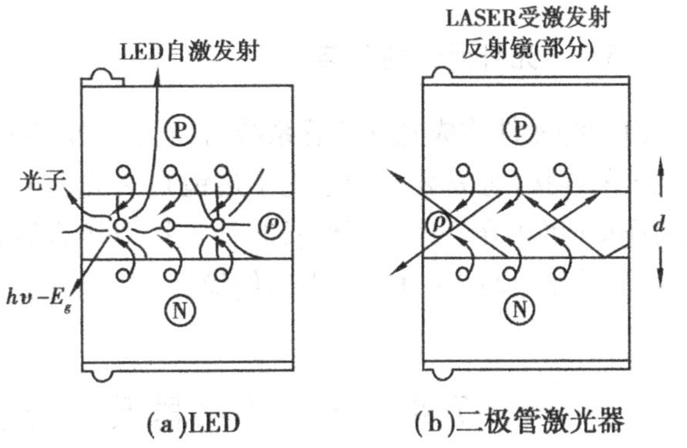

图7.25　发光二极管和二极管激光器的结构示意图

发射光功率与施加直流电流的关系如图7.26所示。发射光功率在开始时随电流的增加而线性增加，在这段内以自发射为主。一旦到达足够光强，受激发射开始，发射光功率急剧增加，由图可见，其阈值电流与温度有关，通常激光二极管的阈值电流为20～200 mA。

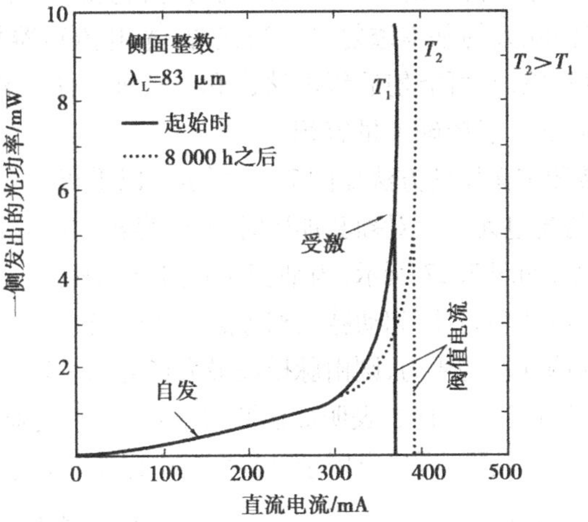

图7.26　激光二极管光功率和所加电流间的关系型

目前二极管大部分是GaAs和AlGaAs器件。LED在室温下典型光谱宽度为30～40 nm，比激光二极管的光谱宽度大一个数量级，因而增大了色散，与低数值孔径的光纤耦合效率也较低，但它具有结构简单，成本低以及温度对发射功率影响小的优点。激光二极管相干性好，方向性强、发散角小、能量集中，是一种较好的光源，但受温度影响较明显。

（2）**光电元件**

光纤传感器常用的光电元件是光电二极管、光电三极管，这在光电传感器一章中已作介绍，不再重复。这些元件中雪崩光电二极管灵敏度极高、响应速度极快，受光直径在200～300 μm之内，很适于同光导纤维传感器配用，而PINPD线性较好，适于模拟技术中应用。

7.3.3 光纤元件的互连

由光纤元件构成光纤传感系统时,互连是必不可少的。这种互连包括:①光源和光电元件与光纤的连接(通常要借助于光学透镜);②光的分束与合并(由光纤耦合器实现);③光纤之间的连接(可用光纤连接器作暂时性连接或用融熔式永久连接)。互连时必须考虑反射及插入损耗,并尽量减少损耗,以提高信噪比。

7.4 光电传感器及光纤传感器的医学应用

(1)光电式脉搏波检测

当某个波长的光通过(射入)生物体组织时,由于血液中血红蛋白含量的增减(也即伴随心搏而引起的血流量的增减),使组织对光的吸收量发生变化,由此利用光电传感器将反射成透射光检出,即可测得血管内容积变化。基本的光电脉搏波检测系统包括光源(常采用固态光源)、光电传感器(常用光电晶体管)以及遮光套(防止杂散光影响)和接口电路等部分。对透射式而言,由于经光电传感器输出的是一个大的透射量,它受到血液动脉引起的微小变化的调制,故应通过接口电路消除大的基本透射量。当光源、光电传感器相对位置移动时,会引起较大的透射量改变,产生假象,并可能使后级电路饱和。这种方法可较好地指示心律的时间关系,并可用于脉搏测量,但不善于精确度量容积。

一种利用光电脉搏波测定血压的方法如图 7.27 所示。以手指为测定对象,套上一筒状加压袖套,套内侧放置有光源与光电元件。对袖套加压时,血管容积变化引起血液中吸光物质容量变化,进而引起透射光量改变,如图 7.27 所示,当袖套压超过动脉压时,动脉被阻断,脉搏波消失。此外,脉搏波振幅的最大点对应袖套压和动脉压相等点。所以当对含有血管的组织从外加压(或减压)过程中,如果同时检测袖套的压力,则由脉搏波最大点可求平均血压,由脉搏波消失点可求得最高血压。和直接法测得血压值对照,表明此法测得的最高、平均血压较准确。由此,已开发出便携式指用长时间血压测定装置,可望应用于日常生活中血压变化监视,为治疗高血压病提供

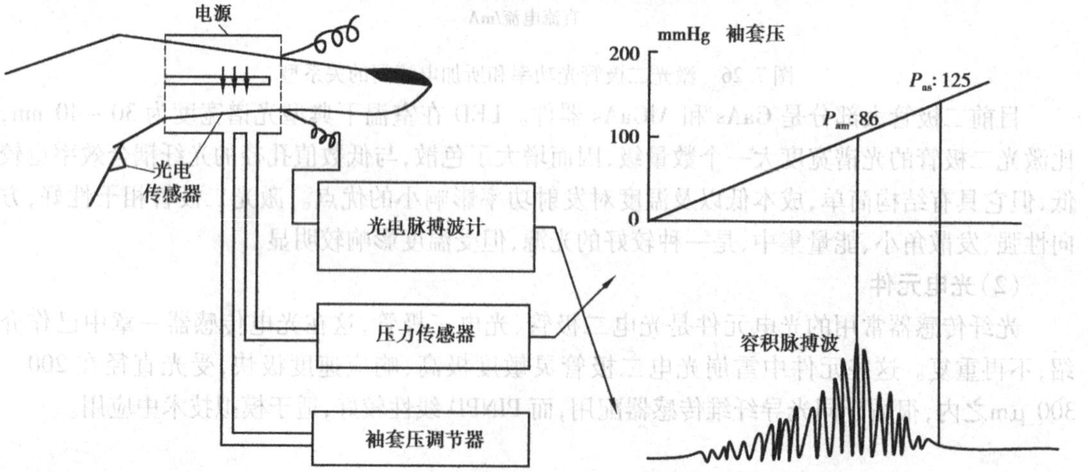

图 7.27 光电脉搏波测得血压与直接测量血压值的比较

有用信息。此外，应用光电法还可测定血管弹性，定量评价血管硬化程度。

(2)光电法测血氧饱和度

医学临床上希望能简便、非侵入、连续监测血氧饱和度。应用光电技术可较好地满足上述要求。采用透射、反射方式均可测得血氧饱和度。以透射式为例，当入射光射入厚度为 D 的均质组织时，测入射光 I_0 与透射光 I 之间的关系为

$$\frac{I}{I_0} = 10^{-ECD}$$

式中：C——吸光物质的浓度，（如血液中血红蛋白质）；

E——吸光物质的吸光系数。

若定义吸光度 A 为

$$A \equiv \log\left(\frac{I_0}{I}\right) = ECD$$

当动脉血脉动时，D 将有一个 ΔD 的改变（均质组织为血管），透射光也将有一个 ΔI 的改变，则此时吸光度的改变 ΔA 为

$$\Delta A = \log\left[\frac{I}{I - \Delta I}\right] = EC \cdot \Delta D$$

如果分别用两个不同波长的光测量，则有

$$\phi = \frac{\Delta A_1}{\Delta A_2} = \frac{E_1}{E_2}$$

已有研究表明，E_1/E_2 和氧饱和度呈一一对应关系，故据此可测得氧饱和度。此法被称为脉冲氧测量法，其测量原理框图如图 7.28 所示。

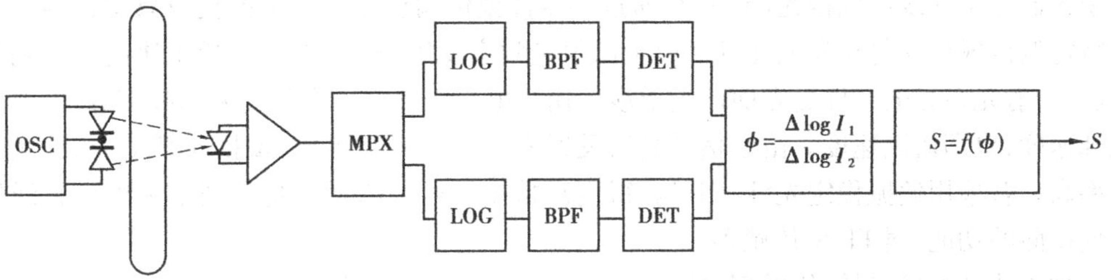

图 7.28　脉冲测氧计的原理框图

OSC—振荡器；LED—发光管；MPX—多路开关；LOG—对数；BPF—带通滤波；DET—检波器

光源采用 LCD，两个交替发光。与氧饱和度有关的血红蛋白质其吸光系数在 660 nm 附近较显著，而在 930 nm 附近吸光系数显著减小，且在此附近，其他组织的透光性也较好。

光线通过被测组织后进入光电二极管，并转换为电信号，再经多路解调器将代表不同波长的光的电信号分开，各自取对数，再经带通滤波器及检波器取出脉搏振幅并计算 ϕ，进而求得血氧饱和度。

(3)光纤多普勒血流速、血流量检测

根据光的多普勒效应，当频率为 f 的光以入射角 θ 照射到某运动着的物体时，从物体上散射回来的频率将发生 Δf 的改变：

$$\Delta f = \frac{2v \cos \theta}{\lambda} \tag{7.16}$$

式中：v——物体运动速度（在血流测量中，可理解为红血球运动速度）；

λ——媒质中光波长。

图 7.29 给出了光纤多普勒血流速度计的一种结构。光纤通过注射针插入血管内，红血球可视为散射离子（直径约 7 μm），利用红血球散射光的多普勒效应来测量血流速度。

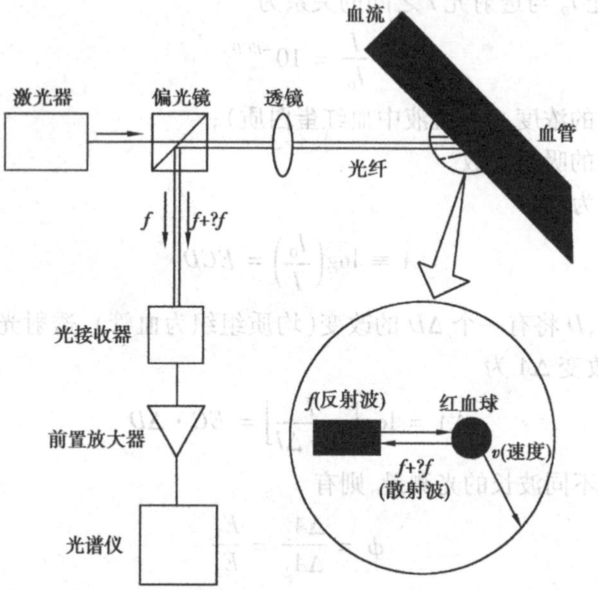

图 7.29　血流速度及基本结构简图

激光器发出的线性偏振光（频率 f）通过偏振棱镜传输至原端。偏振棱镜只将这两束光波中的特定偏振成分反射至光电元件。由于散射光频率发生与血流速度 v 成正比的多普勒频移 Δf，故与反射光在光电元件受光面产生干涉。用光电二极管测出它们的差拍频率 Δf 后即求得红血球速度，也即血流速度。由于信号光后反射光在同一光路传输，偏振面基本一致，光电检测效率高。若采用偏振稳定光纤，则可获得更高精度。这种测量系统是利用了单模光纤传输特定偏振面的功能，属 FF 型传感器。

这种流速计的优点是，传感部分不带电源且不受电磁场干扰，测量位置可自由移动选择，空间分辨率高，化学状态稳定。不足的是光纤插在流体中，对流体有扰动。

目前这种光纤激光多普勒血流计在医学基础及临床应用上被广泛使用，特别是光 IC 的出现，可望使这种血流计的结构大为简化，并使仪器体积减小，重量减轻，更便于使用。使用这种传感器测得犬大腿动脉（2 mm）的血流速度为 20 cm/s，其空间分辨率为 100 μm。

图 7.30 给出了光纤测头在检测心脏冠血流时的几种安置方法。对较粗的血管采用插入法（方法 1）。对 100 ~900 μm 的细血管，由于血管壁薄能透过光线，故采用将光纤固定在血管外表面的方法（方法 2），这样也避免了光纤插入对血液流动的侵扰。对心肌内的微小冠状动、静脉，则采用端部为球状的细光纤沿血管插入心肌内进行测量（方法 3）。图 7.31 为采用方法 2 测得的心房枝冠动、静脉的血流速度波形。由图可分析心肌收缩力与冠动、静脉血流之间的关系。

当血管内血液流速不均匀，如在冠动脉狭窄处血流速度变化很快，速度梯度大，将使得 Δf 信号的读出较困难。为此，有人采有双芯光纤传感器，如图 7.32，将发射光纤和接收光纤分

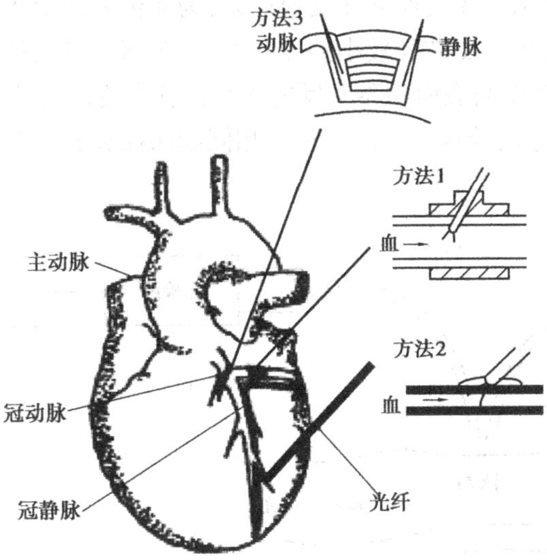

图7.30　光纤传感器测血流的几种放置方法

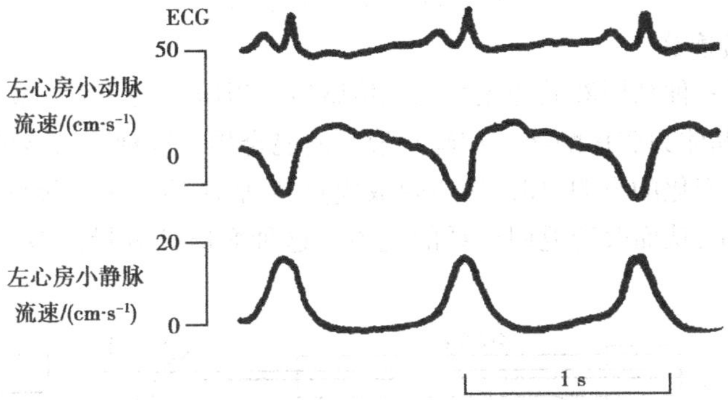

图7.31　有方法二测得的心房枝冠脉、静脉的血流速度波形

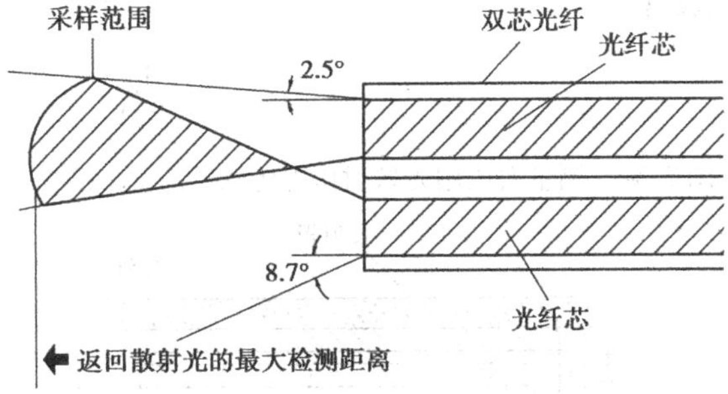

图7.32　双芯光纤传感部分示意图

开。发射光纤的出射角为2.5°,接受光纤对散射光的入射角为8.7°,故这种双芯光纤的取样范围是激光的照射范围和散射光接受范围的共同部分,由此获得的多普勒信号频谱呈高斯分布,容易作进一步处理。

采用光纤多普勒技术可测量血流量。图7.33是光纤多普勒血流量计探头示意图,它的结构有两个特点:①参考光是从人体皮肤表面反射而来,为在体外测量体内血管中的血液流速提供了很大方便;②激励光是由一支芯径较小的光纤馈送,距离可以很长,而接受光纤较短,且是大芯径、高 NA 光纤,它收集皮肤表面的参考反射光和血管中流动血液的散射回光。两种光在粗光纤中传输并送至回继电路处理。血液流量是相同的两探头放置在同一血管的定距离上做相关处理得到的。

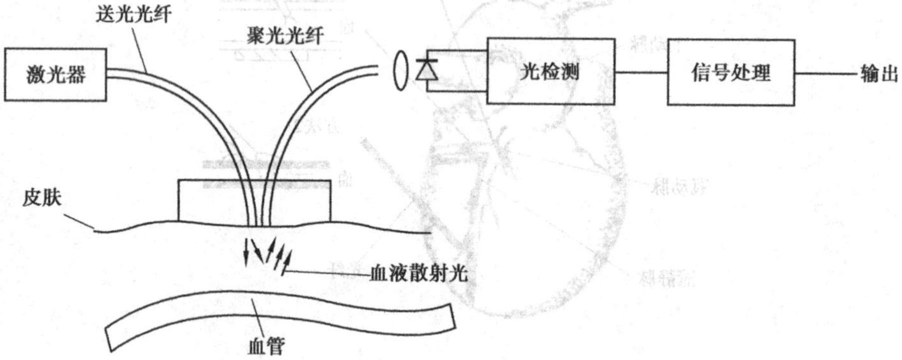

图 7.33　光纤多普勒血流量计探头

(4)**光纤血压传感器**

图 7.34 示出了一种利用液晶的光纤血压传感器。当压力加到某种液晶上时,会改变液晶对光的散射量。液晶体为胆甾醇液晶和丝状液晶的混合物。这种传感器可检测 $0\sim4\times10^4$ Pa 的压力,但易受温度变化的影响,如果用薄膜取代液晶,血压的变化引起膜位移,使部分振动膜反射的光超过临界角,从而改变返回光纤的光量。这种血压计测量误差小于 2.6×10^3 Pa,见图 7.35。

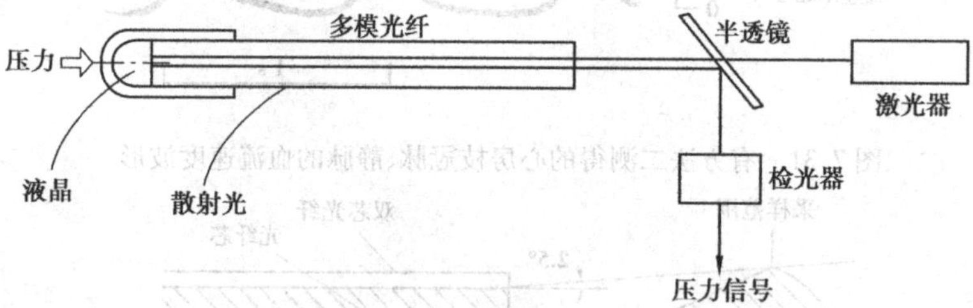

图 7.34　测量血压用光散射压力传感器的基本结构

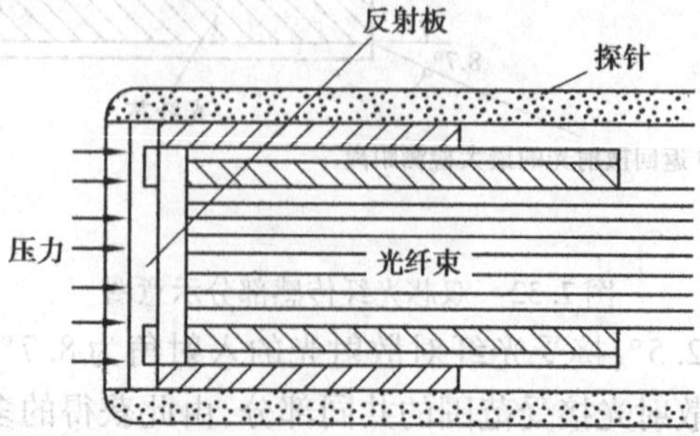

图 7.35　利用反射光的光纤血压传感器敏感结构原理

(5)**光纤温度传感器**

温热疗法治癌需要测控温度,但由于存在强电磁场干扰,故常规温度传感器测量误差较大,甚至无法正常工作。由于光纤抗电磁场干扰能力强,故可采用光纤温度传感器。实现光纤温度传感器的方式较多,例如可利用液晶的温度特性及半导体的温度特性。图7.36示出一种光纤温度传感器结构。它是利用PCF光纤(纤芯材料为SiO_2,包层用硅酮树脂),将包层剥去,用对温度依赖性大的甘油等液体构成液态包层。这样,温度变化引起包层折射率改变从而使反射光量也发生改变,达到测温目的。

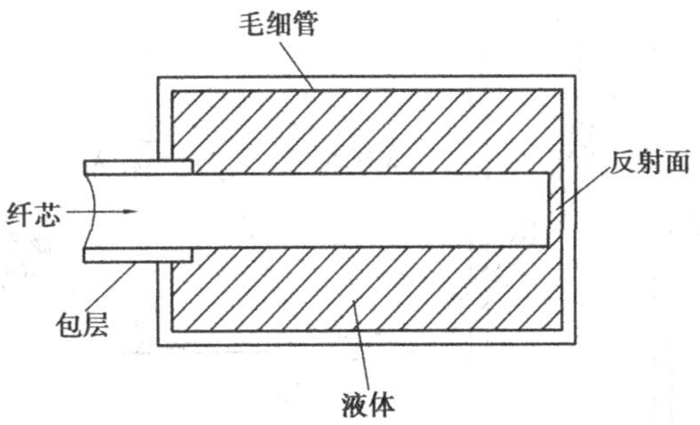

图7.36　利用折射率变化的光纤温度传感器

利用荧光物质的温度特性可构成荧光式光纤温度传感器。当磷光物质(如CaS、ZnSe)在受紫外线闪光灯照射后将产生荧光脉冲,其脉冲峰值辉度和衰减时间均是温度的函数。所以不同衰减时间的差别将反映温度的差别,这种传感器最大的特点是与光纤损耗无关,可以绝对标定,便于应用。图7.37示出了这种传感器原理示意图。传感器的探头很细(直径),其外被为聚四氟乙烯材料,因而可用高温、高压消毒且耐药品性、耐腐蚀性优良。由于探头很细,故具有快的响应速度,时间常数小于1 s。此传感器可用来插入人或动物体内测量深部温度、组织温度以及点温度。由于抗电磁干扰能力强,特别适用于温热疗法治癌中作温度测量。

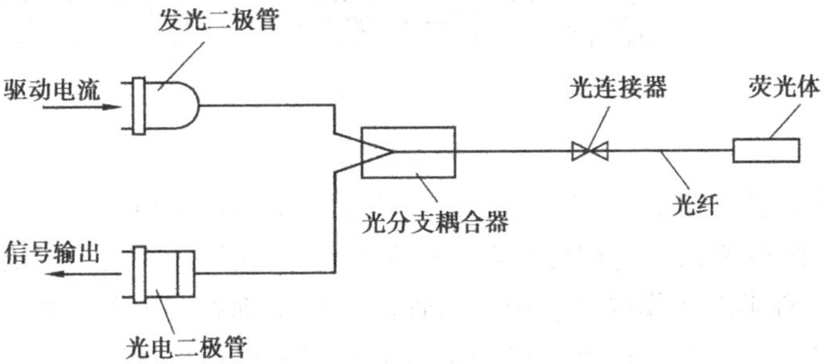

图7.37　荧光光纤温度传感器

(6)**血液中色素浓度检测**

采用色素稀释法测血流量时,需要检测血中色素浓度。图7.38示出了用光纤传感器测量色素浓度的原理。将光纤束(直径50 μm,300根光纤)通过探针插入血管中,光纤束中一部分光纤为发射光纤,另一部分为接受光纤(通常各占一半)。为消除干扰,采用双波长的光源。λ_1为810 nm,λ_2为940 nm,两个LED交互驱动并同步检测接受光纤的输出,则血中色素浓度与在λ_1、λ_2下的吸收量a_1、a_2之差成比例关系。利用此法测得的色素浓度重复性较好。图7.39示出了该法的电路部分原理框图。

(7)**光纤pH传感器**

它是以传统的染料指示化学原理进行工作的。酚红染料试剂是一种可逆的具有两种互变状态(基本状态和酸化状态)的指示剂,每一种状态有不同的光吸收谱线,基本状态是对绿色光谱吸收,酸化状态是对蓝色光谱吸收,pH值是由酚红试剂对蓝绿光谱的吸收量来决定。在

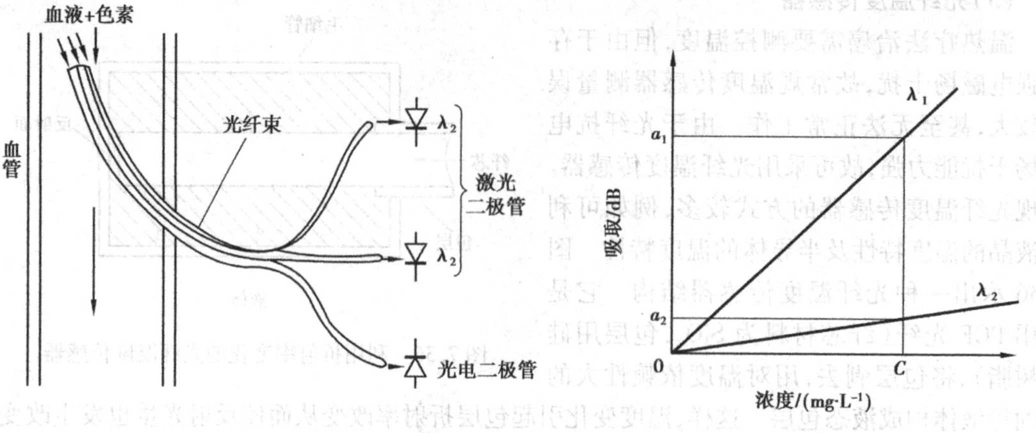

图 7.38　光纤传感器测血液中色素浓度

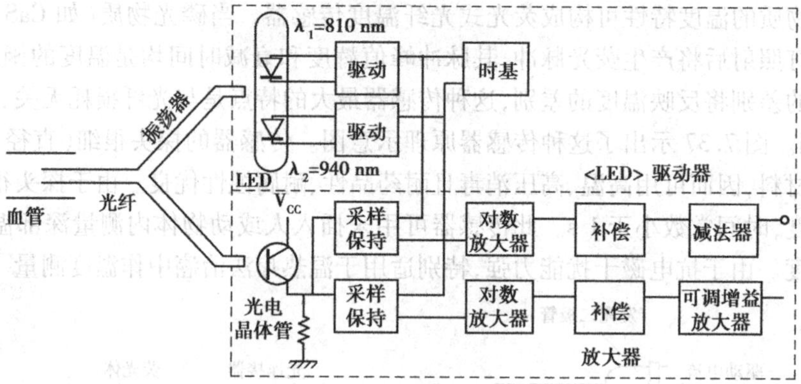

图 7.39　测量电路原理框图

实际应用中，为消除误差，采用双波长工作方式，取蓝绿光(λ_1 = 560 nm)作为调制检测光，红色光(λ_2 = 630 nm)作参考光。这种传感器的探头结构如图 7.40 所示。两根直径为 0.15 mm 的光纤，并排插入具有半渗透膜的套管中。套管内装有试剂并与光纤接触。探头前部用胶密封，以避免试剂与待测物混合。试剂的成分是一种与聚丙烯酰胺微球共价结合的酚红和作为散射光用的聚苯乙烯微珠的混合物。对光有吸收作用的只是酚红。细小颗粒状的聚丙烯酰胺是为了保持酚红有固定的位置，不致在管内随便流动。聚苯乙烯微珠能将光散射，使光与酚红试剂充分接触，提高灵敏度。这种探头可装在一个外径 0.5 mm 的不锈钢针头内以便能容易安全地插入体内(针头结构要改动，以使被测溶液与试剂接触)。此传感器在 7 ~ 7.4pH 的生理范围内其检测精度为 ±0.01pH。

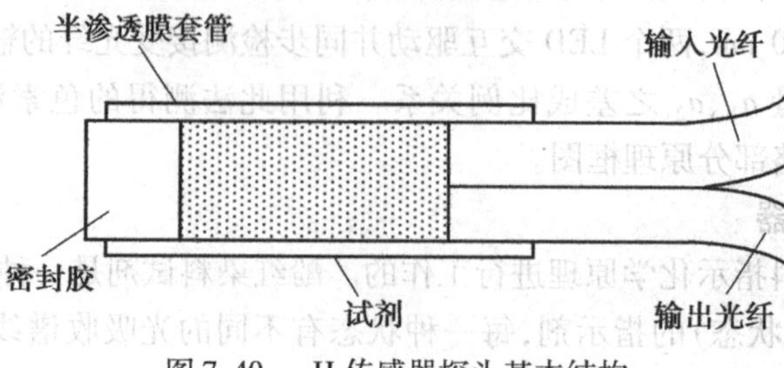

图 7.40　pH 传感器探头基本结构

第8章 热电式传感器

温度是一个很重要的物理量，物体的许多物理现象和化学性质都与温度有关。在生物医学领域里，温度也是一个非常重要的生理参数，病人的体温为医生提供了生理状态的重要信息。热电式传感器是利用某些材料或元件的物理特性与温度有关这一性质，将温度的变化转化为电量的变化。本章将介绍热电阻、PN结、热电偶、石英晶体、辐射等常用温度传感器。

8.1 热电阻式传感器的基本原理

几乎所有物质的电阻率都随其本身的温度的变化而变化，这一物理现象称为热电阻效应。利用这一原理制成的温度敏感元件称为热电阻，一般采用导体和半导体材料。

在一定的温度范围内，大多数金属的电阻率几乎与温度成正比。电阻与温度的关系为

$$R_T = R_0[1 + \alpha(T - T_0)] \tag{8.1}$$

式中：R_0——元件在 T_0 时的电阻；

α——T_0 时的电阻温度系数；

R_T——温度为 T 时元件的电阻值。

金属的温度系数为正，即电阻随温度的升高而增强，单晶半导体的 α 也是正的，但随掺杂的增加而减小。而陶瓷半导体（热敏电阻）的 α 为负，并且非线性较大。各种材料的温度系数和电阻率见表8.1。

表8.1 几种金属和半导体在室温时的温度系数和电阻率

材　料	α_1/℃$^{-1}$ *	ρ_1/Ω·cm
金	+0.004 0	2.4×10^{-6}
Nichrome（一种合金）	+0.000 4	1.0×10^{-4}
镍	+0.006 7	6.84×10^{-5}
铂	+0.003 92	1.0×10^{-6}
银	+0.004 1	1.63×10^{-6}
硅（掺杂 10^{16} cm^{-3}）	~ +0.007	1.4（P型）0.6（N型）
热敏电阻	−0.04	~10^3（负温度系数型）
	+0.1	−（正温度系数型）

* 乘以100即得每1 ℃的电阻百分比变化。

8.1.1 金属热电阻

纯金属是热电阻的主要材料，虽然大多数金属都有一定的温度系数，但作为测温元件的材料必须具有良好的线性、稳定性和较高的电阻率。常用的金属热电阻材料是铂和铜。

铂电阻的阻值和温度之间的关系接近线性在 0 ~630 ℃，其电阻—温度关系为

$$R_t = R_0(1 + At + Bt^2) \tag{8.2}$$

在 −200 ~0 ℃则为

$$R_t = R_0[1 + \mathrm{A}t + \mathrm{B}t^2 + \mathrm{C}(t - 100)t^3] \tag{8.3}$$

式中：R_t——温度为 t ℃时的铂电阻值；

R_0——温度为 0 ℃时的铂电阻值；

A、B、C——常数，$\mathrm{A} = 3.983 \times 10^{-3}(℃)^{-1}$，$\mathrm{B} = -0.586 \times 10^{-6}(℃)^{-2}$，$\mathrm{C} = -4.22 \times 10^{-12}(℃)^{-3}$。

在 −50 ~150 ℃，铜电阻的阻值和温度的关系为

$$R_t = R_0(1 + \mathrm{A}t + \mathrm{B}t^2 + \mathrm{C}t^3) \tag{8.4}$$

式中：R_t——温度为 t ℃时的铜电阻值；

R_0——温度为 0 ℃时的铜电阻值；

A、B、C——常数，$\mathrm{A} = 4.29 \times 10^{-3}(℃)^{-1}$，$\mathrm{B} = -2.13 \times 10^{-7}(℃)^{-2}$，$\mathrm{C} = 1.23 \times 10^{-9}(℃)^{-3}$。

铜和铂的温度系数较小，而且其电阻值低，因此，应特别注意在一般电桥测量中认为不重要的误差源。其一是引线电阻在温度梯度作用下引起电阻误差，采用图 8.1 所示的三导线接法可以消除这种影响。因为 R_{L1} 和 R_{L2} 相等又接在相邻桥臂上，导线电阻变化不影响电桥平衡。

第二种可能的误差源是各个触点上产生热电动势，将所有触点置于同一温度下可减小这种误差。用交流电源激励桥路，再用窄带放大器和相敏检波可消除这种影响。

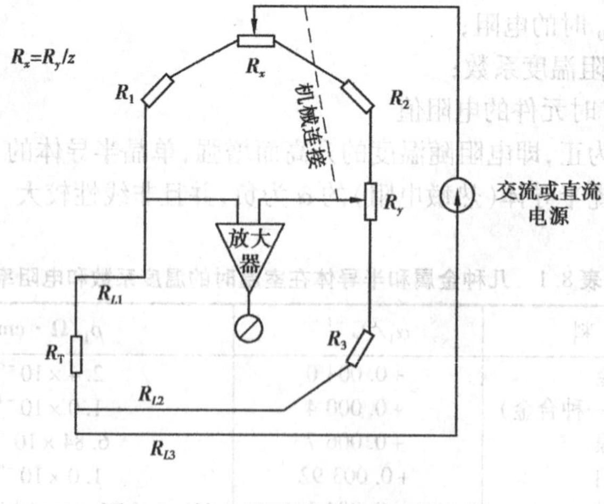

图 8.1　铂电阻测温法中的平衡电桥

在热电阻测温中，另一个重要的效应是电流流过电阻元件产生的自然效应，降低电桥激励电压并增大放大器增益可避免自热。另外，也可使用脉冲源激励电桥以减小电阻产生的热量以消除自热的影响，但这会增加测量电路的复杂性。

用金属热电阻测温的优点是精度高，线性好，稳定性好，在0～100 ℃范围内，采用非线性补偿后，铂电阻测温误差可降到0.01 ℃。

8.1.2　半导体热敏电阻

采用半导体材料制作温度传感器，由于体积小，灵敏度高，长期稳定性好等优点，因而在生物医学的温度测量中用得非常广泛。

热敏电阻分为三类：负温度系数（NTC）型，是由某些金属氧化物的混合物高温烧结而成；正温度系数（PTC）型，由钛酸钡和钛酸锶的混合物高温烧结而成；单晶掺杂的半导体（通常是硅），温度系数为正。

NTC型热敏电阻的温度系数一般为 -3% ～ -5%，比金属的温度系数大10倍左右。电阻值从数欧到几兆欧。某些玻璃封装的器件，稳定度可达 ±0.2%/年。用钛化钡烧结的PTC型热敏电阻温度系数更大（10%/℃～60%/℃），这里主要介绍NTC型热敏电阻。

（1）电阻—温度特性

对于NTC型热敏电阻，在不太宽的温度范围内（低于450 ℃），热敏电阻的电阻—温度特性都符合指数规律，即

$$R_T = R_0 e^{B\left(\frac{1}{T}-\frac{1}{T_0}\right)} \tag{8.5}$$

式中：R_T——温度 T（绝对温度）时的阻值；

R_0——参考温度 T_0（绝对温度）时的阻值；

B——热敏电阻的材料系数，常取2 000～6 000 K；

$$B = \frac{\ln\left(\frac{R_T}{R_0}\right)}{\left(\frac{1}{T}-\frac{1}{T_0}\right)}$$

T——热力学温度，$T = 273 + t$（t 摄氏温度）。

电阻—温度特性曲线见图8.2。

按定义，电阻温度系数 α_T 可由式(8.5)得到：

$$\alpha_T = \frac{1}{R_T} \cdot \frac{\mathrm{d}R_T}{\mathrm{d}T} = -\frac{B}{T^2} \tag{8.6}$$

由上式可见，热敏电阻的电阻温度系数与温度的平方成反比。

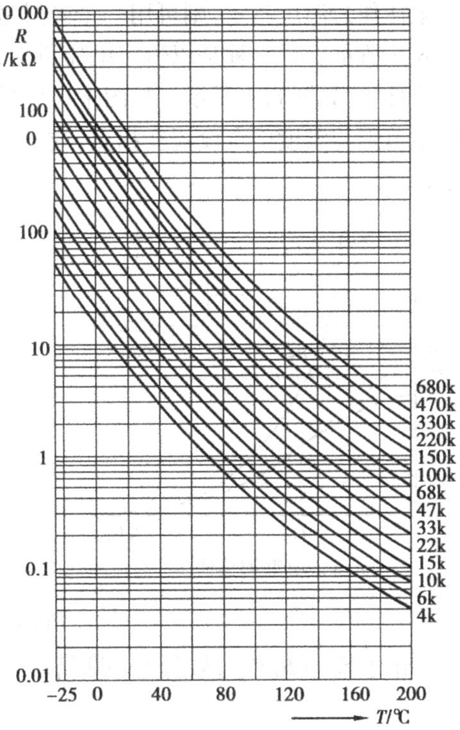

图8.2　珠状热敏电阻的电阻-温度特性

（2）伏安特性

热敏电阻的伏安特性表示在稳态情况下，热敏电阻两端的电压与流过热敏电阻的电流之间的关系如图8.3所示。伏安特性曲线分为三段。第一段为线性段，这一段的热敏电阻功耗小于1 mW，电流不足以引起热敏电阻发热，热敏电阻的温度基本上就是环境温度，这时电压和电流呈现线性关系，热敏电阻相当于一个固定电阻；随着电流增加，热敏电阻的耗散功率增加，以致电流加热引起热敏电

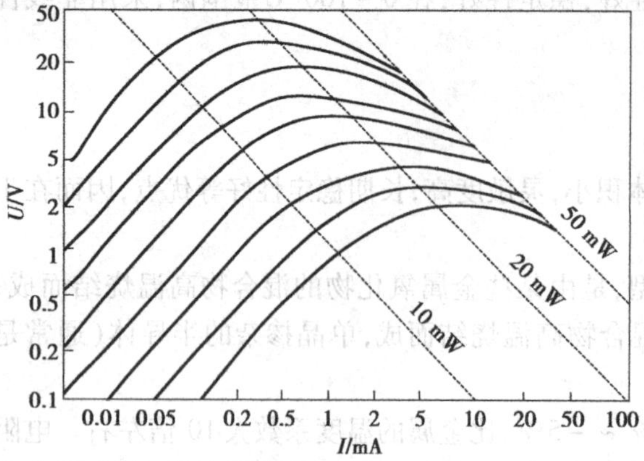

图 8.3 热敏电阻的伏安特性

阻的自身温度超过环境温度，热敏电阻阻值降低，当电流增加时，电压增加逐渐变缓，出现非线性正阻区段，该段的耗散功率为 1 ~ 10 mW；当电流再继续增加，电压却逐渐减小，这时因为电阻自身加温加剧，阻值迅速减小，当阻值减小的速度超过电流增加的速度时，即出现电压随电流增加而减小的负阻区，这一段的热敏电阻的耗散功率超过 10 mW。当电流超过某一允许值时，热敏电阻将被损坏。

热敏电阻的伏安特性是表征其工作状态的重要特性，了解它有助于我们正确选择热敏电阻的正常工作范围。例如，用于测温、控温和补偿的热敏电阻就应当工作在伏安特性曲线的线性区，这样就可以忽略电流加热引起的热敏电阻阻值变化，而使热敏电阻的阻值仅与被测环境温度有关。利用热敏电阻的耗散原理工作的时候，如测量流量、真空、风速等，就应当作在伏安特性的负阻区和非线性段。

(3) **热敏电阻的线性化**

在线性读数的温度计设计中，当所需的温量程较大时，电阻—温度特性的固有非线性严重影响测温精度。在一定的温度范围内，有两种方法线性化。若用恒流源供电，以热敏电阻两端的电压作为温度指示，则可用一个经过适当选择的电阻 R_p 与热敏电阻 R_T 并联进行线性化如图 8.4 所示。另一种是以恒定电压供电，把热敏电阻的电流作为温度指示，在 R_T 上串联 G_s 进行线性化，如图 8.4 所示。从图中可以看出，在曲线的拐点附近，曲线近似为线性，因此，常把测温范围的温度中点设置在拐点，或改变 R_p 之值，使拐点在测温中点 R_i。R_p 的值可用以下方法计算。

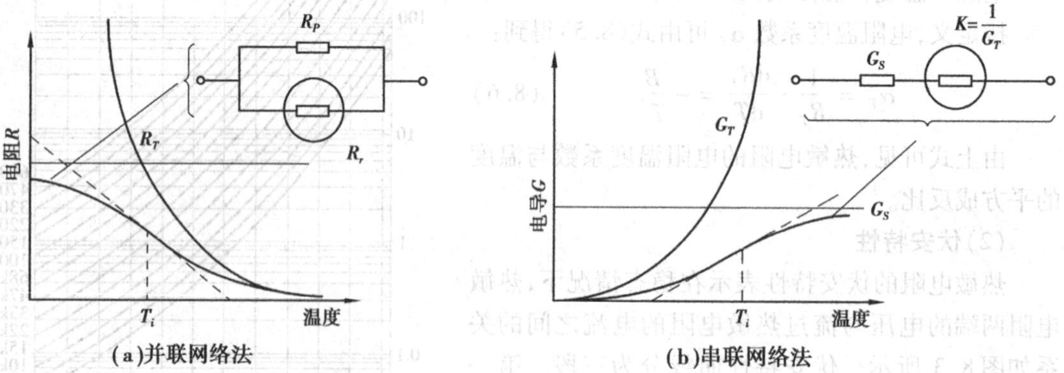

图 8.4 热敏电阻线性化

由于 $R_T = R_C e^{B/T}$，故对于并联情况：

$$R = R_P // R_T = \frac{R_P R_C e^{B/T}}{R_P + R_C e^{B/T}} \tag{8.7}$$

对上式求两阶导数并使之等于零可求得：

$$R_P = R_{Ti}\left(\frac{B-2T_i}{B-2T_i}\right) \tag{8.8}$$

式中：R_{T_i}——热敏电阻在中点温度 T_i 的阻值。

类似地，很容易求出所需串联电阻值 R_S：

$$\frac{1}{R_S} = G_S = G_{Ti}\left(\frac{B-2T_i}{B-2T_i}\right) \tag{8.9}$$

式中：G_{T_i}——热敏电阻在 T_i 时的电导。

改善线性引起的不利后果是温度系数减小并联和串联的温度系数为 a_P 和 a_S，并且通过对式(8.7)微分容易得出：

$$a_P = -\frac{\mathrm{d}R}{R\mathrm{d}T} = -\frac{B}{T_i^2}\cdot\frac{1}{1+\frac{R_{Ti}}{R_P}} \tag{8.10}$$

同样

$$a_S = \frac{-\left(\frac{B}{T_i^2}\right)}{\left[\left(\frac{G_{Ti}}{G_S}\right)+1\right]} \tag{8.11}$$

若要在更宽的温度范围内获得线性，可设计更复杂的线性化电路，如串并联网络。在高精度测温中，也可采用数字技术进行线性化。

(4)**热敏电阻测温电路**

图 8.5 是用串联电阻线性化的测温电路，R_S 将电导温度特性线性化，为消除自热误差，串联电路用 50 mV 的电压源供电，输出电压 V_0 与 R_S 和 R_T 串联的电导成正比，调整电位器使温度为 0 ℃时输出为零。由于串联电导在一定范围内与温度成正比，因此，输出电压也与温度成线性关系。该电路在 0 ~ 40 ℃使用时，最大偏差约为 0.15 ℃。

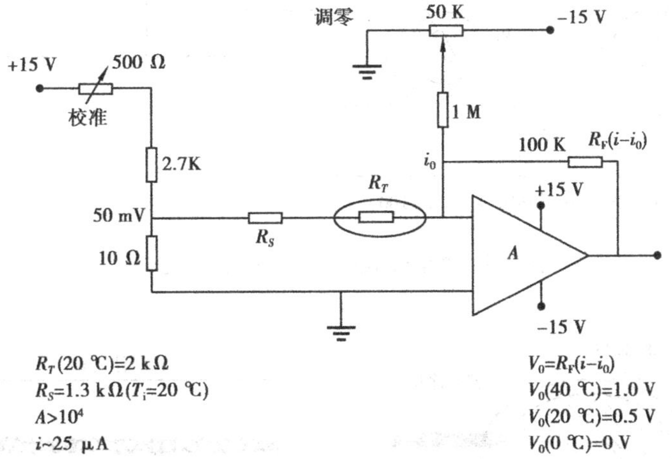

图 8.5　采用运算放大器的线性化热敏电阻测温电路

在准确度要求较高的场合，一般采用桥路进行测温。例如，在生物学研究中，经常需要测量很小的温度差。用两个热敏电阻接成差分形式可以获得高的灵敏度和精度，有人曾报道可以检测到 10^{-6} ℃的温差。测量温差的电桥分为直流温差电桥和交流温差电桥。直流温差电桥如图 8.6 所示，R_{T_1} 和 R_{T_2} 为两个匹配的珠式热敏电阻，只要 R_{T_1} 和 R_{T_2} 有温差，放大器就会输

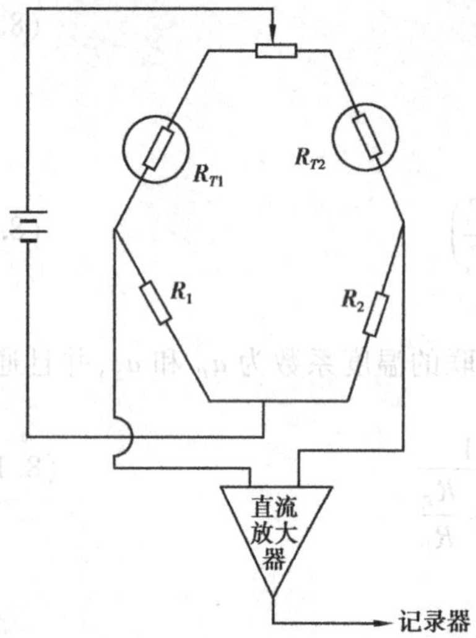

图 8.6　用直流电源的偏转型差分温度电桥

出与温差有关的信号。这个电路由于结构简单，一般情况下可测出 0.01 ℃的温差，因而被普遍使用。

在需要更高灵敏度的场合，就需使用交流供电的差温电桥，如图 8.7 所示。因为直流放大器的直流漂移和 $1/f$ 噪声会影响测量精度，在交流电桥中，使用交流窄带放大器和相敏检波，交流放大器的中心频率远离低频端，因此，可以消除漂移和 $1/f$ 噪声的影响，从而使测量精度提高。由于采用交流激励，分布电容会影响电桥平衡，因此，必须采取电阻平衡和电容平衡以达到温差为零时，输出为零。热敏电阻的封装应视使用场合而定，在生物医学中最常见的是玻璃封装的珠式热敏电阻，玻璃外壳可使敏感元件免受身体环境的影响，同时也不会过大地影响热响应时间。因此，这种热敏电阻具有较高的稳定性和较短的热响应时间，重复性为 ±0.01 ℃，漂移小于 0.01 ℃/周。另外，这种热敏电阻体积小，直径可做到 0.3 mm，可以放在导管顶端或注射针内。两种热敏电阻传感器的结构如图 8.8 所示。

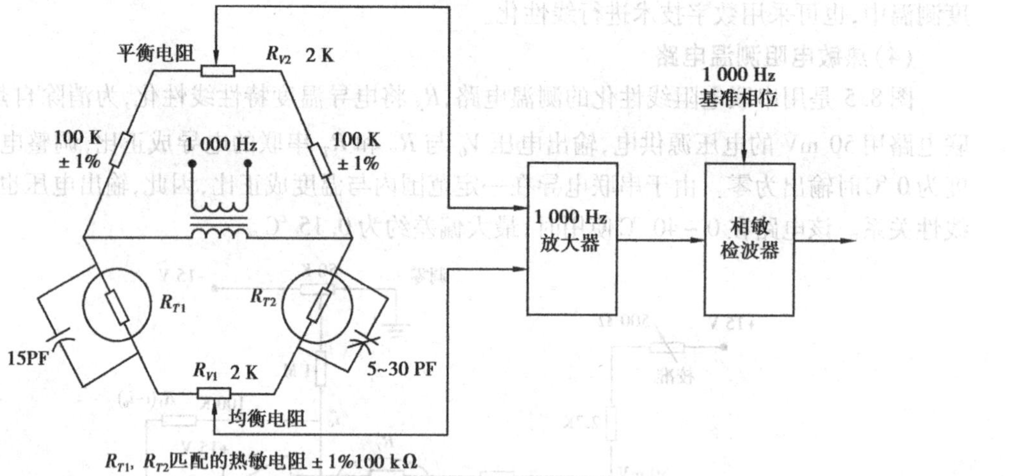

图 8.7　测量很小温差用的交流差分电桥

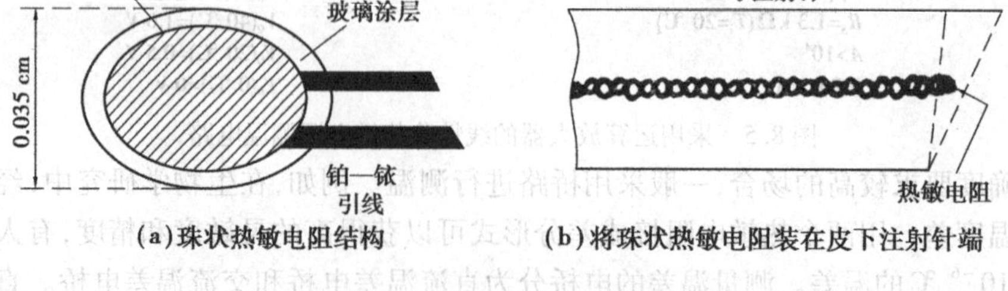

(a)珠状热敏电阻结构　　(b)将珠状热敏电阻装在皮下注射针端

图 8.8　热敏电阻探头示例

8.2　热电偶

8.2.1　热电效应

两种不同导体A和B组成闭合回路,如图8.9所示,如果两接点的温度不同,在回路中就会产生电动势,有电流流过。这种现象称为热电效应或塞贝克效应。这两种导体的组合称为热电偶。接触热场的 T 端称工作端(热端),另一端 T_0 称为自由端(冷端)。T 与 T_0 的温差越大,热电偶的输出电动势就越大,因此,可用热电动势衡量温度的大小。热电偶产生的温度电势 $E_{AB}(T,T_0)$ 是由两种导体的接触电动势和单一导体的温差电动势组成。

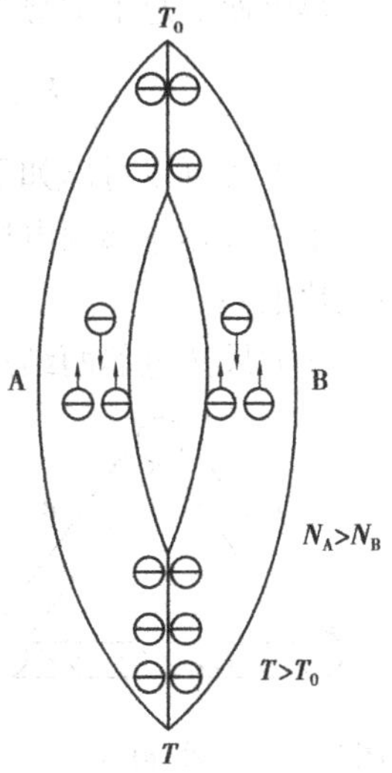

图8.9　热电效应示意图

(1)**接触电动势**

各种导体中都存在大量的自由电子,不同金属的自由电子密度不同,当两种金属接触在一起时,在结点就要发生电子扩散,电子密度大的金属的自由电子向电子密度小的金属扩散,这时电子密度大的金属因失去电子而具有正电位;相反,电子密度小的金属因接收了扩散来的多余电子而带负电。这种扩散直到动态平衡为止,产生一个稳定的接触电势。接触电势的大小与材料和温度有关,其表达式为

$$E_{AB}(T) = \frac{kT}{e}\ln\frac{N_A}{N_B} \tag{8.12}$$

$$E_{AB}(T_0) = \frac{kT_0}{e}\ln\frac{N_A}{N_B} \tag{8.13}$$

式中:$E_{AB}(T)$——A,B两种材料在温度 T 时的接触电势;

$E_{AB}(T_0)$——A,B两种材料在温度 T_0 时的接触电势;

k——波尔兹曼常数,为 1.38×10^{-23} J/k;

e——电子电荷,为 1.602×10^{-19} C;

N_A,N_B——材料A和B的自由电子密度。

回路的总接触电势是 $E_{AB}(T)$ 和 $E_{AB}(T_0)$ 之差,即

$$E_{AB}(T) - E_{AB}(T_0) = \frac{k}{e}(T - T_0)\ln\frac{N_A}{N_B} \tag{8.14}$$

从上式看出,回路接触电势与两结点温差成正比。

(2)**单一导体的温差电动势**

对单一金属A,如果两端温度不同,分别为 T 和 T_0,则在两端也会产生电势 $E_A(T,T_0)$ 这个电势称为单一导体的温差电势。这个电势的形成原因是导体高温端的自由电子具有较大动能,向低温端扩散,高温端失去电子带正电,低温端获得电子带负电,其电位差为

$$E_A(T,T_0) = \int_{T_0}^{T}\sigma_A \mathrm{d}T \tag{8.15}$$

式中：σ_A——汤姆逊系数。

回路总的温差电势为金属A和金属B的温差电势之差，即

$$E_A(T,T_0) - E_B(T,T_0) = \int_{T_0}^{T}(\sigma_A - \sigma_B)dT \tag{8.16}$$

这个电势只与电极材料（A,B）和两结点温度（T,T_0）有关，如果 $T=T_0$，则温差电势为零。

(3)总电势及热电偶规律

热电偶的总电动势为接触电动势和温差电动势之和，即

$$E_{AB}(T,T_0) = E_{AB}(T) - E_{AB}(T_0) + \int_{T_0}^{T}(\sigma_A - \sigma_B)dT \tag{8.17}$$

由上式可以得出如下结论：

①如果热电偶两电极材料相同，则虽有温差，但输出电势为零。因此必须用两种不同材料构成热电偶。

②如果热电偶两结点温度相同，则回路中的总电势必等于零。

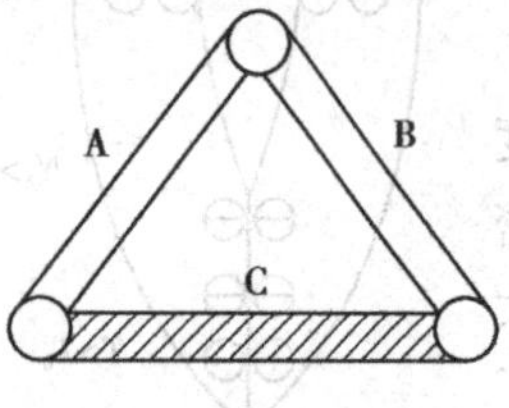

图8.10　三种导体的热电回路

③热电势只与两结点温度相关，与热电偶的尺寸、形状及沿金属的温度分布无关。

④中间导体定律：由导体A、B组成的热电偶，当引入第三种导体C时，如图8.10所示，只要保持第三种导体的两端温度相同，接入电极C后对回路总电势无影响。根据这个重要定律，我们可以把导体C作为毫伏表的连线，只要保持两结点温度相同，即可测出热电偶的热电势。

⑤标准电极定律：如果两导体A和B分别与第三种导体C的热电势为已知，则这两个导体A和B组成的热电偶的热电势为

$$E_{AB}(T,T_0) = E_{AC}(T,T_0) - E_{BC}(T,T_0) \tag{8.18}$$

8.2.2　热电偶种类和特点

构成热电偶的两导体A和B称为热电极，对热电极材料的要求是：

①热电动势大，测温范围宽，线性好。

②性能稳定，不易氧化，变形和腐蚀。

③电阻温度系数小，电阻率小。

④易加工，材料复制性好。

热电偶的热电势与温度的关系可近似表示为

$$E_{AB}(T,T_0) = \alpha(T - T_0) + \beta(T^2 - T_0^2) \tag{8.19}$$

其中 α 和 β 为常数，只要温差（$T-T_0$）不太大，热电势与温差成线性关系。如铜—康铜热电偶，在0～50 ℃，非线性误差小于±0.5 ℃。

对式(8.19)求导数即可得到热电偶的灵敏度：

$$\frac{dE_{AB}(T,T_0)}{dT} = \alpha + 2\beta \tag{8.20}$$

热电偶的灵敏度单位为μV/℃，最常用的热电偶的灵敏度在6～80 μV/℃。

热电偶的主要性能是灵敏度、精度和测温范围，各种常用热电偶及性能如表8.2所示。

表 8.2　几种常用热电偶的性质

热电偶	灵敏度 (20 ℃),μV/℃	有用范围/℃	注:精度
铜/康铜 ($Cu_{100}/Cu_{57}Ni_{43}$)	45	-150 ~ +300	约 $\pm\frac{1}{2}\%$
铁/康铜	52	-150 ~ +1 000	约 ±1%
Chromel/alumel ($Ni_{90}Cr_{10}/Ni_{94}Mn_3Al_2Si_1$)	40	-200 ~ +1 200	在恶劣环境中性能良好;约 $\pm\frac{1}{2}\%$
Chromel /康铜	80	0 ~ +500	稳定性好,普通材料中灵敏度最高的一种
铂/铂铑 ($Pt_{100}/Pt_{90}Rh_{10}$)	6.5	0 ~ +1 500	高稳定,价贵,灵敏度小;约为 $\pm\frac{1}{4}\%$

热电偶的优点包括:响应时间快,时间常数可小至 1 ms;尺寸小,直径可小至 12 μm;长期稳定性好。它的缺点是输出电压小,灵敏度低,并需要一个标准参考温度。

将多个热电偶串接起来形成热电堆,可使灵敏度提高 N 倍(N 为串接的热电偶个数),用真空沉积金属列阵的方法制作热电堆具有尺寸小、响应快的优点。

在生物医学研究中,热电偶用得很普遍,把热电偶放在注射针内和导管端部,可以测量皮下和体内的温度。热电偶的尺寸小,特别适合要求空间分辨力高、响应快的场合,如用于细胞内瞬态温度的测量。

8.2.3　参考结点处理

若已知参考结点(冷端)的绝对温度 T_0,则待测结点的温度可由热电动势确定。参考结点的温度可用直读温度计测量,或者把冷端放置在温度严格控制的水浴内。在最精密的测量工作中,水浴是一个水三相点装置,其温度是 0.01 ±0.000 5 ℃。比较简单的方法是使用冰浴。

一种常用的简单方法是电路补偿法。利用电桥原理,用热电阻或热敏电阻检测出温度的变化,并产生一个相应的补偿电压抵消参考端温度变化引起的热电势变化,如图 8.11 所示,现已有专用的参考端温度补偿器,如国产的 WBC 型。

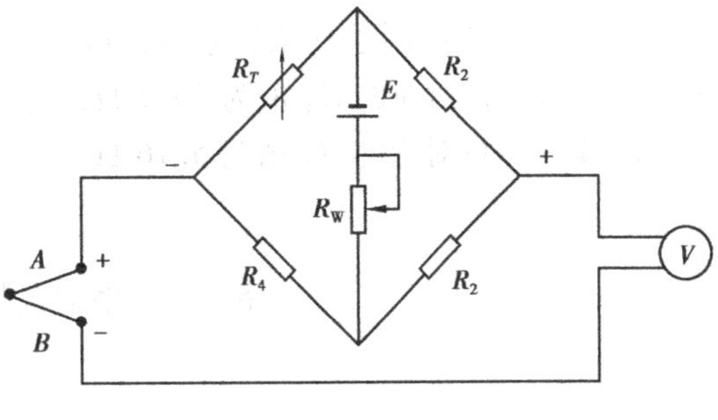

图 8.11　电桥补偿原理图

图 8.12 给出了另一种参考端补偿电路,这个电路利用半导体集成温度传感器 AD 590,见第三节的电流随温度 T_A 线性增加这一特点,产生补偿电压,抵消冷端温度产生的热电势。图中的热电偶为 J 型(铁(+)—康铜)热电偶。

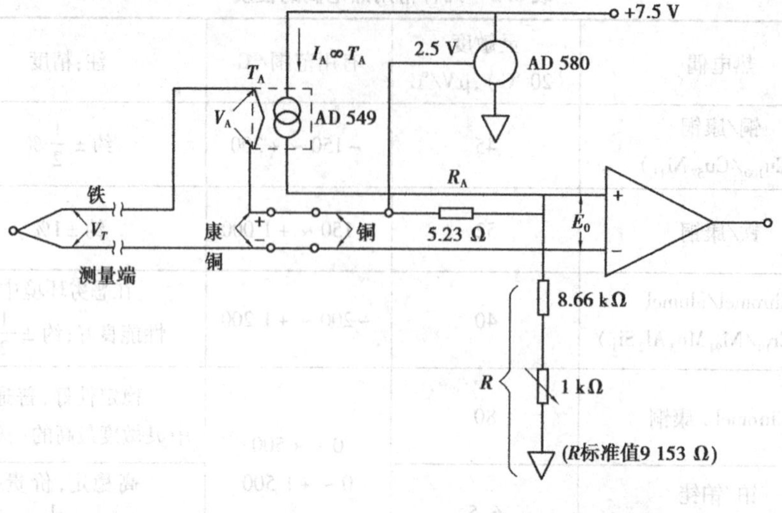

图 8.12　热电偶参考端补偿电路

放大器输入端的电压为

$$E_0 = V_T - V_A + V_{R_A}$$

而
$$V_{R_A} = \frac{R_A I_A + 2.5}{1 + \frac{R_A}{R}} - 2.5 \quad 并且 R \gg R_A$$

所以
$$E_0 = V_T - V_A + \frac{R_A I_A + 2.5}{1 + \frac{R_A}{R}} - 2.5$$

$$= V_T - V_A + R_A I_A$$

如果使得则
$$V_A = R_A I_A$$

则
$$E_0 = V_T$$

把测量端处于已知温度(如25 ℃),调节 R 进行电路校准,得到适当的输出电压。如果选择低温度系数的电阻,则电路在环境温度为 15 ~ 35 ℃之时的补偿精度小于 ±0.5 ℃,误差的主要成分来自参考电压(AD 580)和电阻的温度系数。图中的 R_A 数值仅适用于 J 型热电偶,改变 R_A 可使该电路用于其他热电偶,如 K 型(镍铬(+)—镍铝)对应的 R_A 值为 41.2 Ω;T 型(铜(+)—康铜)对应的 R_A 值为 40.2 Ω;E 型(镍铬(+)—康铜)对应的 R_A 值为 61.4 Ω;R 型(铂铑 13—铂)对应的 R_A 值为 5.76 Ω。

8.3　半导体温度传感器

从半导体物理的知识我们知道,PN 结的伏安特性与温度有关,利用 PN 结的这一特点,可以制成各种温度传感器,典型的 PN 结型温度传感器有二极管温度传感器,三极管温度传感器和集成电路温度传感器。

8.3.1 二极管温度传感器

从由一个PN结构成的二极管的伏安特性曲线知，当流过二极管的电流恒定时，随着温度的升高，二极管两端的电压近似线性地降低。温度每升高1 ℃，电压降低约2 mV，如图8.13所示。PN结二极管温度传感器的线性范围较宽，一般为-40～100 ℃，如果采取适当校正措施，可以用作温度低至4 K的温度传感器。二极管温度传感器的上限温度不能太高，一般约为120 ℃，特殊的碳化硅温度敏感二极管的工作温度上限可达500 ℃。

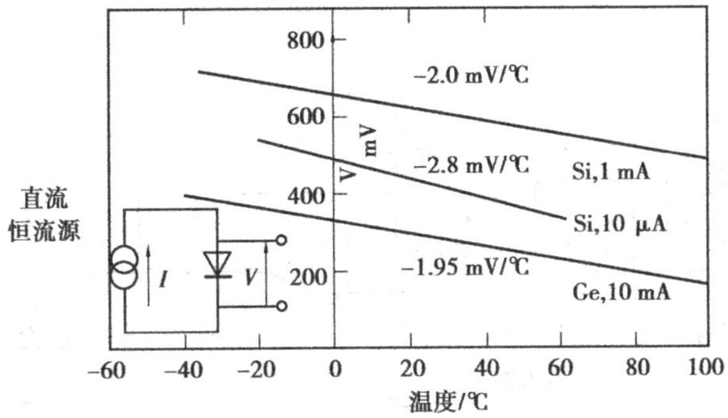

图8.13 工作于直流恒流源下的Ge、Si二极管温度特性

对于理想二极管，只要两端的电压大于 n 个 kT/q，其正向电流 I_F 与正向电压 V_F 和温度 T 的关系为

$$I_F = I_S \exp\left(\frac{qV_F}{kT}\right) \tag{8.21}$$

式中：k——玻耳兹曼常数；

q——电子负荷；

I_S——饱和电流。

$$I_S = \alpha T^{\gamma} \exp\left(-\frac{E_{go}}{kT}\right) \tag{8.22}$$

式中：α——与温度无关的常数；

γ——与迁移率有关的常数；

E_{go}——外推的0 K下的材料禁带宽度。

由式(8.21)和式(8.22)可得：

$$V_F = \frac{E_{go}}{q} - \frac{kT}{q}\ln\left(\frac{\alpha T^{\gamma}}{I_F}\right) \tag{8.23}$$

从式(8.23)可以看出，在恒定电流 I_F 下，随着温度的升高，正向电压 V_F 将下降，即温度系数为负。当电流增加时，灵敏度降低，当正向电流 $I_F = 10$ μA时，灵敏度为-2.8 mV/℃，当 $I_F = 1$ mA时，灵敏度降到-2 mV/℃。

对于实际二极管，只要它们工作在PN结空间电荷区中的复合电流和表面漏电流可以忽略，并且未发生大注入效应的电压和温度范围内，它们的特性就与理想二极管相符。

在一定的温度范围内，V_F 与 T 成线性关系为了扩大其线性范围，可采用特性相同的差分对管。如果流过一个二极管的电流为 I_{F1}，另一个二极管的电流为 I_{F2}，则两只二极管的电位差可由式(8.21)获得，即

$$\Delta V_F = \frac{kT}{q}\ln\frac{I_{F1}}{I_{F2}} \tag{8.24}$$

只要I_{F1}和I_{F2}保持不变，则ΔV_F与绝对温度T成正比，其线性明显优于单个二极管。用一只二极管采用阶跃电流激励，其效果与差分对二极管相同，不过，这时要用低电流为I_{F2}高电流为I_{F1}的脉冲恒流源，并且需测电压脉冲幅度。但这种方案要降低传感器的灵敏度。

在二极管测温中，用得最多的是恒流源激励电路，如图8.14所示。图中，I_F为恒流源，其值一般取10～100 μA，避免自热效应。调节R_2和R_3可以改变输出灵敏度和零位，以得到摄氏和华氏温度显示。

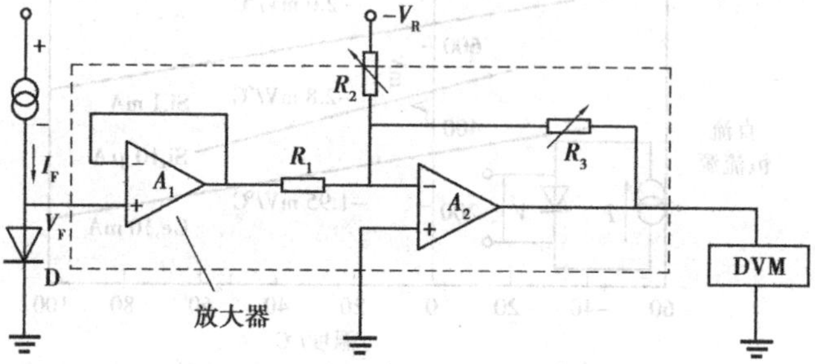

图8.14　二极管温度传感器电原理图

8.3.2　三极管温度传感器

在一定的温度范围内，在小注入条件下，只要$\frac{qV_{BE}}{kT} \gg 1$，则不管集电结是零偏还是反偏，NPN型晶体三极管的集电极电流I_C与基极—发射极电压V_{BE}和温度T的关系为

$$I_C = \alpha T^{\gamma}\exp\left(-\frac{E_{go}}{kT}\right)\exp\left(-\frac{qV_{BE}}{kT}\right) \tag{8.25}$$

式中：α——与温度无关的常数，但与结面积和基区宽度有关；

E_{go}——0 K是硅的外推禁带宽度，常取1.205 eV；

γ——常数，取决于基区中少数截流子迁移率对温度的依赖性，其值一般为3～5。

式(8.25)可改写为

$$V_{BE} = V_{go} - \left(\frac{kT}{q}\right)\ln\left(\frac{\alpha T^{\gamma}}{I_C}\right) \tag{8.26}$$

式中$V_{go}=E_{go}/q$，从上式可以看出，如果I_C为常数，则V_{BE}仅随温度单调和单值变化。设在某已知温度T_1下，测得V_{BE}和I_C值分别为V_{BE1}和I_{C1}，则

$$V_{BE1} = V_{go} - \left(\frac{kT_1}{q}\right)\ln\left(\frac{\alpha T_1^{\gamma}}{I_{C1}}\right) \tag{8.27}$$

于是，由式(8.26)和式(8.27)可得：

$$V_{BE} = V_{go} - (V_{go} - V_{BE1})\frac{T}{T_1} - \left(\frac{kT}{q}\right)\ln\left(\left(\frac{T}{T_1}\right)^{\gamma}\left(\frac{I_{C1}}{I_C}\right)\right) \tag{8.28}$$

如果集电极电流I_C恒定，即$I_C = I_{C1}$，则

$$V_{BE} = V_{go} - (V_{go} - V_{BE1})\frac{T}{T_1} - \left(\frac{\gamma kT}{q}\right)\ln\left(\frac{T}{T_1}\right) \tag{8.29}$$

在温敏三极管的典型工作温度范围(－50～＋150 ℃)内,当 T_1 取此温区中值附近某值时,式(8.29)中的第三项远小于第二项,可见 V_{BE} 随温度升高而近似线性减小,其温度系数为 $-\frac{(V_{go}-V_{BE1})}{T_1}$,其值约为2.2 mV/K。考虑到 V_{BE1} 对集电极电流的对数依赖关系,V_{BE} 的温度系数会随 I_C 的增加而缓慢减小。

常用的温敏三极管测温电路如图8.15(a)所示。温敏三极管作为负反馈元件跨接在运放A的反相输入端和输出端,基线接地,集电结零偏,发射结正偏。

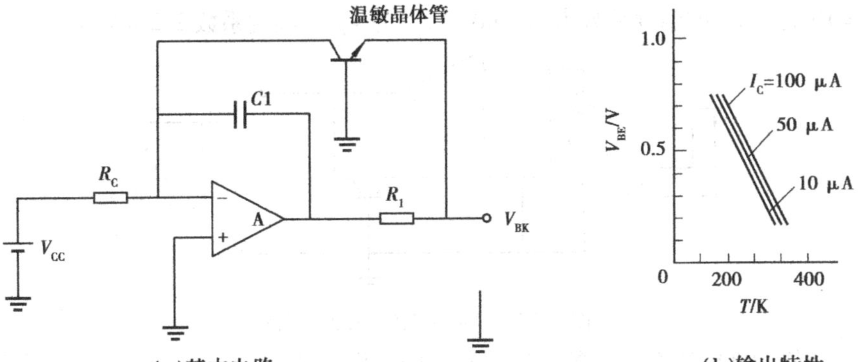

(a)基本电路　　(b)输出特性

图8.15　温敏晶体管的基本电路及其输出特性

集电极电流 $I_C=V_{CC}/R_C$,只要 V_{CC} 不变,则 I_C 恒定,从而保证温敏三极管工作在恒流状态。电容 C_1 的作用是防止寄生振荡,图8.15(b)给出了 V_{BE} 和 T 的关系,3条曲线对应于不同的集电极电流值,小电流对应于较大的电压温度系数。

由式(8.29)我们知道,在恒流工作状态下,V_{BE} 和 T 的关系只是近似线性的,存在一定的非线性误差,在宽温度范围和高精度测温时,必须进行线性化补偿,常用的方法有阶跃电流法、差分对管法和反馈法。

反馈法温度特性线性化电路如图8.16所示,随温度变化的输出电压 V_0 经函数发生器产生一个随温度变化的集电极电流 I_C。

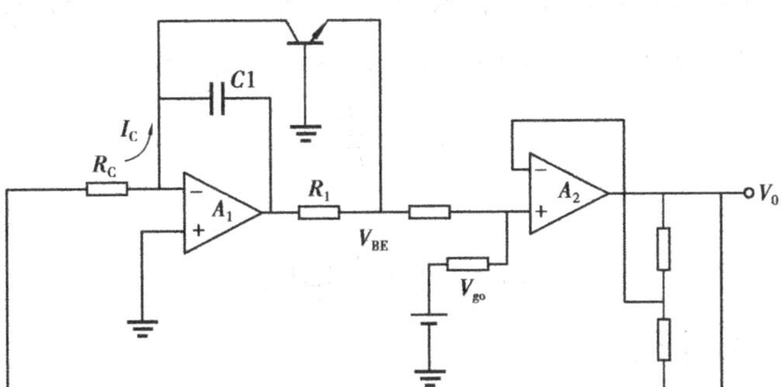

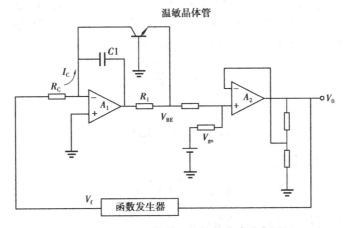

图8.16　温敏晶体管的线性化电路示意图

$$I_C = I_{C1}\left(\frac{T}{T_1}\right)^k \tag{8.30}$$

式中：$I_{C1}=50\ \mu A$，$T_1=25\ ℃$，调整电路可以满足，I_{C1}和T_1。k可取1，2或γ，当$k=\gamma$非线性误差最小。

电流阶跃法的电路如图8.17，这时检测的电压为ΔV_{BE}。根据式(8.26)，当晶体管交替工作在不同的集电极电流I_{C1}和I_{C2}时，对应的基极—发射极电压差为

$$\Delta V_{BE}=V_{BE1}-V_{BE2}=\left(\frac{kT}{q}\right)\ln\left(\frac{I_{C1}}{I_{C2}}\right) \tag{8.31}$$

由上式可见，ΔV_{BE}和T表现为理想的线性关系，但ΔV_{BE}的温度系数远小于V_{BE}的温度系数。当$I_{C1}/I_{C2}=10$时，ΔV_{BE}的温度系数为0.2 mV/k，反为V_{BE}的温度系数2.2 mV/k的十分之一。

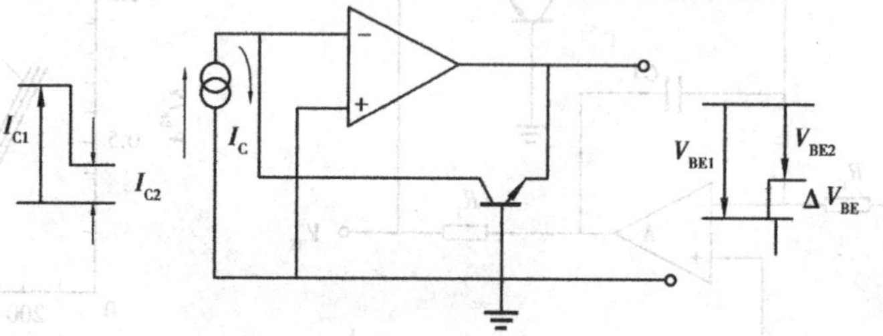

图8.17　电流阶跃法原理示意图

把两个结构和性能完全相同的晶体管置于同一温度下，使其分别在两个不同的恒定集电极电流I_{C1}和I_{C2}下工作，那么，两管基极—发射极电压之差ΔV_{BE}将和单管电流阶跃法一样，与温度保持理想的线性关系：

$$\Delta V_{BE}=\left(\frac{k}{q}\ln\frac{I_{C1}}{I_{C2}}\right)T \tag{8.32}$$

由此可见，这种对管具有电流阶跃法的优点和特点，并省去了脉冲发生器和脉冲幅度测量。

当然，两管之间在特性上的任何失配都可能引入实际的非线性误差。挑选两只在电学特性和热学特性上十分匹配的晶体管是很困难的，而且在使用中也很难使两管做到完全相同的热接触和处于完全相同的测温条件下，特别是在温度梯度较大的温场中就更为困难。然而，采用成熟的集成电路工艺可以制做出结构和性能极为相近的对管管芯，再把它们封装在同一管壳内，这样制造的温敏差分对管不但保证了电学特性的匹配，也保证了热学特性的匹配。

图8.18为典型的差分对管测温电路。由于两集电极电位相等，所以

$$\frac{I_{C1}}{I_{C2}}=\frac{R_2}{R_1} \tag{8.33}$$

并且

$$V_0=\left(1+\frac{R_f}{R_b}\right)\Delta V_{BE} \tag{8.34}$$

由式(8.32)和式(8.33)可得：

$$\Delta V_{BE}=\frac{k}{q}\ln\left(\frac{R_2}{R_1}\right)\cdot T \tag{8.35}$$

把上式代入式(8.34)得输出与T的关系：

$$V_0=\left[\frac{k}{q}\left(1+\frac{R_f}{R_b}\right)\ln\left(\frac{R_2}{R_1}\right)\right]\cdot T \tag{8.36}$$

灵敏度为

$$\frac{\partial V_0}{\partial T}=\frac{k}{q}\left(1+\frac{R_f}{R_b}\right)\cdot\ln\left(\frac{R_2}{R_1}\right) \tag{8.37}$$

显然,改变反馈电阻 R_f 可以达到要求的灵敏度,这是常用的定标方法。

8.3.3　集成电路温度传感器

集成电路温度传感器是将作为感温器件的温敏三极管(一般为差分对)及其外围电路集成在同一芯片上的集成化 PN 结温度传感器。这种传感器线性好,精度高,互换性好,并且体积小,使用方便,其工作温度一般为 -50 ~ +150 ℃。

集成电路温度传感器的感温元件采用差分对晶体三极管,它产生与绝对温度成正比的电压和电流,这部分常称为 PTAT(Proportional To Absolute Temperature)。

图 8.19 是典型的感温部分电路,其输出电压为

$$V_0=\frac{R_2}{R_1}\left(\frac{kT}{q}\right)\ln n \tag{8.38}$$

式中:n——Q_1 和 Q_2 的发射板面积比。

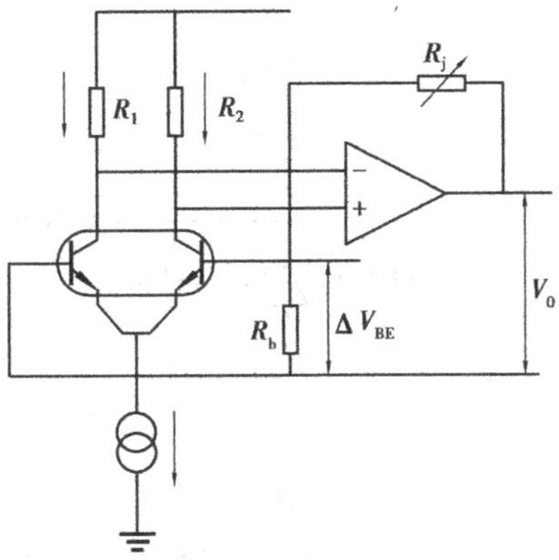

图 8.18　温敏差分对管电路示意图

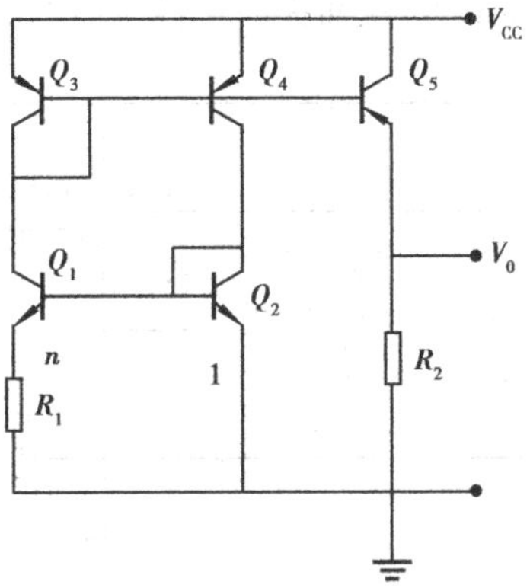

图 8.19　电压输出的 PTAT 电路

只要$\frac{R_2}{R_1}$为常数,则输出电压 V_0 与绝对温度 T 成正比。输出电压的温度灵敏度由电阻比 R_2/R_1 和面积比 n 决定。

集成电路温度传感器按其输出可分为电压型和电流型,典型的电压型集成电路温度传感器有 μPC616A/C,LM135,AN6701 等,典型的电流型集成电路温度传感器为 AD 590。

μPC616A/C 为四端电压输出型温度传感器,其原理框图如图 8.20 所示。这种传感器的最大工作温度为 -40 ~ +125 ℃,灵敏度为 10 mV/K,线性偏差为 0.5% ~2%,长期稳定性和复现性为 0.3%。图 8.21 为基本接线图。

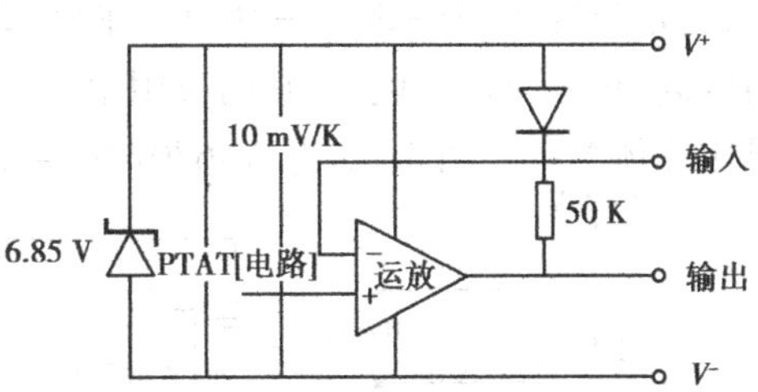

图 8.20　四端电压输出温度传感器框图

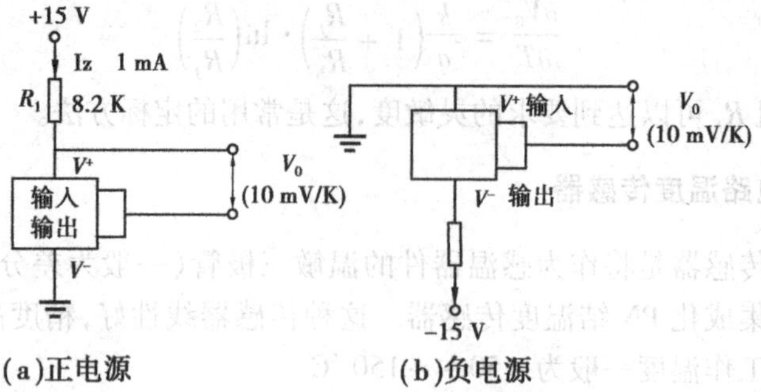

图 8.21 μPC616 基本应用电路

LM135 是一种精密的易于定标的三端电压输出型集成温度传感器，当它作为两端器件工作时，相当于一个齐纳二极管，其击穿电压正比于绝对温度，灵敏度为 10 mV/K，当工作电流在 0.4 ~ 5 mA 范围内变化时，并不影响传感器的性能。这样传感器的工作温度为 −55 ~ +150 ℃，典型的测量电路如图 8.22 所示，调节 10 kΩ 电位器实现定标，以减小工艺偏差产生的误差。例如，在 25 ℃下，调节电位器，使 $V_0 = 2.982$ V。经过定标，传感器的灵敏度达到设计值 10 mV/K，从而提高了传感器的测温精度。

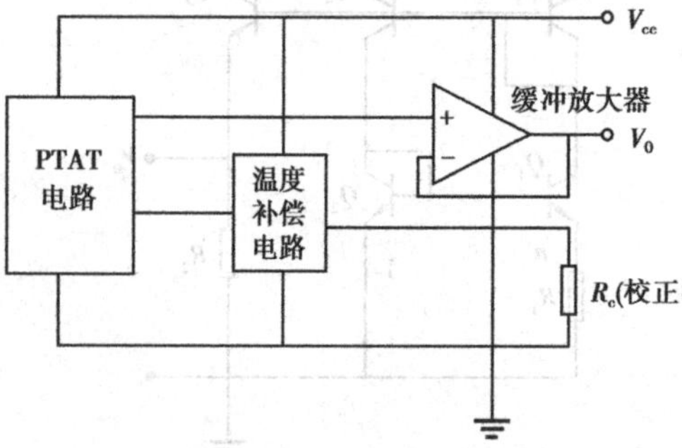

图 8.22 可定标的传感器电路

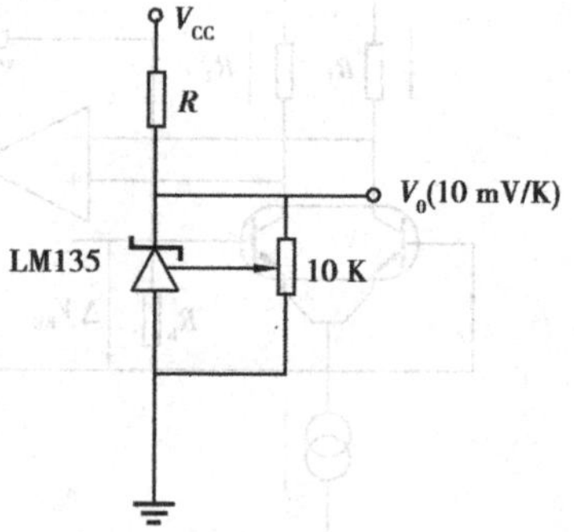

图 8.23 AN6701 结构框图

AN6701 是一种新型的高灵敏度电压输出型集成温度传感器，灵敏度为 100 mV/K，工作温度 0 ~ 80 ℃，非线性误差为 0.5%，校正后精度为 ±1%。图 8.23 为 AN6701 的电路结构，输出为 V_0 与 V_{CC} 间的电位差。调节 R_c 可以使在某一指定温度下，输出为零，该温度称为补偿温度，补偿温度 T_c 为 −30 ~ −10 ℃。图 8.24 为基本电路。由于这种传感器灵敏度高、线性好，精度高、热响应快等优点，它的应用很广泛。并且由于体积小和高达 0.1 ℃的分辨率，AN6701 可用作体温计。图 8.25 为 AN6701 的主要特性曲线。

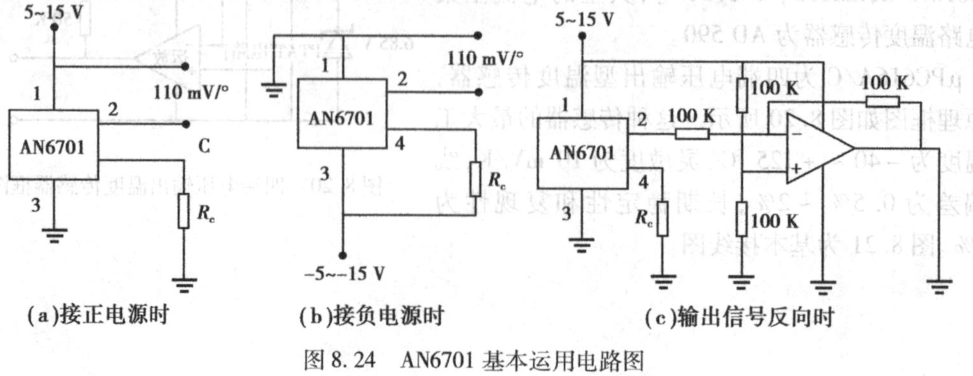

图 8.24 AN6701 基本运用电路图

AD590 为电流输出型集成电路温度传感器，它是一个两端器件，实际上可以等效为电流随温度变化的恒流源，电流温度灵敏度为 1 μA/K，工作温度为 -55 ~ +150 ℃，由于采用了最新的薄膜电阻激光微调技术作最后定标，这种传感器的精度高达 ±0.5 ℃（在整个工作温度范围内），而且线性误差小于 ±0.5 ℃。

图 8.26 为典型的 AD590 在不同温度下的电流—电压关系曲线，显然，传感器在 3 V 左右就进入线性区（该区为恒流区）。在恒流区内，输出阻抗极高，在 5 V 时约为 5 MΩ，15 V 以上可超过 20 MΩ，在 15 ~ 30 V 的电源范围内，电源电压变化 1 V 引起的电流变化小于 0.1 μA。因此，电源电压变化引起的温度误差是很小的。由于该传感器为电流输出型，并且输出阻抗高，因此，它的抗干扰能力强，用普通的纹合线就可以进行有线温度遥测，如图 8.27 所示。AD 590 还常用在多点温度遥测。数字绝对温度计和热电偶的冷端补偿中。数字绝对温度计如图 8.28 所示。ICL7106 为三位半的 A/D 转换器。它包括 A/D 转换，时钟发生器，参考电压源，BCD 码七段译码器和显示驱动器等，再加上液晶显示器、电阻网络和 AD590 温度传感器就可构成一个数字温度计。

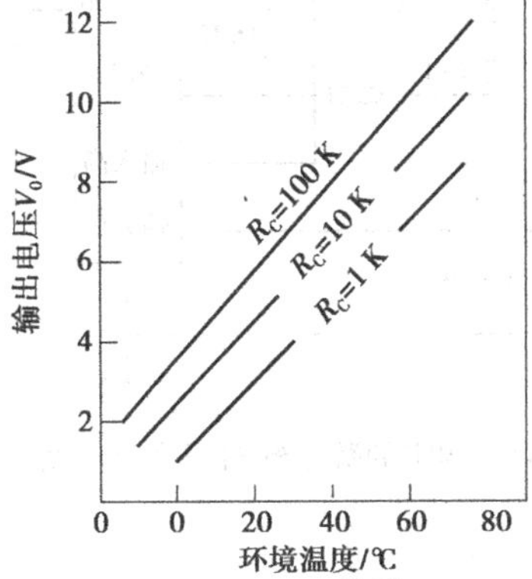

(a) V_0-T关系

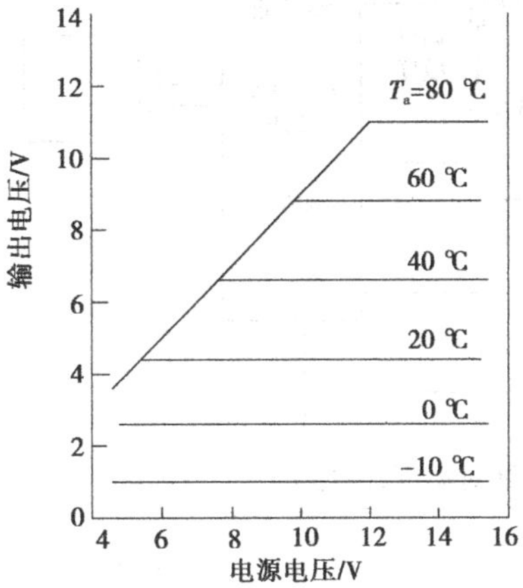

(b) V和V_0在不同T的关系

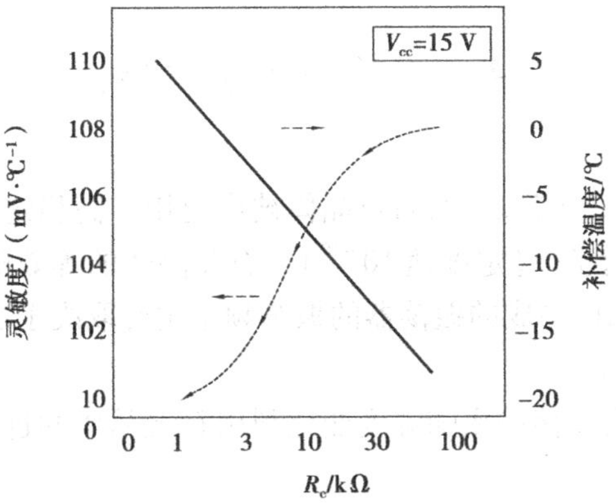

(c) R_c对灵敏度和补偿温度的影响

图 8.25　AN6701 的主要特性曲线

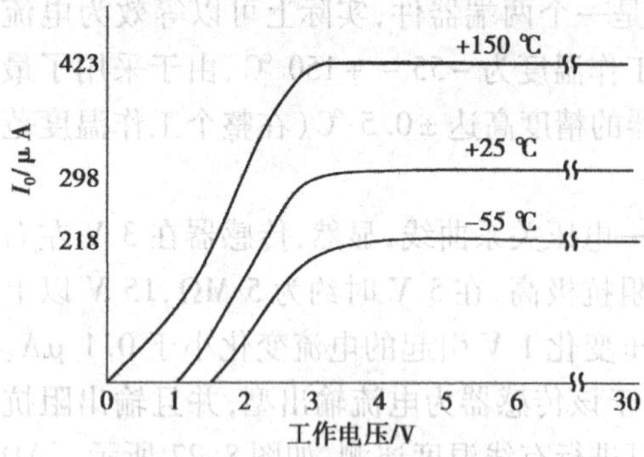

图 8.26 AD590 的典型 *I-V* 特性

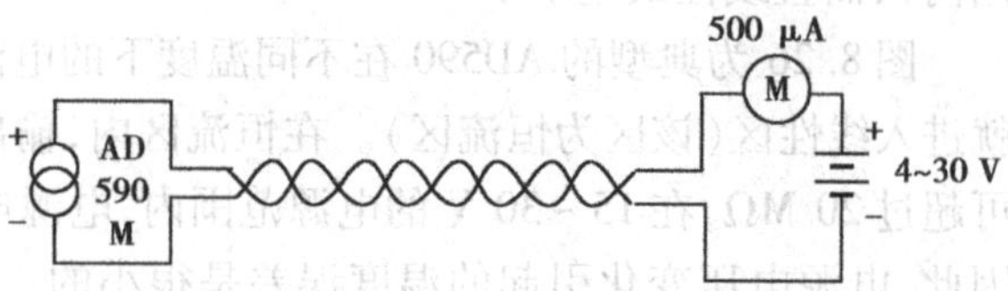

图 8.27 最简单的温度计电路

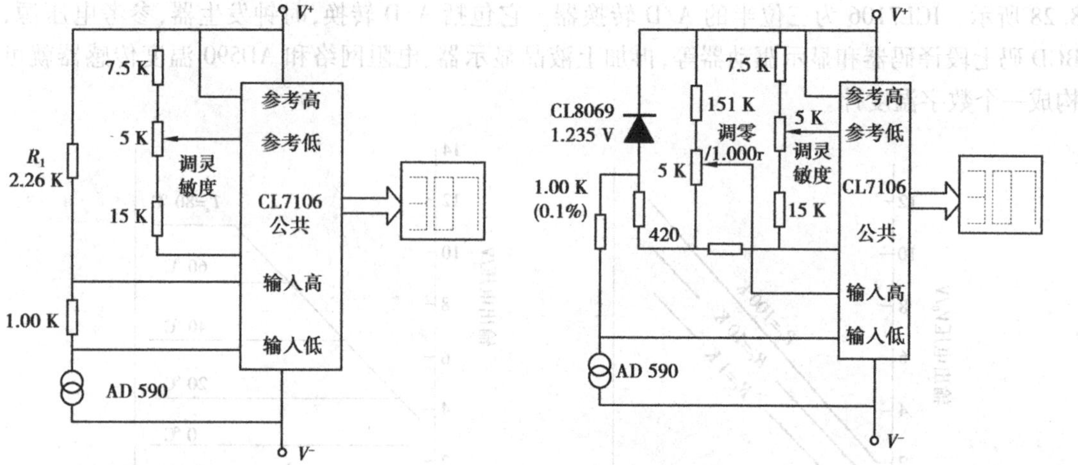

(a)数字绝对温度计电路

(b)带调零的数字绝对温度计电路

图 8.28 数字绝对温度计电路

8.4 石英晶体温度传感器

在无线电通讯、计算计等领域中,石英晶体被广泛用于高稳定度的振荡器中,提供频率稳定度很高的振荡信号和时基(稳定度达 10^{-10})。石英晶体的等效电路如图 8.29 所示,由于回路 Q 值高达 2×10^6,用晶体构成的振荡器的振荡频率主要取决于晶体的固有振荡频率,因此,晶体振荡器的稳定度极高。

由于石英晶体的固有振荡频率随温度变化利用石英晶体的这一温度特性,可以制成温度传感器。

各种切型的石英晶体的频率温度特性如图 8.30 所示,从图中可以看出,Y 切型,LC 切型,AC 切型的石英晶体具有良好的线性频率温度特性。石英晶体的固有谐振频率与温度 T 的关系可以表示为

$$\frac{f_T - f_0}{f_0} = \mathrm{A}(T - T_0) + \mathrm{B}(T - T_0)^2 + \mathrm{C}(T - T_0)^3 \tag{8.39}$$

式中：f_T——T K时的频率；

f_{T0}——T_0K时的频率；

T——任意温度；

T_0——基准温度；

A,B,C——常数。

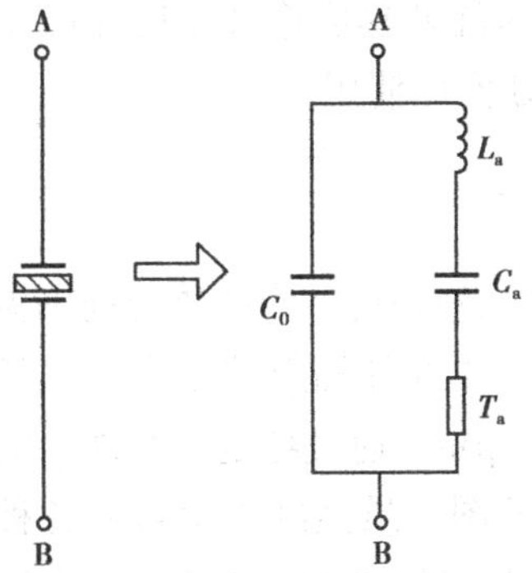

图 8.29 石英振荡器等效电路

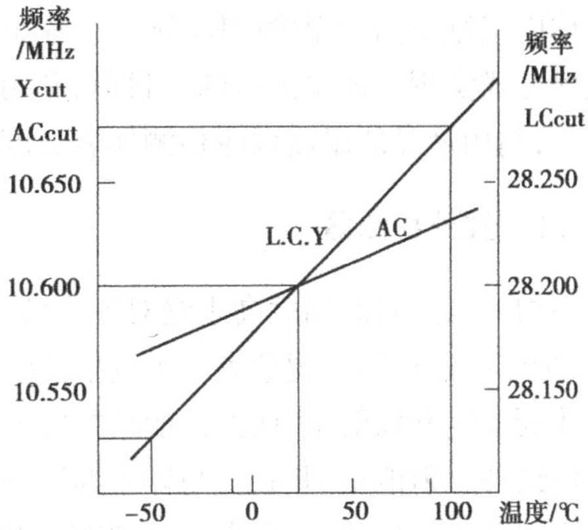

图 8.30 温度和频率的关系

对于LC和Y切型石英晶体，其频率温率灵敏度约为1 000 Hz/K，AC切型的灵敏度约为200～300 Hz/K，石英晶体的测量范围为－40～250 ℃，在此温度范围内，线性误差在±0.05%以内。

图8.31是石英晶体数字温度计的原理框图。利用石英晶体固有振荡频率和温度的线性关系，把温度的变化转化为振荡频率的变化。由于振荡频率随温度变化相对于中心频率f_0较小，将测温振荡器的信号与频率稳定的基准振荡器混频后，取差频$f-f_0$进行计数，得到与温度成正比的计数值。

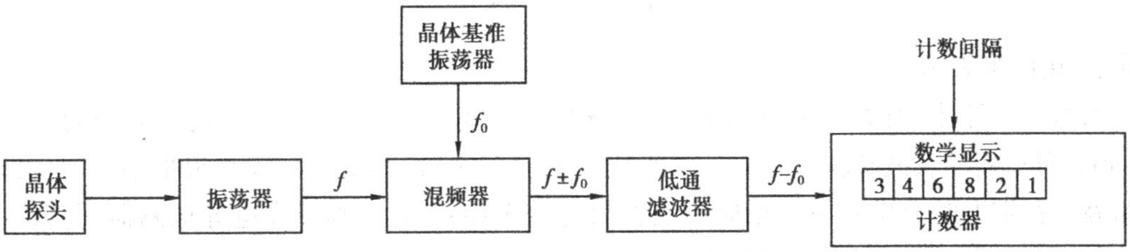

图 8.31 石英晶体数字温度计

在市售产品中，基准振荡频率为28.2 MHz，由于频率温度系数为35.4 ppm/℃，每变化1 ℃的温度引起的频率变化为

$$\Delta f = 28.2 \times 10^6 \times 35.4 \times 10^{-6} = 998\ \text{Hz}$$

若0.1 s计数一次，则100个计数脉冲代表1 ℃。温度分辨率可达到0.01 ℃；若以1 s为计数间隔，则分辨率可达0.001 ℃；不过这种方案要求基准振荡器的频率稳定度很高。

8.5 热像传感器

在医学基础研究及临床实践中，不仅需要了解某一点的温度变化，还要求能够检测某一面上以及体内三维空间的温度（热）分布。另外，为不致影响被测温度场及不侵扰人体，还希望以非接触方式实现上述检测目的。目前，利用辐射热原理的红外热成像技术已在医学中获得成功应用，利用液晶的温度效应检测体表温度分布亦被逐渐推广使用。

8.5.1 红外探测器

一切物体只要它的温度高于绝对零度就会不断地发射红外辐射。当物体与周围温度失去平衡时，物体的这种辐射现象表现为发射或吸收红外线。物体红外辐射的强度和波长分布取决于物体的温度和辐射率，而人体的红外辐射波长在 3 ~ 16 μm。通过特定的红外探测器可以感受人体红外辐射能量，并获得与体表温度分布相关的热象图。虽然红外辐射的各种效应都可以用来制造红外探测器，但真正能够有实用价值的主要有红外光电探测器（亦称量子探测器）和红外热探测器。表征红外探测器的重要指标有归一化探测率、敏感波长范围与响应时间。

（1）红外光电探测器

红外光电探测器的工作原理是基于光电效应，常见的有光敏电阻（光电导探测器）和光生伏打电池（光伏探测器）。

1）光敏电阻

光子能量 E_p，与其波长的关系为

$$E_p = \frac{1.24}{\lambda}\text{eV} \tag{8.40}$$

式中：λ 用微米表示。

对本征半导体，当 $E_p \geqslant E_g$ 时（E_g 为半导体禁带宽度），就会产生空穴—电子对。由式(8.40)可见，对于长波长辐射有响应的本征光电导探测器，其禁带宽度必须很小。锑化铟的禁带宽度在室温时为 0.17 eV，相应于波长限为 7.3 μm。对于本征光电导探测器而言，要在 10 μm 以上取得有用响应是不可能的。

响应 10 μm 以上的光电导体，一般为杂质型半导体。附加杂质在靠近导带或价带的地方引入了能级，入射光子使电子在杂质能级与导带或价带之间发生跃迁，产生自由载流子。杂质光电导体需要用冷却来保证杂质原子处于中性状态，使他们可以光致电离。对本征半导体，冷却能减少噪声，使探测率增加。

2）光生伏打电池

光伏探测器由靠近半导体表面的 PN 结构成，入射辐射产生的空穴—电子对将在耗尽区或其附近释放形成载流子，产生光电效应。从理论上讲，光伏探测器的探测率较光电导探测器高，其 D^* 为光电导探测器的 $\sqrt{2}$ 倍。光伏探测器的另一优点是不必牺牲灵敏度就能获得较小的时间常数。

(2)**红外热探测器**

热探测器利用涂黑的元件,吸收所有的入射辐射,因而获得可测量的温度增加。所以这种热电转换包括两个主要过程:一是热探测器吸收红外辐射能量后温度升高,且随着辐射功率的变化其元件温度也发生相应变化;第二个过程是利用元件的某种温度敏感特性,将辐射能转变为相应电信号。医学中应用的热探测器主要有热释电探测器和热敏电阻热探测器。这类探测器是依靠热传输和热平衡来工作的,因而响应比光电探测器要慢得多。

1)热释电探测器

热释电晶体的自发极化强度随温度变化(即热释电效应),这种晶体同时又是压电晶体(但压电晶体并不都是有热释电效应)。晶体的自发极化在与自发极化强度垂直的晶体的两个表面上产生符号不同的面束缚电荷,其电荷密度等于自发极化强度 P_s,但平时这些电荷常被晶体内外的自由电荷中和对外显中性,故不能在静态条件下测量自发极化。只有当晶体经受一定频率温度变化时,其体内和外部的电荷来不及中和变化着的面束缚电荷才能测出自发极化。

图 8.32 示出了热释电探测器的等效电路,图中 A 为探测器电极面极,a 为电极间距离,C_L 和 R_l 分别为前置放大器输入电容和输入电阻。等效电路中短路电流 $I=\dfrac{dQ}{dt}$,设每次辐射照射元件的温度变化为 ΔT,则产生的表面电荷为 $Q=\lambda A\Delta T$(λ 为热释电系数 $\lambda=\dfrac{dP_s}{dT}$)。当辐射照射的调制频率为 ω 时,$I=\lambda A\omega\Delta T$。图中 C_d,R_d 为电流源内阻,所以,V_0 的模为

$$|V_0|=\frac{\lambda A\omega|\Delta T|R}{(H\omega^2R^2C^2)^{\frac{1}{2}}} \tag{8.41}$$

式中:$C=C_d+C_L$;

$R=R_d/\!/R_L$。

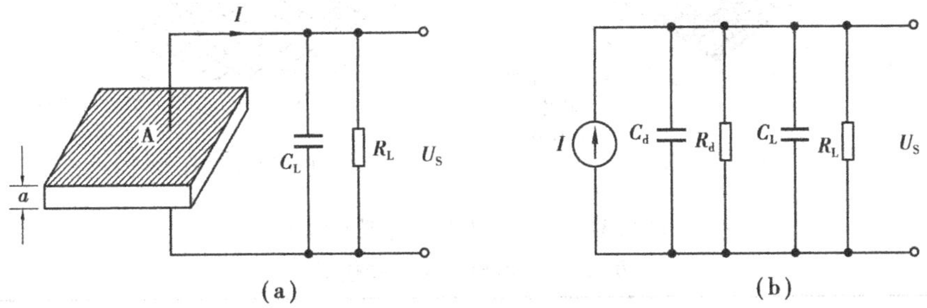

图 8.32　热探电探测器的等效电路

目前常用的热释电晶体材料有硫酸三甘肽(TGS),铌酸锶钡(SBN)、钽酸锂(LT)等,其中 LT 较理想。热释电晶体从紫外线到远红外有均匀的光谱特性,不需加偏压电源,可在室温下工作,且响应时间较短,因而应用广泛。由热释电器件构成的红外光导摄像管,结构简单,价格低廉,不需致冷,可应用于医学热成像。

2)热敏电阻热探测器

其结构如图 8.33 所示。热敏电阻薄片两端蒸镀电极并接引线,上面涂有黑化层,使对辐射的吸收率达 90% 左右,热敏电阻薄片被胶合在绝缘衬底上,导热基体起导热作用,可缩短热敏电阻响应时间,但亦会影响灵敏度(响应度)。热敏电阻辐射测温可在交、直流方式下工作。

热敏电阻热探测器探测率和响应时间均不如热释电探测器。

在这里，有必要将光电探测器与热探测器作一比较。热探测器对各种波长都有响应，光电探测器只对它的波长限以下一段波长区间有响应；热探测器可工作在室温下，光电探测器多数需致冷；热探测器探测率一般低于光电探测器，响应时间一般比光电探测器长。

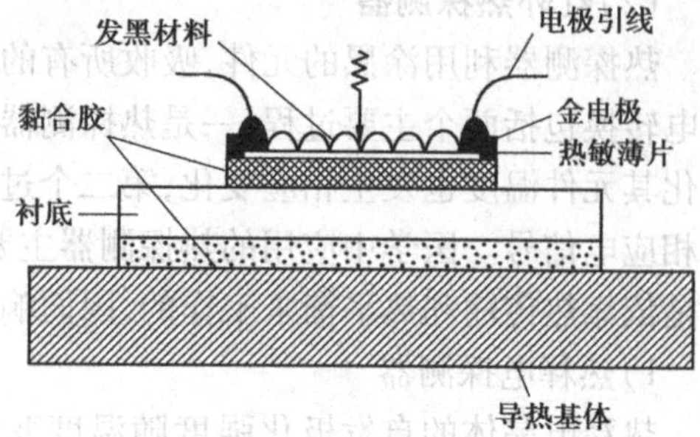

图 8.33　热敏电阻红外探测器的结构

使用红外探测器时必须注意中间介质中含有的水蒸气、CO_2、臭氧对红外辐射的吸收影响，选择探测器工作波长时应避开上述几种气体的吸收光谱范围。

表 8.3 列出了几种医用红外探测器的性能。

早期的红外线图象传感器是单元件检测器，用于实时热成像较困难。随着半导体技术的发展，相继出现了一维阵列红外探测器和二维红外 CCD 热象传感器，使得红外热象传感器更加小型化并提高其性能。这种二维阵列红外探测器分为混合型和单片型两种，如图 8.34 所示。混合型的热电转换部分是二维排列的 PV（光导）元件或 PC（光伏）元件的阵列，然后通过 I_n 衬垫与 Si 信号处理芯片相连，是双层结构。单片型的热电转换部分多由 MIS（金属—绝缘膜—半导体）构成。传感器驱动和信号处理芯片配置在传感器周围。8 ~ 14 μm 的红外传感器以混合型为主，而单片型的有效波长范围多为 3 ~ 5 μm。

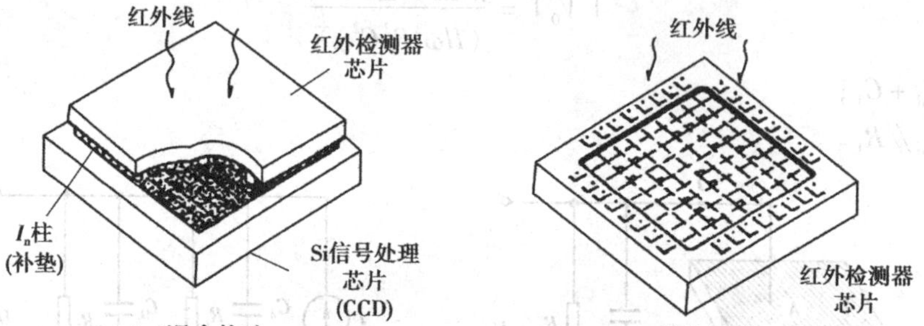

图 8.34　二维红外线传感器的构造

表 8.3　几种红外探测器性能

器　件	工作温度 /K	峰值波长 /μm	建议光谱范围 /μm	$D^*_{\lambda m}$ /(cm · Hz · W^{-1})	时间常数 /s
热敏电阻	295	平坦	无限	1.4×10^9	$1\sim20\times10^{-3}$
TGS	313	平坦	无限	5×10^9	4×10^{-5}
InSb	77	5.3	2.0 ~ 5.4	1×10^{11}	5×10^{-6}
Ge · Au	77	6	—	3×10^9	10^{-7}
PbS	77	3.2	1.0 ~ 4.0	2×10^{11}	3×10^{-8}
Hg · Cd · Te	77	12 ± 1	8.0 ~ 1.3	9×10^9	10^{-8}

注：D^* 是对 500 K 黑体辐射的值。

8.5.2 液晶测温膜

液晶亦称液态晶体(Liquid crystal),为一些有机化合物。在一定温度范围内,它既具有液体的特点,又具有晶体的某些特性,如有序性、光学各向异性等。在分子排列上,液晶的相可分为近晶相、向列相和胆甾相3种,温度测量中特别重要的是呈现胆甾相的液晶。

由图8.35可见,胆甾相液晶的分子结构呈螺旋形排列。所以当入射光的波长与入射角、反射角及螺旋形排列结构的螺旋距成一定关系时,会产生强烈的选择反射,即液晶对于不同波长的光,具有选择反射的特性,波长越短,反射角愈大。研究表明,对于一定的视角,在白光照射下,反射光的波长将随液晶的温度改变而改变,温度降低时波长较长,温度升高时波长较短。而液晶的特征色是由反射光的波长决定的,所以当温度变化时,由于反射光波长的变化也使得液晶的特征色随之变化。例如,某些胆甾相液晶,当其从38 ℃加热到40 ℃时,将经历红、绿、蓝的颜色改变。胆甾相液晶的上述特点与它的晶相特性有关,在温度变化时,它的分子排列,特别是螺旋的螺旋距也将发生变化,故在一定温度范围内加热或冷却胆甾物质时,其特征色迅速改变,温度效应十分明显。

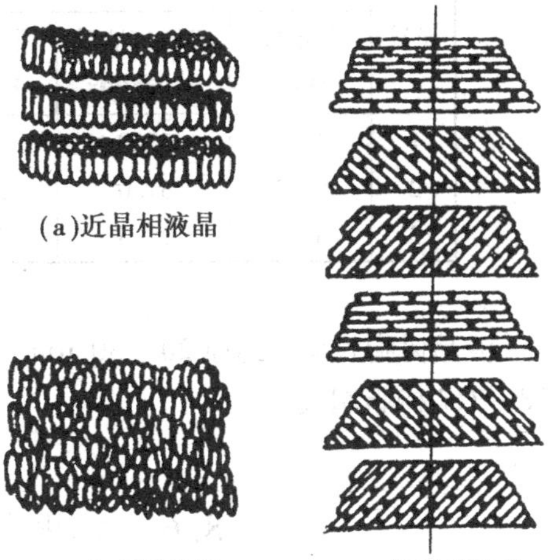
(a)近晶相液晶 (b)向列相液晶 (c)胆甾相液晶

图8.35 液晶分子的排列方式

胆甾相液晶的色别与温度之间具有稳定的对应关系,并且具有可逆性,其灵敏度和色别变化的温度区间取决于胆甾相液晶材料的化学组分,可以通过调节混合物的比例来控制。

利用胆甾相液晶材料制成的液晶测温膜,可以形象地反映出体表温度分布,安全可靠,分辨率可达0.1 ℃。下面,以武汉大学生物系研制的液晶膜为例作一简单介绍。

液晶膜从构造上讲分为三层,最下层为底膜,中间层为液晶树脂胶涂层,表层为保护层。

底膜用涤纶薄膜等材料制成,并用有机材料将其染成均匀黑色。底膜主要起底基作用。

中间层的作用是感受温度信息。液晶树脂胶涂料是用胆甾相液晶混合物、树脂、硝酸纤维素,有机溶剂(乙酸乙酯等)以及增塑剂等配制而成,见表8.4。

表8.4 WQ—1型液晶树脂胶涂料组分

组分名称	含量(重量比)
胆甾型液晶混合物	1.0
树脂(WU—310)	1.5
硝酸纤维素	1.5
溶 剂	16.0
增塑剂	适量

作为温敏材料的胆甾相液晶混合物是用胆甾醇油酰基碳酸酯、胆甾醇壬酸酯、胆甾醇苯酸酯3种液晶材料混合制成。每种胆甾醇的相变温度都不相同,胆甾醇壬酸酯为85.5 ~

92.0 ℃,胆甾醇苯酸酯为 150 ~ 178 ℃,而胆甾油酰基碳酸酯则低于室温。可通过实验配制一个系列的不同配比的液晶混合物,使其感温显色效应设置在一般测温范围内。表 8.5 列出了 3 种不同配比的胆甾醇液晶混合物的含量分配值和显色温度。

表 8.5 液晶混合物配比与温度效应的关系

序号	液晶混合物配比/%			显色温度/℃				液晶混和物显色温度幅度
	胆甾醇酸酯	胆甾醇油酰基碳酸酯	胆甾醇苯酸酯	红色	绿色	蓝色	紫色	
1	48.0	48.0	4.0	10.5	11.5	12.2	14.5	4.0
2	59.2	37.0	3.8	16.5	17.5	18.5	21.0	4.5
3	69.0	27.5	3.5	27.5	29.0	30.0	32.0	5.0

液晶树脂胶涂层约厚 20 ~ 30 μm。它的上面再涂一层树脂层作为保护层。保护层常用 W8—717 树脂制成。

8.6 热电传感器在医学中的应用

(1)体表温度分布测量

人体表面温度分布情况有着重要的临床价值,可以用于早期发现近表皮恶性肿瘤及转移情况(如皮肤癌、乳癌、甲状腺癌等),协助诊断各种炎症(如胆囊炎、关节炎等)及末梢血管疾病(如血管炎、血管闭塞)、测定烧伤度和烧伤面积、观察某些药物疗效等。

利用红外热成像技术可非接触无损伤检测体表温度分布,将体表某一部分的温度分布以热图像的形式显示或记录下来。图 8.36 为一般红外热像仪的原理方框图。第一部分是扫描聚光部分,其主要功能是对人体体表逐点进行扫描,并通过聚光透镜将红外辐射能汇聚到红外探测器上。为了抑制无关辐射,入射的红外线是经过专门的红外薄膜滤光片传至检测器的。聚光透镜也必须根据其红外光谱特性来选择,用于可见光谱的一般玻璃不能通过大于 2 μm 的波长,故必须选择特殊材料(如三硫化砷、溴化铊碘等)。红外探测器将接收到的红外辐射能量转换为电信号并经处理后送至显示部分获得热图像。

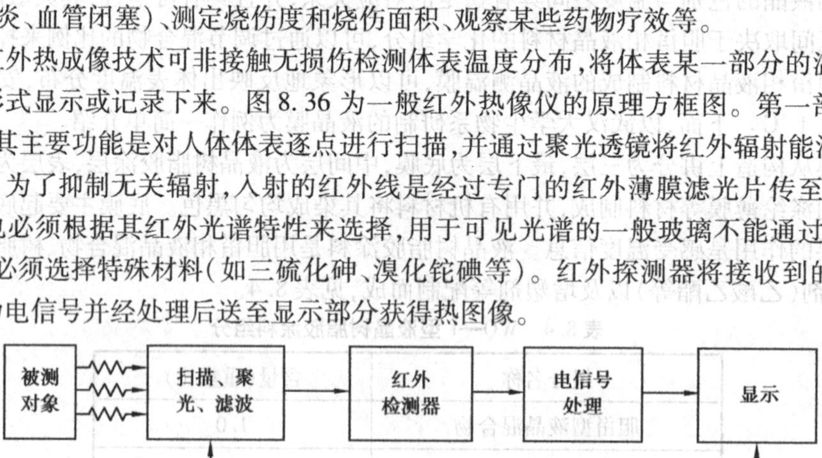

图 8.36 红外热成像仪原理方框图

红外热像仪测体表温度分布有如下特点:①不会扰乱被测部位温度场;②可进行小面积测量;③响应速度快、分辨率高;④非接触无创伤性,可多次、连续测量。不足的是造价昂贵、且使用条件较苛刻。

此外，利用液晶测温膜，也可清楚地显示出体表温度分布，配合彩色摄影等方法，还可显示体表温度分布梯度，其温度分辨率可达0.1 ℃。使用时，可根据待测部位皮肤温度大致范围选取合适的液晶膜，用聚乙烯醇溶液将其紧贴在体表，即可由液晶膜的色泽分布方便地进行分析。这种膜安全可靠、使用简便、色泽鲜明、反应迅速并可重复使用，成本也较低。

(2)植入式体内温度遥测

图8.37示出了这种方法的原理。Y切型石英晶体的固有频率随温度变化而变化。如果对石英晶体施加高频能量，当高频波的频率和石英晶体的固有频率相同时，晶体将吸收高频波的能量。温度传感器仅由石英晶体和一个线圈构成。感温元件采用Y_S切型，并封装在一直径为2 mm、高约8 mm的圆筒形金属壳内。耦合线圈直径为2 mm，多层绕制而成。传感器整体由生物兼容性良好的材料包复，植入体内待测部位，为提高检测灵敏度，耦合线圈置于皮下，面仅是石英晶体与被测部位接触，见图8.38。在体外，相对于耦合线圈位置的放一个发射兼接收的检测线圈，它发射一个频率可变的高频信号，如果频率和石英晶体的固有频率不等，则石英晶体振荡幅度很小，基本不吸收外界能量；一旦发射频率与石英晶体的固有频率相同，则石英晶体进入共振状态，对外吸收能量。因此，通过检测体外线圈两端电压变化情况，可测知石英晶体的固有频率，进而测得体内温度、此法可测体内局部温度，由于传感器结构简单，且无需电源激励，可实现小型化和长期植入测量并可用于加热疗法治癌中温度测量。

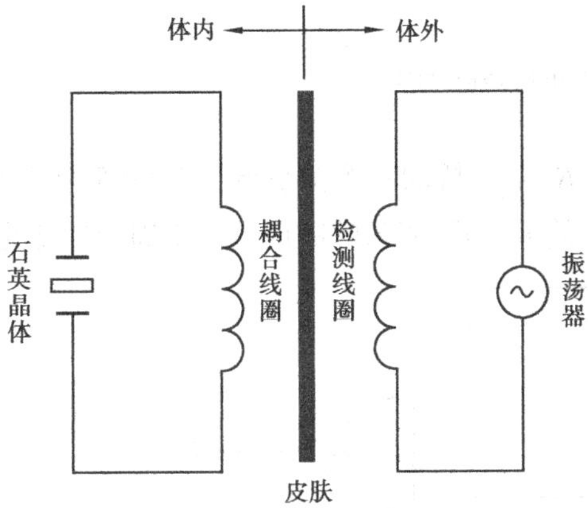

图8.37　植入式体内温度遥测原理简图

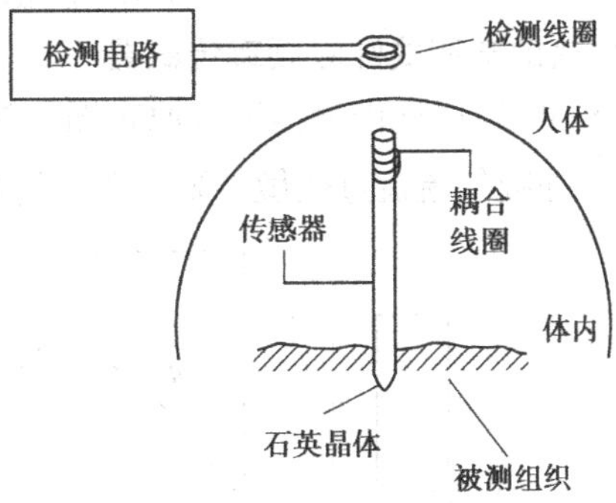

图8.38　传感器放置示意图

(3)热式血流量传感器

热源在血液中的热传导与血液的流速有一定关系，据此可测定血流量的大小。常用的热电偶、热敏电阻和金属热电阻可作为这种传感器的温敏元件，但以热敏电阻和热电阻为佳。以热敏电阻为例，使热敏电阻工作在伏安特性曲线的负阻区，利用热敏电阻的耗散原理，则热敏电阻在血流中所消耗的功率W与血流速度v，有如下关系

$$\frac{W}{\Delta T} = a + b\lg v \tag{8.42}$$

式中：a、b——常数；

ΔT——加热热敏电阻温度与血液温度之差。

图8.39为热敏电阻热式血流量传感器原理图。R_{t1}和R_{t2}是两个热敏电阻，被安装在特制心导管端部的相对两侧。R_{t2}测量不受扰动的血液温度，其本身不被加热。R_{t1}放置在流动血液

中,它既是感温元件又是加热元件。通过一个频率约 2 kHz 的高频电源对 R_{t1} 加热使其温度保持在高于血液温度的值上(温度不能太高,否则会破坏血液,造成纤维素聚集,给被测者带来危险)。R_{t1}、R_{t2} 组合在一直流电桥中,桥路输出由直流放大器放大并经调制与功放后构成一个具有负反馈的自动平衡电桥。预先调节桥臂参数,使电桥静态时达到平衡。在血流作用下,血流带走 R_{t1} 的热量,使 R_{t1} 的温度下降而阻值升高,电桥失去平衡,经反馈回路后改变 R_{t1} 的加热电源功率,使 R_{t1} 的温度回升。显然,加到 R_{t1} 上的功率与血液流量成一定函数关系,测出加热功率即可得出血流速或血流量。上述方法无法判别血流方向,采用 3 个热敏电阻的方案可求得血流量大小及判别血流方向。

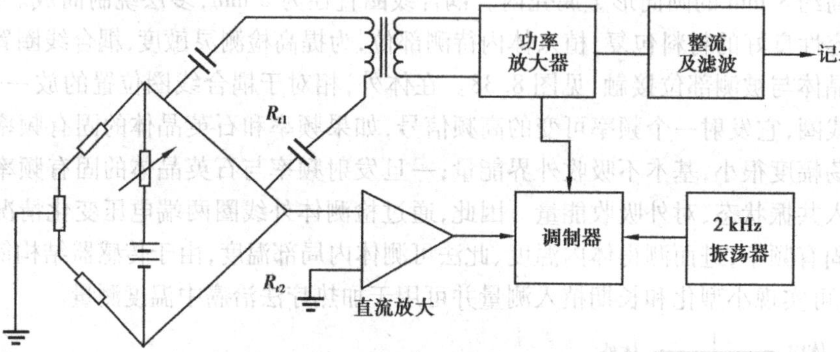

图 8.39　热敏电阻式血流量传感器框图

(4)热敏电阻式呼吸频率传感器

图 8.40 为这种传感器测量原理图。热敏电阻 R_t 是电桥的一个测量臂,安放在呼吸气流通路上。呼吸气流流过热敏电阻时改变传热条件并使 R_t 的阻值随呼吸周期发生周期性变化。

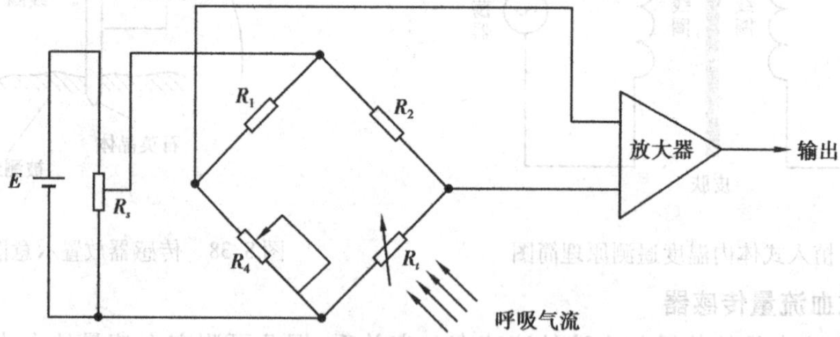

图 8.40　热敏电阻式呼吸频率传感器测量电路

图 8.41(a)为这种呼吸频率传感器结构示意图。热敏电阻安放在夹体的平直片前端外侧。使用时,使热敏电阻置于鼻孔中就行了。

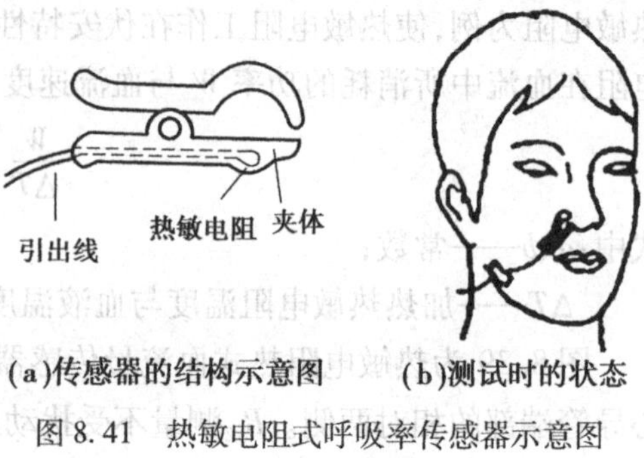

图 8.41　热敏电阻式呼吸率传感器示意图

第9章 新型生物医学传感器及系统

生物医学传感器应用广泛，因此，自其出现以来就得到了快速发展。近年来随着微纳加工技术、物理化学检测技术、表面处理与修饰技术、生物分子识别技术等的突破性进展，新型生物医学传感器不断涌现，高通量、高精度、高灵敏度、高集成度、低功耗、低消耗以及微型化成为其主要特征。其中，微型传感器不仅可以作为单一传感检测设备，还可以与其他器件集成，形成生物医学微系统。本章将介绍几种独具特色的新型生物医学传感器及系统。

9.1 仿生化学传感器阵列系统——电子鼻及电子舌

尽管分析技术在近年发展迅速，但是很多方面还难与人类视、听、嗅、触、味等5个感知功能相提并论。化学传感器阵列系统的研究对推动人工嗅觉和味觉装置（电子鼻和电子舌）的发展具有特别重要的意义。化学传感器（chemical sensor或者chemosensor）是一类对化学物质敏感并可以将其浓度信息转换为电信号，从而进行检测的传感装置，具有对待测化学物质的构象或分子结构等有选择性俘获（接受器）功能和将俘获的化学量有效转换为电信号（转换器）的能力。化学传感器种类繁多、分析速度快、自动化程度高、易于小型化，因此在医学诊断、环境检测、公共安全、自动控制等领域发挥着重要作用。

化学传感器的探索始于19世纪末。但是，直到20世纪中叶，它的基本理论和应用研究才取得长足进步。1967年，日本Figaro公司率先实现了金属氧化物半导体（SnO_2）气体传感器的商品化。针对目标物质的高灵敏和高选择性检测是分析方法追求的目标。经过不断努力，单个化学传感器的灵敏度已达到较高水平。而高选择性传感材料制作困难常常限制了化学传感器的应用。因此，利用选择性不高的化学传感器来实现高选择性分析功能逐渐成为研究热点，一个有效的解决方法是模仿人类感知器官的多传感器集成，这也推动了仿生化学传感器阵列系统——“电子鼻”和“电子舌”——的出现及快速发展。电子鼻（electronic nose）的研究相对较早，在20世纪50年代人们就提出了电子鼻概念，并在60年代研制了第一个单传感器“电子鼻”。单传感器电子鼻的作用十分有限，基于化学传感器阵列的电子鼻在复杂气体分析的客观需要、传感器技术的进步和嗅觉过程的深入理解推动下出现及发展。1982年，英国学者Persaud和Dodd用3个SnO_2气体传感器模拟嗅觉受体细胞实现了多种有机挥发气体的类别分析，开创现代电子鼻研究之先河。现代电子鼻(图9.1)也称人工嗅觉系统，是模仿生物鼻的一种化学分析仪器，由敏感性彼此重叠的多个化学传感器和适当模式识别系统组成，可用来分析、识别和检测单一或复合气体、蒸汽和大多数挥发性化学成分。相对电子鼻而言，基于传感器阵列的电子舌(electronic tongue，图9.2)的研究较晚，在20世纪80年代中期才出现。它是一种分析、识别液体成分的智能仪器，由对溶液中不同组分具有非专一性、弱选择性、高度交叉敏感特性的传感器组成阵列，结合适当的多元分析方法和模式识别算法构成。针对电子舌的研究在最近几年得到快速发展，相关研究论文也稳步增长(图9.3)。

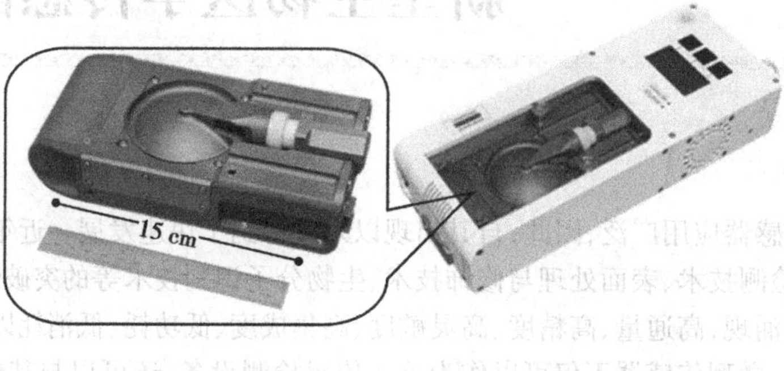

图9.1　美国加州理工大学JPL实验室的36传感器电子鼻系统

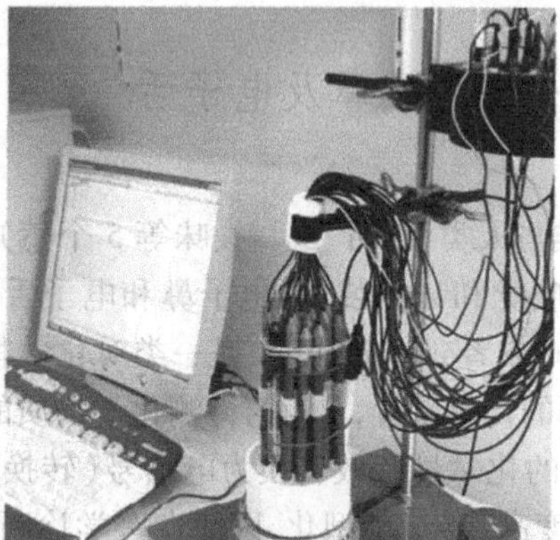

图9.2　俄国圣彼得堡大学研制的基于电位式传感器的电子舌

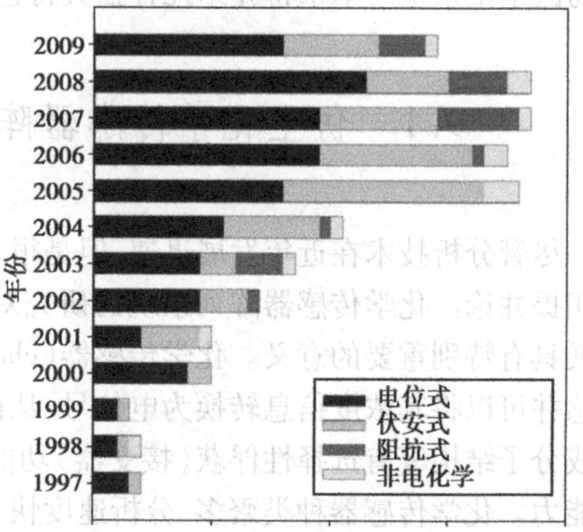

图9.3　关于电子舌的研究论文(Elsevier)

近年来，微加工工艺和微机电系统(microelectromechanical system，MEMS)技术的快速发展推动了仿生传感器阵列系统研究的突飞猛进，计算机技术及数据处理算法的深入研究也有利于高选择性和敏感性的实现。尽管仿生传感器阵列系统在很多方面与人类感知器官还存在很大差距，但其针对复杂化学成分的分析能力已经远超传统检测方法。因此，它有望在生物医学、农业、工业、环境保护、军事、航空航天等方面获得广泛应用。同时，这些系统的研究还带动了分析技术、材料、精密加工、计算机、应用数学等相关领域的发展。

9.1.1　仿生传感器阵列系统及其生物学原型

仿生传感器阵列系统的设计需要考虑化学及生物两方面的特性。传感原理、参数及数据处理等化学特性的研究有助于获得更合适的化学传感器,而对生物学原型的研究有利于了解感觉器官的组织和功能,从而设计出更加智能化的传感器阵列系统。最早的多个化学传感器的集成是为了模仿人类嗅觉器官以实现多种气体成分的分析。人类嗅觉器官相当灵敏,可识别多达万种物质,灵敏度高达40个分子。嗅觉能力主要通过数以百万计(几百种不同类型)的受体来完成。每种受体的选择性并不高,但是受体阵列检测的信号通过周围和中枢神经系统处理后便可以获得很好的识别效果。味觉系统与嗅觉系统的工作情况类似,只是受体数目更少一些。与只检测某种特定化学物质的传统化学传感器不同,人类感觉器官并不是区分每一种化学物质,而是感知化学物质在感受器上的整体表现。

生物传感系统卓越的能力促使研究者考虑用相同的组织原理来设计仿生感觉系统。其中,传感器阵列相当于鼻子和舌头中的感受器,感受不同的化学物质。传感器采集信号并把信息输入电脑,电脑代替生物系统中的大脑功能,通过软件进行分析处理,区分辨识不同的物质,最后给出感官信息。因此,传感器阵列中每个独立的传感器与舌面上的味蕾类似,具有交叉敏感作用(弱选择性),它并非只感受一种化学物质,而是感受一类化学物质,并且在感受某类特定化学物质的同时还感受其他性质的化学物质。人工系统的传感材料数量和类型都很多,有利于其广泛应用。它的检测限和灵敏度等甚至可以超越生物原型,不但可用于识别及鉴定目的,还可用于定量分析。同时,人工系统还可用于任何气体/液体介质,包括那些对生物有毒的物质。

9.1.2　仿生传感器阵列系统原理及结构

仿生传感器阵列系统也称为人工嗅觉及味觉系统,是模拟人的鼻和舌的工作原理进行工作的化学传感器阵列系统。人的嗅觉/味觉系统主要包括三部分,其中初级神经元对特定成分具有很高和交叉灵敏性;二级神经元对初级神经元收集的信息进行调节、放大等处理,完成信号特征提取;大脑对信号进行识别、判断。相应的仿生传感器阵列系统主要由样品处理器、化学传感器阵列、信号处理系统等三部分组成(图9.4)。其工作过程为:样品采集→化学传感器阵列→预处理电路→多元数据处理算法→计算机识别。

样品处理器可以吸入外界物质到检测腔室中进行分析。合适的取样及样品处理方法能大大改善化学传感器阵列系统的性能。传统样品处理器较大、散热慢、扩散稀释明显、反应时间长。微流控的样品处理方式可以提高分析速度、精度,降低试剂消耗,因此逐步得到应用并成为重要发展方向。化学传感器阵列是实现检测的关键,相当于人的初级神经元,可以对待测介质中的特征物质产生响应。一般而言,单个传感器在检测混合组分或有干扰物质存在时难以得到较高识别精度。多个具有不同选择

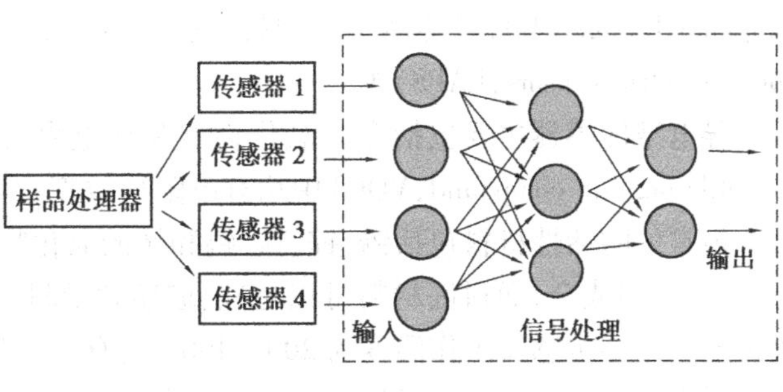

图9.4　仿生传感器阵列系统的构成

性的化学传感器组成的阵列中,每种传感器对不同待测成分有不同灵敏度和唯一响应图谱。利用其对多种组分的交叉敏感性,可以将不同分子在其表面的作用转化为方便计算的、与时间相关的可测物理信号组,实现混合物质分析。传感器种类和材料的正确选择对系统性能有很大影响,设计时需要考虑单个传感器的修饰方式,活性物质的选择,以及不同类型的传感器的优化组合。最适合传感器阵列应用的是低选择性或者具有高交叉敏感性的传感器,而不是那些具有高度选择性的传感器。而且需要高度重现性。仿生传感器阵列系统的主要特点是:由多通道传感器阵列构成;测试对象为气体或液体;采集信号为总体响应强度;原始信号通过数学方法处理后,能区分不同被测对象的属性差异;识别结果与生物系统的嗅觉/味觉不是同一概念。因此,仿生传感器阵列系统所检测的不是某个具体化合物的浓度信号,而是与几个组分浓度相关的总体强度信号。其重点不是在于测出检测对象的化学组成及各个组分的浓度多少,以及检测限的高低,而是在于反映检测对象之间的整体特征差异性,并且能够进行辨识,或是在特定条件下求出内部组分浓度,提取出被测对象的某些属性信息。这是一种与试样某些特性有关的信号模式(signal patterns),对这些信号的分析就是模式识别。通过模式识别,最终得到样品特征的总体评价。因此,信号处理系统又称模式识别系统,相当于人的大脑。化学传感器阵列所获得的信息经过预处理,对响应模式进行预加工,完成滤波、交换和特征提取,其中最重要的就是对信号的特征提取。模式识别单元相当于人类的神经中枢,把提取的特征参数运用一定的算法进行分析,完成气味/味道的定性定量辨识。常规的浓度检定及模式识别方法是在已知化学传感器的响应方程和数学模型的前提下进行的。但是,多数化学传感器的响应机理及其模型复杂,数学模型难以建立,这需要采用神经网络算法等分析识别方法。信号处理系统还可能需要专家自学习系统,用于样品选择范围和数据库的建立。

9.1.3 可选用的化学传感器

用于仿生传感器阵列系统的传感器与传统用于特异性分析的传感器有着本质区别,必须满足以下几点要求:有一定交互敏感能力,能同时对待测物中几种不同组分有一定响应;有一定选择性,对不同的组分具有不同响应能力;各项参数以及响应信号必须稳定,具有重现性;在不同的检测环境下需要有较长使用寿命。可用于电子鼻的主要有导电型、压电型、金属氧化物半导体型场效应管(metal oxide semiconductor field effect transistor, MOSFET)和光纤传感器,可用于电子舌的主要有离子选择性电极(ion-selective electrode, ISE)、多通道类脂薄膜传感器、Langmuir Blodget(LB)膜传感器、非修饰贵金属电极传感器、光寻址电位传感器(light address potentiometric sensors, LAPS)等。

导电型传感器主要包括金属氧化物型和导电聚合物型两类。它们在挥发性有机化合物(volatile organic compound, VOC)中均有电阻值改变,从而实现传感检测。金属氧化物型传感器中最常见的活性材料包括锡、锌、钛、钨和铱的氧化物,并掺入铂和钯等贵金属催化剂。电极可采用铂、铝或金,而衬底材料可以是硅、玻璃和塑料。VOC 浓度与活性材料导电性的变化值成正比。这种传感器工作温度为 200 ~ 400 ℃,有一定的热损耗。微机械加工工艺可以加工更薄的衬底以降低功耗和热损耗。它的灵敏度约在$(5 \sim 500) \times 10^{-6}$,基准响应会随时间发生漂移,需要采用相应的信号处理算法来抵消。它也容易被硫化物毒化。但由于它容易制造,改进后具有选择性高、稳定性好、能耗小、寿命长、耐腐蚀、适用范围广、价格低等优点,所以至今仍被广泛应用。导电聚合物型传感器常用的活性材料包括聚吡咯、噻吩、吲哚和呋喃等。VOC

和聚合物主骨架结合会使聚合物的导电性发生改变。它可以在常温下工作，不需要加热器，制造方便。同时，它体积小巧，便于携带，灵敏度也可达 10^{-7}。缺点是活性物质的电聚合化过程比较困难和耗时，不同批次产品会有一些偏差，接触响应也随时间有一定漂移。并且，对湿度过于敏感，严重时会干扰正常响应。

压电型传感器主要分为石英晶体微平衡型（quarty crystal microbalance，QCM）和表面声波型（surface acoustic wave，SAW，图9.5）两类，可以测量温度、质量、力以及加速度等的变化。典型的QCM传感器主要由MEMS加工工艺制造一个直径为几毫米，涂有聚合物涂层的石英共振盘，盘两侧各有金属电极。气体分子吸附到聚合物涂层会增加石英晶体的质量，降低其共振频率，从而实现检测。共振频率的降低程度与所吸附的气体分子质量成反比。QCM传感器的灵敏度较高，可达 10^{-12}，而且灵敏度基本不随温度和加工批次而改变。通过调节石英盘的质量、尺寸以及聚合物涂层，可以改变QCM特性来满足不同需要。SAW传感器采用对待测气体敏感的膜层覆盖延迟线（或谐振器），在与气体接触时，膜层吸附待测气体分子，使得SAW的相位和幅值发生变化。SAW传感器可以采用光刻法来制造，因此造价更低。压电型传感器具有灵敏度高、信号易处理及抗传输干扰能力强等优点。但是其电子学原理复杂，频率检出设备昂贵且难以小型化，表面薄膜层老化会使共振频率发生漂移。

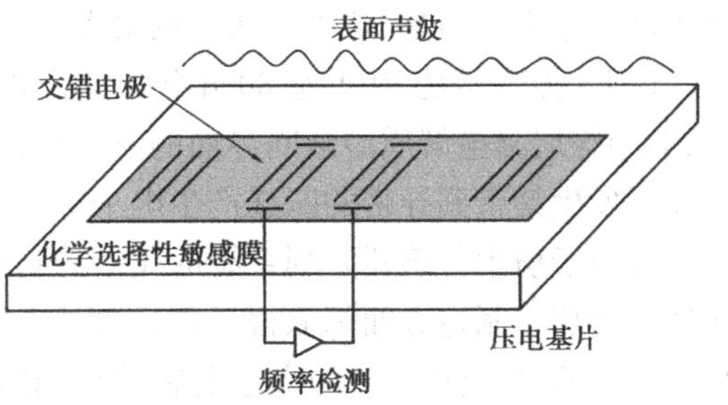

图9.5　表面声波型传感器

MOSFET的金属栅极与沟道之间有一层二氧化硅绝缘层，具有很高的输入电阻（最高可达 $10^{15}\ \Omega$）。催化活泼金属作为栅极材料，当它与气体接触之后，功函数发生变化，从而改变器件的阈值电压，并使源漏电流相应地发生变化。选择适当的金属催化剂的种类、厚度以及工作温度，可使MOSFET传感器的灵敏度和选择性达到最优。

光纤传感器的主要部分是两侧或底部涂有对VOC具有化学活性的荧光材料的玻璃纤维。单频光源（或窄频光源）用于激发涂抹的化学活性材料，一旦VOC和化学活性材料相互作用时，荧光染料的极性会发生变化，荧光发射光谱会出现漂移，从而产生响应。光纤传感器具有极高的灵敏度，但成本较高，使用寿命有限，设备及控制系统较复杂。

ISE是一种对特定离子具有选择性的指示电极，通过工作电极与参比电极间膜电势的大小来反映样本离子的浓度信息。第一个ISE出现在1909年，主要结构是可检测pH值的氧化玻璃膜。在此基础上发展起来了可用于ISE的多种膜材料，包括氧化玻璃和水晶膜，有机高聚物等。ISE设备简单、操作方便、分析时间短、易于实现自动检测、价格低廉，在工业自动分析、环境监测、医疗卫生等方面得到广泛应用。ISE传感器可以检测低浓度的特征离子，但是选择特异性并不好。而较低选择性和交叉选择性在电子舌应用中更具优势。

类脂材料含有不饱和键，易与味觉物质形成氧化还原电势及唐纳膜电位，可以模拟味觉细胞的去极化及动作电位。当类脂薄膜一侧与味觉物质接触时，两侧的电势发生变化，从而产生响应。类脂薄膜传感器具有仿生性，常用的材料包括胆固醇、卵磷脂和油酸等，检测方法主要基于电位、表面等离体激元共振、表面光伏电压等。多通道类脂薄膜传感器检测不用对试样进行预处理，便于实时、在线检测。其缺点是传感响应会随时间漂移。

通过 LB 膜方法,可把硬脂酸、低聚聚苯胺、聚吡咯、聚吡咯掺杂硬脂酸等在金电极表面修饰成数十纳米厚的薄膜。LB 膜非常薄,有利于高灵敏电化学阻抗谱检测来识别酸、甜、苦、咸等味觉物质。

贵金属裸电极结合常规大幅脉冲法采集电流响应值,通过数学建模提取有效特征值,最后通过模式识别处理来构建电子舌。其优点在于传感器无需修饰,稳定性好,使用寿命等都大大优于修饰电极。但是,这种方法数据量大,给数据处理及模式识别造成一定的困难。

LAPS 传感器是 20 世纪 80 年代末期出现的一种新型半导体器件,基于半导体的内光电效应,对绝缘层与电解质溶液间界面的电位变化敏感。当半导体受到一定波长的光照射时,它吸收光子发生禁带到导带的跃迁产生电子空穴对,外电路中光电流的大小就反映了膜的响应。

可用于仿生传感器阵列系统的化学传感器经过多年发展,在敏感性、选择性、稳定性、可操作性以及加工制造方面都取得了长足进步。但是,还有很多方面难入人意。现代微加工工艺、MEMS 技术、微流控技术的飞速发展,给传感器的样品处理和敏感界面设计制备带来更多的选择。微型化传感器在反应速度、样品消耗、准确性等多方面都大大高于传统装置,将是传感器的一个重要发展方向。不同敏感原理传感器的联合使用有助于提高阵列系统的敏感性、检测精度以及适用范围。

9.1.4 数据处理方法

如果说化学传感器是传感器阵列系统的“心脏”,其“大脑”就是适当的数据处理方法及相应设备。在多组分分析中,具有交叉敏感性的传感器的响应相当复杂,包含了不同组分的信息。为了提取这些信息,有必要分析各个传感器的综合响应,包括信号预处理和模式识别两个连续阶段。分析任务和传感器的敏感参数决定了需要采用的数据处理方法。系统检测灵敏度仅部分取决于传感器质量,处理方法的选择也有十分重要。通常,分析过程要解答非线性方程组,需要求助人工神经网络等非线性数学算法。随着一些先进算法思想的应用,传感器阵列系统的检测速度和准确度都有极大提高。

信号预处理针对传感器阵列传入的信号进行滤波、交换和特征提取,常用的方法有相对法、差分法、对数法和归一法等。它既可以处理信号,为模式识别过程做好数据准备,也可以利用信号中的瞬态信息来检测、校正传感器阵列。不同方法各有优缺点,如相对法有助于补偿传感器的敏感性;部分差分模型除了可以补偿敏感性外,还能使传感器电阻与浓度参数的关系线性化;对数法可以使高度非线性的浓度依赖关系线性化;归一法使输出介于[0,1]之间,不仅可以减小化学计量分类误差,还可以为人工神经网络分类方法准备适当的数据。在数据处理软件系统设计中,需要将信号预处理与模式识别同时考虑以方便数据转换并保证模式识别过程的准确性。

传感器阵列系统中传感器数量众多,而且在多组分环境中每个传感器都会产生一个复杂响应。因此,合适的模式识别方法对提高传感器阵列的选择性至关重要。它根据研究对象的特征或者属性,利用计算机系统和特定分析算法来认定其类别。通过对输入信号特征提取得到的信息再处理,可以获得混合物质的组成成分和浓度的信息。不仅如此,模式识别在改善装置的灵敏度和重复性方面也发挥着十分重要的作用。模式识别过程包括监督学习阶段,利用被测物质来进行训练,知道需要感应的物质是什么;然后是应用阶段,经过训练好的传感器阵列系统来对被测物质进行辨识。模式识别方法很多,由于传感器的响应与被测物质浓度之间的非线性关系以及环境变化和传感器重复性的影响，现在模式识别多采用神经网络方法和偏最小二乘法。

统计模式识别方法是常用的模式识别工具，主要有主成分分析（principal components analysis，PCA），偏最小二乘（partial least squares，PLS），辨别分析（discriminant analysis，DA），辨别因子分析（discriminant factorial analysis，DFA）和聚类分析（cluster analysis，CA）等。PCA在20世纪初出现并逐渐发展起来。它也称为降维映射法，中心目的是将数据降维，即将高维空间的信息映射到低维空间，消除众多信息中相互重叠部分，寻找最重要信息，从而提取信号主要特征，具有抑制噪声和压缩数据的功能。PLS是近年发展起来的多元统计分析方法，可消除信号中的随机成分或噪音，得到预报稳定性较高的模型。它使用的替潜变量的数学基础是主成分分析。替潜变量个数一般少于原自变量个数，特别适用于自变量个数多于试样个数的情况，因此受到传感器阵列系统研究者的青睐。在PCA中，只对自变量矩阵做分解，并且这种分解是独立于因变量矩阵进行的。而在PLS分析中，因变量矩阵也进行了和自变量矩阵一样的分解。PCA和PLS都将目标变量与影响因素看成是线性关系，在非线性传感信息处理中误差较大，在仿生传感器阵列系统中识别精度有限。

人工神经网络（artificial neural network，ANN）利用人脑细胞（神经元）的工作原理来模拟人类思维方式，从而建立模型来进行分类与预测。它由大量简单处理单元相互连接构成高度并行的非线性系统，具有很强的非线性处理能力及模式识别能力。许多统计模式识别技术和ANN是互为补充的，常常联合使用以得到数据更加全面的分类（classifiers）和聚类（clusters）。ANN将分析系统看成黑箱，通过学习自动掌握隐藏在传感器响应和组分类型与强度之间的、难以用明确的模型数学表示的对应关系。它可以实现复杂的非线性映射，较好地解决交叉响应带来的非线性严重等问题，具有良好的容错性能，有助于提高检测的精度。典型的ANN有误差反向传播（error back propagation，BP）算法网络、自组织特征映射神经网络（self-organizing feature map，SOFM）、径向基函数（radial-basic feature，RBF）、支持向量机（support vector machine，SVM）等。针对BP算法学习时间太长等问题，王平等开发了具有侧向联想能力和较强识别能力的SOM（self organizing map）网络[1]，可用于二维格栅或任意维多元数据分析。BP算法和SOM网络各有优缺点。BP算法能实现非线性映射，但学习时间太长。SOM网络不能很好识别有一个不规则的形态或是重叠时的模式。ANN能够通过学习和训练获得用数据表达的知识，除了可以记忆已知的信息外，还具有较强的概括能力和联想记忆能力。但它的推理知识表示体现在网络连接权值上，表达式难以理解。

遗传算法（genetic algorithm，GA）不再要求目标函数连续，也不要求函数可微分，仅要求该问题可计算；而且它的搜索为全局搜索，不易陷入局部最小点，因而容易得到全局最优解。用GA优化ANN，可以使得ANN具有自进化、自适应能力，从而构造出进化神经网络（evolutionary neural network，ENN）。ENN主要包括连接权，网络结构以及学习规则的进化。ANN连接权的整体分布包含着ANN系统的全部知识，传统的权植获取方法都是采用某个确定的权值变化规则，在训练中逐步调整，最终得到一个较好的权值分布。这就有可能由于算法的缺陷而导致不满足问题的要求，如训练时间长，甚至可能因陷入局部极值而得不到适当的分布，而GA可以解决这个问题。网络结构越复杂，其包含的学习和联想能力就越强，GA的优势就更明显。当然，ENN也存在一些不足之处，如识别时间过长。

常见的模式识别方法都是针对高斯分布的信号，在分析非高斯分布的信号时可能导致较大误差。独立成分分析(independent component analysis,ICA)是一种多道观察信号处理方法,将信号按照统计独立原则通过优化算法分解为若干独立成分,从而实现信号的增强和分析。在许多情况下,传感器阵列信号是多个独立信号的瞬时线性混合和加权迭加,因此ICA分析相当有效。但是,它的理论体系尚未完整,处理方法还带有经验性。

模糊识别(fuzzy recognition,FR)以模糊推理来处理常规方法难以解决的问题,对复杂事物进行识别和定量。它适用于直接或高级的知识表达,具有较强的逻辑功能,可以弥补神经网络的缺陷,是一种善于表现知识的推理方法。利用模糊关系的鲁棒性,无需知道已知物理量与被测量之间的确切关系,可以通过模糊推理直接进行判断,这从本质上克服传统数据处理方法的建模问题,可以进行快速、高精度的定量测试。如果将符号逻辑推理方法与联接机制相结合,将数值逻辑方法和模糊逻辑方法相结合,并与模糊推理相融合,就能赋予模糊系统知识获取的能力,适合对给予的数据自动构成推理机构。将神经网络、模糊系统、遗传算法相融合得到的模糊-神经网络方法(fuzzy-neural network recognition,FNNR)可以对感觉信号进行学习和识别,模拟人的感知系统,推动机器感觉识别朝实用化方向迈进。

简单优劣判别法(statistical isolinear multicategory analogy,SIMCA)是一种建立在主成分分析基础上的模式识别方法,它先利用主成分分析得到一个样本分类的基本印象,然后分别对各类样本建立相应的类模型,继而用这些类模型来对未知类进行判别分析。

9.1.5 仿生传感器阵列系统研究

电子鼻的思想源于人类嗅觉机制,包括“气味”传感器阵列、数据处理器、模式识别系统。传感器阵列模拟人类嗅觉受体细胞,用作信号接收器。自从化学传感器阵列被用于嗅觉分析后,科学家通过巨大努力研制了基于不同传感检测原理的阵列系统。随着微纳技术的快速发展,基于纳米传感器的电子鼻研究已经成为其中一个热点。例如,金属氧化物纳米带作为活性材料的化学传感器阵列电子鼻系统可以实现神经毒气的快速、准确检测。

电子舌系统可由任意可用于液体分析的化学传感器组成,不受其物理操作原理的限制。最早的多传感器电子舌系统由日本科学家Hayashi等人在20世纪90年代开发,它由8个电位器式传感器构成,主要传感界面是PVC基质上的液态脂膜,对不同味觉物质有交叉敏感性。多频脉冲电子舌系统基于非修饰贵金属电极传感器阵列,在常规大幅脉冲电势激发的基础上,扩充了频率变化,把几个不同脉冲时间间隔的常规大幅脉冲电势作为不同频率段组合在一起作为脉冲电势激发信号。随着频率增高,当脉冲时间间隔减小到一定程度时,同一频段内前后两个脉冲电势之间的交互作用使得激发信号偏离常规大幅脉冲伏安法,向小幅脉冲伏安法和阶梯脉冲伏安法靠近,不同电极在不同频率下对被测溶液样品呈现不同区分效果。这种电子舌系统结构简单、数据结果重现性好,还大大扩充了检测信息量,为模式识别系统提供了更多有效数据信息,可利用较少传感器实现大量组分分析。

各种食物同时具有味觉和嗅觉特征。而不论人或动物,鼻子和嘴的距离总是很近,客观上使二者从不同角度识别同一食物成为可能。因此,在实际食物识别过程中,味觉与嗅觉通常一起使用。类似于人的感觉器官,电子鼻是由一组气体传感器组成,电子舌是利用传感器阵列对液体进行分析,它们具有不同选择模式、信号处理、模式识别等功能。尽管单一电子鼻或电子舌可以实现物质区分,但它们的结合可以大大提高识别能力。

9.1.6　应用举例

仿生传感器阵列系统适合完成多样化的分析任务，如组分的定量分析以及传统设备很难完成的识别、鉴定及分类等工作。随着人们对仿生传感器阵列系统的研究不断深入，其应用范围扩大到食品、医疗、药品、环境检测、安保和军事、航空航天等领域。

食品品质常常需要依靠专业人员的主观评定，这种方法却存在很多弊端，如人为因素影响和重复性差等。因此人们期待一种更准确、客观、快速的评价方法。同时，假冒伪劣产品的猖獗也对食品分析手段提出了更高要求。仿生传感器阵列系统能在很大程度上实现专家的嗅觉及味觉识别能力，具有更大的检测范围和高度一致性，因此在食品领域有广阔应用前景。它们可以鉴别不同质量、不同产地或者不同品牌的同类食品，用适当的质量标准来进行评估。还可以对食品的真实性进行评价，发现其中的假冒伪劣产品。同时，外来物质污染以及细菌引发的腐烂也可以进行评价。而且，它还可以用于食品工业监控及质量控制，确定关键成分的浓度，评估食品的处理过程或者产品是否满足恰当的标准。通常，这类传感检测不需要对食物进行任何预处理。仿生传感器阵列系统已经被用来检测鱼、猪、牛、鸡等肉类的新鲜度，研究不同储藏时间和温度对肉类腐败变质的影响，甚至可以精确判断肉类的储藏天数。仿生传感器阵列系统也可以用于粮食分析。据联合国粮农组织估计，全世界每年有5%～7%的粮食、饲料等农作物受霉菌侵染。这些霉菌会产生多种对人、畜、禽有危害的霉菌毒素。目前，针对这些霉菌毒素的检测周期长，成本高，难以广泛应用。电子鼻可以评定粮食是否受到害虫的侵蚀或者是否发生霉烂变质，粮食的陈化情况也可以进行评定。果蔬通过呼吸作用进行新陈代谢而变熟，在不同成熟阶段所散发的气味也会不同，可以通过其气味来评价水果的成熟度。同时，不同产地、品种的同种果蔬之间也存在细微的气味差异。应用仿生电子鼻技术可对果蔬成熟度进行无损检测，如利用MOS型传感器构成的电子鼻实现了对桃、梨、苹果等水果的成熟度分析，PEN型电子鼻实现了蕃茄成熟度的评价。电子鼻还实现了菠萝和苹果货架期质量的检测研究。电子鼻技术用于烟草行业中，可以大大降低烟草检验与识别的复杂程度。早期烟草识别中利用燃烧烟气进行识别，烟气对传感器的污染将比较严重，会影响传感器的寿命及检测准确度。新的卷烟鉴别仪器采用卷烟非燃烧状态的挥发气体进行鉴别，在常温下具有较好的识别效果。电子鼻还可以区分不同类型，不同地区、不同等级的烟草和不同品牌的烟草，从而判别烟草产品的真伪。利用仿生传感器阵列系统对茶叶进行评价也越来越得到重视。其中，电子舌可以很好地检测咖啡碱（代表了苦味）、单宁酸（代表了苦味和涩味）、蔗糖和葡萄糖（代表了甜味）、L-精氨酸和茶氨酸（代表了由酸到甜的变化范围）的含量和儿茶素的总含量，从而对不同茶叶进行很好区分。电子鼻可以通过茶叶气味的差异对茶叶的品质进行判别。使用电子舌技术可以区分不同的饮料，如咖啡、矿泉水和果蔬汁。电子舌检测水的味道非常敏锐，即使矿泉水中味觉物质浓度很低，传感器仍然可以区分人的味觉系统都难以分别的不同品牌的水。电子舌还对水中许多化学物质具有敏感性，从而检测水的软硬度以及是否含有有害物质。电子鼻系统能够实时、准确地检测饮料产生的挥发性气体，可对可乐、橙汁、雪碧等几种常见的饮料进行快速、实时的区分。仿真传感器系统还可以作为品酒师。如电子舌系统可以用于葡萄酒和烈性酒精饮料的识别和分类，区分不同产地葡萄酒，不同品牌啤酒，甚至鉴别特定品牌葡萄酒及生产年限。电子舌还实现了对不同品牌白兰地酒（包括新酿造的和陈年的酒）、不同蒸馏方法生产的酒，甚至用不同橡木酒桶装的酒进行了区分。这些样品不需要预处理，可以满足生产过程在线检测的要求。电子鼻系统可以快速、准确地实现白酒种类、真假,不同香型和同种香型不同品牌的白酒的识别。仿生传感器阵列系统也可用于食品生产过程的在线监测,可以在高温及酸碱洗剂等恶劣条件下正常工作,监测牛奶的电导率、浊度、温度和单位流体质量等参数。它还可以对进厂的原料乳进行监控,快速检测不同来源和不合格原料乳。

电子舌也可用于生物技术进程,特别是发酵进程的监测,实现几乎实时的监测并及时采取早期决定。该方法可以在工业工艺进程中节省大量的时间、金钱和材料。由于目前生物技术进程的监控手段极其匮乏,对其进行干预也几乎不可能,所处状态在事后也不能逆转,因此,在进程中采用传感器阵列系统监测意义重大,可以实现状态的控制和改变。

研究表明,不同疾病患者呼出的气体中会出现某些特定成分,如肝硬化患者的呼气会出现脂肪酸,肾衰竭患者的呼气有三甲氨,肝癌患者的呼气存在烷类和苯的衍生物等。电子鼻可以闻出病人发出的特殊气味,帮助医生诊断。霍丹群、侯长军等人[2]研制的基于卟啉传感器的电子鼻能在早期识别癌细胞的出现,以便及早治疗。意大利还研制出一种可完成气体信号远程传输的电子鼻,可以使医生对病症做非侵入性的远程医学诊断,也可以远距离测定化学药品对环境的影响。另外,排风系统中的电子鼻技术可以通过"闻"细菌而全天候监测病人的健康状况。

电子鼻可以进行病原微生物如白喉杆菌、金黄葡萄球菌及其生长阶段的识别,有利于快速发现和处理细菌感染以及更有效地检测新抗体药物。电子舌可以测试药物的味道,评价活性成分的苦味强度以及是否可用甜味或者香味剂掩盖。

在精细化工行业,电子鼻可以通过香气的检测在香精香料、化妆品等的新产品开发和在线质量控制方面广泛使用。电子鼻还可以用于其他化工行业,如塑料生产中所产生的不愉快气味的快速、客观、准确检测。

在石油化工、冶金等工业场所,汽车尾气排放及室内装修建材中广泛存在各种有毒害气体,如H_2S、SO_2、CO、NO_2、CH_4、C_2H_2和一些有机挥发性物质如苯、甲醛等,可以利用电子鼻进行监测。电子舌可以用于水环境及水污染情况的检测,如在线测量废水中有机碳含量(TOC)和生化需氧量(BOD),Fe^{3+},Cu^{2+}等离子污染物质,以及细菌污染物如肉毒素。

在海关、机场、码头、车站、运动场馆、展览馆等地方具有人员流量大、背景复杂、随身物品较多等特点,为了安全与反恐需要,通常要进行爆炸物、易燃易爆品和违禁品(如毒品)的检测。现有的精密电子鼻的嗅觉能力已经超过了猎犬和警犬,能分辨出几百万种不同气味,可以很好地实现易燃易爆品和违禁品的检测。而且,电子鼻具有体积小、功耗低、成本低、可靠性高、性能优异、多功能集成、可以批量生产等优点。电子鼻在刑事侦查里面也有巨大的发展潜力,目前气味鉴定法在破案方面的准确率已经可以和指纹鉴定、DNA 测试媲美,甚至在某些方面更为优越。有的发达国家已着手建立"国家气味库",以便更好地侦破与日俱增的刑事案件。电子鼻系统还可以用于工业和家庭安全监测。电子舌系统也可以用于安全与反恐领域。例如,美国研制的海狗水下爆炸物检测系统,可以检测到水下 30 m 左右,10^{-9}级的 TNT 含量。电子舌还可以检测液体环境中的神经毒剂。

电子鼻由于体积小,分辨力强,已经在太空探索中逐渐得到应用。它可以连续监测太空飞船及国际空间站中的空气质量,为更好地进行长期太空活动奠定基础。近年来发射的多个火星探测器也装备了先进的电子鼻系统,希望能在火星上闻到甲烷。化学及生物学研究表明,只有有机体才能产生甲烷。而甲烷会在太阳光下与氢氧基结合,形成水和二氧化碳,它不可能存在成百上千年。如果火星探测器能检测到持续存在的甲烷,就可以断定火星上存在甲烷源,这也暗示了很可能有机甲烷菌,也就找到火星上有生命存在的直接证据。

仿生传感器阵列系统利用多个具有交叉敏感性的传感器检测和模式识别方法实现对复杂成分的分析判别,以类似人的行为那样识别和鉴定多种组分。它可以给出待测混合物的化学图谱,即所谓"指纹"的完整估计。仿生传感器阵列系统最独特的特点是它可以在对待测混合物的组成没有任何定性或者定量信息的情况下对其进行识别。仿生传感器阵列系统属于交叉学科,它可用于定量分析和定性控制,识别效果好,检测速度快、范围广,可实时监测,因而在食品、制药工业、医学中的识别及分类,环境目标的分析控制等方面具有广阔的应用前景。

尽管仿生传感器阵列系统发展迅猛,而且已经有商业化产品,但仍处于早期发展阶段,大量知识仍处于经验水平,还有很多问题需要进一步解决。例如,受单个传感器体积限制,很多传感器阵列系统装置体积大、价格贵、难于推广;传感器长期使用的稳定性不高,抗污染能力差;模式识别方法还有待改进;气体和液体成分数量庞大,传感器阵列系统通常只能检测其中一部分,适用范围受影响,而使用范围较大的传感器阵列系统要求大量的传感器,结构复杂,造价昂贵。要解决这些问题,需要研制性能更好的传感器,降低对工作环境的要求,减少环境的影响,实现长期稳定监测。同时,需要寻求更好的数据特征提取技术、识别方法,提高分析精度和效率。仿生传感器阵列系统技术与生物化学分析技术、微纳技术、计算机科学、材料学、信号处理科学等息息相关。随着生物芯片技术、生物传感器技术、生物信息学、微细加工技术、纳米技术、先进的信号处理算法、模式识别及人工智能等交叉的新兴学科的发展,其功能必将进一步增强。仿生传感器阵列系统将会具有更高的智能,能够进行分析、判断、自适应、自学习,可以完成多维检测、特征值提取、模式识别等复杂任务,从而拥有更加广阔的应用前景。

9.2　基于激光技术的生物传感器

基于激光技术的生物传感器很多,可以采用不同检测方法,如表面等离体激元共振(surface plasmon resonance,SPR),光纤(fiber optic),光波导(waveguide),微悬臂梁(micro-cantilever)等。由于其高度的敏感性和精确性,基于激光的生物传感器被广泛用于免疫分析,药物筛选等领域。

生物传感是分析生物大分子相互作用的过程。生物传感器则是基于生物传感技术的小型检测分析装置,通常由与待测溶液接触的生物识别分子包被的界面以及信号转换器构成。其中最主要部分是生物敏感层,它可以把生物反应转化为可检测的信号,然后进一步翻译为数字电子信号。界面上可固定的生物敏感物质多种多样,常见的有酶、抗体、DNA片段、短肽、细胞甚至微生物。这些敏感物质可与目标分子作用,从而从大量生物分子组成的混合物中筛选出目标分子。生物识别过程的信号强度不但取决于受体-配体作用强度,还受信号转换效率的影响。目前,最广泛使用的信号转换器主要基于电学、光学、压电等原理。由于敏感性高、响应速度快、可原位检测等优点,光学生物传感器成为目前最广泛使用的生物传感装置。而激光在单色性、一致性、低发散、高光强等方面的突出优势,使其成为光学生物传感器中最广泛使用的光源。基于激光的生物传感器可以提供定性的信息,如两个分子是否有相互作用;也可以提供定量的信息,如分子作用的动力学参数和平衡常数。在典型的实验中,一种分子被固定在表面上,另一种可与之作用的分子溶于溶液中流经该表面。两种分子的相互作用在激光照射下转换为可识别的光学信号,进而利用光电转换器件如电荷耦合器件(charge coupled device,CCD)或者光电倍增管(photo-multiplier tube,PMT)把光学信号的转变为电信号。很多基于激光的生物传感器源于传统的检测方法,这些检测方法被转移到小型化固相系统上就形成了早期的基于激光的生物传感器。这些方法中包括光的吸收度或者倏逝波分析,可以采用光纤或者光波导作为反应界面。界面上固定的生物识别分子与待测分子的结合将影响光波导中的光学传播情况。其中,倏逝波从光波导界面开始呈指数衰减,因此,识别分子间的相互作用检测仅限于紧邻传感表面的区域,而与溶液更深处的变化无关。

基于激光的光电技术可以进行简单快捷的免疫分析而不需要任何标记。由于 SPR 具有高敏感(检测限低于 10^{-8} g/L)等优点,基于 SPR 原理的传感器已经成为最广泛使用的光学生物传感器。微悬臂梁传感器是另一种重要的生物传感技术,也可以在无任何标记的情况下检测待测分子,它利用激光束反射检测技术监测生物分子相互作用引起的反射光角度变化,从而实现高精度分析。下面就几种普遍使用的基于激光的生物传感器做简单介绍。

9.2.1 SPR 生物传感器

作为一种基于激光的生物传感技术,SPR 生物传感器可以通过折射率的变化来检测金属敏感表面的分子结合情况。SPR 传感检测在金属-液体界面靠液体一侧的典型探测深度在 200 nm左右。这一特点使 SPR 装置成为一种表面敏感的检测技术,是检测表面固定的生物分子与液相中待测物分子相互作用的理想方法[3]。

SPR 是一种源于金属膜与气体或者液体界面的 p 偏振光全内反射的光学现象。通常,利用棱镜或者光栅作为耦合单元(图 9.6)。当光通过高折射率介质进入低折射率介质时,如果入射角大于特定值,入射光将在两种介质界面完全反射,这就是全内反射现象。当全内反射发生时,入射光的能量和动量可以被转移到金属表面形成的表面等离体激元。表面等离体激元的激发将产生可以在玻璃—金属表面传播的倏逝波,在离界面大约 1 个波长的范围内呈指数衰减。对于固定的激发波长,改变入射光的角度(θ)可以检测激发表面等离体激元共振的最佳角度,此时,入射光被表面等离体波的吸收最大。这个入射角度称为 SPR 角(θ_{SPR})。测量反射光强度相对入射角改变的函数图谱称为 SPR 谱,它与紧邻界面的折射率和介电层厚度有关。尽管衰减场在低折射率介质中的传播距离大约为 300 nm,但它是呈指数方式进行衰减的,当与金属表面较远时,响应就开始大幅减小。如果固定入射角度,可以通过改变入射光波长来检测最有利 SPR 激发的波长条件。入射角度和入射波长扫描是最常见的两种 SPR 生物传感器的检测方式。SPR 发生的入射角(波长)主要依赖于金属表面附近的折射率变化。在 SPR 生物传感器中,表面固定的生物分子与溶液中待测物分子的相互作用将引起局部折射率改变,从而引起 SPR 角发生相应的迁移。通过检测 SPR 角的迁移过程,可以实时检测表面上发生的相互作用,而且,检测过程不需要任何标记物。可以利用这种传感器检测抗原-抗体、配体-受体、蛋白质-核酸等的相互作用。

传统 SPR 生物传感器通过检测角度或者波长改变引起的 SPR 现象来实现生物大分子相互作用分析,这种方法检难以满足高通量分析的要求。SPR 图像方法(SPR imaging 或者 SPR microscopy,SPM)可以实现同时检测成百上千的生物分子相互作用。典型的 SPM 包含一个具有高度一致性的 p 偏振光源,光源发出的一束激光通过扩束器扩束后照射在 SPR 敏感界面

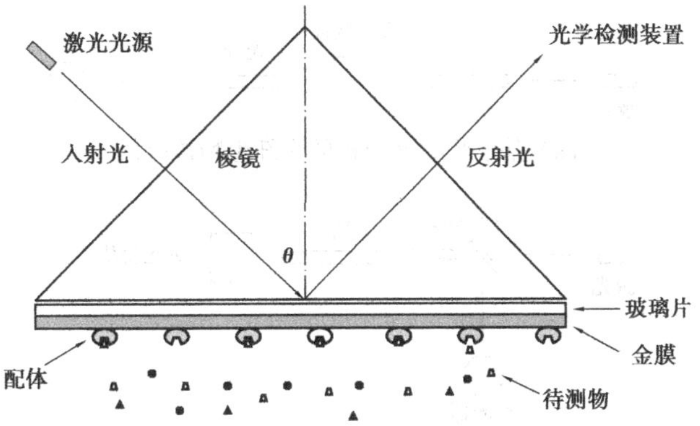

图9.6　表面等离体激元共振生物传感器结构示意图

上,反射光由光电检测器检测。CCD摄像头是SPM中最常用的光电检测器,它可以采集整个敏感表面的反射光强度然后形成相应的灰度图像。在SPM图像采集过程中,入射光源的角度需要固定在一个特定的值,在这个角度附近SPR谱中的曲线变化是近似线性的。此时界面上生物大分子相互作用引起的发射光强度变化与共振角度的变化呈一定比例关系。同样,SPM图像的灰度水平也与敏感区域的分子结合量相关联。如果与微阵列芯片结合,SPM技术可望成为高通量分子相互作用分析的利器,在蛋白组学分析、药物筛选、免疫检测等很多领域得到广泛应用。与传统的荧光分析技术、酶联免疫荧光分析(enzyme-linked immunosorbent assay, ELISA)等生物大分子分析方法相比,SPR分析中待测物不需要任何特别要求或者标记;检测可以实时进行,从而得到反应的动力学参数;可以检测多种分子以及分子相互作用的多个参数。由于SPR技术的这些特点,它已经成为生物分子相互作用研究的一个重要工具。

9.2.2　光纤生物传感器

尽管光纤生物传感器可基于不同的检测原理,但是它们基本还是采用激光作为光源。大多数利用激光作为光源的大型传感检测设备都可以利用光纤进行小型化,如荧光和光吸收检测。在光吸收检测中,检测器检测光经过光纤后的衰减情况,这种衰减通常是固定物质与溶液中待测物质的相互作用引起的。在光吸收反应中通常采用单一波长的光源,入射光和反射光的波长是一致的。由于入射光和透射光不能通过波长进行区分,这种系统中通常需要两根以上的光纤,其中一根用作入射光传播,另一根用于透射光(图9.7(a))。如果使用白光光源,在阵列检测器帮助下可以检测完整的吸收光谱。在利用光纤的荧光分析中,激发光与发生光波长不同,一根光纤就足以同时传播激发光和发射光(图9.7(b))。同样,一根光纤也可以用于荧光淬灭的分析。

某些微环境中的光学现象(如倏逝波)也可以用来构建光纤生物传感器。在光度检测型光纤生物传感器中,样品与光源或者检测器之间的光是沿光纤内侧以全反射方式传播的。光纤内的全反射并不完美,有些电磁辐射可以穿越包裹在光纤外侧的鞘从而形成衰减波,它与SPR中的衰减波一样,沿着与界面垂直的方向指数衰减。这种衰减波可以用于检测光纤外侧包被的化学或者生物膜的光学特性的改变。基于衰减波原理的激光可用于荧光分析。当光沿光纤传播时,衰减波激发光纤表面的荧光物质。由于衰减波从光纤表面开始指数衰减,因此,其激发半径深入缓冲液介质仅仅100 nm左右的深度,可以探测光纤表面的生化反应。

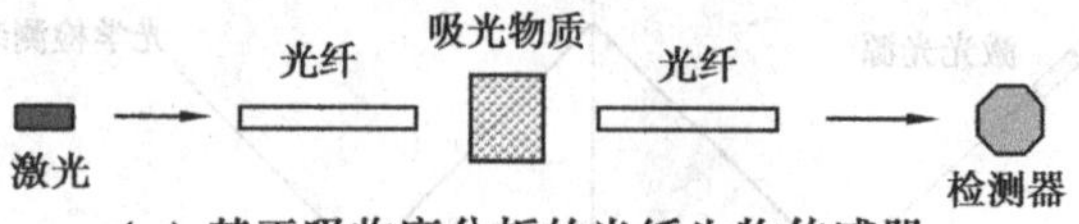

(a) 基于吸收度分析的光纤生物传感器

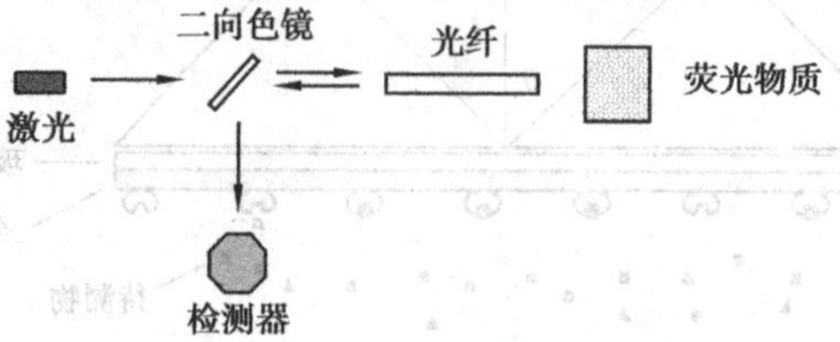

(b) 基于荧光分析的光纤生物传感器

图 9.7 光纤生物传感器应用

9.2.3 光波导生物传感器

光波导与光纤的工作原理类似,因此,大多数基于光纤的光学生物传感检测方法都可以用光波导传感器来完成。相对于光纤,光波导更容易与其他光学器件,如光栅、干涉仪等集成为一个微型化的小型检测装置。与光纤生物传感器类似,基于衰减波的检测方法在光波导生物传感器中得到了广泛的应用。最初,毛细管用来作为光波导以收集自由传播的荧光,探测分子可以共价结合在毛细管内表面以探测沿毛细管流动的待测分子。把探测分子固定在内表面不但有利于检测操作,还可以防止对它们的偶然破坏。一种检测方法是在与光波导走向成 90°夹角的方向照射它,然后在其一端检测表面反应所激发的荧光(图 9.8)。

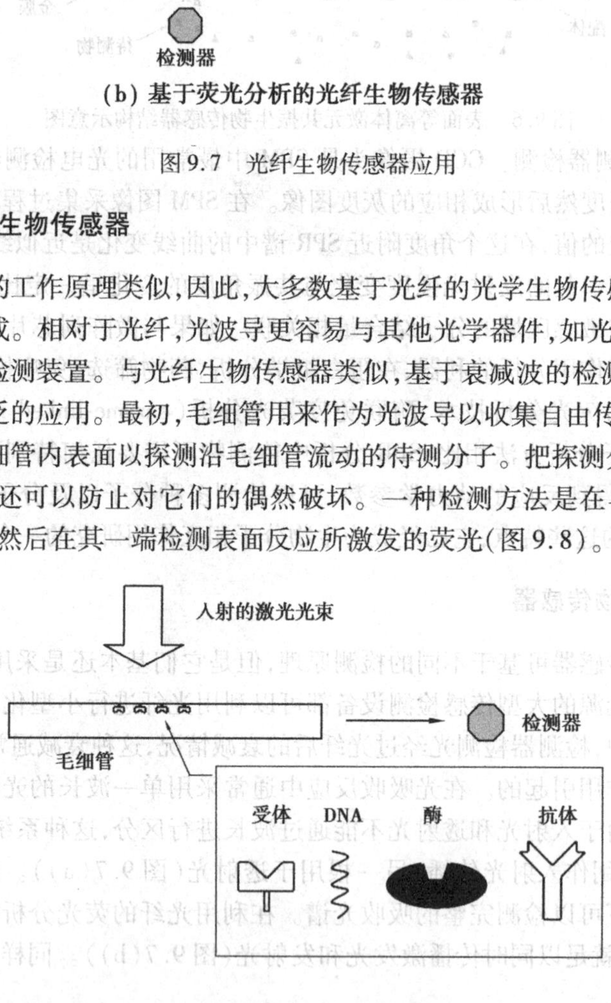

图 9.8 毛细光用作光波导用于基于衰减波的生物传感检测

光波导与光栅集成所构成的光波导-光栅耦合传感器可以对液体或者气体覆盖物的折射率变化产生响应。与 SPR 检测类似,界面邻近区域光折射率的变化与表面分子的结合或者吸附直接相关。通常,光波导-光栅耦合传感器芯片是在玻璃基底上的薄层光波导上加工的精细光栅结构,共振角度的变化对分子吸附和表面介质折射率的变化非常敏感。

一个具有皱褶表面的平板光波导也可以调制为一个共振的布拉格反射器(图 9.9)。光波导中传播的光的反射率依赖于褶皱的深度以及褶皱区的长度。特制的涂层可以选择性地吸附目标生物分子。通过微加工方法把涂层覆盖在褶皱的较高部分。当溶液流经褶皱区域的时候,一些目标分子与涂层发生结合作用,褶皱的深度增加从而使反射系数发生改变。这种改变与待测物质与溶液的介电系数的差异有关,可以用来实时检测表面反应的动力学参数。

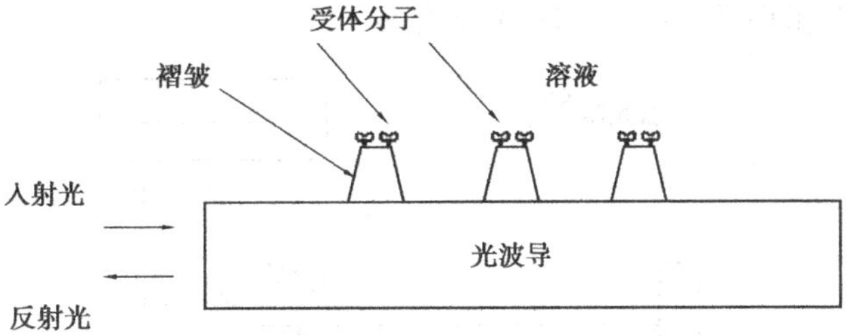

图9.9　共振的布拉格反射器结构示意图

9.2.4　微悬臂梁生物传感器

微悬臂梁可以把受体覆盖表面的识别过程转换为机械偏转。当配体与受体相互作用时,两者之间的吸附力引起微悬臂梁的弯曲。根据分子固定位置和结合分子化学特性的差异,弯曲方向可能朝向或者远离受体固定一侧。微悬臂梁的偏转情况可以利用光束偏转技术来进行检测,这一方法具有极高的灵敏度,因而被广泛用于原子力显微镜(atomic force microscopy,AFM)。微悬臂梁的自由端的位移可以通过一个位置敏感检测器(position-sensitive detector,PSD)来检测,它通过检测入射激光束的偏转来实现,其分辨率高达亚埃,而且使用简便(图9.10)。

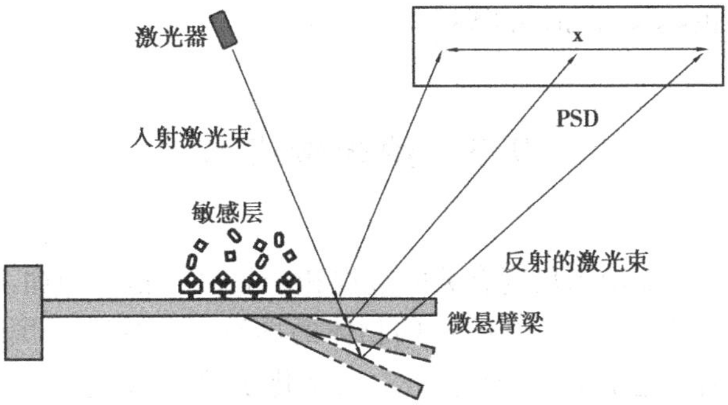

图9.10　微悬臂梁偏转评价的光学读出方法示意图

微悬臂梁的偏转度(δ)上下表面的压力差引起,可以用 Stoney 公式进行估算:

$$\delta = \frac{3(1-v)(\sigma_1-\sigma_2)L^2}{Ed^2}$$

式中:v——悬臂梁材料的泊松比;

σ_1、σ_2——上下表面的压力;

L、d——悬臂梁的长度和厚度;

E——悬臂梁材料的杨氏模量。

微悬臂梁原子力生物传感器的工作原理与微悬臂生物传感器类似(图9.11)。受体分子固定在一个平板上面,而不是像微悬臂生物传感器那样固定在微悬臂上。同样,采用光束偏转检测技术来监测生物学改变,激光束照射微悬臂梁的末端,然后利用PSD来检测其位置的变化。它的工作原理与表面轮廓仪类似,通过固定在悬臂梁末端的一根微探针在样本表面的移动来探测样品的 X、Y、Z 坐标的变化或者受体和配体的相互作用。其中,Z 坐标通过检测激光束在微悬臂表面的偏转情况来确定。所有的微悬臂梁生物传感器都可以用于检测很多生物作用过程,如 DNA 杂交、蛋白质-蛋白质/DNA 结合等。

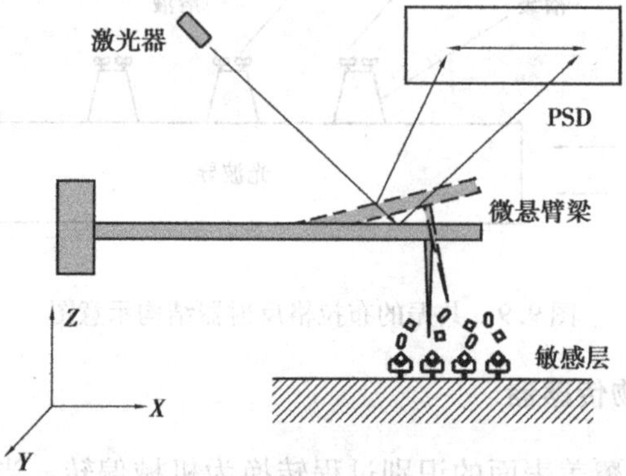

图 9.11　微悬臂梁原子力生物传感器的工作原理

最近几年,基于激光的生物传感器成为分析生物化学、药物研究开发、食物/环境检测的重要工具。为了得到更多功能更强、更便宜的传感器,需要不断探索新的传感检测原理、检测方式和微加工方法。这种传感器与微流控生物芯片的集成也有望成为其重要发展方向。用于微尺寸的检测的生物传感器一旦与芯片实验室技术集成,可以构成微型化的检测仪器如微全分析系统(micro total analysis systems, μTAS)。

9.3　纳米传感器

纳米技术通常是指与亚微米尺度有关的过程和产品,是"指一种加工技术,其中涉及单原子和分子,以及至少一个尺度小于 100 nm 的物体的操作"。1993 年,国际纳米科技指导委员会将纳米技术划分为纳米电子学、纳米物理学、纳米化学、纳米生物学、纳米加工学和纳米计量学等 6 个分支学科。现代社会在材料的超微化,元器件的高集成度,仪器的微型化和智能化,高密度存储和超快传输等方面的特殊要求对纳米科技的发展提供了广阔的空间。

第一次真正意义的纳米加工是 IBM 在 1990 年利用氙原子沉积在镍基底上拼写出其公司标志。此后,纳米技术研究得到了越来越广泛的关注,纳米机器人、高性能纳米材料、纳米电子技术等得到了蓬勃发展。同样,传感器研究也从纳米技术发展中受益匪浅。与传统的传感器相比,利用纳米技术制作的传感器体积更小、精度更高、响应速度更快。而且,纳米尺度内的传感理论也与宏观结构有较大区别,可以极大地丰富传感器的理论,提升制作水平。目前,纳米传感器已在生物医学、化学化工、环境监测、安全保障、航空航天等领域得到广泛应用。

9.3.1　纳米传感器的研究现状

现有的纳米传感器可以用于于生物、化学、气体检测以及热力学等过程的分析。纳米技术的引入对生物及化学传感检测的性能有了明显提升,促进了新型传感技术的研发和相关领域的发展。由于纳米尺度的传感界面、探针、换能器的采用以及纳米微系统装置的集成,生物及化学传感器的物化性质有了很大改善,检测灵敏度有了很大提高,响应时间也大大缩短。同时,微小尺寸的纳米传感器也有利于多传感器阵列系统的实现。纳米传感器在生物医学领域应用广泛。例如,可以利用纳米传感器对癌症、心血管疾病进行早期诊断,或者检测与疾病相关的氨、氧化氮、过氧化氢、碳氢化合物、挥发性有机化合物以及其他气体。肿瘤的生长总是伴随着基因及蛋白质的改变,肿瘤细胞表面物质的过氧化反应也会产生特定的挥发性有机化合物。利用纳米传感器可以检测通过呼吸释放出的这些气态物质,从而实现肺、乳房、直肠结肠、前列腺等部位癌变的早期诊断。在纳米材料上覆盖生物敏感物质还可以用于多种生物分子,如蛋白质、DNA、多糖的检测。同时,纳米颗粒可以作为标记物对信号进行放大,实现高灵敏检测。纳米技术与分子印迹方法结合可以构建分子印迹纳米传感器。分子印迹方法可以构建出惰性的聚合物颗粒(molecular imprinted polymers,MIPs),它上面纳米尺度的小坑可以与目标生物分子特异性识别。分子印迹技术与不同纳米传感方法结合可以形成不同类型的纳米传感器。

用零维的金属氧化物半导体纳米颗粒、一维的纳米管及二维纳米薄膜等都可以作为敏感材料构成气敏传感器。其中,纳米材料在气体环境中的电导变化是最常用的气敏检测原理。贵重金属纳米颗粒可以大大增强选择性、提高灵敏度、降低工作温度。多壁纳米管具有一定的吸附特性,吸附的气体分子与纳米管的相互作用将改变其费米能级,从而引起其宏观电阻改变,实现气敏检测。

纳米传感器除了用于化学和生物、气敏传感检测,还有其他用途。例如,电阻应变式纳米压力传感器具有很高的测量精度和灵敏度,同时,它体积小、重量轻、安装维护方便,可稳定和可靠地测量压力参数。纳米光纤传感器不仅具有传统光纤传感器的优点,而且由于纳米探针的应用,使检测装置大大减小,响应时间大大缩短,可以满足微创实时动态测量的要求。磁性薄膜的拓扑调制可以产生各向异性的磁场。例如,沉积在波浪形硅基底上的 NiFe 薄膜在未调制时具有固有的各向异性。通过改变基底的外形图案进行调制,可以改变磁场固有的各向异性特征,建立新的易磁化轴。通过选择合适的外形图案,可以在同一样本的不同位置建立正交的易磁化轴,这将有助于制作二维的磁场传感器。利用一些纳米材料的巨磁阻效应也可以研制出各种纳米磁敏传感器。纳米技术还可以与其他传感检测技术结合形成新的传感检测方法。例如,纳米金颗粒制备技术可以与 SPR 传感检测方法结合,通过纳米金颗粒修饰 SPR 传感器的金敏感膜使检测灵敏度大大提高。

9.3.2　纳米传感器的常用材料

纳米传感器常用纳米材料包括碳纳米管(carbon nanotubes, CNTs),金属及金属氧化物纳米管,非金属及金属氧化物,陶瓷、磁以及其他材料的纳米颗粒,金属、硅及其他半导体的纳米丝和纳米棒,纳米多孔硅、碳、陶瓷等。纳米材料具有高度有效的表面积,可以为分子相互作用提供大量位点,具有潜在的高灵敏度。例如,单壁 CNTs 的表面积高达 400 ~ 900 m^2/g,而纳米多孔碳的表面积可以高达 2 000 m^2/g(图 9.12)。而且,CNTs 表现出很多有利于物理传感的特性,如拉伸强度接近 30 GPa,比铬-钼钢高 20 倍,而其重量只有后者的六分之一。杨氏模量接近 1 TPa,压阻因子高(800 ~ 1 000),远远超过金属(2 ~ 5)和硅(30 ~ 120)。

碳是研究最广的纳米材料之一,它在纳米技术中的结构与常见形式有所差异,是一种以六

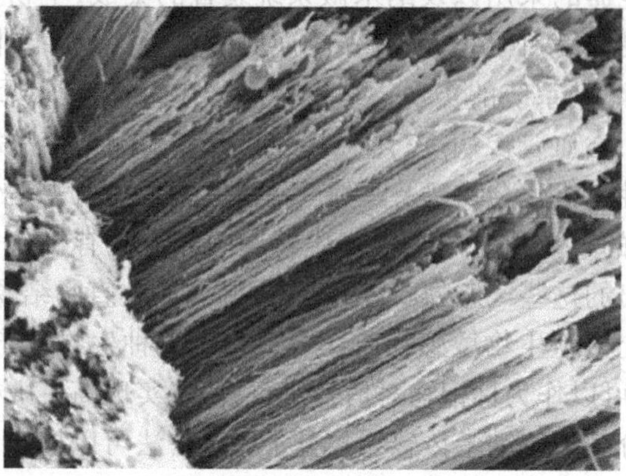

图 9.12　具有很高表面积的碳纳米管

边形晶格形式存在的碳所形成的微小"纳米管"(图 9.13)。CNTs 由石墨薄片卷曲而成,其直径通常为几个纳米。它的电子特性与金属或半导体类似,或二者皆有,这取决于石墨薄片的外形尺寸(如单层或者多层)及卷曲方式。CNTs 在 1991 年由日本 NEC 公司首次提出,它的直径由石墨薄层层数决定,一般在 1 ~ 10 nm。CNTs 可以利用化学气相沉积(chemical vapour deposition, CVD),激光切割,熔盐电解等进行加工,在机械、化学、光学、电学等方面具有很多有趣的特性。在 CNTs 可用于气体传感检测等很多用途。可以利用 CNTs 开发基于电离原理的气体传感器。所有气体都有独特的击穿电压和相应的电离电场,但是传统电离传感器体积大、能耗高、需要高压操作。新的传感器则基于在硅基底上排有上亿个多壁 CNTs 的薄膜。薄膜作为阴极,与铝制阳极间用微米级的玻璃绝缘体分隔。每个单独的 CNT 在其超细的尖端产生很高的电场,可以增加电场并加速气体的电离过程。这样,气体可以在电压比传统方法低得多的情况下发生电离,而且放电电流比传统电极高数倍。这种传感器有更高的灵敏度,可以检测低至 10^{-7} mol/L 的气体浓度,而且不受温度、湿度等因素的影响。它可以检测的气体包括 NH_3、CO_2、N_2、O_2,空气,甚至 He。由于 He 元素具有最高的电离电势,实现其检测是一个非常重要的成就。利用 CNT 传感器还可以检测神经毒气,也可以用于气相色谱(gas chromatograph, GC)的检测器,从而为低能耗、便携式 GC 的研制奠定基础。在生物分析方面,CNTs 可用于 DNA、蛋白质、抗体等生物分子的检测。通过不同种类生物分子的功能化(图 9.14),CNTs 可以用于特定的用途,这也使其成为一种潜在的高度灵活多样、通用的生物传感技术。例如,一个只有 20 μm^2 大小的传感器阵列可以用于检测少于一百万拷贝的目标寡核苷酸,其灵敏度可以与基于激光的荧光技术相媲美。除了 DNA 检测,CNTs 还可以用酶和抗体进行功能化。CNTs 生物传感器的应用范围包括临床诊断,病理学和药物开发,现场及野外应用等。CNTs 不但可以用于生物及化学组分的检测,还可以通过电导性或者 Raman 响应来进行某些物理参数,如张力、压强等的传感测量。作为中空材料,CNTs

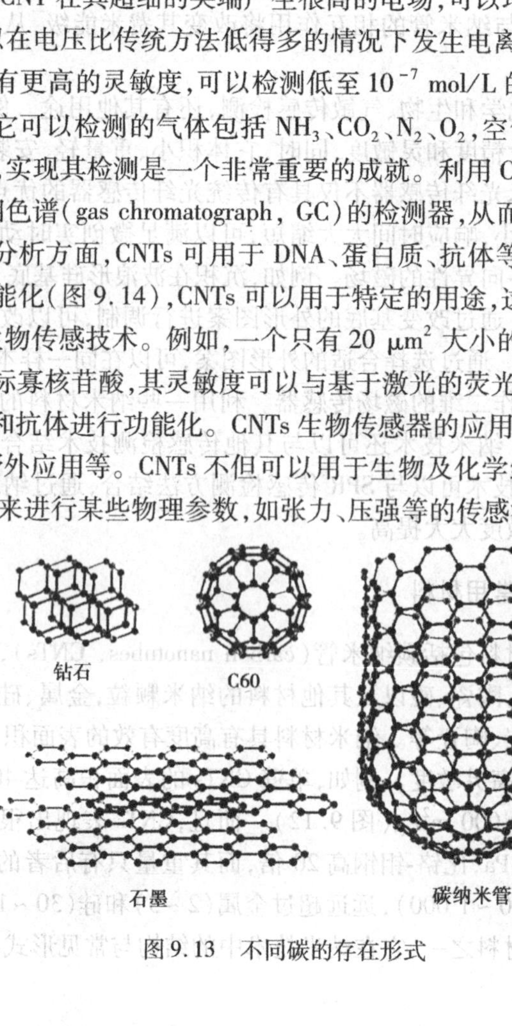

图 9.13　不同碳的存在形式

可以填充其他物质。例如，在开放及闭合的 CNTs 中填充液态镓（Ga）可以制成“纳米温度计”。纳米管中液态镓的高度随温度的改变线性变化，就如传统玻璃温度计中水银的变化。只是这种传感器只有 10 μm 长，直径为大约 75 nm，Ga 的高度只有利用电子显微镜来观察。它可以测量大范围的温度变化（323 ~ 823 K，50 ~ 550 ℃），所测得的温度与热电偶的偏差在 5% ~10%。这种最小的温度传感器可以在微纳环境中得以应用，实现传统温度传感方法难以进行的测量。现有研究从以往随机，高密度排列的纳米管“森林”转变到排列整齐的单一 CNT，通过纳米阵列与空间分辨的检测器结合可以增加检测效率。尽管 CNTs 的研究最广泛，其他很多材料也可以用于纳米管的加工。例如，利用二氧化钛制成的纳米管阵列可用于气体传感检测。

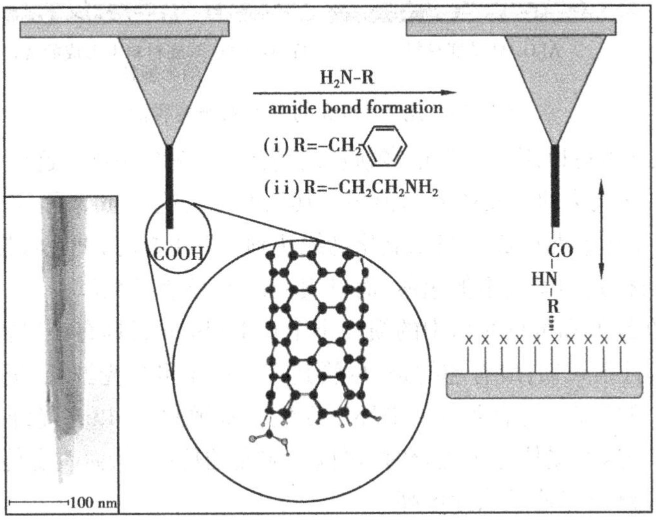

图 9.14　功能化的碳纳米管

纳米颗粒称为零维纳米材料，其中应用最多的是纳米金属颗粒，如制作氢传感器。在一种氢传感器原型中，活性成分是由直径小于 100 nm 的钯合金纳米颗粒形成的 0.5 ~2 μm 的薄膜。薄膜在氢气中会有一个相转移，从绝缘体变为电导体。在氢气浓度由 20 ~4 000 ppm，温度从室温到 100 ℃范围进行测试，响应时间只需要几秒，而且不受湿度干扰。这种传感器不需要外加电源，传感电路相对简单，运行时功耗小于 1 mW。基于金纳米颗粒技术的传感器也可以进行 DNA 分析，对不同细菌和病毒系、肿瘤细胞、生物武器产生相应的响应。金属纳米颗粒还具有有趣的光学特性。例如，贵金属纳米颗粒（图 9.15）具有很强的紫外—可见吸收光谱带，这在大尺寸金属中是不存在的。这种现象可以与 SPR 传感技术结合来建立所谓的局域表面等离体激元共振技术（localized surface plasmon resonance，LSPR）。当入射光频率与传导电子的集体激发共振的时候就会产生 LSPR，这种方法检测抗体的检测限估计小于 700 pM。利用单颗金属纳米颗粒的光散射也可以制成生物传感器。当贵金属纳米颗粒尺寸小于光波长时，可以在其可见光散射光谱中呈现明显的共振，称为纳米颗粒激元（nanoparticle plasmon，NPP）共振。它受很多因素的影响，如颗粒材料、尺寸、形状、周围环境的介电特性等。这种技术可以用于生物传感检测，当分子在纳米颗粒表面附近发生结合反应时，局部折射率增加，从而导致 NPP 共振谱的移动。在暗场显微镜中测量纳米颗粒的光散射，NPP 共振引起的改变可以使纳米颗粒显示不同的颜色，低至 50 个分子的结合可以被检测。这种技术的检测精度可以与传统荧光方法相媲美，而且不需要特殊标记。纳米颗粒还可以用于其他传感检测用途。例如,30 nm 的 YAG:Ce 颗粒在激光照射下能发射荧光,其衰减时间在 7 ~ 77 ℃是温度的函数,因此它可以用作热像记录的荧光标记物。

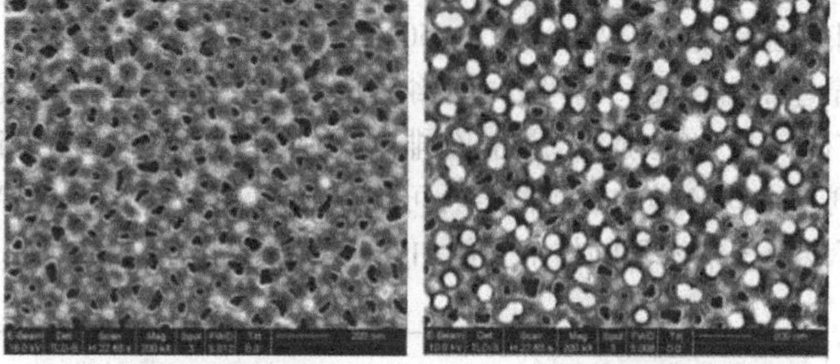

Al_2O_3/Al 基底材料　　　在 Al_2O_3/Al 基底材料上形成的 Au 纳米颗粒

图 9.15　用于 LSPR 的金纳米颗粒界面

纳米尺寸的光纤也可以用于制作很多新颖的传感器(图 9.16)。这些光纤的直径从几百纳米到大约 50 nm,比人类的头发还要细很多。其长度可长达 2 cm,可以通过让二氧化硅线绕着火焰上的蓝宝石锥体卷曲而成。当二氧化硅线达到 1 700 ℃时,把它慢慢沿锥体方向拉伸,使之延长并变窄,所得到的丝线不但超薄,而且表面高度光滑,组成均一。这种光纤具有很多引人注目的特性:在红外和可见光谱中的损耗小于 0.1 dB/mm;具有难以置信的强度,拉伸强度高达 5.5 Gpa,而且很柔韧;最有趣的是,尽管其直径小于可见光波长,仍然可以用作光波导来限定光围绕其外侧传播。这表明它周围环境变化非常敏感,可以在光纤外包被生物受体分子。当特定化合物与这些受体分子结合时,可以影响光的传播,从而改变传播光谱。与传统光纤方法相比,纳米光纤可以使敏感性更高。

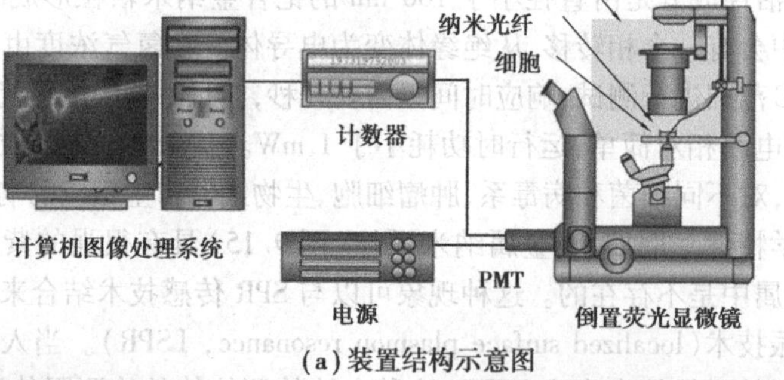

(a) 装置结构示意图

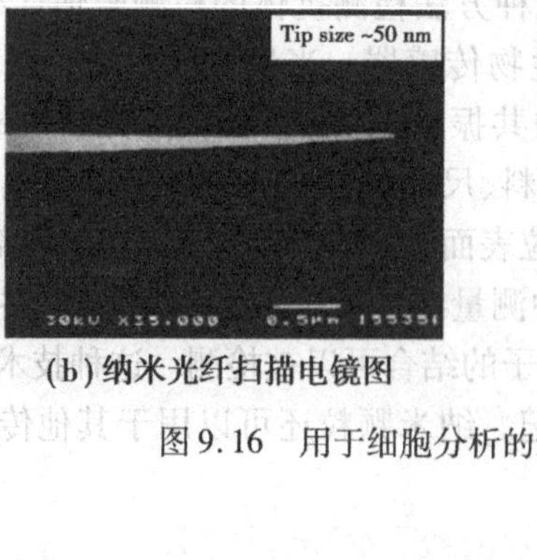

(b) 纳米光纤扫描电镜图

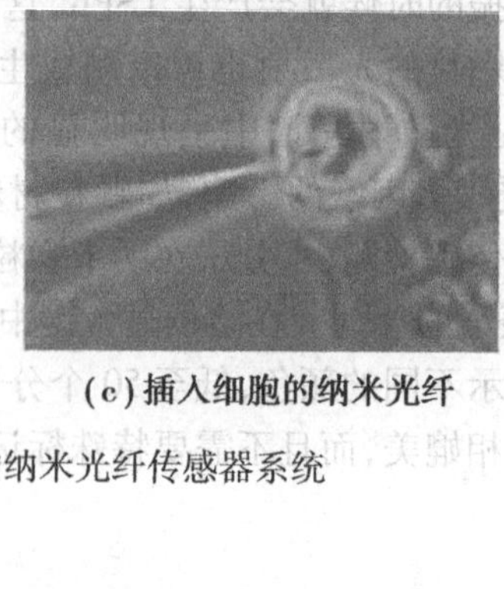

(c) 插入细胞的纳米光纤

图 9.16　用于细胞分析的纳米光纤传感器系统

超薄的纳米线可以用多种材料进行加工，例如二氧化锡(SnO_2)。SnO_2 是最广泛使用的气体传感材料，可以用于大多数半导体气体传感器的制作。研究表明，这种纳米线在没有氧存在时是导体，有氧出现则变为绝缘体。可燃性气体，如一氧化碳将增加这种纳米线的导电性。SnO_2 纳米线可以用于新型气体传感检测场效应管(gas analysis sensors field-effect transistor, GASFET)的加工，这种纳米线的制备工艺简单，有可能加工成千上万的纳米线构成阵列。而且，多个单独控制的活性单元还可以与平面电子技术集成，生产高敏感性、智能化的传感器，模仿哺乳动物鼻子识别能力。

表面增强的拉曼光谱(surface-enhanced Raman spectroscopy, SERS)结合银纳米棒可用于病毒检测。它可以测量金属表面病毒 DNA 或者 RNA 散射引起的近红外激光的频率变化，通过遗传成分的差异来鉴定不同病毒。此前，SERS 已经是一种广为人知的物理现象，但是由于其产生的信号太弱，难以用于病毒检测。银纳米棒的使用可以大大提高检测灵敏度，可以分析不同病毒间的细微差异，甚至同种病毒，不同菌株间的细微差异。

纳米传感分析中最突出的成就之一是可以检测 fm(10^{-15} m)范围内的位移。把单电子晶体管与镓砷微振动梁结合，梁的两端固定，置于距离单电子晶体管大约 250 nm 的地方。单电子晶体管用作检测器，其灵敏度大约为百万分之一个电子。在微振动梁上加电压可以引起其振动，使晶体管产生可以测量的电流变化，这个变化与梁的位移相关。在振动频率为 116 MHz，操作温度为 30 mK 时，装置可以测得 2.3×10^{-14} m，即 23 fm 的位移。

9.3.3 安全性

由于纳米颗粒等纳米材料及结构体积小，肉眼及普通检测手段难以发觉，其广泛分布对环境及健康的影响需要进行评价分析。其中，空气中的纳米尘埃等样本需要收集及分析，以测量环境中的纳米材料暴露情况，包括其数量、比表面积和聚集等数据。纳米产品制造过程中排出的废物，如纳米颗粒，将会在水中堆积。需要追踪这些纳米颗粒废物，研究其对环境及健康的影响。在现有检测分析手段基础上，需要研制更价廉、灵敏、便携及智能化的纳米物质检测设备，可以时刻监控纳米废弃物所造成的影响。

9.3.4 纳米传感器在生物医学领域的应用

纳米技术可用于制造生物、化学、物理等不同种类的传感器，通过与微电子学和 MEMS 技术结合还可以制造出具有高度智能和灵敏度，便携以及廉价的传感器(图 9.17)。在生物医学领域，纳米尺度的敏感界面有利于检测微小目标，如单个细胞甚至胞内物质的改变。它还可用于生物分子相互作用、生物反应以及生长发育过程的检测。在医疗领域，它可以用于疾病的早期诊断、监测和治疗，实现传染病预防以及重大疾病早期诊断。纳米传感器灵敏度很高，可以检测呼吸过程中微量的挥发性有机物质或者血液中癌细胞抗体，从而实现肿瘤的早期诊断。未来，纳米传感器阵列有望实现多种疾病的同时分析，并可以植入体

图 9.17 Nanosphere 公司研制的利用金纳米颗粒传感器，可以检测 DNA 和蛋白质

内实现实时健康监测。

纳米传感技术的研究能得到什么呢？纳米传感器因其功耗和体积小，灵敏度高，针对它的研究具有非常重要的科学意义。但是，科技的创新未必会获得广泛的应用或者带来良好的经济效益，就如20世纪80年代兴盛的光纤传感器那样，预期的光纤传感器“革命”并没有实现。与光纤传感器不同，纳米技术可以产生基本上全新的材料、结构甚至现象，而这些是在“宏观世界”中不存在的。它还可以以新的方式利用现有材料。因此，这种技术有望在生物医学、化学、机械、航空航天、军事等领域获得广泛的应用。目前，这种技术仍然处于婴儿期，其发展日新月异，但是它也很难取代市场上现有的仪器设备。一种有效的解决途径是将现有装备利用纳米传感器技术进行功能增强。其中，气体传感装置就是一个典型的例子。很多气体传感器制造者利用现成的原理和纳米尺寸的材料来生产新的仪器。例如，在硅基底上利用对气体有响应的纳米金属氧化物颗粒进行覆盖，从而制作出一系列传感器。这种传感器在汽车工业中得到广泛应用，可以检测进入车内的污染物，对 CO、NO_2、O_3 等有响应，检测浓度低至几十 ppb。

9.4 基于液滴的微流控系统在生物医学传感分析中的应用

在过去20多年里，微流控分析系统的研发得到了快速发展。它们可以用于分子、细胞以及小的多细胞组织的分析，检测传统传感方法难以分析的微量低浓度样本。通过微量操作、快速混合、高通量集成，可以大大提高分析能力，减少试剂和能耗，降低成本及污染物的产生，实现便携化。微流控技术卓越的性能使其在生物医学领域得到广泛的应用，已被用于常规的生化分析，高通量生物筛选，细胞分析，临床诊断等。

9.4.1 微流控系统

微流控分析系统通常由一套流体操作单元组成，可以实现生物分子和细胞的分析。这种基于芯片的操作平台可以与其他微纳流体操作器件集成，实现采样、过滤、预浓缩、分离、检测、收集等操作。根据流体操作方式的差异，微流控系统主要分为连续流及间歇流两种。

连续流操作易于实现，而且流动过程中沉积污染较小，是最常用的微流控操作方式。连续流操作常用于简单的生化分析过程，如采样、过滤、分离，但是难以应付复杂的流体操作。在封闭的通道系统中，流路的任何变化都会影响流动系统中任意位置的流动情况。因此，对连续流的复杂操作是相当困难。

液滴操作是间歇流微流控系统的主要流体操作方式，也是微流控研究中的新兴领域。通常，把层流的水溶液试剂注入非水溶性的载流中，在两种液体交界处诱导产生不稳定的液流以形成液滴。基于液滴操作的微流控系统可以成为一种高通量技术，每秒产生几千个微小的液滴，针对这些液滴可以采用并行或者串行操作。水溶性试剂所形成的液滴被油脂包围，在运输过程中不存在扩散和体积的变化，可以保证化学反应按设定比例定量发生。而且，在不同液滴混合过程中，由于液滴小，扩散距离短，有利于快速混合。而且，在微通道中针对液滴的拉伸、折叠、重组等复杂操作也可以进一步加快混合速度。

9.4.2　基于液滴操作的微流控系统

基于液滴的微流控系统在最近几年发展很快，在基因组学、蛋白质组学、细胞组学、代谢物组学等方面得到了广泛应用。传统的液滴制备采用搅拌方法。在搅拌的含表面活性剂的矿物油中加入水溶液就可以得到直径从 1 ~ 100 μm 的液滴。这种方法非常简单，仅仅需要一步就可以在 1 mL 油脂中产生多达 10^{10} 个液滴，相当于可以进行相同数目的反应。这些微小的液滴可以模拟细胞的区室化效果，让分子反应局限在液滴内部进行。因此，称这种建立的人工区室的方法为体外的区室化（in-vitro compartmentalization，IVC）。液滴中可以包含基因、用于转录和翻译的所有成分，因此每个液滴都可以用作一个独立的微反应器。但是，传统方法所产生的液滴尺寸相差很大，极不均一。

微纳米尺度液滴的产生和转运在生物学研究中普遍存在，常用的微量进样器可以分配1 ~ 1 000 μL 的液滴，基于电压驱动的移液器可以实现纳升容量的试剂转运。但是，这种装置构造精密、价格昂贵，而且所产生的液滴难以进行后续操作。

微流控系统利用非混合流体间流动的不稳定性来产生悬浮的液滴。液滴可以在连续或者准连续的流动过程中不断产生。因此，在短时间内就可以产生成千上万的液滴，实现高通量制备。微流控液滴制备中最常用的结构是 T 型连接（图 9.18），即一条通道与另一条通道垂直相交。制备过程中，油相流体在水平通道中连续流动，水相流体垂直注射到油相流体中，在交汇点的下游就可以连续不断产生液滴。T 型连接可以与其他微流控操作结构集成到同一芯片中，以实现复杂的生化分析。研究表明，T 型连接中通道的尺寸，不同相流体的速度比、黏性率和接触角在液滴形成过程中占主导地位。流动聚焦方法可以产生尺寸更精确的液滴。在流动聚焦方法中（图 9.19），通常由三条流动通道汇聚成一条。其中，一种液体在中间通道流动，另一种不相溶的流体在两个外侧通道流动，当它们汇流后流向一个小孔。在流经小孔过程中，如果外侧流体施加到内侧流体的压力和黏性力足够强就可以使内侧流体形成一个窄的液线，然后液线在邻近小孔的地方断裂形成液滴。液滴的大小取决于流速和两种流体的流速比。利用流体聚焦方法可以制备尺寸均一的分子印迹聚合物小珠用于生物传感的应用，还可以在芯片中进行细胞包裹，用于细胞的生化分析。此外，介电电泳（dielectrophoretic，DEP）和电介质电润湿（electrowetting-on-dielectric，EWOD）也可以用于液滴产生。

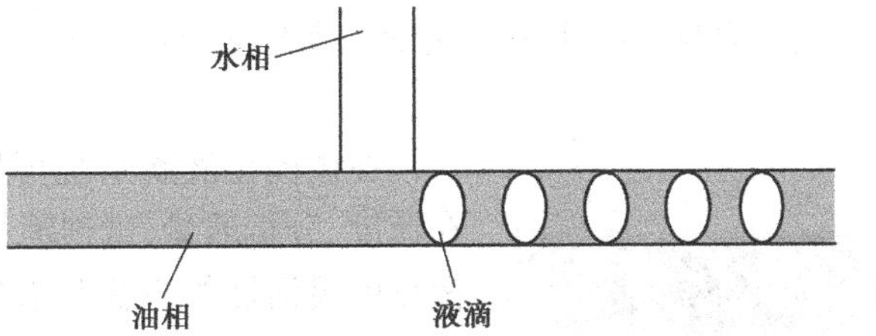

图 9.18　微流控 T 型连接用于液滴制备

在生物医学研究中，液滴作为样本运送方式具有传统单相连续流分析不具备的优点，如反应尺度的控制以及可进行各种复杂操作。目前，在微流控系统中可用于液滴操作的方法有很多，如热毛细作用、表面声波（振动）、表面化学及形态、电场、光电润湿、电化学方法、磁场等。通过光学方法与热毛细作用结合，可以更精确、灵活地实现液滴控制。DEP 方法也可以用于分配或者固定纳升尺度的液滴。由于不同尺寸的液滴在非均匀电场中所受 DEP 力有所差异，

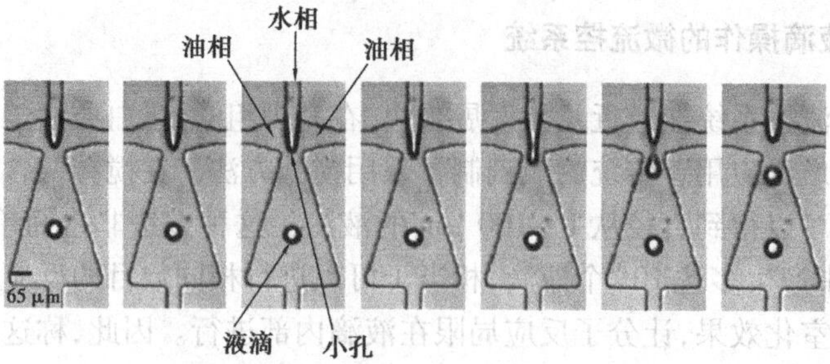

图 9.19　流动聚焦方式来连续产生液滴

可以用 DEP 方法对液滴进行分离。这种分离过程很快，只需要大约 1 s。光诱导的介电电泳作用也可以用于液滴操作，它基于液滴诱发的电双极子和光导性表面上光照图案间的静电作用力。与 DEP 不同的是，它不需要电线，也不存在互相连接的问题。

很多液滴的反应和分析需要多个步骤，因此液滴的合并、混合、分选、捕获及释放极其重要。液滴的合并可以用微柱状结构来实现，连续相的水力阻力与分离相的表面张力产生差别可以实现液滴合并。在微流控装置中，蜿蜒曲折的微通道可以使流体折叠、伸展、重新定向来实现紊流混合。紊流混合速度很快（亚毫秒），可以实现快速反应。

9.4.3　用于生物医学传感分析的液滴微流控装置

迄今为止，最成功的区室化（水—油液滴）生物 MEMS 产品是乳液聚合酶链式反应（emulsion polymerase chain reaction，ePCR）装置。ePCR 可以对复杂混合物中的模板进行完美放大。但是，由于传统乳化方法制备的液滴尺寸不够均一，实验难以定量，因此 ePCR 没有获得广泛应用。微流控装置可以精确制备单分散液滴，从而大大提高 ePCR 技术的实验效果，并且进行实时定量分析。同时，微流控液滴制备方法可以与其他微流控方法集成，以实现多种技术的组合分析。目前，利用微流控液滴技术的 ePCR 平台可以用于不同的生物传感分析，如基因表达分析、药物开发、疾病标志物检测等。在 ePCR 操作中，把引物包裹到微流控液滴中，然后与包含模板的液滴合并，最后进行热循环。反应混合物连续通过对应于变性、退火以及延伸的三个温度区，从而实现模板的扩增。由于微流控技术可以连续不断产生大量液滴，因此 ePCR 的反应通量很高。同时，不同温度区的设计可以避免整个装置参与温度循环，从而达到更快的热传递和扩增反应。而且，ePCR 中反应量从毫升下降到液滴的皮升水平可以得到更高的灵敏度。

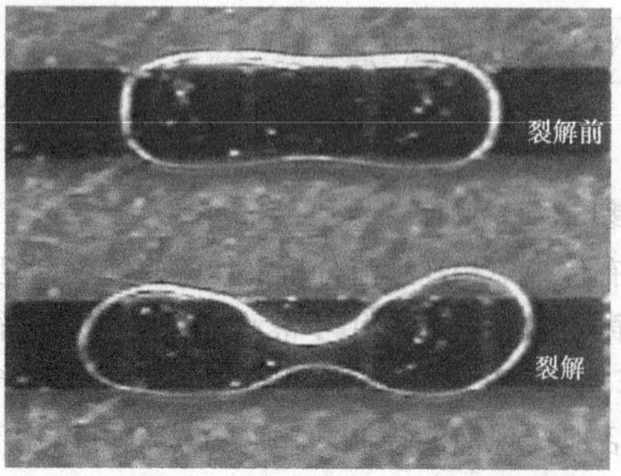

图 9.20　芯片上液滴的裂解操作

在微流控液滴系统可以用于很多分析过程，在速度、分析通量、试剂消耗、过程控制、自动化和操作的灵活性等方面具有突出优点，特别体外反应区室化可以实现定量分析。通常，液滴可以通过两种不相溶流体层之间的不稳定流动自发产生。每个液滴都与其他液滴分隔开来作为一个独立的反应容器。更重要的是，液滴可以以很高的频率产生，这意味着上百万的单一反应可以在一个实验中开展。除了液滴的产生，微流控技术还可以集成不同的操作单元来对液滴进行分割、融合、孵育、分析、分选、裂解(图9.20)等操作,创造一个集成的多功能系统。在微流控芯片中,为了检测液滴中的反应,最常用的方法是荧光分析。

近年来,各种标记有功能基团的微聚合物颗粒被用于多种生物医学应用,包括亲和层析、固定化技术、药物转运、细胞培养、DNA和细蛋白分析等。这种微聚合物颗粒可以用不同的制作过程生产,如分离、乳化、聚合等。但是,这些方法通常耗时,微粒的尺寸和组成难以有效控制。在微流控流体聚焦装置(microfluidic flow-focusing device,MFFD)中,连续乳化产生的单体液滴通过原位光聚合可以产生聚合物颗粒。为了避免分配相润湿通道壁影响液滴的产生,尽量采用轴对称的流动聚焦装置,将分配相用连续相包裹,使之无法与通道壁接触。

在现代生物学,单细胞分析具有越来越重要的作用。高效高灵敏地检测单细胞中释放的生物分子和亚细胞物质有助于研究生理过程,提供复杂生物系统的互补信息,在细胞和组织结构基础上揭示生物分子的实际功能。通常,单细胞研究比细胞群体分析更加复杂并耗时。微流控液滴技术可以克服传统单细胞分析方法的不足,可以把多种细胞区室化以研究单细胞的生物功能。微流控芯片产生的液滴可以包裹细胞,包裹的细胞仍然具有活性。可以把液滴包裹的细胞从微流控装置中提取出来进行长期孵育,然后重新注入装置内进行分析。由于液滴内部环境可以控制,可以把胞内物质和细胞分泌物限定在液滴区室中,在较小的区室尺寸里获得很高的局部浓度,从而有利于高灵敏检测。如果细胞中有荧光蛋白或者特定的酶指示物质,可以利用多种光学方法分析液滴中的细胞,包括细胞的生活过程及形态变化。常用的光学技术包括荧光寿命成像技术、发光检测、质谱分析、表面增强的Raman散射检测等。

基于液滴操作的微流控系统为生物及化学分析提供了一种新的思路。利用微流控技术,可以快速、准确、大量制备尺寸均一的液滴,用于定量的化学反应和细胞操作。同时,很多现成的微操作技术都可以对液滴进行控制,实现其准确运动、定位、合并以及分裂。微流控液滴技术与荧光分析的生化传感技术相结合,可以得到通量大、自动化程度和灵敏度高、试剂消耗小、价格低廉的分析方法,将对生物医学传感分析领域的发展有巨大推动作用。

参考文献

[1] 金发庆. 传感器技术与应用[M]. 北京:机械工业出版社,2004.
[2] 何希才. 传感器技术及应用[M]. 北京:北京航空航天大学出版社,2005.
[3] 陶红艳,余成波. 传感器与现代检测技术[M]. 北京:清华大学出版社,2009.
[4] 祁树胜. 传感器技术与检测技术[M]. 北京:北京航空航天大学出版社,2010.
[5] 王君,凌振宝. 传感器原理及检测技术[M]. 吉林:吉林大学出版社,2003.
[6] 谢文和. 传感器及其应用[M]. 北京:高等教育出版社,2006.
[7] 王平. 人工嗅觉与人工味觉[M]. 北京:科学出版社,2007.
[8] 彭承琳,郑小林,等. 生物医学传感器原理及应用[M]. 北京:高等教育出版社,2000.
[9] 彭承琳. 生物医学传感器——原理与应用[M]. 重庆:重庆大学出版社,1992.
[10] 刘广玉,陈明,等. 新型传感器技术及应用[M]. 北京:北京航空航天大学出版社,1995.
[11] 贾伯年,俞朴. 传感器技术[M]. 南京:东南大学出版社,1992.
[12] 金篆芷,王明时. 现代传感技术[M]. 北京:电子工业出版社,1995.
[13] 薛呈添,王乔敏. 电磁学[M]. 天津:南开大学出版社,1994.
[14] 邵富春,等. 现代医疗仪器原理、使用与维护[M]. 北京:机械工业出版社,1993.
[15] 齐颁扬. 医学仪器:下册[M]. 北京:高等教育出版社,1991.
[16] 吴兴惠. 敏感元器件及材料[M]. 北京:电子工业出版社,1992.
[17] 陈昌龄,奠怀德. 近代电子技术中的新材料及其应用[M]. 西安:西安电子科技大学出版社,1993.
[18] 冯若,等. 超声诊断设备原理与设计[M]. 北京:中国医学科技出版社,1993.
[19] 王平,陈裕泉,吴坚,等. 人工嗅觉-电子鼻的研究[J]. 中国生物医学工程学报,1996,15(4):346-353.
[20] Huo DQ, Yang LM, Hou CJ, et al. Molecular interactions of monosulfonate tetraphenylporphyrin (TPPS1) and meso-tetra(4-sulfonatophenyl)porphyrin (TPPS) with dimethyl methylphosphonate (DMMP). Spectrochimica Acta Part A-Molecular and Biomolecular Spectroscopy, 2009, 74(2): 336-343.
[21] Yang J, Yang J, Yin ZQ, et al. Study of the inhibitory effect of fatty acids on the interaction

between DNA and polymerase. Biochemistry-Moscow 2009, 74(7): 813-818.

[22] Zhang XR, Xu XF. Development of a biosensor based on laser-fabricated polymer microcantilevers. Applied Physics letters, 2004, 85(12): 2423-2425.

[23] Liu KK, Wu RG, Chuang YJ, et al. Microfluidic systems for biosensing. Sensors, 2010, 10(7): 6623-6661.